面向新工科普通高等教育系列教材

电路分析与仿真

李洪芹　刘海珊　张振华
田　瑾　邹　睿　编　著

机 械 工 业 出 版 社

“电路分析”是普通高校电类专业一门重要的专业基础课。通过该课程的学习，学生可以熟悉电路分析的基础理论、基本知识和基本技能，能对基本概念和基本方法准确理解和灵活运用，建立正确的思想方法和合理的思维方式，达到理解和掌握电路理论规律的目的，为以后学习相关专业课程及进行电路设计打下坚实的基础。本书以《普通高等学校本科专业类教学质量国家标准》对电路理论教学的基本要求为依据，以知识点的形式组织各章节内容，内容难易层次清晰。本书主要包括电路的基本概念、电阻电路的分析方法和基本定理、电路的暂态分析、正弦稳态电路的分析、三相电路、电子元器件的识别和使用、Proteus 设计基础以及基于 Proteus 的电路仿真实验等内容。

本书内容丰富，语言流畅，通俗易懂，重点突出，着眼基础，辅以仿真验证，附以思维导图，可以使学生对整个电路原理的知识体系有一个整体的认识和把握，真正达到融会贯通的效果，便于学习和应用。

本书可作为自动化、电气工程及其自动化、计算机科学与技术、电子信息工程、轨道交通信号与控制以及非电类专业本、专科学生学习电路分析基础课程和电路仿真实验的教材或教学参考书，亦可供其他工科专业选用和相关领域工程技术人员参考。

图书在版编目（CIP）数据

电路分析与仿真/李洪芹等编著．—北京：机械工业出版社，2019.5（2024.8 重印）

面向新工科普通高等教育系列教材

ISBN 978-7-111-62484-4

Ⅰ.①电… Ⅱ.①李… Ⅲ.①电路分析—高等学校—教材
Ⅳ.①TM133

中国版本图书馆 CIP 数据核字（2019）第 086003 号

机械工业出版社（北京市百万庄大街 22 号 邮政编码 100037）
策划编辑：李馨馨 责任编辑：李馨馨
责任校对：王 欣 责任印制：单爱军
北京虎彩文化传播有限公司印刷
2024 年 8 月第 1 版第 6 次印刷
184mm×260mm · 16.75 印张 · 409 千字
标准书号：ISBN 978-7-111-62484-4
定价：49.90 元

电话服务 网络服务
客服电话：010-88361066 机 工 官 网：www.cmpbook.com
010-88379833 机 工 官 博：weibo.com/cmp1952
010-68326294 金 书 网：www.golden-book.com
封底无防伪标均为盗版 机工教育服务网：www.cmpedu.com

前　　言

为了积极推进新工科建设下的基础教学改革，根据高等工科院校自动化、电气工程及其自动化、计算机科学与技术、电子信息工程、轨道交通信号与控制以及材料工程等专业对电路课程少学时的要求，按照《普通高等学校本科专业类教学质量国家标准》对电路理论教学的基本要求，结合应用型本科院校学生的特点，联合业内具有丰富电路教学经验和实践应用能力的教师，专门编写了《电路分析与仿真》教材。本书详细介绍了电路基础理论和虚拟仿真的内容，使学生通过仿真加深对电路基本理论的理解和验证，虚拟仿真也更直观地显示出电路的特性，加强了对学生分析问题和解决问题能力的培养，有助于学生实践能力的提高。通过先仿真后实验，加深学生对电路理论的理解，让学生认识到理论联系实践的重要性，培养学生热爱科研、不断探索的精神。

本书主要包括电路的基本概念、电阻电路的分析方法和基本定理、电路的暂态分析、正弦稳态电路的分析、三相电路、电子元器件的识别和使用、Proteus 设计基础以及基于 Proteus 的电路仿真实验等内容。

本书中所介绍的虚拟仿真实验是在 Proteus 环境下运行通过的。每个实验给出一个完整的实验要求和设计过程，读者可以按照书中所讲述的内容操作，以便顺利地完成仿真任务。作为教材，本书每章后附有小结和习题。

本书主要由上海工程技术大学电子电气工程学院的李洪芹副教授编写，参加本书编写工作的还有刘海珊、张振华、田瑾、邹睿，参加本书实验部分仿真、调试工作的有熊洁、袁之亦和高飞等多位老师，本书的顺利出版，要感谢学校和学院的各位领导和老师的大力支持和帮助。

由于时间仓促，书中难免存在不妥之处，敬请读者原谅，并提出宝贵意见。

作　者

目　　录

第1章 电路的基本概念与基尔霍夫定律

电路理论包括电路分析和电路综合两方面的内容。电路分析的主要内容是指在给定电路结构、元件参数的条件下，求取由激励（输入）所产生的响应（输出）；电路综合则主要研究在给定激励（输入）和响应（输出）的条件下，寻求可实现的电路的结构和元件的参数。本书仅限于学习电路分析方面的内容，且重点讨论线性非时变电路的基本理论和分析方法。本章是学习电路分析的基础，重点是基尔霍夫定律和元件（R、L、C、电压源、电流源及受控源）的伏安关系，两者可称为电路的两大约束关系，基尔霍夫定律概述了元件之间的约束，元件伏安关系给出了元件自身特性的约束，这两大约束关系贯穿全书。此外，还要注意参考方向的引入，做到熟练正确地应用。

本章学习要点：

- 电压、电流及参考方向
- 功率的产生、吸收与功率守恒
- R、L、C 元件的定义与伏安关系（VCR）
- 电压源、电流源的定义及伏安关系
- 受控源的概念及伏安关系
- 掌握基尔霍夫定律（KCL 或 KVL）及其应用
- 理解电位的概念

1.1 电路和电路模型

1.1.1 电路的组成及作用

电路是指电流所流经的路径，是由电气设备和元器件（称为负载）与供电设备（称为电源）通过导线按照一定方式连接起来的闭合通路。它可以实现电能和电信号的产生、转换、传递和处理等功能，如图 1-1a 所示的电力系统和图 1-1b 所示的扩音系统示意图。

电路的组成一般分为三部分：电源、负载和中间环节。

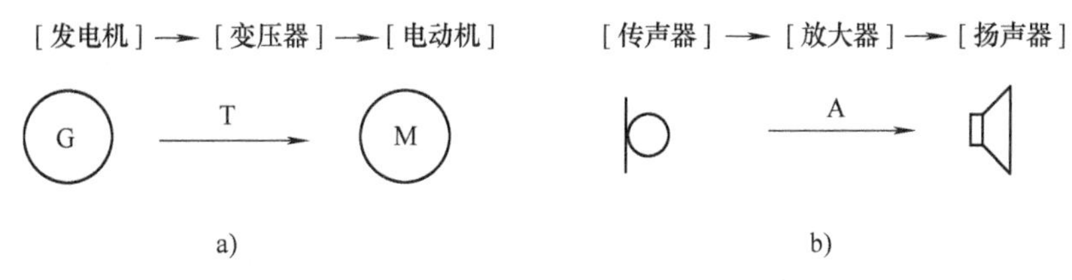

图 1-1 实际电路

a）电力系统电路 b）扩音系统电路

电源是产生电能和电信号的装置，如图 1-1 中的发电机和传声器。负载是取用电能的设备，如图 1-1 中的电动机和扬声器。中间环节是连接电源和负载的电气部分，如图 1-1 中的变压器、放大器及连接导线。

1.1.2 实际电路和电路模型

实际电路是由电源、负载和中间环节三个部分的实际元器件（如电动机、变压器、晶体管及电容等）为完成某种预期的目的而设计、连接和安装形成的电流通路。图 1-1 中的电路就是实际电路。

电路模型是足以反映实际电路中电工设备和元器件（实际部件）的物理性能的理想电路。发生在实际电路元器件中的物理现象按性质可分为消耗电能、供给电能、存储电场能量及存储磁场能量。假定这些物理现象可以独立研究，将每一种性质的物理现象用一种理想电路元件来表征，则有四种最基本的理想电路元件：电阻、电感、电容和电源。

电阻是反映消耗电能转换成其他形式能量的过程（如灯泡及电炉等）的理想电路元件，电路符号如图 1-2a 所示。

电感是反映产生磁场并存储磁场能量的特征的理想电路元件，电路符号如图 1-2b 所示。

电容是反映产生电场并存储电场能量的特征的理想电路元件，电路符号如图 1-2c 所示。

电源是表示能够将其他形式的能量转变成电能的元件，如图 1-2d 所示是理想电压源的电路符号，图 1-2e 所示是理想电流源的电路符号。

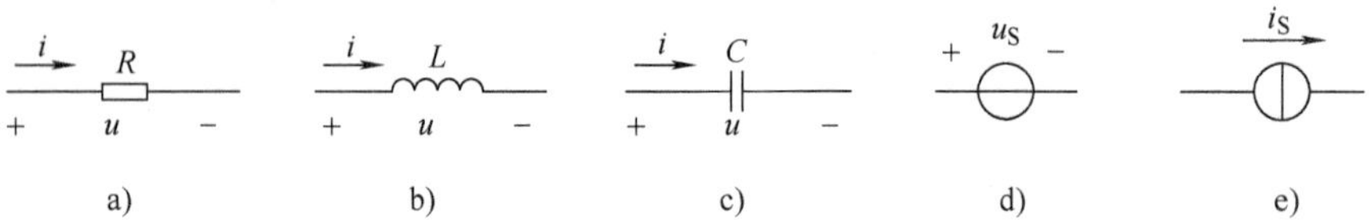

图 1-2 理想电路元件的电路符号

a）电阻 b）电感 c）电容 d）理想电压源 e）理想电流源

需要注意的是，具有相同主要物理性能的实际电路元件，在一定条件下可用同一模型表示。同一实际电路元件在不同的工作条件下，其模型可以有不同的形式。例如，在直流情况下，一个线圈的模型可以用一个电阻元件表示；但是在较低频率的信号作用下，则要用电阻元件和电感元件的串联组合表示；在较高频率的信号作用下，还要考虑到导体表面的电荷作用，即电容效应，所以其模型还需要包含电容元件。

若实际电路的电路模型选取恰当，则对电路的分析和计算结果就与实际情况接近；若模型选取不恰当，则会造成很大误差，有时甚至导致自相矛盾的结果。如果模型太复杂，还会造成分析困难，但是太简单又不足以反映所需求解的真实情况。因此在电路分析中通常抓住其主要性质，忽略其次要性质，将实际电路中的元件所体现出来的物理性质抽象化，用一些理想电路元件来模拟实际电路元件。比如生活中常见的荧光灯电路，其灯管可以用电阻元件来表示，镇流器可以用电感和串联电阻来表示。

如图 1-3 所示的电路模型就是图 1-1 所示实际电路的简化电路模型。

本书后面涉及的电路都是指电路模型，模型中的各种理想电路元件都用国际或国家标准所规定的图形符号来表示。

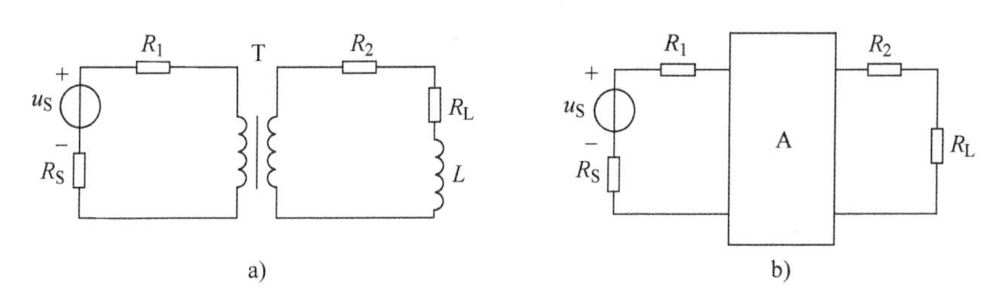

图 1-3　电路模型
a）电力系统电路　b）扩音系统电路

1.2　电流、电压与功率

1.2.1　电流

电流定义为单位时间内通过导体横截面的电量，用小写字母 i 来表示

$$i = \mathrm{d}q/\mathrm{d}t \tag{1-1}$$

若比值 $\mathrm{d}q/\mathrm{d}t$ 等于常数，则称为恒定电流（或称为直流电流）。直流电流用大写字母 I 来表示。电流的常用单位为安培（A）、千安（kA）、毫安（mA）及微安（μA）等。

不同单位之间的换算关系为

$$1\mathrm{kA}=10^{3}\mathrm{A} \qquad 1\mathrm{mA}=10^{-3}\mathrm{A} \qquad 1\mu\mathrm{A}=10^{-6}\mathrm{A}$$

在物理学中，电流的实际方向定义为正电荷的运动方向。但在分析较复杂的电路时，比如包含多个电源时，往往事先不可能知道某一支路中电流的实际方向，因此，在电路的分析与计算时，必须首先对有关支路电流选定某一方向作为该电流的正方向（即参考方向）。

需要指出的是，电流的参考方向可以任意指定。在指定的电流参考方向下，电流值的正和负直接反映出电流的实际方向。当电流的计算结果为正数时，说明电流的实际方向与参考方向一致；如果结果为负数，则实际方向与参考方向相反。

图 1-4 所示为电流参考方向的表示方法，一共有两种。

1）用箭头表示：图 1-4a 中的箭头表示电流 i 的参考方向是从左向右的。

2）用双下标表示：如 i_{AB}，表示电流的参考方向由 A 指向 B，也是从左向右的。

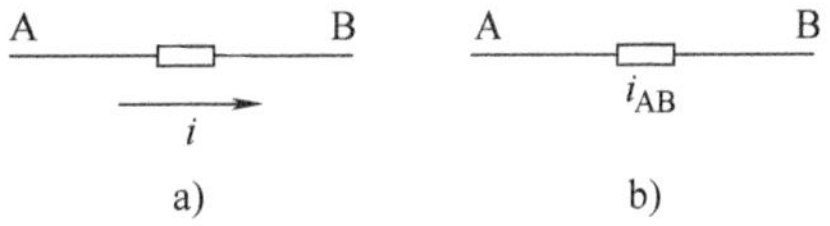

A　B　i　a)　A　B　i_{AB}　b)

图 1-4　电流参考方向表示方法
a）箭头表示　b）双下标表示

根据该电流参考方向，才可以确定有关电量公式中的符号。如图 1-5 所示，按照所标明的电流的参考方向，利用欧姆定律分析电路图 1-5a，得到电流 $I=+3\mathrm{A}$。这一结果说明该电流在 R_L 上的实际方向是从上向下的；在图 1-5b 电路中，计算电流 $I=-3\mathrm{A}$，说明电流在 R_L 上的实际方向是从下向上的。

1.2.2　电压

电压也称电位差，是衡量单位电荷在静电场中由于电势不同所产生的能量差的物理量。物理学中定义，电压大小等于单位正电荷在电场力作用下从 A 点移动到 B 点时所做的功，

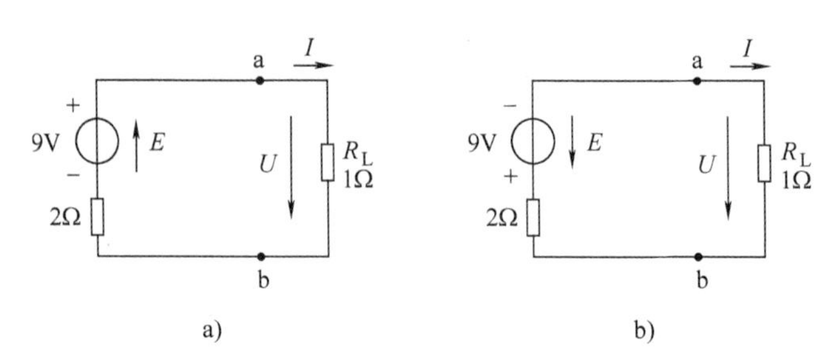

图 1-5 电流参考方向图例

a）电流参考方向和实际方向相同 b）电流参考方向和实际方向相反

电压的方向规定为从高电位指向低电位的方向。电压用小写字母 u 来表示，即

$$u = \mathrm{d}w/\mathrm{d}q \tag{1-2}$$

若比值 $\mathrm{d}w/\mathrm{d}q$ 等于常数，则称为恒定电压，即直流电压。直流电压用大写字母 U 来表示。电压的国际单位为伏特（简称伏，用 V 表示），常用的单位还有毫伏（mV）、微伏（μV）及千伏（kV）等。不同单位之间的换算关系为

$$1\mathrm{mV}=10^{-3}\mathrm{V} \quad 1\mu\mathrm{V}=10^{-6}\mathrm{V} \quad 1\mathrm{kV}=10^{3}\mathrm{V}$$

电压的实际方向为电位的降落方向，电压的参考方向在电路分析与计算时必须要做出指定。需要指出的是，电压的参考方向可以任意指定。指定参考方向的用意是把电压看成代数量。在指定的电压参考方向下，电压值的正和负就可以反映出电压的实际方向。

图 1-6 所示为电压参考方向的表示方法，一共有三种。

1）用正负极性表示：表示电压参考方向由“+”指向“-”。

2）用箭头表示：箭头的指向为电压的参考方向。

3）用双下标表示：如 U_{AB} 表示电压参考方向由 A 指向 B。

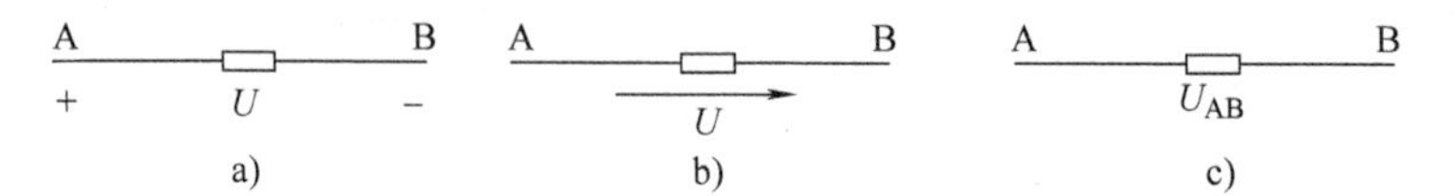

图 1-6 电压参考方向的表示方法

a）正负极性表示 b）箭头表示 c）双下标表示

同电流一样，在电路的分析与计算时，也必须首先对元件两端的电压指定参考方向，根据该参考方向，才可以确定相关电量的公式符号。当电压 U 的计算结果为正，说明电压实际方向与参考方向一致；反之，说明电压实际方向与参考方向相反。在图 1-5a 电路中，根据标明的电压 U 的参考方向，利用欧姆定律计算负载两端的电压 $U=+3\mathrm{V}$，这一结果说明电压在 R_L 上的实际极性为上正下负；在图 1-5b 电路中，$U=-3\mathrm{V}$，则说明实际极性为下正上负。

需要强调的是，分析电路前必须指定电压和电流的参考方向。参考方向一经指定，必须在图中相应位置标注（包括方向和符号），在计算过程中不得任意改变。参考方向不同时，其表达式相差一个负号，但实际方向不变。

一个元件的电流或电压的参考方向都可以任意假定，两者的关系可以用关联参考方向或者非关联参考方向来衡量。如果指定电流的参考方向是从电压参考方向的“+”极性的一端

流入，并从“-”极性的另一端流出，即电流的参考方向与电压的参考方向一致，则把电流和电压的这种参考方向称为关联参考方向；当电流与电压的参考方向不一致时，称为非关联参考方向，如图1-7所示。

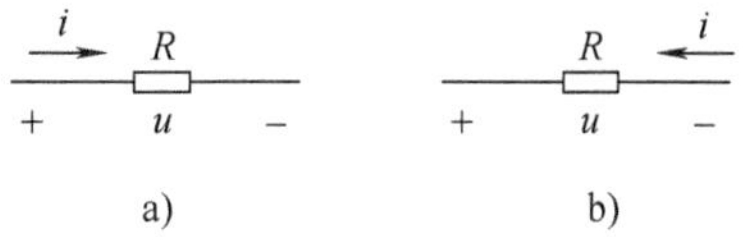

图1-7　电压与电流参考方向的关系
a）关联参考方向　b）非关联参考方向

1.2.3　电动势

电动势是一个表征电源特征的物理量。电源的电动势定义为电源将其他形式的能转化为电能的本领。在数值上，电动势等于在电源内部由非电场力把单位正电荷由电源负极移到电源正极时所做的功。

电源电动势的大小只取决于电源本身，与外电路的情况无关。电动势是标量，它和电流一样有方向，通常规定从负极通过电源内部指向正极的方向是电动势的方向，即电位升高的方向。

交流电路中电动势通常用小写字母 e 表示，在直流中用大写字母 E 表示。电动势的常用单位与电压单位一致，如伏特（V）、千伏（kV）等。

要正确理解电压和电动势的区别：

1）电压与电动势的单位相同，都是伏特（V）。

2）电动势和电压的物理意义不同。电动势表示外力（非电场力）做功的能力，而电压表示电场力做功的能力。

3）电动势有方向，并且与电压方向相反。电动势方向是电位升高的方向，电压方向是电位降低的方向。

4）电动势只存在于电源的内部，而电压不仅存在于电源的两端，而且存在于任意元器件两端。例如，电阻两端存在电压，外电路中的每一个元器件两端都存在电压。

5）电流在电源的外部电路中（称为外电路）是从高电位流向低电位的，这是电场力在做功。在电源的内部（称为内电路），电流从低电位流向高电位，这是外力在做功。

6）当电源两端不接负载时，电源中没有电流，但电源两端的电压始终等于电源的电动势。

7）当电源两端接上负载时，电源电动势等于电源内阻两端电压加上负载电路两端电压。

1.2.4　功率

功率是用来表示消耗电能快慢的物理量。物理学中定义：电流在单位时间内做的功叫作功率。用小写字母 p 来表示，即

$$p = \mathrm{d}w/\mathrm{d}t \tag{1-3}$$

若比值 $\mathrm{d}w/\mathrm{d}t$ 等于常数，则称为恒定功率（直流功率），直流功率用大写字母 P 表示。功率的常用单位为瓦特（W）、千瓦（kW）、毫瓦（mW）等。

由于 $u=\frac{\mathrm{d}w}{\mathrm{d}q}$，$i=\frac{\mathrm{d}q}{\mathrm{d}t}$，所以 $p=\frac{\mathrm{d}w}{\mathrm{d}t}=\frac{\mathrm{d}w}{\mathrm{d}q}\cdot\frac{\mathrm{d}q}{\mathrm{d}t}=ui$。在直流电路功率 P 的分析与计算中，元件消耗功率的计算公式为

$$P = \pm UI \tag{1-4}$$

当元件两端电压与电流为关联参考方向时，功率取正号；反之，当两者为非关联参考方向时，功率取负号。

按上述公式计算后，若计算结果 $P>0$，则说明该元件在电路中消耗功率，或称为吸收功率，元件的性质为负载。反之，若 $P<0$，则说明该元件产生功率，或称为发出功率，元件的性质为电源。

注意：电阻元件在电路中总是消耗（吸收）功率，而电源在电路中可能吸收功率，也可能发出功率。

需要指出的是，对任一闭合的电路，所有元件发出的功率之和恒等于其他元件吸收的功率之和，即电路满足功率守恒定律。

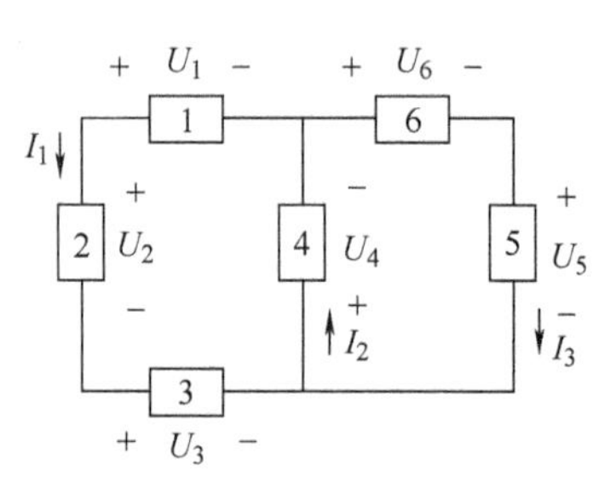

图 1-8　例 1-1 图

【例 1-1】 如图 1-8 所示电路中，已知：$U_1=1\text{V}$，$U_2=-3\text{V}$，$U_3=8\text{V}$，$U_4=-4\text{V}$，$U_5=7\text{V}$，$U_6=-3\text{V}$，$I_1=2\text{A}$，$I_2=1\text{A}$，$I_3=-1\text{A}$，试问哪个元件为负载？哪个元件为电源？

解： 根据各元件两端电压与流过该元件电流参考方向的关系，确定每个元件的功率计算公式。再根据功率的计算结果确定元件性质，得

$P_1=-U_1I_1=-1\text{V}\times2\text{A}=-2\text{W}$，　　元件 1 发出功率，性质为电源

$P_2=U_2I_1=(-3\text{V})\times2\text{A}=-6\text{W}$，　　元件 2 发出功率，性质为电源

$P_3=U_3I_1=8\text{V}\times2\text{A}=16\text{W}$，　　元件 3 吸收功率，性质为负载

$P_4=U_4I_2=(-4\text{V})\times1\text{A}=-4\text{W}$，　　元件 4 发出功率，性质为电源

$P_5=U_5I_3=7\text{V}\times(-1\text{A})=-7\text{W}$，　　元件 5 发出功率，性质为电源

$P_6=U_6I_3=(-3\text{V})\times(-1\text{A})=3\text{W}$，　　元件 6 吸收功率，性质为负载

下面验证本电路功率是否守恒。发出的总功率为 $P_1+P_2+P_4+P_5=-19\text{W}$；消耗的总功率为 $P_3+P_6=19\text{W}$。两者数值相等，所以本电路功率守恒。

1.3　电路元件及其伏安关系

本书讨论的电路中一般含有电阻元件、电容元件、电感元件和电源元件，这些元件都属于二端元件，它们都只有两个端钮与其他元件相连接。其中电阻元件、电容元件及电感元件不产生能量，称为无源元件；电源元件是电路中提供能量的元件，称为有源元件。

凡是向电路提供能量或信号的设备称为电源。常见的电源包括蓄电池、发电机、干电池和各种信号源。电源有两种类型，即电压源和电流源。电压源的电压不随其外电路而变化，电流源的电流不随其外电路而变化，因此，电压源和电流源总称为独立电源，简称独立源。

区别于独立电源的还有一种称为非独立源，即受控源。受控源是指电压或电流受电路中其他部分的电压或电流控制的电压源或电流源。

下面分别详细介绍。

1.3.1　电阻元件

1. 电阻元件的图形符号

电阻器是具有一定电阻值的元件，在电路中用于控制电流、电压等。电阻器通常简称为

电阻，在电路图中用字母 R 或 r 表示。常用电阻器的图形符号如图 1-9 所示。

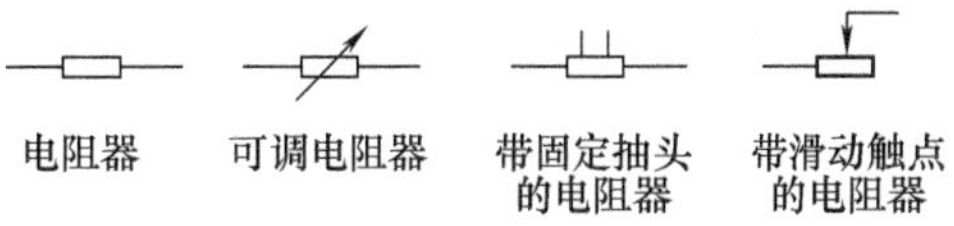

电阻器　可调电阻器　带固定抽头的电阻器　带滑动触点的电阻器

图 1-9　常用电阻的图形符号

电阻器的 SI（国际单位制）单位是欧姆，简称欧，通常用符号 Ω 表示。电阻的常用单位为欧姆（Ω）、千欧（kΩ）、兆欧（MΩ）等。其中，$1\text{k}\Omega=10^3\Omega$，$1\text{M}\Omega=10^6\Omega$。

电阻元件是从实际电阻器抽象出来的理想化模型，是代表电路中消耗电能这一物理现象的理想二端元件。如电灯泡、电炉及电烙铁等这类实际电阻器，当忽略其电感等作用时，可将它们抽象为仅具有消耗电能作用的电阻元件。

电阻的倒数称为电导，用字母 G 表示，即

$$G=\frac{1}{R} \tag{1-5}$$

电导的国际标准单位为西门子，简称西，通常用符号 S 表示。电导是表征电阻元件特性的参数，反映的是电阻元件的导电能力。元件的电导越大，说明该元件导电能力越强。

2. 欧姆定律

欧姆定律是电路分析中的重要定律之一，它说明了流过线性电阻的电流与该电阻两端电压之间的关系。

欧姆定律　在同一电路中，通过某段导体的电流与这段导体两端的电压成正比，与这段导体的电阻成反比。

欧姆定律反映了电阻元件的特性，仅适合于纯电阻电路。由欧姆定律可以推导出

$$U=\pm IR \tag{1-6}$$

若电阻上的电压、电流为关联参考方向，如图 1-10a 所示，则公式符号取正号，若两者为非关联参考方向，如图 1-10b 所示，则取负号。应该注意正确理解欧姆定律公式里面的正负号与电压、电流本身数值符号的正负号之间的区别。

式（1-6）所表示的电压、电流关系，可通过实验证明。通过实验测量，在由电压与电流构成的直角坐标平面上，绘出一条通过坐标原点的直线，如图 1-11 所示。这样的电阻元件称为线性电阻元件。在工程上，还有许多电阻元件，其伏安特性曲线是一条过原点的曲线，这样的电阻元件称为非线性电阻元件。

今后本书中所涉及的电阻元件，除非特别指明，都是指线性电阻元件。

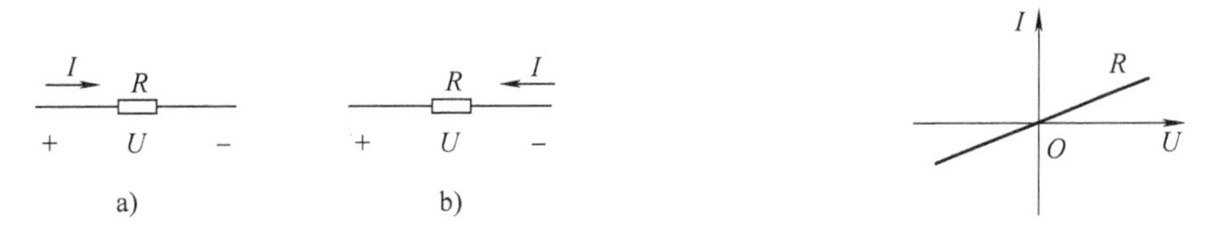

图 1-10　欧姆定律

a）$U=IR$　b）$U=-IR$

图 1-11　线性电阻伏安特性曲线

由欧姆定律也可以推导出

$$I=GU \tag{1-7}$$

将式（1-6）代入式（1-4），得到电阻上吸收的功率为

$$P = UI = I^2R = U^2/R \tag{1-8}$$

电阻上消耗的能量为

$$W = \int_0^t ui\mathrm{d}t = \int_0^t i^2R\mathrm{d}t$$

可见，电能全部消耗在电阻上从而转化为热能，所以电阻是耗能元件。

欧姆定律也可以推广应用。即广义的欧姆定律适用于电路上任意两点之间的电压、电流关系，该路径上有可能存在电压源。列写方程规则如下。

支路上沿着电压 U 的参考方向，当经过元件 R 及 E 时，以电位降落为正号；反之，为负号，即

$$U_{ab} = \sum (\pm IR \pm E)\mid_{a\to b}$$

如图 1-12 所示，按照广义的欧姆定律，端电压 U_{ab} 可以表示为

$$U_{ab} = I_1R_1 + E_2 - I_2R_2 - E_3 - I_3R_3$$

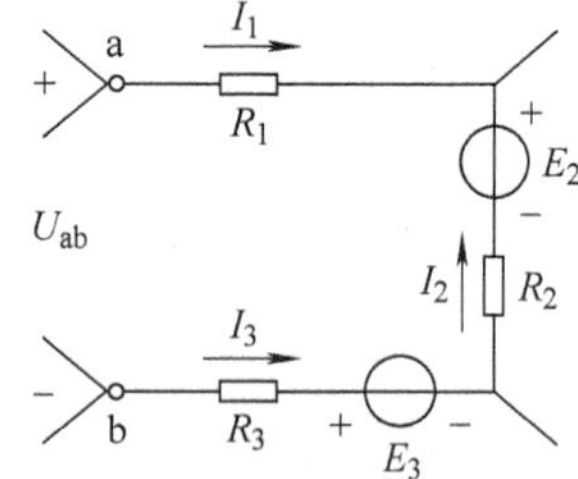

图 1-12　广义的欧姆定律应用

欧姆定律表达了电路中电压、电流和电阻的关系，它说明：

1）如果电阻保持不变，当电压增加时，电流成正比例增加；当电压减小时，电流成正比例减小。

2）如果电压保持不变，当电阻增加时，电流成反比例减小；当电阻减小时，电流成反比例增加。

根据欧姆定律所表示的电压、电流与电阻之间的相互关系，可以由两个已知的数量求解出另一个未知量。

应用欧姆定律时需注意以下几点：

1）公式 $R=U/I$ 仅适用于电压与电流参考方向相关联的情况。

2）“实际方向”是物理学中规定的，而“参考方向”则是人们在进行电路分析计算时任意假设的。

3）在以后的解题过程中，注意一定要先设定“参考方向”（即在图中标明电压或电流的参考方向），然后再列方程计算。缺少“参考方向”的电压或电流是无意义的。

4）为了避免列方程时出错，习惯上把 I 与 U 的方向按相同方向假设（即电压和电流指定关联参考方向）。

【例 1-2】 如图 1-13a、b 所示的两个电路，已知：$U=-6\text{V}$，$R=3\Omega$，利用欧姆定律计算电流 I，并判断电流实际方向。

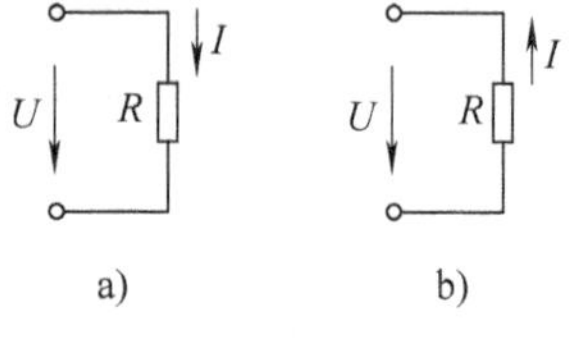

图 1-13　例 1-2 图

解： 图 1-13a 中，$I=+U/R=(-6\text{V})/3\Omega=-2\text{A}$。电流实际方向向上。

图 1-13b 中，$I=-U/R=-(-6\text{V})/3\Omega=2\text{A}$。电流实际方向向上。

可见，假设不同的电流参考方向不会影响电流的实际方向。

1.3.2　电容元件

1. 电容元件的图形符号

实际电容器是由两片金属极板中间充满电介质（如空气、云母、绝缘纸、塑料薄膜或

陶瓷等）构成的。在电路中多用来滤波、隔直、交流耦合、交流旁路及与电感元件组成振荡回路等。电容器在电路图中用字母 C 表示，常用的电容器符号如图 1-14 所示。

固定电容器　电解电容器　可调电容器　预调电容器

图 1-14　电容器的图形符号

电容器的 SI 单位是法拉，简称法，通常用符号 F 表示。常用的单位还有微法（μF）、皮法（pF），它们的换算关系为

$$1\text{F} = 10^{6}\mu\text{F} = 10^{12}\text{pF}$$

电容元件是从实际电容器抽象出来的理想化模型，是代表电路中存储电能这一物理现象的理想二端元件。当忽略实际电容器的漏电电阻和引线电感时，可将它们抽象为仅具有存储电场能量作用的电容元件。

2. 电容元件的伏安特性

在电路分析中，电容元件的电压、电流关系是十分重要的。当电容元件两端的电压发生变化时，极板上聚集的电荷也相应地发生变化，这时电容元件所在的电路中就存在电荷的定向移动，形成了电流。当电容元件两端的电压不变时，极板上的电荷也不发生变化，电路中便没有电流。

如图 1-15 所示，当电压、电流为关联参考方向时，线性电容元件的伏安特性方程为

$$i = C\frac{\mathrm{d}u}{\mathrm{d}t} \tag{1-9}$$

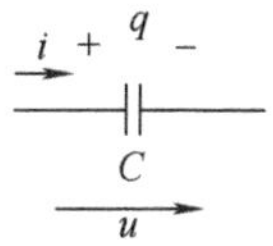

图 1-15　电容元件

式（1-9）表明电容元件中的电流与其端电压对时间的变化率成正比。比例常数 C 称为电容，是表征电容元件特性的参数。当 u 的单位为伏特（V），i 的单位为安培（A）时，C 的单位为法拉，简称法（F）。习惯上常把电容元件简称为电容，所以“电容”这个名词，既表示电路元件，又表示元件的参数。

若电压、电流为非关联参考方向，则电容元件的特性方程为

$$i = -C\frac{\mathrm{d}u}{\mathrm{d}t} \tag{1-10}$$

从式（1-9）、式（1-10）可以很清楚地看到，只有当电容元件两端的电压发生变化时，才有电流通过。电压变化越快，电流越大。当电压不变（直流电压）时，电流为零。所以电容元件有“隔直通交”的作用。

式（1-9）、式（1-10）也表明，电容元件两端的电压不能跃变，这是电容元件的一个重要性质。如果电压跃变，则要产生无穷大的电流，对实际电容器来说，这当然是不可能的。

在 u、i 关联参考方向下，线性电容元件吸收的功率为

$$p = ui = uC\frac{\mathrm{d}u}{\mathrm{d}t} \tag{1-11}$$

在 t 时刻，电容元件存储的电场能量为

$$W_{\mathrm{C}} = \frac{1}{2}Cu^{2}(t) \tag{1-12}$$

式（1-12）表明，电容元件在某时刻存储的电场能量只与该时刻电容元件的端电压有关。当电压增加时，电容元件从电源吸收能量，这个过程称为电容的充电过程。当电压减小

时，电容元件向外释放电场能量，这个过程称为电容的放电过程。电容在充放电过程中并不消耗能量，因此，电容元件是一种储能元件。

在选用电容器时，除了选择合适的电容量外，还需注意实际工作电压与电容器的额定电压是否相等。如果实际工作电压过高，介质就会被击穿，电容器会损坏。

1.3.3 电感元件

1. 电感元件的图形符号

电感线圈就是用漆包线、纱包线或裸导线一圈一圈地绕在绝缘管上或铁心上，而又彼此绝缘的一种元件，在电路中多用来对交流信号进行隔离、滤波或组成谐振电路等。电感线圈简称线圈，在电路图中用字母 L 表示，常用线圈的符号如图 1-16 所示。

线圈　带磁心连续可变的线圈　带磁心的线圈　磁心有间隙的线圈　带固定抽头的线圈

图 1-16 电感线圈的图形符号

电感线圈是利用电磁感应作用的器件。在一个线圈中，通过一定数量的变化电流，线圈产生感应电动势大小的能力就称为线圈的电感量，简称电感。电感常用字母 L 表示。

电感的 SI 单位是亨利，简称亨，通常用符号 H 表示。常用单位还有微亨（μH）、毫亨（mH），它们的换算关系为

$$1\mathrm{H} = 10^6\mu\mathrm{H} = 10^3\mathrm{mH}$$

电感元件是从实际线圈抽象出来的理想化模型，是代表电路中存储磁场能量这一物理现象的理想二端元件。当忽略实际线圈的导线电阻和线圈匝与匝之间的分布电容时，可将其抽象为仅具有存储磁场能量的电感元件。

2. 电感元件的伏安特性

任何导体当有电流通过时，在导体周围就会产生磁场；如果电流发生变化，则磁场也随之变化，而磁场的变化又引起感应电动势的产生。这种感应电动势是由于导体本身的电流变化引起的，称为自感。

自感电动势的方向可由楞次定律确定。即当线圈中的电流增大时，自感电动势的方向和线圈中的电流方向相反，以阻止电流的增大；当线圈中的电流减小时，自感电动势的方向和线圈中的电流方向相同，以阻止电流的减小。总之当线圈中的电流发生变化时，自感电动势总是阻止电流的变化。

自感电动势的大小，一方面取决于导体中电流变化的快慢，另一方面还与线圈的形状、尺寸、匝数以及线圈中的介质情况有关。

当电压、电流为关联参考方向时，如图 1-17 所示，线性电感元件的特性方程为

$$u = L\frac{\mathrm{d}i}{\mathrm{d}t} \tag{1-13}$$

它表明电感元件两端电压与流过电感的电流对时间

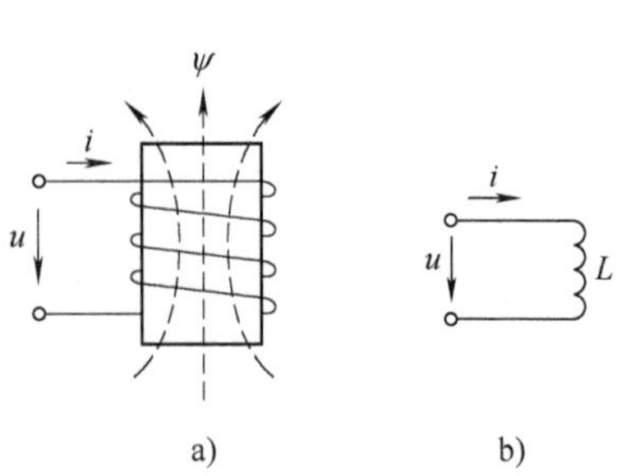

图 1-17 电感元件

的变化率成正比。比例常数 L 称为电感，是表征电感元件特性的参数。当 u 的单位为伏特（V），i 的单位为安培（A）时，L 的单位为亨利，简称亨（H）。习惯上我们常把电感元件简称为电感，所以“电感”这个名词，既表示电路元件，又表示元件的参数。

若电压、电流为非关联参考方向，则电感元件的特性方程为

$$u=-L\frac{\mathrm{d}i}{\mathrm{d}t} \tag{1-14}$$

从式（1-13）和式（1-14）很清楚地看到，只有当电感元件中的电流发生变化时，元件两端才有电压。电流变化越快，电压越高。当电流不变（直流电流）时，电压为零，这时电感元件相当于短路。

式（1-13）和式（1-14）也表明，电感元件中的电流不能跃变，这是电感元件的一个重要性质。如果电流跃变，则要产生无穷大的电压，对实际电感线圈来说，这当然是不可能的。

在 u、i 关联参考方向下，线性电感元件吸收的功率为

$$p=ui=Li\frac{\mathrm{d}i}{\mathrm{d}t} \tag{1-15}$$

在 t 时刻，电感元件存储的磁场能量为

$$W_{\mathrm{L}}=\frac{1}{2}Li^2(t) \tag{1-16}$$

式（1-16）表明，电感元件在某时刻存储的磁场能量只与该时刻电感元件中的电流有关。当电流增加时，电感元件从电源吸收能量，存储的磁场能量增加；当电流减小时，电感元件向外释放磁场能量。电感元件并不消耗能量，因此，电感元件是一种储能元件。

在选用电感线圈时，除了选择合适的电感量外，还需注意实际的工作电流不能超过其额定电流。否则，由于电流过大，将导致线圈发热而被烧毁。

【例 1-3】 有一电感元件，$L=0.2\mathrm{H}$，通过的电流 i 的波形如图 1-18a 所示，并设电感上 u 与 i 为关联参考方向。求：电感元件上产生的自感电动势 e_{L} 和两端电压 u 及其波形。

解： 当 $0\leqslant t\leqslant 4\mathrm{ms}$ 时，$i=t\mathrm{mA}$，所以

$$u=L\frac{\mathrm{d}i}{\mathrm{d}t}=0.2\mathrm{V}\ ,\qquad e_{\mathrm{L}}=-u=-0.2\mathrm{V}$$

当 $4\mathrm{ms}\leqslant t\leqslant 6\mathrm{ms}$ 时，$i=12-2t$㊀（i 的单位为 mA，t 的单位为 ms），所以

$$u=L\frac{\mathrm{d}i}{\mathrm{d}t}=0.2\times(-2)\mathrm{V}=-0.4\mathrm{V}\ ,\ e_{\mathrm{L}}=-u=0.4\mathrm{V}$$

e_{L} 和 u 的波形如图 1-18b、c 所示。

㊀ 本书述及的方程在运算过程中，为使运算简洁便于阅读，如对量的单位无标注及特殊说明，此方程均为数值方程，而方程中的物理量均采用 SI 单位，如电压 $U(u)$ 的单位为 V；电流 $I(i)$ 的单位为 A；功率 P 的单位为 W；无功功率 Q 的单位为 var；视在功率 S 的单位为 V · A；电阻 R 的单位为 Ω；电导 G 的单位为 S；电感 L 的单位为 H；电容 C 的单位为 F；时间 t 的单位为 s 等。

由图可见：

1）当电流增大时，e_L 为负；当电流减小时，e_L 为正。

2）若电流的变化率 $\left(\frac{\mathrm{d}i}{\mathrm{d}t}\right)$ 小，则 e_L 也小；若电流的变化率大，则 e_L 也大。

3）电感元件两端电压 u 和其中流过的电流 i 的波形是不一样的。

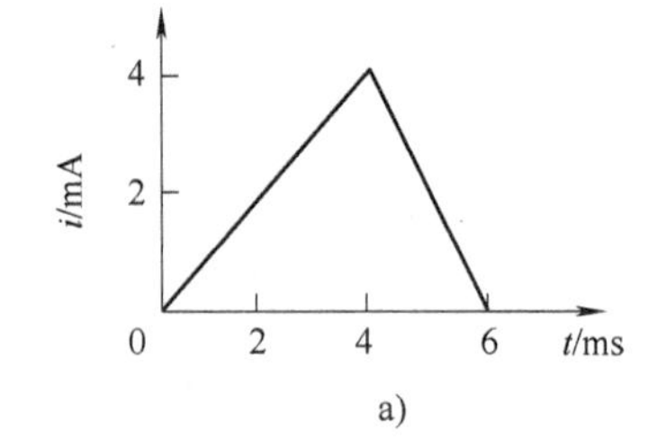

a)

b)

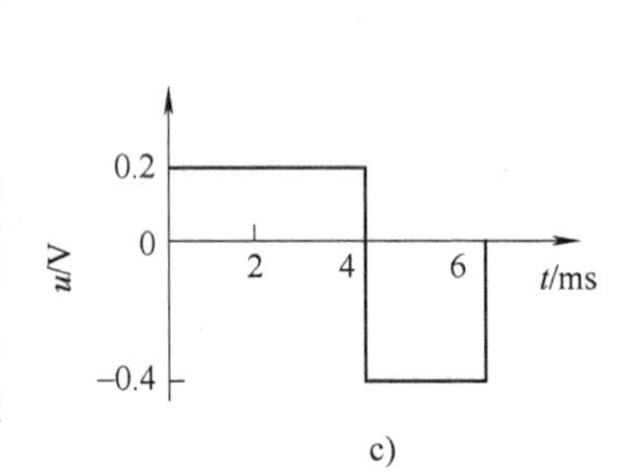

c)

图 1-18　例 1-3 图

1.3.4　电压源

1. 理想电压源

理想电压源简称为电压源，是一个二端元件，它有两个基本特点：

1）无论电压源的外电路如何变化，其两端的输出电压为恒定值 U_S。

2）通过电压源的电流取决于与之相连接的外部电路。

电压源在电路图中的符号有两种表示方法，如图 1-19 所示，其电压用 u_S 或 U_S 表示。若电压源电压的大小和方向都不随时间变化，则称为直流电压源，其电压用 U_S 表示。图中第二种符号是直流电压源的另一种表示方法，长线表示参考正极性，短线表示参考负极性。

理想电压源的伏安特性如图 1-20 所示，它是一条以 I 为横坐标且平行于 I 轴的直线，表明电压源中的电流由外电路决定，不论电流为何值，直流电压源的两端电压恒为 U_S。

图 1-19　电压源符号

图 1-20　理想电压源的伏安关系

注意：在实际应用中，电压值不相等的电压源不能并联使用，电压源也不能短路。

2. 实际电压源

理想电压源与一个内阻串联构成实际电压源。实际电压源的端电压都是随着电流的变化而变化的。例如，当电池接通负载后，其电压就会降低，这是因为电池内部存在电阻 R_0 的缘故。由此可见，实际的直流电压源可用数值等于 U_S 的理想电压源和一个内阻 R_0 串联的模型来表示，如图 1-21 所示。

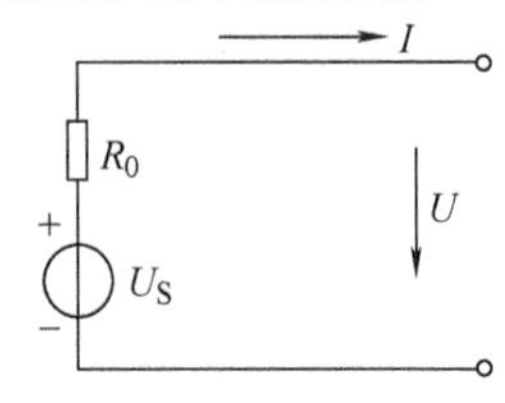

图 1-21　实际直流电压源模型

于是，实际直流电压源的端电压为

$$U = U_S - U_{R_0} = U_S - IR_0 \tag{1-17}$$

式中，U_S 的参考方向与 U 的参考方向一致，取正号；U_{R_0}的参考方向与 U 的参考方向相反，取负号。式（1-17）所描述的 U 与 I 的关系，即实际直流电压源的伏安特性，如图 1-22 所示。

【例 1-4】 图 1-23 所示电路中，直流电压源的电压 $U_S = 10V$。求：

（1）当 $R=\infty$ 时的电压 U，电流 I。

（2）当 $R=10\Omega$ 时的电压 U，电流 I。

（3）当 $R\to 0\Omega$ 时的电压 U，电流 I。

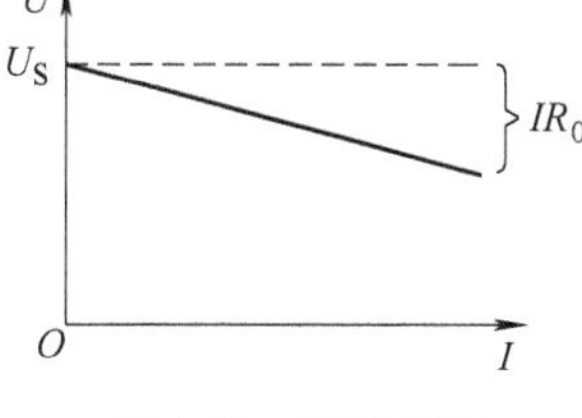

图 1-22　实际直流电压源伏安特性

解：

（1）当 $R=\infty$ 时即外电路开路，U_S 为理想电压源，$U=U_S=10V$，则

$$I = \frac{U}{R} = \frac{U_S}{R} = 0A$$

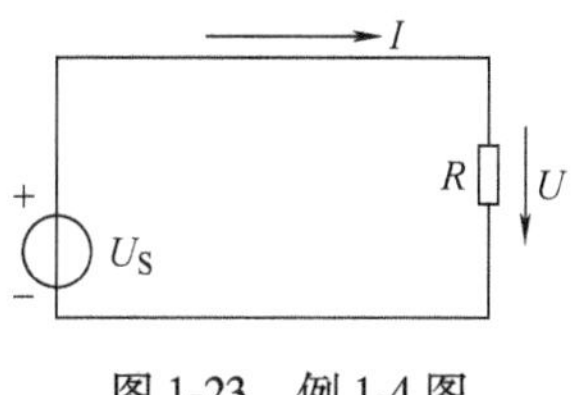

图 1-23　例 1-4 图

（2）当 $R=10\Omega$ 时，$U=U_S=10V$，则

$$I = \frac{U}{R} = \frac{U_S}{R} = \frac{10}{10}A = 1A$$

（3）当 $R\to 0\Omega$ 时，$U=U_S=10V$，则

$$I = \frac{U}{R} = \frac{U_S}{R} \to \infty$$

1.3.5　电流源

1. 理想电流源

理想电流源简称为电流源，是一个二端元件，它有两个基本特点：

1）无论电流源的外电路如何变化，其输出电流为恒定值 I_S。

2）电流源两端的电压取决于与之相连的外部电路。

电流源在电路图中的符号如图 1-24 所示，其中电流源的电流用 i_S 表示，电流源的端电压为 u_S。若 $i_S(t)$ 的大小和方向都不随时间变化，则称为直流电流源，其电流用 I_S 表示。

理想电流源的伏安特性如图 1-25 所示，它是一条以 I 为横坐标且垂直于 I 轴的直线，表明电流源端电压由外电路决定，不论其端电压为何值，直流电流源输出电流恒为 I_S。

图 1-24　理想电流源模型　　图 1-25　理想电流源伏安特性

注意：在实际应用中，不能将电流值不相等的电流源串联，也不能将电流源开路。

2. 实际电流源

理想电流源并联一个内阻就构成了一个实际电流源。实际电流源的输出电流是随着端电压的变化而变化的。例如，光电池在一定照度的光线照射下，被光激发产生的电流并不能全部外流，其中的一部分将在光电池内部流动。由此可见，实际的直流电流源可用数值等于 I_S

的理想电流源和一个内阻 R_0 并联的模型来表示，如图 1-26 所示。

于是，实际直流电流源的输出电流为

$$I = I_S - \frac{U_{ab}}{R_0} \tag{1-18}$$

式中，I_S 是实际直流电流源产生的恒定电流；$\frac{U_{ab}}{R_0}$ 是其内阻中流过的电流。

式（1-18）所描述的 U_{ab} 与 I 的关系，即实际直流电流源的伏安特性如图 1-27 所示。

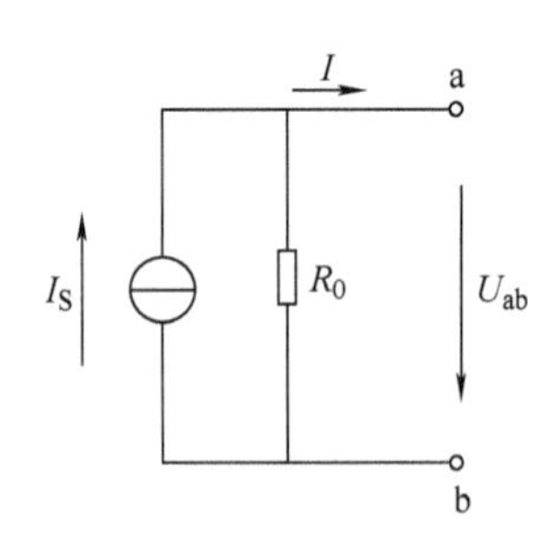

图 1-26　实际电流源模型

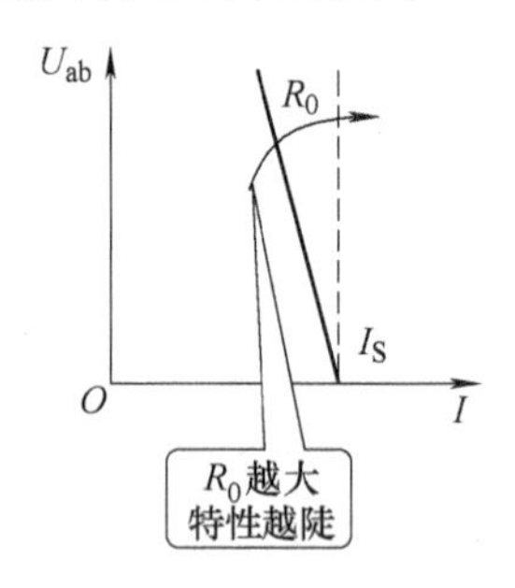

图 1-27　实际电流源伏安关系

【例 1-5】　如图 1-28 所示电路，直流电流源的电流 I_S = 1A。求：

（1）当 $R \to \infty$ 时的电流 I，电压 U。

（2）当 $R = 10\Omega$ 时的电流 I，电压 U。

（3）当 $R = 0\Omega$ 时的电流 I，电压 U。

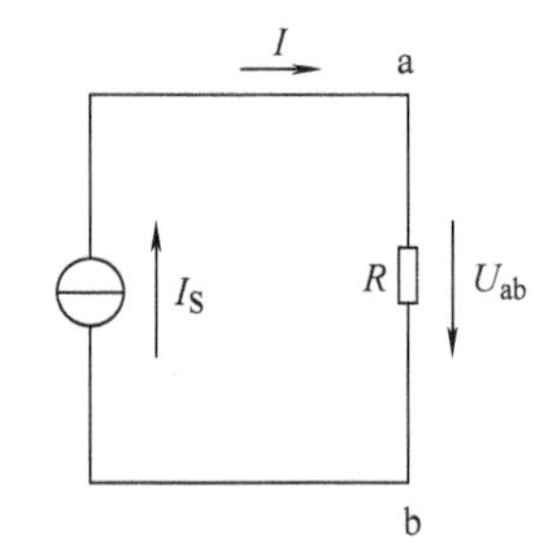

图 1-28　例 1-5 图

解：

（1）当 $R \to \infty$ 时即外电路开路，I_S 为理想电流源，故

$$I = I_S = 1\text{A} \qquad 则 \qquad U = IR \to \infty$$

（2）当 $R = 10\Omega$ 时

$$I = I_S = 1\text{A} \quad 则 \quad U = IR = I_S R = 1\text{A} \times 10\Omega = 10\text{V}$$

（3）当 $R = 0\Omega$ 时

$$I = I_S = 1\text{A} \quad 则 \quad U = IR = I_S R = 1\text{A} \times 0\Omega = 0\text{V}$$

1.3.6　受控源

受控源是一种四端元件，它含有两条支路，一条是控制支路，另一条是受控支路。受控支路为一个电压源或一个电流源，它的输出电压或输出电流（称为受控量）受另外一条支路的电压或电流（称为控制量）的控制，该电压源和电流源分别称为受控电压源和受控电流源，统称为受控源。

根据控制支路的控制量（电压或电流）的不同和被控制量（电压或电流）的不同，受控源分为四种：电压控制电流源（VCCS）、电压控制电压源（VCVS）、电流控制电流源（CCCS）、电流控制电压源（CCVS），它们在电路中的符号如图 1-29 所示。

为了与独立电源相区别，受控源采用菱形符号表示。图中控制支路为开路或短路，分别对应于受控源的控制量是电压或电流。其中 g、μ、β、r 分别是各受控源的控制系数。U_1 和

I_1 是受控源的控制量。

(1) 电压控制电流源（VCCS）

电压控制电流源如图1-29a所示，受控电流源的电流为

$$I_2 = gU_1$$

式中，g 是电压控制系数，由于和电导具有相同的单位S（西门子），g 又称为转移电导。

(2) 电压控制电压源（VCVS）

电压控制电压源如图1-29b所示，受控电压源的电压为

$$U_2 = \mu U_1$$

式中，μ 是无量纲的电压控制系数，也称为电压放大倍数。

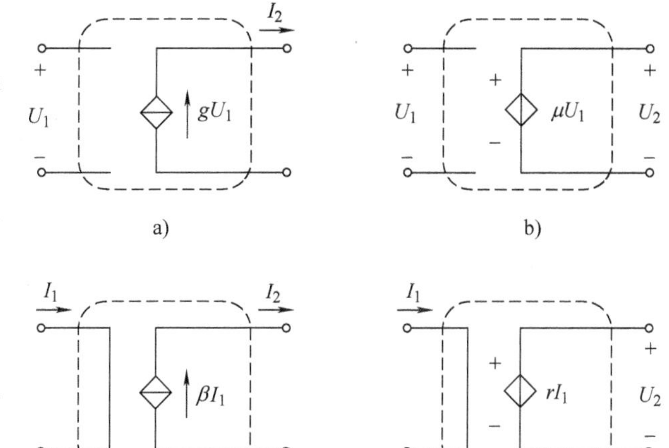

图1-29　受控源电路符号

a) VCCS　b) VCVS　c) CCCS　d) CCVS

(3) 电流控制电流源（CCCS）

电流控制电流源如图1-29c所示，受控电流源的电流为

$$I_2 = \beta I_1$$

式中，β 是无量纲的电流控制系数，也称为电流放大倍数。

(4) 电流控制电压源（CCVS）

电流控制电压源如图1-29d所示，受控电压源的电压为

$$U_2 = rI_1$$

式中，r 是电流控制系数，由于和电阻具有相同的单位Ω（欧姆），r 又称为转移电阻。

需要注意：受控源与独立电源的异同。相同点是两者性质都属电源，均可向电路提供电压或电流。不同点有以下两点：

1) 独立电源的电动势或电流是由非电能量提供的，其大小、方向与电路中的电压、电流无关。

2) 受控源的电压或输出电流受电路中某个电压或电流的控制。受控源不能脱离独立电源而独立存在，其大小、方向由控制量决定。当电路中不存在独立电源时，因无控制支路提供电压或电流，控制量为零，受控源的电压或电流也为零，受控源不起作用，此时受控电流源等效为断路，受控电压源等效为短路。

【例1-6】 如图1-30所示电路，求开路电压 U_{ab}。

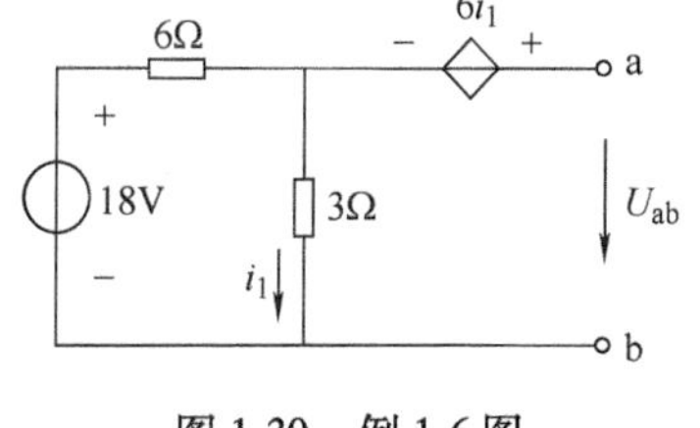

图1-30　例1-6图

解：

$$i_1 = \frac{18}{6+3}\text{A} = 2\text{A}$$

$$U_{ab} = 6i_1 + 3i_1 = 9i_1 = 18\text{V}$$

1.4　电路的工作状态

电路一般有三种工作状态：有载、开路和短路。

1. 有载

有载工作状态是指电源与负载之间形成闭合回路，或称为通路，电路中有工作电流，这是用电设备正常工作时的电路状态。在图 1-31 所示电路中，当开关 S 在“0”位时，电路处于有载工作状态。此时负载电阻 $0<R_L<\infty$，电路中的电流、电压可由下列负载侧及电源侧的方程联立求解得

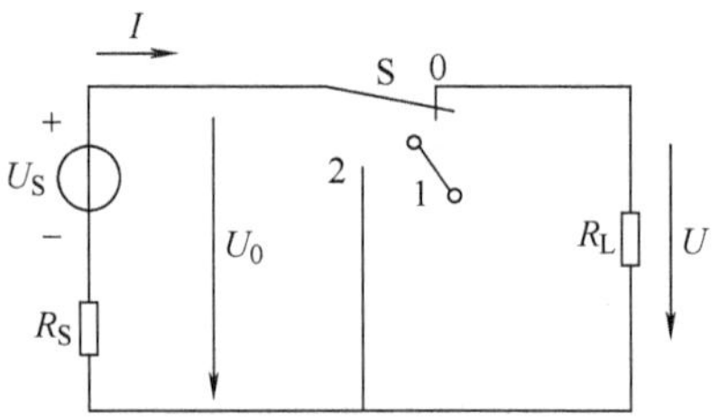

$$U = IR_L$$

$$U_0 = U_S - IR_S = U$$

图 1-31 电路的工作状态

从而解得电流 $I=U_S/(R_L+R_S)$。电路中的功率可分为负载 R_L 上的消耗功率 $P=+UI$，电源上的输出功率 $P_S=U_SI-I^2R_S$，即为电源上的发出功率减去内阻 R_S 上的消耗功率。而在整个电路中电源的发出的总功率等于电路中元件消耗的总功率，即电路功率平衡。

2. 开路

开路是指电源与负载之间没有形成闭合回路，也称之为断路，电路中没有电流，这种状态下用电设备不工作。如图 1-31 所示电路中，当开关 S 在“1”位时，电路处于开路或者断路工作状态。此时负载电阻 $R_L=\infty$，电流 $I=0$，电源端电压 $U_0=U_S$，功率 $P=P_S=0$，电源不输出功率。

3. 短路

短路是指电流未经负载而直接流回电源。在图 1-31 所示电路中，当开关 S 在“2”位时，电路处于短路工作状态。此时负载电阻 $R_L=0$，电流 $I=U_S/R_S$。短路时电流一般会很大，甚至烧毁电源，所以应尽量避免负载短路，一般需用熔丝来保护电源。短路工作状态下，负载上的功率 $P=0$，电源内阻上功率 $P_S=I^2R_S$，在内阻 R_S 上产生大量的热量。

电气设备在工作时，一般要求流过设备的电流或电压不能超过额定值。额定值是由元件本身的材质决定的，是长期运行允许的最大值。实际值指的是实际运行时的数值，基于安全考虑，要求实际值要小于或等于额定值。电路元件的额定值为元件制造时所规定的元件长期正常工作中所允许的最大电压、电流及功率的值，额定电压、电流及功率的符号记为 U_N、I_N、P_N。电路在实际工作中，若为满载，即额定工作状态，则电量实际值即为额定值；若为轻载或空载，则电量实际值小于额定值；若为重载，则电量实际值大于额定值。

注意：电源的额定功率是指电源上的额定输出功率 $P_S=U_SI_N-I_N^2R_S$，而不是指电源上的发出功率 U_SI_N。

1.5 基尔霍夫定律

基尔霍夫定律是电路中电压和电流所遵循的基本规律，是分析和计算较为复杂电路的基础。基尔霍夫定律包括基尔霍夫电流定律（KCL）和基尔霍夫电压定律（KVL），可以分别列写电流方程和电压方程。

基尔霍夫定律既可以用于直流电路的分析，也可以用于交流电路的分析，还可以用于含有电子元件的非线性电路的分析。基尔霍夫定律是反映电路连接特性的定律，而与元件性质无关。

在讨论基尔霍夫定律之前，先介绍几个电路的专用术语，参考图1-32所示电路。

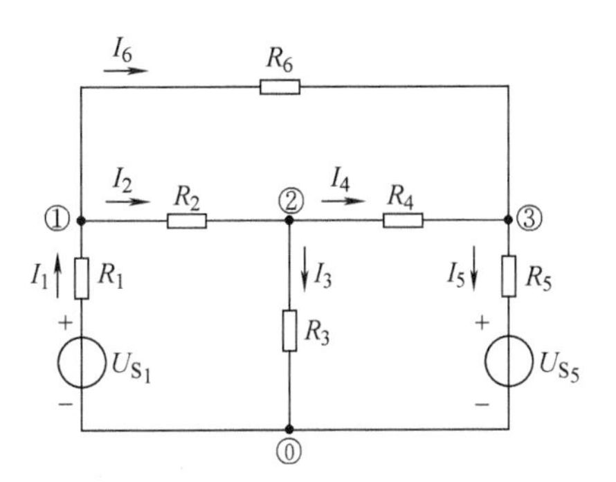

图1-32　基尔霍夫电流定律

1）支路（branch）：支路是指电路中的每一个分支。一条支路流过一个电流，称为支路电流，不同的支路流过不同的支路电流。图1-32所示电路共有6条支路，有6个不同的支路电流。通常用 b 表示支路数。支路中如含有电源，则称为有源支路；支路中如没有电源，则称为无源支路。

2）节点（node）：3条或3条以上支路的连接点称为节点，图1-32所示电路共有4个节点，分别是节点⓪、①、②和③。通常用 n 表示节点数。

3）回路（loop）：电路中任一闭合路径称为回路。图1-32所示电路共有7个回路，分别是⓪①②⓪、⓪②③⓪、①②③①、①②③⓪①、⓪②③①⓪、⓪②①③⓪和⓪①③⓪。

4）网孔（mesh）：网孔是指内部不含支路的回路。图1-32所示电路共有3个网孔，分别是⓪①②⓪、⓪②③⓪和①②③①。

1.5.1　基尔霍夫电流定律

KCL　任一瞬间，对于电路的任一节点，与该节点相连的所有支路电流代数和等于零。

对于节点 k，KCL用公式表示为

$$\text{节点}\ k\text{：}\sum_{n=1}^{N} I_n = 0 \tag{1-19}$$

式中，N 是第 k 个节点上所连的支路数。

公式中的符号可约定为：流入节点的电流为正号，流出节点的电流为负号，或者相反约定也可以。对如图1-32所示电路，可以列写KCL方程为

$$\begin{aligned}&\text{节点 ①：} +I_1 - I_2 - I_6 = 0\\&\text{节点 ②：} +I_2 - I_3 - I_4 = 0\\&\text{节点 ③：} +I_4 - I_5 + I_6 = 0\end{aligned} \tag{1-20}$$

式（1-20）可改写为

$$\begin{aligned}&\text{节点 ①：} I_1 = I_2 + I_6\\&\text{节点 ②：} I_2 = I_3 + I_4\\&\text{节点 ③：} I_4 + I_6 = I_5\end{aligned} \tag{1-21}$$

即得到KCL的另一种表述：任一瞬间，对于电路的任一节点，流入该节点的支路电流之和等于流出该节点的支路电流之和。

KCL的推广应用： KCL不仅适合于电路中的任一节点，也可推广到包围部分电路的任一闭合平面。这时可将闭合平面看作一个广义节点，例如，图1-33a中虚线框所包围的部分可作为一个广义节点，则 $-I_1+I_2+I_6=0\text{A}$。根据广义节点的KCL，可直接判断图1-33b所示电路中间支路的电流 $I=0\text{A}$。

需要明确的是：

1）KCL是电荷守恒和电流连续性原理在电路中任意节点处的反映。

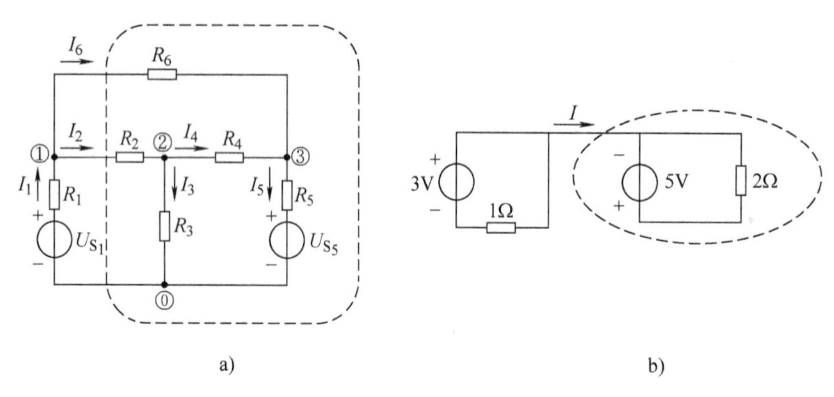

图 1-33 KCL 的推广应用

2）KCL 是对支路电流加的约束，与支路上接的是什么元件无关，与电路是线性还是非线性无关。

3）KCL 电流方程是按电流参考方向列写的，与电流实际方向无关。

4）计算中，电流本身也应带数值符号，该符号不能与 KCL 方程中的公式符号相混淆。

1.5.2 基尔霍夫电压定律

KVL：任一瞬间，对于电路的任一闭合回路，各个元件的电压代数和等于零。

用公式表示为

回路 k：
$$\sum_{j=1}^{M} U_j = 0 \tag{1-22}$$

式中，M 是第 k 个回路中元件的个数。

公式中的符号约定为：与回路参考绕向一致的电压取正，否则为负。对图 1-34 所示电路，可列写 KVL 方程为

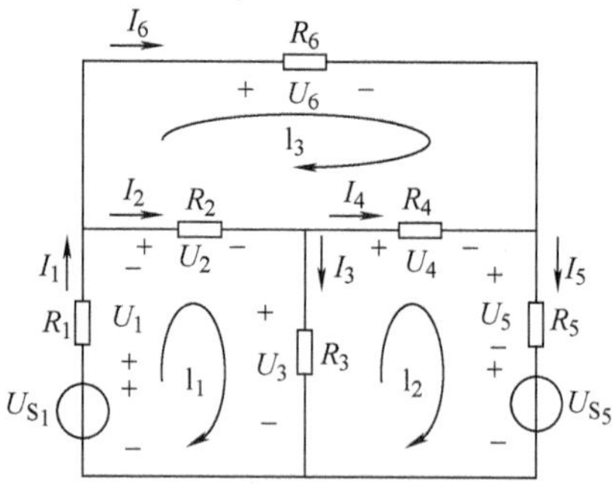

$$\begin{aligned}&\text{回路 1：}U_1 + U_2 + U_3 - U_{S_1} = 0\\&\text{回路 2：}-U_3 + U_4 + U_5 + U_{S_5} = 0\\&\text{回路 3：}-U_2 + U_6 - U_4 = 0\end{aligned} \tag{1-23}$$

图 1-34 基尔霍夫电压定律

在 KVL 方程中，也可结合反映支路上电压、电流关系的欧姆定律，则 KVL 方程可改写为

$$\begin{aligned}&\text{回路 1：}R_1I_1 + R_2I_2 + R_3I_3 - U_{S_1} = 0\\&\text{回路 2：}-R_3I_3 + R_4I_4 + R_5I_5 + U_{S_5} = 0\\&\text{回路 3：}-R_2I_2 + R_6I_6 - R_4I_4 = 0\end{aligned} \tag{1-24}$$

由式（1-24）可知，KVL 方程可写成如下形式，即

$$\text{回路 } k\text{：}\sum_{j=1}^{M}(\pm I_jR_j \pm U_{S_j}) = 0 \tag{1-25}$$

公式中的正负号可按以下规则约定：若回路的循行方向与电阻上的电流方向一致，则 I_jR_j 项前取正号，反之，取负号。循行时，若先遇电压源正极，则 U_{S_j} 项前取正号，反之，取负

号。

KVL 的推广应用：KVL 也适用于开口电路上。如图 1-35a 所示电路，考虑到端口电压，可以作为一个广义回路，因此可根据 KVL 列电压方程为

$$U_{ab} + RI + U_S = 0 \tag{1-26}$$

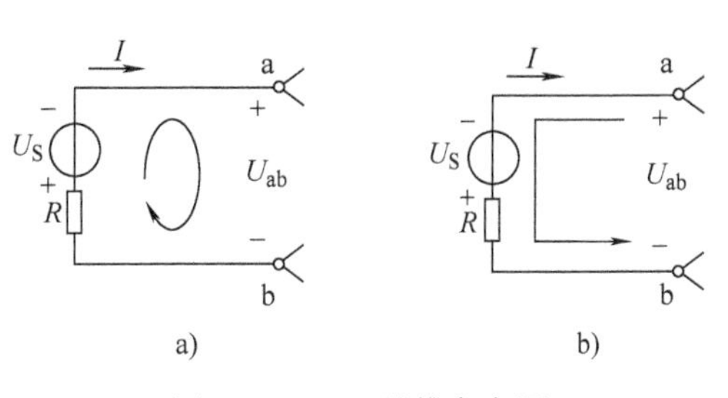

图 1-35　KVL 的推广应用

式（1-26）可改写为

$$U_{ab} = - U_S - RI \tag{1-27}$$

式（1-27）反映了电压与路径无关，可由图 1-35b 所示电路直接得出。

需要明确的是：

1）KVL 的实质反映了电路遵从能量守恒定律。

2）KVL 是对回路电压加的约束，与回路各支路上接的是什么元件无关，与电路是线性还是非线性无关。

3）KVL 电压方程是按电压参考方向列写的，与电压实际方向无关。

4）计算中，电压本身也应带数值符号，该符号也同样不能与 KVL 方程中的公式符号相混淆。

1.5.3　独立方程个数的讨论

对于一般复杂电路，可以应用基尔霍夫电流定律和电压定律列出方程，以便对电路进行分析和计算。如果电路具有 b 条支路，n 个节点，那么究竟可以列出多少个独立方程呢？在图 1-32 所示电路中，共有 4 个节点，根据 KCL 对节点⓪可以列出

$$- I_1 + I_3 + I_5 = 0 \tag{1-28}$$

式（1-28）等于式（1-20）中的 3 个方程之和，所以它不是一个独立方程。

结论：一般而言，对具有 n 个节点的电路只能得到（$n-1$）个独立 KCL 电流方程。由于图 1-34 所示电路共有 4 个节点，所以只能列出 3 个独立电流方程。

在图 1-34 所示电路中，根据 KVL 对外围回路列出电压方程，有

$$R_1I_1 + R_6I_6 + R_5I_5 + U_{S_5} - U_{S_1} = 0 \tag{1-29}$$

式（1-29）等于式（1-24）中的 3 个方程之和，所以它不是一个独立方程。

结论：一般而言，对具有 n 个节点，b 条支路的电路只能得到 $b-(n-1)$ 个独立 KVL 电压方程。对平面电路而言，独立的电压方程的个数等于电路的网孔数。由于图 1-32 所示电路共有 3 个网孔，所以只能列出 3 个独立电压方程。

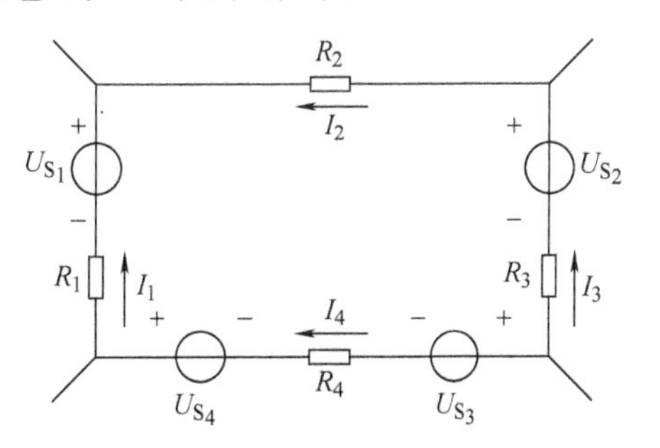

图 1-36　例 1-7 电路图

【例 1-7】　电路如图 1-36 所示，利用 KVL 列写回路的电压方程。

解：先为回路任意设一个循行方向，假定顺时针为循行方向，则可根据 KVL 列写电压方程，有

$$I_1R_1 - U_{S_1} - I_2R_2 - I_3R_3 + U_{S_2} + U_{S_3} + I_4R_4 - U_{S_4} = 0$$

【例 1-8】 利用 KCL 和 KVL 求图 1-37a 所示电路中的电流 I_1、I_2 和 I_3。

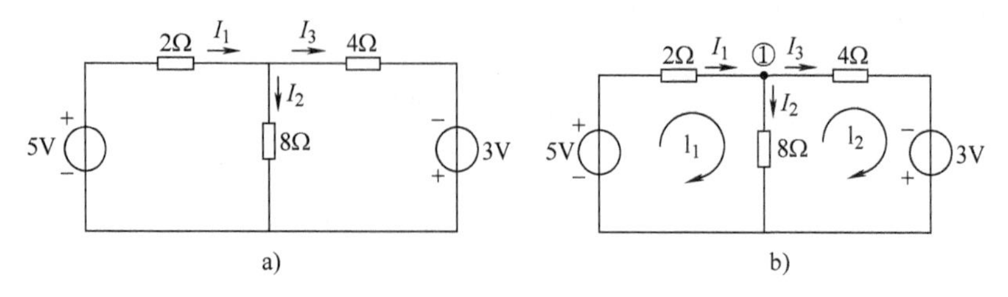

图 1-37 例 1-8 电路图

a）题图 b）图解说明

解：

1）该电路可列一个独立 KCL 方程和两个独立 KVL 方程。对图 1-37b 所示电路节点①列 KCL 方程

$$I_1 - I_2 - I_3 = 0$$

2）对图 1-37b 的回路 1 和回路 2 列 KVL 方程

$$2I_1 + 8I_2 - 5 = 0$$

$$-8I_2 + 4I_3 - 3 = 0$$

3）联立求解方程组，得

$$I_1 = 1.5\text{A}, \quad I_2 = 0.25\text{A}, \quad I_3 = 1.25\text{A}$$

【例 1-9】 利用 KCL 和 KVL 求图 1-38a 所示电路中的电压 U。

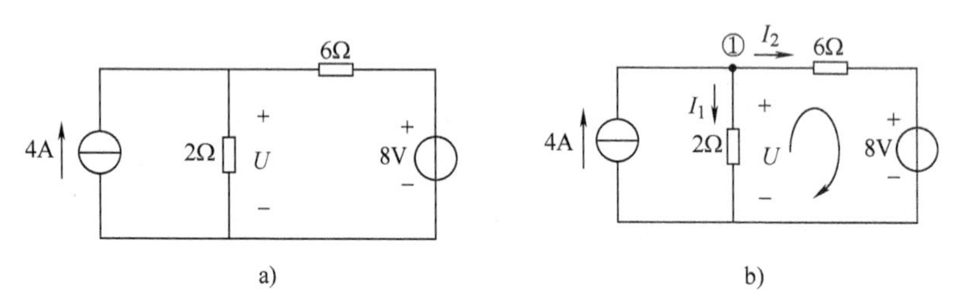

图 1-38 例 1-9 电路图

a）题图 b）图解说明

解：如图 1-38b 所示电路中，由欧姆定律得

$$I_1 = \frac{U}{2}$$

对图 1-38b 的节点①列 KCL 方程如下：$I_1 + I_2 = 4$，即 $I_2 = 4 - \dfrac{U}{2}$

对图 1-38b 的回路列 KVL 方程如下：$-U + 6I_2 + 8 = 0$，即 $-U + 6\left(4 - \dfrac{U}{2}\right) + 8 = 0$

解得

$$U = 8\text{V}$$

1.6　电位的概念及计算

1.6.1　电位的概念

在分析电路时，常会涉及对电路中某一点的电位进行计算的问题（尤其在电子线路中），如何计算电路中各点的电位呢？首先必须先选定电路中某一点作为参考点，参考点用o或⊥表示，称为接地（并非真的与大地相连接），规定参考点的电位 $V_o=0V$ 。

某点k的电位可定义为：k点到电位参考点o的电压（规定参考点处为参考负极性），用公式表示为

$$V_k = U_{ko}\big|_{V_o=0} \tag{1-30}$$

根据KVL，两点间的电压等于两点上电位的差。用公式表示为

$$U_{ab} = V_a - V_b \tag{1-31}$$

两点间的电压是一确定的值，不随电位参考点的位置变动而变化，而电路每点上的电位将随电位参考点的变动而变化。

应用电位的概念可以简化电路。如图1-39所示，图1-39b为图1-39a所示电路的习惯画法。在电路中，把电压源的一端按电压源的极性，用电压源的值表示为该端点的电位值，而另一端为电位参考点，不在电路图中出现。

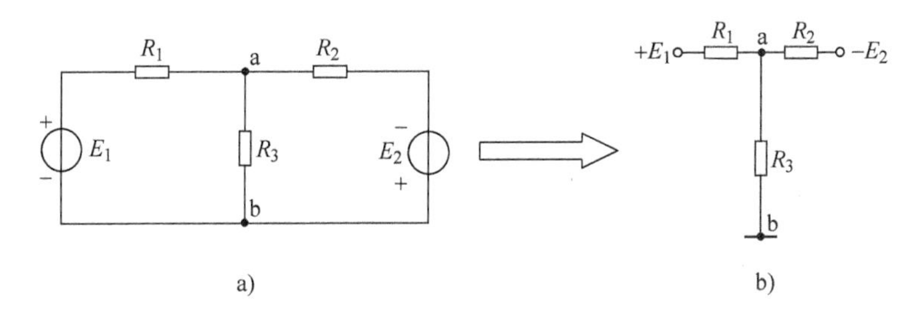

图1-39　电子电路图的习惯画法

a）原电路图　b）用电位表示的简化画法

1.6.2　电位的计算

根据电位的定义，用式（1-30）来计算各点的电位，即可以在电路中从k点到o点任意找一条路径，计算该路径上所有元件上的电压代数和。

【例1-10】　在图1-40所示电路中，已知 $U_{ab}=5V$，分别以a和b作为参考点，计算a、b两点的电位。

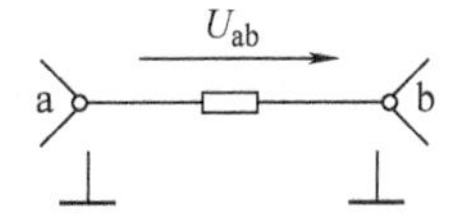

图1-40　例1-10图

解：

$$U_{ab} = V_a - V_b$$

1）以b点为电位参考点时，$V_b=0V$，所以 $V_a=5V$。

2）以a点为电位参考点时，$V_a=0V$，所以 $V_b=-5V$。

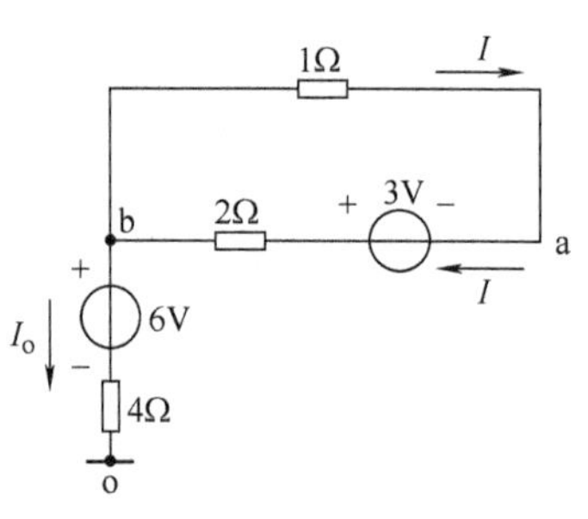

图 1-41 例 1-11 图

【例 1-11】 在图 1-41 所示电路中，以 o 为参考点，求 a、b 两点的电位。

解： 若 o 点为电位参考点，则 $V_o=0V$。

由 KCL 可分析 $I_o=0$，则 $V_b=U_{bo}=6V$。

可列写如图 1-36 所示电路中上方回路的 KVL 方程，有

$$I(1+2)=3$$

所以 $I=1A$，则 $U_{ab}=-1V$

$$U_{ab}=V_a-V_b$$

所以 $V_a=U_{ab}+V_b=-1V+6V=5V$

本 章 小 结

本章主要讨论了电路分析与计算中的基本概念和基本定律。

1. 基本概念

（1）电路的组成及模型

电路一般由电源、负载和中间环节三部分组成。本书分析的电路都是指电路模型。它由电阻 R、电感 L、电容 C 及电压源 U_S、电流源 I_S 或者受控源等组成。

（2）电路的电流、电压及其参考方向

在电路分析与计算中，必须首先设定有关电流、电压的参考方向。只有在确定的电流、电压参考方向下，才有对应的分析计算的公式符号，以及对应的电流、电压的数值符号。无电压、电流参考方向的电路分析计算都是无依据的，严格地说都是错误的。这是电路分析计算中一个非常重要的概念。

（3）电位的概念及计算

k 点的电位 V_k 为 k 点到参考点 o 的电压 U_{ko}。电位 V_k 的计算就是用电路分析方法计算电压 U_{ko}。利用电位的概念可以化简电路。

（4）功率的计算及物理意义

消耗功率的计算公式为 $P=\pm UI$。元件上 U、I 的参考方向为关联时，取正号，反之，取负号。再根据 P 的数值符号确定 P 的物理意义，若 $P>0$，元件为吸收功率，其性质为负载。若 $P<0$，元件为发出功率，其性质为电源。

（5）电路的三种工作状态

电路一般有三种工作状态：有载、开路及短路。

2. 电路元件及伏安关系

元件的伏安关系是指流过元件的电流和元件两端电压之间的关系，是元件本身的约束。元件按其能量特性分为无源元件和有源元件；按其外部端钮或端口数目分为二端或一端口元件和多端或多端口元件。对无源二端元件（电阻、电容、电感）的伏安关系归纳见表 1-1。

表 1-1　线性电阻、电容及电感元件的伏安关系

元件	线性电阻	线性电容	线性电感
定义	端电压 u 和流过的电流 i 呈线性函数关系的二端元件	流过的电流 i 和端电压 u 呈微分关系的二端元件	端电压 u 和流过的电流 i 呈微分关系的二端元件
电路模型			
伏安特性	$u=Ri$ $i=Gu$ $\left(G=\frac{1}{R}\right)$	$i = C\frac{\mathrm{d}u}{\mathrm{d}t}$	$u = L\frac{\mathrm{d}i}{\mathrm{d}t}$
元件性质	耗能，无记忆元件	储能，记忆元件	储能，记忆元件
功率	$p = ui = Ri^2$	$p = ui = uC\frac{\mathrm{d}u}{\mathrm{d}t}$	$p = ui = Li\frac{\mathrm{d}i}{\mathrm{d}t}$
能量	$W = \int_0^t ui\mathrm{d}t = \int_0^t i^2R\mathrm{d}t$	$W_c = \frac{1}{2}Cu^2(t)$	$W_L = \frac{1}{2}Li^2(t)$

受控源是反映电子器件物理性能的一种理想元件，与独立源不同，它不能直接起激励作用，其电压或电流都不是给定的时间函数，而是受电路中另一支路的电压或电流的控制。这样，受控源就有了“控”与“被控”的两条支路、两个端口和四种类型。

学习受控源要注意掌握它的受控关系、端口特性以及与独立源的区别。受控源（受控电压源或受控电流源）的性质由电路模型决定，而不是由控制量决定。当控制系数为常数时，受控源的电压或电流是控制电压或电流的线性函数。

3. 基尔霍夫定律

基尔霍夫定律是反映电路连接特性的定律，与元件性质无关。包括基尔霍夫电流定律（KCL）和基尔霍夫电压定律（KVL）两个分定律，分别是组成电路的各支路电流的约束关系和各支路电压的约束关系，是分析节点处各电流和回路中各电压的依据，见表 1-2。

表 1-2　KCL 与 KVL 的概况

定律简称	KCL	KVL
约束关系	节点处各电流的相互约束	回路中各电压的相互约束
定律表述	任一瞬间，对于电路的任一节点，与该节点相连的所有支路电流代数和等于零。（流入为正流出为负）	任一瞬间，对于电路的任一闭合回路，各个元件的电压代数和等于零。（与回路参考绕向一致的电压取正，否则为负）
数学式	$\sum_{n=1}^{N} I_n = 0$	$\sum_{j=1}^{M} U_j = 0$
物理实质	电流连续性和电荷守恒的表现	能量守恒和电位单值性的结果
使用范围	取决于电路的拓扑结构，与电路元件性质无关，适用于一切集总参数电路。可推广于广义节点（闭合面）	取决于电路的拓扑结构，与电路元件性质无关，适用于一切集总参数电路。可推广于假想回路

习　题

一、填空题

1）电流所经过的路径叫作________，通常由________、________和________三部分组成。

2）电流和电压的参考方向相同，称为________________________，否则称为__________________。

3）电路的三种工作状态是________、________、________。

4）用电流表测量电流时，应把电流表________在被测电路中；用电压表测量电压时，应把电压表与被测电路________。

5）衡量非电场力做功本领的物理量称为________，它只存在于________内部，其参考方向规定由________电位指向________电位，与________的参考方向相反。

6）电路中任意一个闭合路径称为________；三条或三条以上支路的交点称为________。

7）电路中电位的参考点发生变化后，其他各点的电位________，元件两端的电压________。

8）在直流电路中，电感可以看作________，电容可以看作________。

9）电阻是________元件，电感是存储________能量的元件，电容是存储________能量的元件。

10）当电压、电流为关联参考方向时，线性电容元件的伏安特性方程为________。

11）当电压、电流为关联参考方向时，线性电感元件的伏安特性方程为________。

12）无源二端理想电路元件包括________元件、________元件和________元件。

13）理想电压源输出的________值恒定，输出的________由它本身和外电路共同决定；理想电流源输出的________值恒定，输出的________由它本身和外电路共同决定。

14）恒压源内阻等于________，实际电压源是恒压源和内阻________；恒流源内阻等于________，实际电流源是恒流源和内阻________。

15）受控源不能脱离____________独立存在。

16）________定律体现了线性电路元件上电压、电流的约束关系，与电路的连接方式无关；________定律则是反映了电路的整体规律，其中________定律体现了电路中任意节点上汇集的所有________的约束关系，________定律体现了电路中任意回路上所有________________的约束关系，具有普遍性。

二、分析计算

1-1　题1-1图中，5个元件的电流、电压参考方向如图所示，并已知：$I_1=-2\text{A}$，$I_2=6\text{A}$，$I_3=8\text{A}$，$U_1=140\text{V}$，$U_2=-90\text{V}$，$U_3=60\text{V}$，$U_4=-80\text{V}$，$U_5=30\text{V}$。

（1）说明各电流、电压的实际方向。

（2）判断哪些元件为电源？哪些元件为负载？

1-2　题 1-2 图中，已知：$U=10\text{V}$，$I_1=-2\text{A}$，$I_2=3\text{A}$。试判断哪些元件为电源？哪些元件为负载？

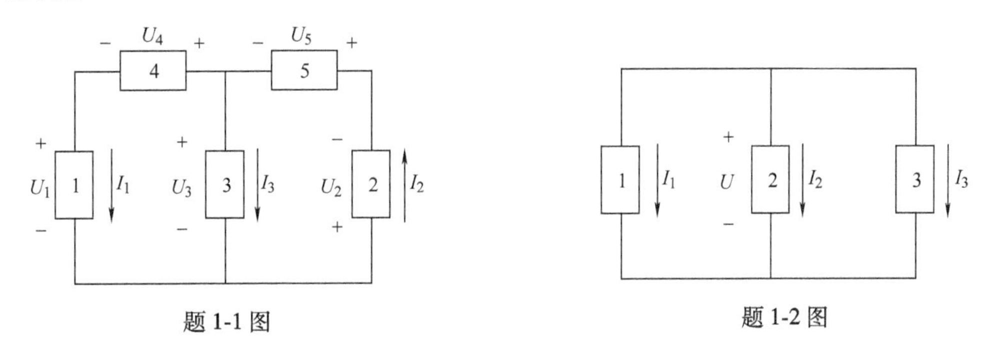

题 1-1 图　　　　题 1-2 图

1-3　题 1-3 图中，已知：$U_1=30\text{V}$，$U_2=80\text{V}$，$I_1=3\text{mA}$，$I_2=1\text{mA}$。试确定电路中元件 3 的电流 I_3 和其两端电压 U_3，并说明其元件性质（电源或负载）。校验整个电路的功率是否平衡。

1-4　有一直流电源，其额定功率 $P_N=200\text{W}$，额定电压 $U_N=50\text{V}$，内阻 $R_0=0$，负载电阻 R_L 可以调节。

试求：（1）额定工作状态下电路中的电流及负载电阻。

（2）开路工作状态下的电源端电压。

（3）电源短路状态下电路中的电流。

1-5　题 1-5 图中，根据图示电流、电压参考方向，列出各支路的电压方程。

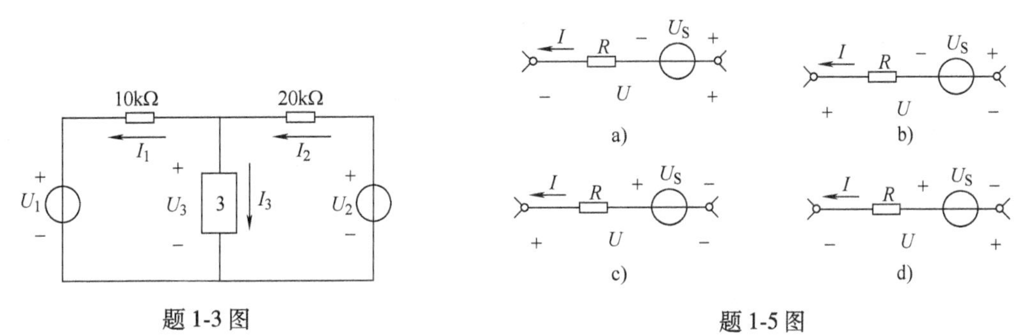

题 1-3 图　　　　题 1-5 图

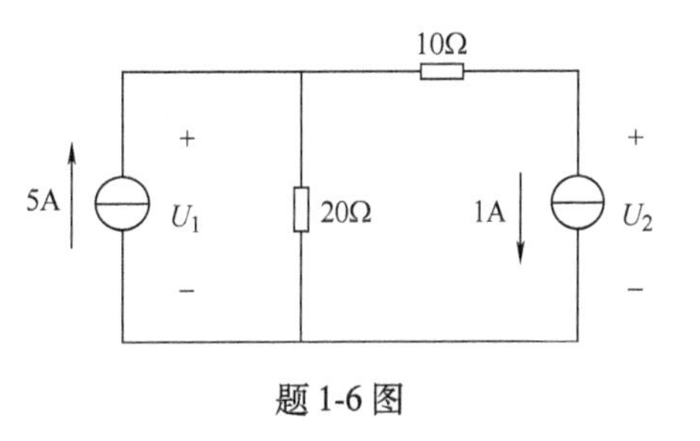

题 1-6 图

1-6　题 1-6 图中，试求电流源的电压 U_1 及 U_2，并说明两个电流源的元件性质（电源或负载），校验整个电路的功率是否平衡。

1-7　题 1-7 图中，已知：$I_1=0.01\mu\text{A}$，$I_2=0.3\mu\text{A}$，$I_5=9.61\mu\text{A}$。试求电流 I_3、I_4、I_6。

1-8　题 1-8 图中，$U_1=10\text{V}$，$E_1=4\text{V}$，$E_2=2\text{V}$，$R_1=4\Omega$，$R_2=2\Omega$，$R_3=5\Omega$。试求开路电压 U_2。

1-9　题 1-9 图中，求各电路的开路电压。

1-10　题 1-10 图中，求电流 I、电位 V_a 及电源 U_S 的值。

1-11　题 1-11 图中，求每个电源发出的功率。

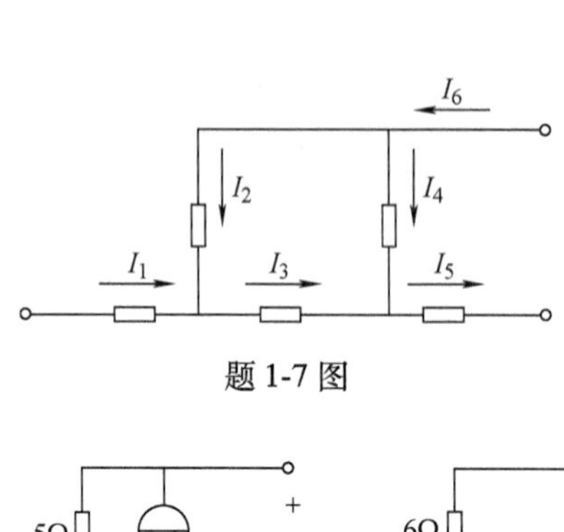

题 1-7 图

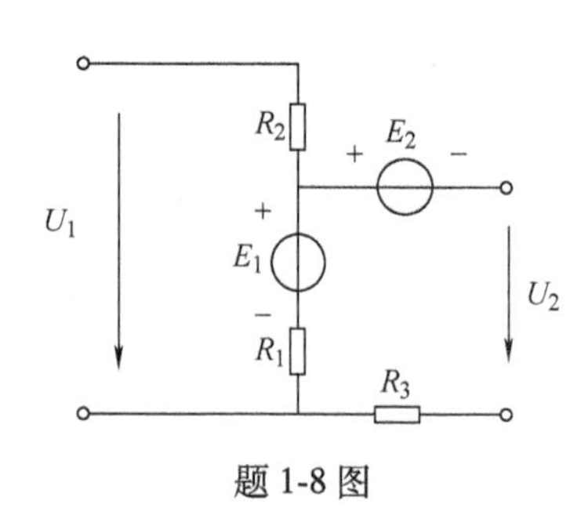

题 1-8 图

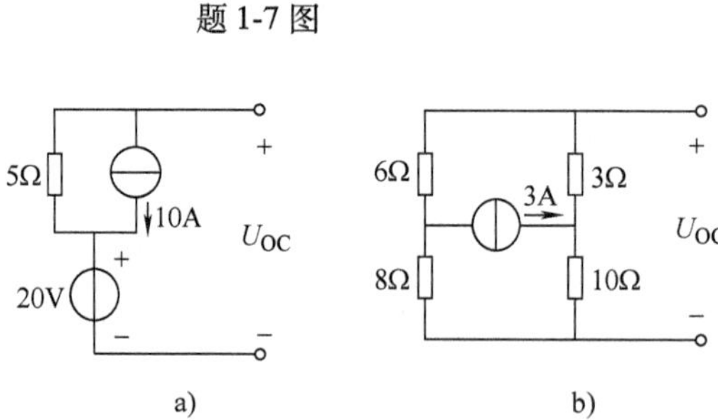

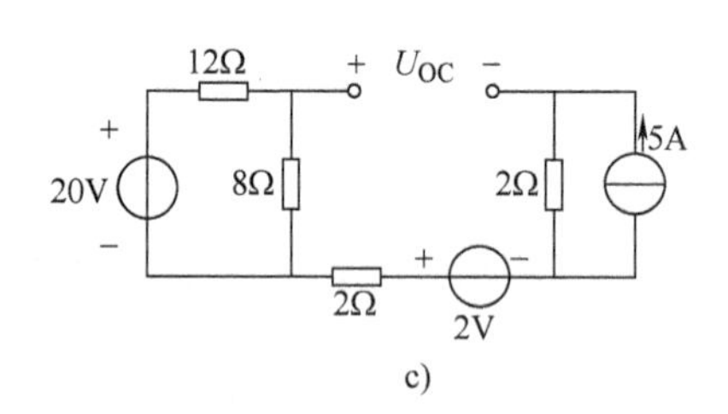

题 1-9 图

1-12 题 1-12 图中，分别求各个电路中的 U 和 I。

1-13 题 1-13 图中含有受控源，求图 a 中电压 u 以及图 b 中 2Ω 电阻上消耗的功率 P。

1-14 题 1-14 图中，求图 a 电路中的电流 i，图 b 电路中的开路电压 U_{OC}，以及图 c 电路中受控源吸收的功率 P。

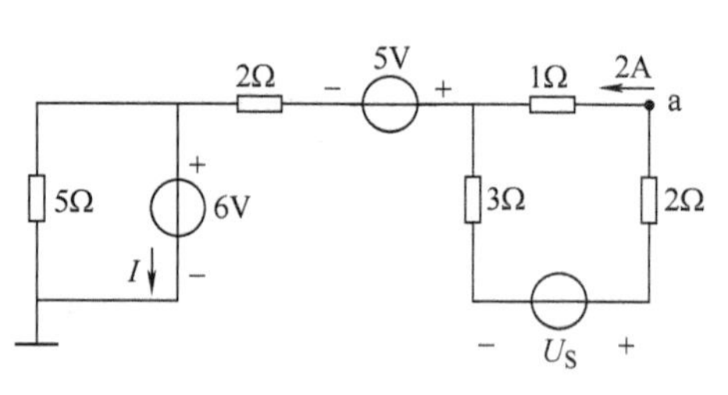

题 1-10 图

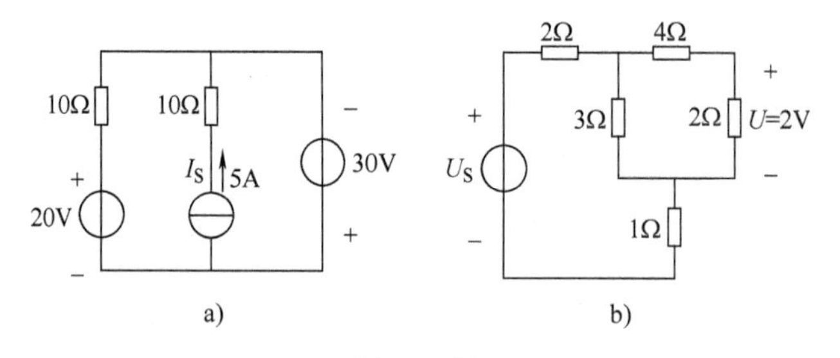

题 1-11 图

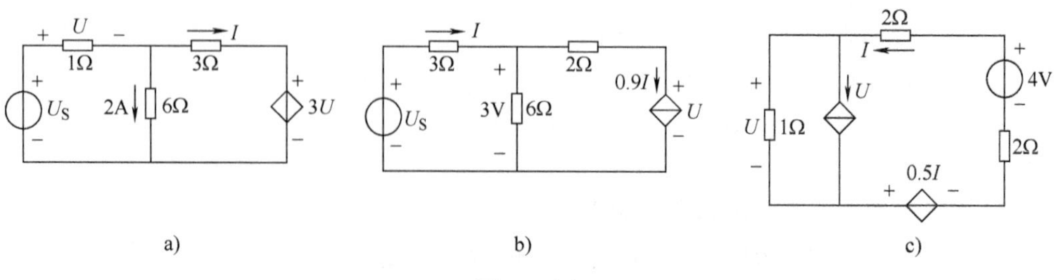

题 1-12 图

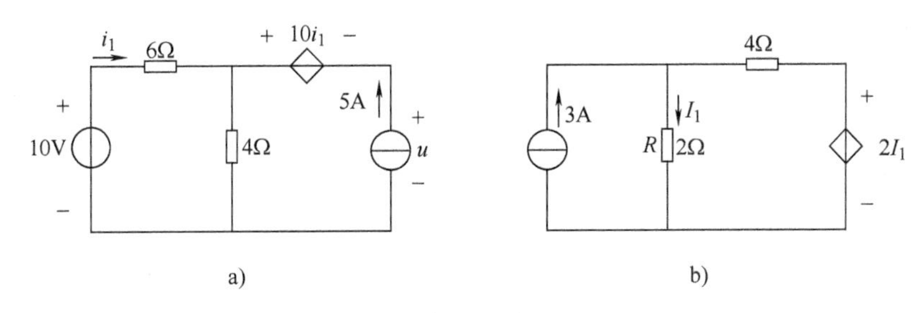

题 1-13 图

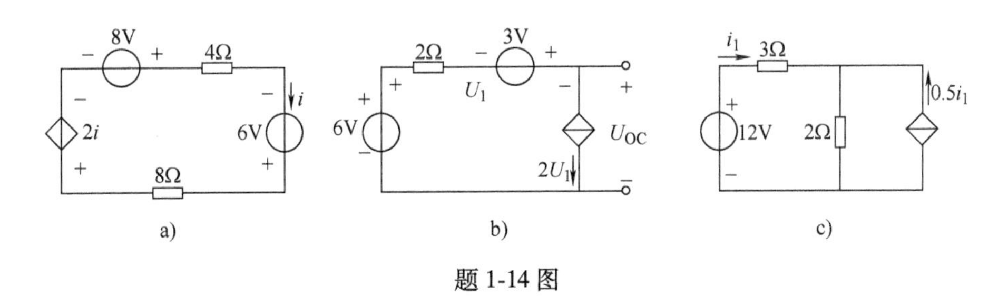

题 1-14 图

1-15　题 1-15 图中，试求 A 点的电位。

1-16　题 1-16 图中，试求 A 点及 B 点的电位，如将 A、B 两点直接连接或接一电阻，对电路原工作状态有无影响?

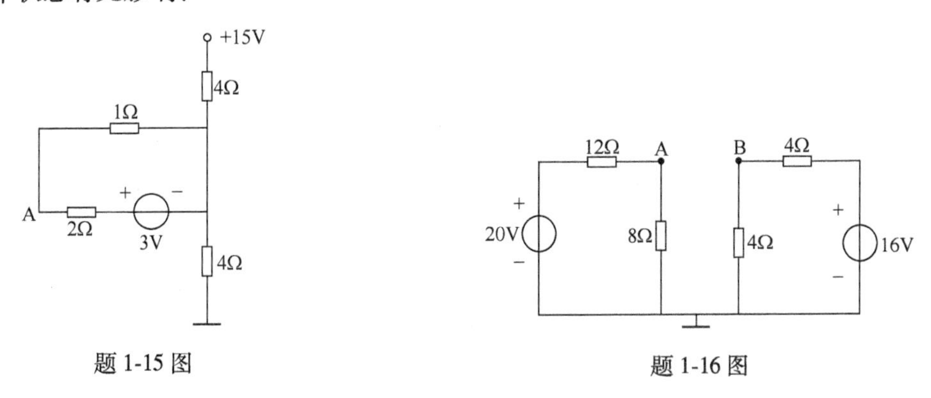

题 1-15 图　　　　题 1-16 图

1-17　题 1-17 图中，在 S 开关断开和闭合两种情况下，试求 A 点的电位。

1-18　题 1-18 图中，试求 A 点的电位。

1-19　题 1-19 图中，电压源上的电流 $I = 1\text{A}$，试求电阻 R 及 B 点的电位 V_B。

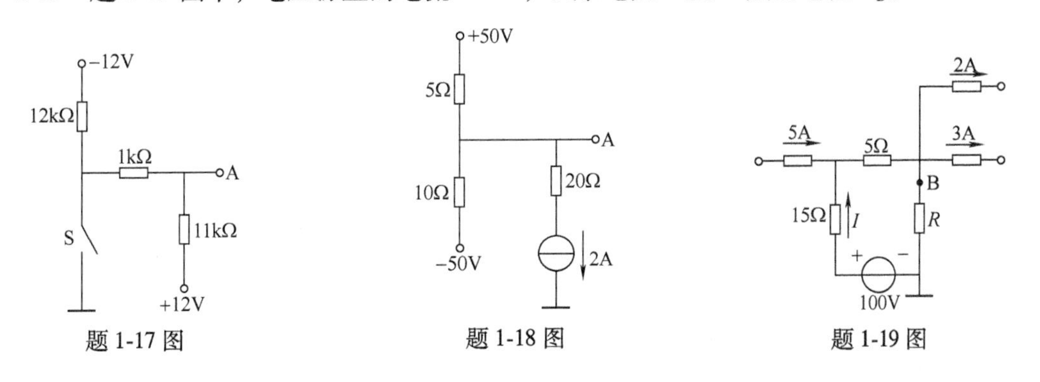

题 1-17 图　　题 1-18 图　　题 1-19 图

1-20　题 1-20 图中，求标有问号的电参数。

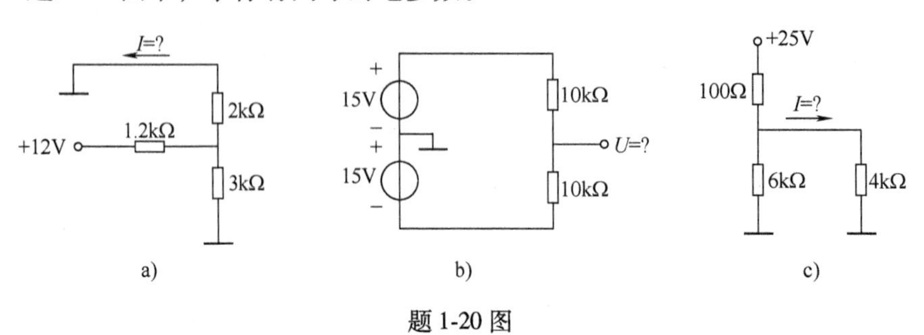

题 1-20 图

第 2 章　电阻电路的分析方法

电路分析与计算时用到的最基本定律是欧姆定律和基尔霍夫定律。但是对于过于复杂的电路，往往仅按基本定律计算时，计算过程极为复杂。因此，要根据电路的结构特点去寻找电路的最简便有效的分析方法。本章以电阻电路为例，介绍几种常用的电路分析方法以及输入电阻的计算方法。电路的分析方法主要包括：电阻及电源的等效变换、支路电流法、网孔（回路）电流法、节点电压法。这几种方法的优缺点具有互补性，熟练掌握这些方法的特点，有利于在分析电路时灵活选择合适的分析方法。

本章学习要点：

- 电阻的串并联、Y联结、△联结及等效变换
- 电源的串联、并联及等效变换
- 支路电流法
- 节点电压法
- 回路电流法和网孔电流法
- 输入电阻的分析和计算

2.1　电路分析中的等效变换概念

2.1.1　二端网络的概念

任何一个复杂的电路，不管其内部结构如何，若向外引出两个端子，且从一个端子流入的电流等于从另一端子流出的电流，则称这一电路为二端网络（或单端口电路），如图 2-1 所示。若二端网络仅由无源元件构成，则称为无源二端网络。如果二端网络内部含有电源，则称为有源二端网络。

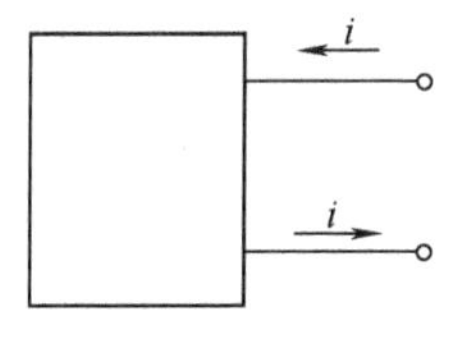

图 2-1　二端网络

2.1.2　二端网络的等效变换

如果电路结构、元件参数完全不同的两个二端网络具有相同的电压、电流关系即相同的伏安关系（VCR），则这两个二端网络称为等效网络。等效网络在电路中可以相互代换，这种“代换”称为等效变换。

如图 2-2 所示，结构和参数完全不相同的两个二端网络 B 与 C，当它们的端口具有相同的伏安关系时，称 B 与 C 是等效的电路，二者可以相互等效变换。

当电路进行分析和计算时，利用二端网络的等效变换可以把电路中某一部分化简。即用如图 2-3b 所示的一个较为简单的二端网络 C（等效电路）代换如图 2-3a 所示的二端网络 B。

代换前的电路和代换后的电路对任意外电路 A 中的电流、电压和功率而言是等效的。

图 2-2 等效二端电路

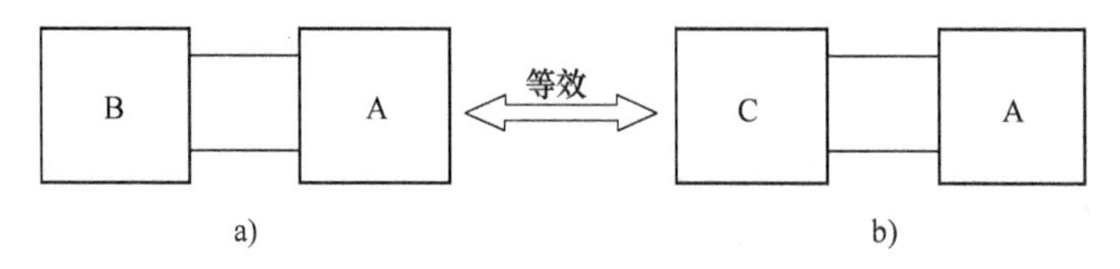

图 2-3 原电路与等效电路

注意：等效变换的特点是“对外等效，对内不等效”。如果还需要计算其内部电路的电压或电流，则需要“返回原电路”。

例如，图 2-3 等效是用以求解 A 部分电路中的电流、电压和功率。如果要求图 2-3a 中二端网络 B 内部电路的电流、电压和功率，则不能用图 2-3b 等效电路 C 来求，就必须回到原电路图 2-3a 中。因为 B 电路和 C 电路对 A 电路来说是等效的，但 B 电路和 C 电路本身是不相同的。

通过上述分析，得到以下结论：

1）电路等效变换的条件：两电路对外具有相同的 VCR。

2）电路等效变换的对象：对未变化的外电路 A 中的电流、电压和功率等效，即；“对外等效”。

3）电路等效变换的目的：化简电路，方便计算。

2.2 无源二端网络的等效变换

在无源二端网络中，最简单和最常用的是由电阻构成的串联、并联或混联二端网络。下面用等效变换的概念分析电阻串并联和混联电路，以及星形与三角形联结的电阻电路。

2.2.1 电阻串联

多个电阻两端首尾依次相连，各电阻流过同一电流的连接方式，称为电阻的串联。如图 2-4a 所示为电阻 R_1 与 R_2 构成的串联电路，R_1 与 R_2 中流过相同的电流。串联电路的等效电阻等于所有串联的电阻阻值之和，如图 2-4b 所示。分析过程如下：

在图 2-4a 所示电路中，$U=(R_1+R_2)I$；在图 2-4b 所示电路中，$U=R_{12}I$。由于等效电路应具有相同的 VCR 关系，所以总电阻 $R_{12}=R_1+R_2$。

综上所述：

1）电阻串联，其等效电阻等于各分电阻之和。

2）等效电阻大于任意一个串联的分电阻。

电路的总电流 $I = U/R_{12}$。

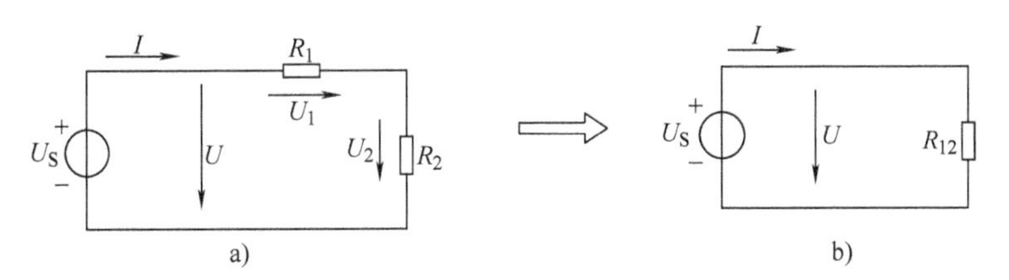

图 2-4　电阻串联的等效变换及分压

a）电阻串联电路　b）等效电路

根据 $U_1 = IR_1$，$U_2 = IR_2$，得到串联电路的分压公式

$$\begin{cases} U_1 = U \times \dfrac{R_1}{R_1 + R_2} \\ U_2 = U \times \dfrac{R_2}{R_1 + R_2} \end{cases} \tag{2-1}$$

根据式（2-1）可知，电阻串联后，各分电阻上的电压与电阻值成正比，电阻值越大，电阻两端电压也越大。因此串联电阻电路可作为分压电路。

2.2.2　电阻并联

多个电阻两端首尾分别相连，各电阻具有相同的端电压的连接方式，称为电阻的并联。如图 2-5a 所示为电阻 R_1 与 R_2 构成的并联电路，其特点是元件连接在相同的一对节点之间，并联的电阻具有相同的端电压。图 2-5b 为电阻 R_1 与 R_2 的并联等效电路。下面分析计算并联电路的等效电阻。

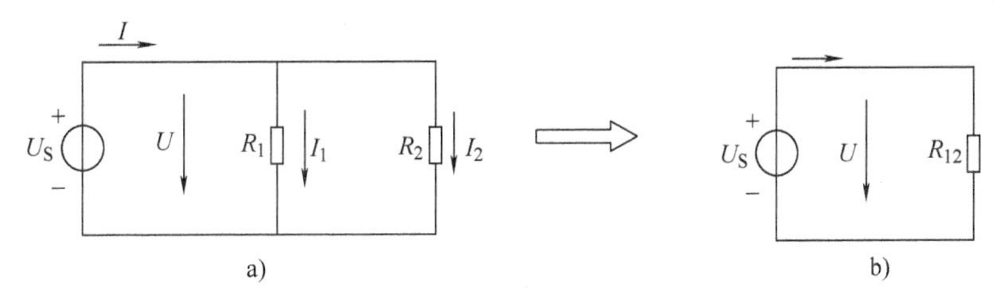

图 2-5　电阻并联的等效变换及分流

a）电阻并联电路　b）等效电路

在图 2-5a 所示电路中，总电流 $I = \left(\dfrac{1}{R_1} + \dfrac{1}{R_2}\right) U$；在图 2-5b 所示电路中，总电流 $I = \dfrac{1}{R_{12}} U$。由于等效电路具有相同的 VCR 关系，因此总电阻

$$R_{12} = \left(\frac{1}{R_1} + \frac{1}{R_2}\right)^{-1} = \frac{R_1 R_2}{R_1 + R_2}$$

通过上述分析得到以下结论：

1）等效电阻之倒数等于各分电阻倒数之和。

2）等效电阻小于任意一个并联的分电阻。

根据总电压 $U=IR_{12}$，$I_1=U/R_1$，$I_2=U/R_2$ 得电路中的分流关系为

$$\begin{cases} I_1 = I \times \dfrac{R_2}{R_1+R_2} \\ I_2 = I \times \dfrac{R_1}{R_1+R_2} \end{cases} \tag{2-2}$$

根据式（2-2）可知，电阻并联后，各分电阻上的电流与电阻值成反比，电阻值越大，电流越小。因此并联电阻电路可作为分流电路。

2.2.3 电阻混联

电路中既有电阻串联又有电阻并联，称为电阻的串并联，简称混联。如图 2-6a 所示为电阻 R_1、R_2 和 R_3 的混联电路，如图 2-6b 所示为电阻 R_1、R_2 和 R_3 的混联等效电路，$R_{1\text{-}23}$表示等效电阻。

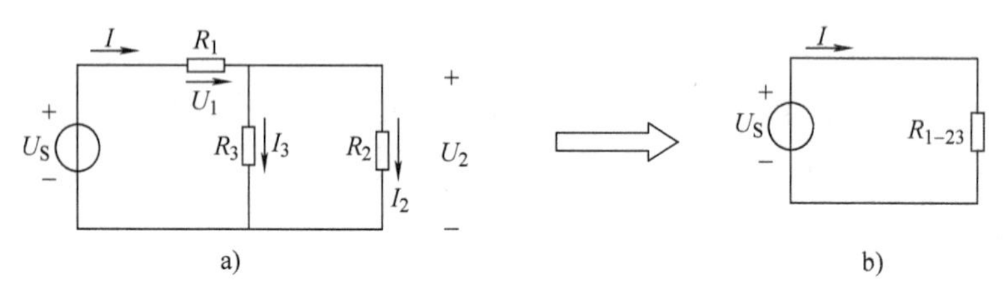

图 2-6 电阻混联的等效变换及分压与分流

a）电阻混联电路 b）等效电路

从电源端看进去，电阻的连接关系是：R_2 和 R_3 并联，再和 R_1 串联，所以等效电阻

$$R_{1\text{-}23} = R_1 + R_2 \mathbin{/\!/} R_3 = R_1 + \frac{R_2 \times R_3}{R_2 + R_3}$$

其中，符号“//”表示两个电阻并联后总的等效电阻值，总电流 $I=U_S/R_{1\text{-}23}$。

电路中的分压及分流关系为

$$\begin{cases} U_1 = U_S \times \dfrac{R_1}{R_1 + R_2 /\!/ R_3},\ I_2 = I \times \dfrac{R_3}{R_2+R_3} \\ U_2 = U_S \times \dfrac{R_2 /\!/ R_3}{R_1 + R_2 /\!/ R_3},\ I_3 = I \times \dfrac{R_2}{R_2+R_3} \end{cases}$$

【例 2-1】 在如图 2-7 所示电路中，已知：$R_1=R_2=4\Omega$，$R_3=R_4=2\Omega$，$U=12\text{V}$。试求图示电路中电流 I_1，I_2，I_3 及电压 U_1。

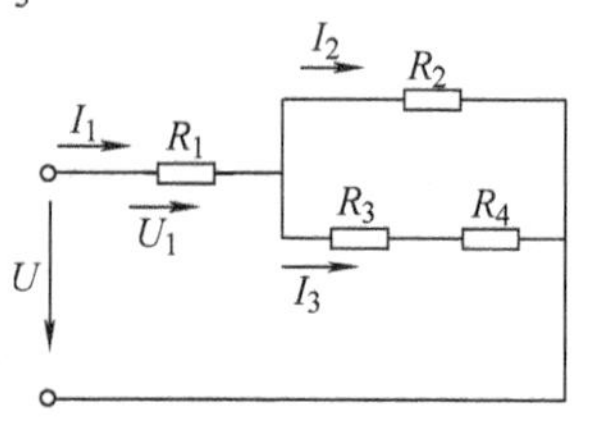

图 2-7 例 2-1 图

解：

1）总电阻：$R=R_1+[R_2 /\!/ (R_3+R_4)]=6\Omega$。

2）总电流：$I_1=U/R=12/6\text{A}=2\text{A}$。

3）分电流：$I_2=I_1\times[R_{34}/(R_2+R_{34})]=1\text{A}$，$I_3=I_1\times[R_2/(R_2+R_3+R_4)]=1\text{A}$。

4）分电压：$U_1=I_1\times R_1=8\text{V}$。

【例 2-2】 在如图 2-8a 所示电路中，求等效电阻 R_{ab}。

解：求解这类比较复杂的等效电路，当从端口看进去，无法快速判断出哪些电阻串联，哪些电阻并联时，应当重新布置这些元件位置，再判断串并联关系。

方法如下：应先确定该电路共有几个节点（包括端口网络的两个端点），再在平面上安置好这几个节点的位置，如图 2-8b 所示。然后，在图 2-8a 上找到两两节点之间都分别连接了什么元件，将这些元件按照相同的连接位置，用最简捷的路径，安置在图 2-8b 对应的节点之间。

根据上述方法得到的电路如图 2-8c 所示，该图与图 2-8a 具有完全相同的连接关系，由于重置元件的位置安排，从二端网络端口能轻易分辨出电阻的串并联关系。这时则可按电阻混联计算方法，如图 2-8c、d、e 所示，逐步求得端口总的等效电阻 R_{ab}。

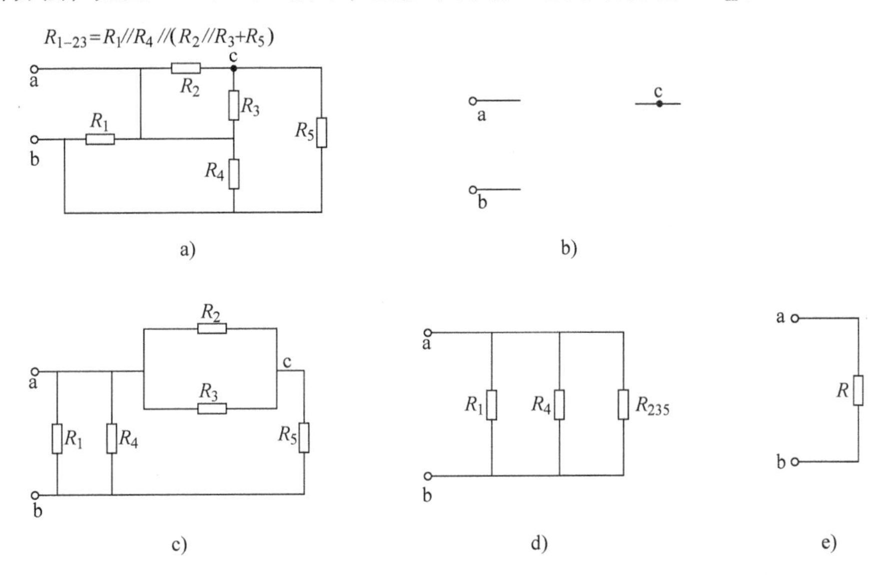

图 2-8　例 2-2 图

a）原图　b）节点位置　c）两两节点之间放置元件　d）等效电路　e）计算等效电阻

【例 2-3】　在如图 2-9 所示电路中，已知 $R=3\Omega$，求 I_1、I_4、U_4。

解：（1）用分流方法做，有

$$I_4=-\frac{1}{2}I_3=-\frac{1}{4}I_2=-\frac{1}{8}I_1=-\frac{1}{8}\times\frac{12}{R}=-0.5\text{A}$$

$$U_4=-I_4\times 2R=3\text{V}$$

$$I_1=\frac{12}{R}=4\text{A}$$

（2）用分压方法做，有

$$U_4=\frac{U_2}{2}=\frac{1}{4}U_1=3\text{V}$$

$$I_4=-\frac{U_4}{R}=-\frac{3}{2R}=-0.5\text{A}$$

图 2-9　例 2-3 图

【例 2-4】　在如图 2-10a 所示电路中，求 I_1。

解：在如图 2-10a 所示电路中，a、b 端右侧部分电路是一桥式电路。根据电桥平衡条

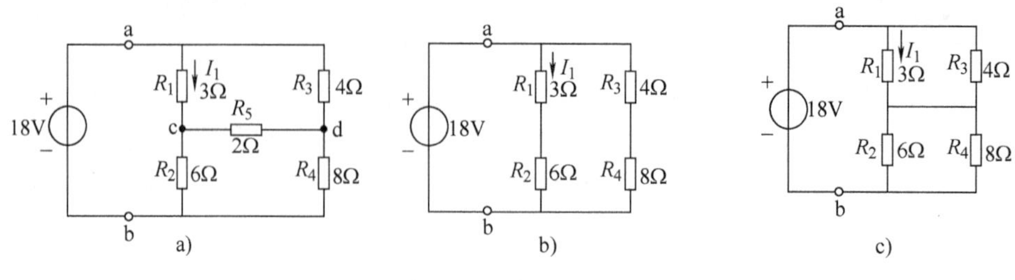

图 2-10 例 2-4 图

件，当 $R_1/R_2 = R_3/R_4$ 时，c、d 两点等电位，可以把连接等电位点的支路断开（因支路中无电流），如图 2-10b 所示。也可以用短接线把等电位点连起来，如图 2-10c 所示。在图 2-10b 电路中

$$I_1 = \left(\frac{18}{3+6}\right) \text{A} = 2\text{A}$$

从以上例题可得求解串并联电路的一般步骤：

1）求出等效电阻或等效电导。

2）应用欧姆定律求出总电压或总电流。

3）应用欧姆定律或分压、分流公式求各电阻上的电流和电压。

因此，分析串并联电路的关键问题是判别电阻的串并联关系。

判别电阻的串并联关系一般应掌握下述三点：

1）看电路的结构特点。若两电阻是首尾相连，且在它们的公共节点处没有第三个元件与它们相连，则是串联；若是首首相连、尾尾相连，则是并联。

2）对电路作变形等效。如左边的支路可以扭到右边，上面的支路可以翻到下面，弯曲的支路可以拉直等；对电路中的连接线路可以任意压缩与伸长；对多点接地可以用短路线相连。一般，如果真正是电阻串联电路的问题，都可以判别出来。

3）找出等电位点。对于具有对称特点的电路，若能判断某两点是等电位点，则根据电路等效的概念，一是可以用短接线把等电位点连起来；二是把连接等电位点的支路断开（因支路中无电流），从而得到电阻的串并联关系。

2.2.4 电阻的星形联结和三角形联结及其等效变换

如图 2-11a 所示为电阻的三角形联结，各个电阻分别接在 3 个端子的每两个之间。如图 2-11b 所示为电阻的星形联结，各个电阻都有一端接在一个公共节点上，另一端则分别接在 3 个端子上。这两种电阻连接形式构成的网络属于三端网络。当两种连接的电阻之间满足式（2-3）或式（2-4）时，它们在端子 a、b、c 以外的伏安特性可以相同，因此这两个三端网络可以互相等效变换。

通过电阻的星形-三角形等效变换，可将既非串联又非并联的电阻连接形式变换成电阻的混联形式。

电阻变换关系有以下两种。

（1）由三角形到星形的等效变换

为了得到星形联结的等效电阻，必须保证三角形联结时每对端子间的电阻与星形联结时

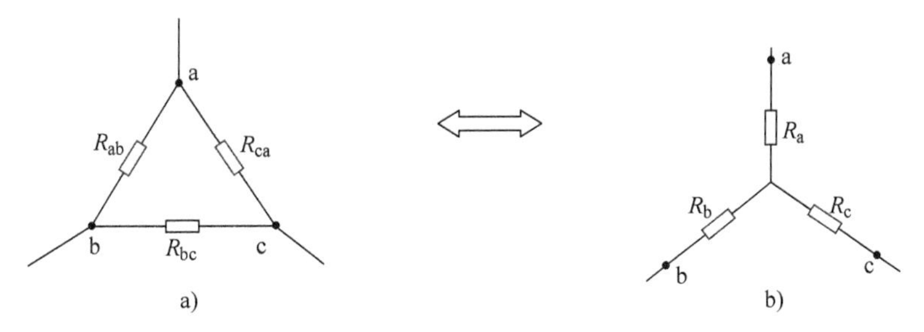

图 2-11　电阻星形-三角形等效变换

a）三角形联结　b）星形联结

对应端子间的电阻相等，因此

$$\begin{cases} R_a + R_b = R_{ab} \mathbin{//} (R_{bc} + R_{ca}) \\ R_b + R_c = R_{bc} \mathbin{//} (R_{ca} + R_{ab}) \\ R_c + R_a = R_{ca} \mathbin{//} (R_{ab} + R_{bc}) \end{cases}$$

由此三个方程解出

$$\begin{cases} R_a = \dfrac{R_{ab} \times R_{ca}}{R_{ab} + R_{bc} + R_{ca}} \\ R_b = \dfrac{R_{ab} \times R_{bc}}{R_{ab} + R_{bc} + R_{ca}} \\ R_c = \dfrac{R_{bc} \times R_{ca}}{R_{ab} + R_{bc} + R_{ca}} \end{cases} \tag{2-3}$$

（2）由星形到三角形的等效变换

由式（2-3）得：$R_aR_b + R_bR_c + R_cR_a = R_{ab}R_{bc}R_{ca}/(R_{ab} + R_{bc} + R_{ca})$，此式分别除式（2-3）中的三个等式，于是得到

$$\begin{cases} R_{ab} = \dfrac{R_a \times R_b + R_b \times R_c + R_c \times R_a}{R_c} \\ R_{bc} = \dfrac{R_a \times R_b + R_b \times R_c + R_c \times R_a}{R_a} \\ R_{ca} = \dfrac{R_a \times R_b + R_b \times R_c + R_c \times R_a}{R_b} \end{cases} \tag{2-4}$$

为了便于记忆，式（2-3）、式（2-4）可归纳为

$$\text{Y电阻} = \frac{\triangle\ \text{相邻两电阻的乘积}}{\triangle\ \text{电阻之和}}$$

$$\triangle\ \text{电阻} = \frac{\text{Y电阻两两乘积之和}}{\text{Y不相邻电阻}}$$

在特定情况下，如果有 $R_a = R_b = R_c = R_Y$，$R_{ab} = R_{bc} = R_{ca} = R_\triangle$，则

$$R_Y = \frac{1}{3}R_\triangle \text{ 或者 } R_\triangle = 3R_Y \tag{2-5}$$

注意：

1）△—Y电路的等效变换属于多端子网络的等效，在应用中，除了正确使用电阻变换公式计算各电阻值外，还必须正确连接各对应端子。

2）等效是指对外电路等效，对内不等效。

3）等效电路与外部电路无关。

4）等效变换用于简化电路，因此注意不要把本是串并联的问题看作△形或Y形结构进行等效变换，那样会使计算变得更加复杂。

【例 2-5】 求如图 2-12a 所示电路中电压源的电流。

解：利用电阻电路的△-Y变换，把图中虚线框内的△联结的三个 3kΩ 电阻变换成Y联结，如图 2-12b 所示，求得电路的总等效电阻为

$$R_{eq} = 1\text{k}\Omega + (1+2) /\!/ (1+2)\text{k}\Omega = 2.5\text{k}\Omega$$

$$I = \frac{10\text{V}}{2.5\text{k}\Omega} = 4\text{mA}$$

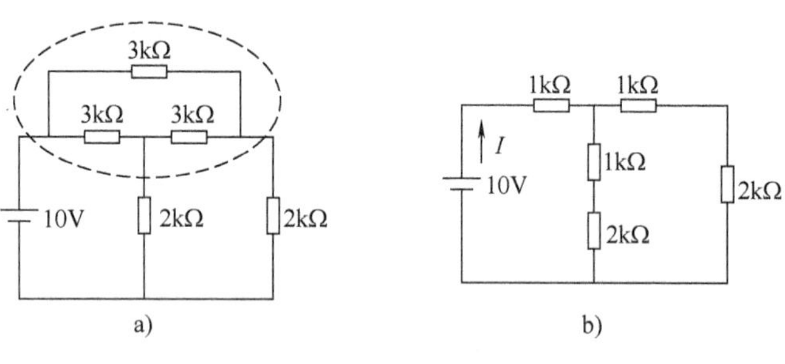

图 2-12 例 2-5 图
a）原图 b）△-Y变换

2.3 有源二端网络的等效变换

2.3.1 理想电压源串联的等效电路

图 2-13 所示为 n 个理想电压源的串联，根据 KVL 得总电压为

$$u_S = u_{S_1} + u_{S_2} + \cdots + u_{S_n} = \sum_{k=1}^{n} u_{S_k}$$

注意：式中 u_{S_k} 的参考方向与 u_S 的参考方向一致时，u_{S_k} 在式中取“+”号，不一致时取“-”号。

根据电路等效的概念，可以用图 2-14 所示电压为 u_S 的单个电压源等效替代图 2-13 的 n 个串联的电压源。

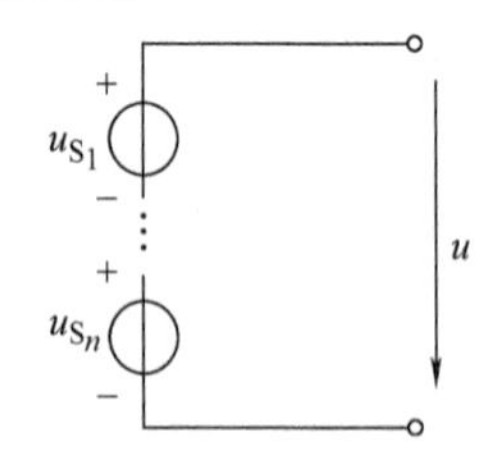

图 2-13 理想电压源串联

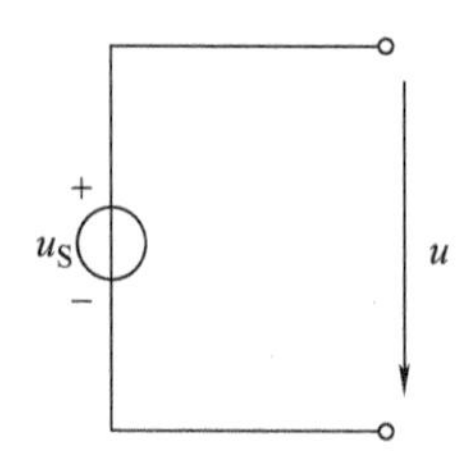

图 2-14 理想电压源串联等效电路

可见，在实际应用中，如果需要一个较高的电压源作为信号源，可以通过电压源的串联实现。

理想电压源能不能并联使用呢？理论上，理想电压源不能并联使用。电压源要正常工作，必须在一定的耐压值范围内，否则电压源会发生击穿损坏。当两个不同电压值的电压源

并联使用时，可能会造成电压值较小的电压源发生击穿损坏。

假设两个电压源并联，如图 2-15 所示，要想能够正常工作，必须满足

$$u_S = u_{S_1} = u_{S_2}$$

上式说明只有电压相等且极性一致的电压源才能并联，此时并联电压源的对外特性与单个电压源一样，所以两个能够并联使用的电压源已经失去了并联的意义。根据电路等效概念，对外电路而言可以用图 2-15 右图的单个电压源替代图 2-15 左图的电压源并联电路。

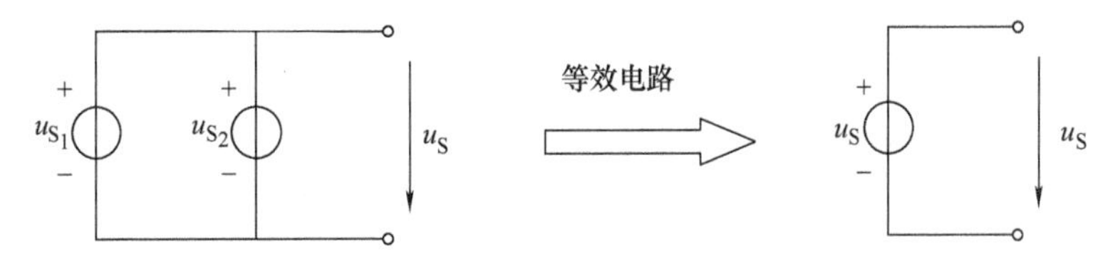

图 2-15　理想电压源并联及其等效电路

根据上述分析得到以下结论：

1）不同值或不同极性的电压源是不允许并联的，否则违反 KVL。

2）完全相同的电压源并联时，每个电压源中的电流是不确定的。

2.3.2　理想电压源与二端网络串（并）联的等效电路

1. 理想电压源和电阻网络的串联

图 2-16a 为两个理想电压源和电阻网络的串联。根据 KVL 分析端口电压、电流关系为

$$u = u_{S_1} + R_1 i + u_{S_2} + R_2 i = (u_{S_1} + u_{S_2}) + (R_1 + R_2)i = u_S + Ri$$

根据电路等效变换的概念，图 2-16a 所示电路可以用图 2-16b 所示电压为 u_S 的单个理想电压源和电阻为 R 的单个电阻的串联组合等效变换，其中

$$u_S = (u_{S_1} + u_{S_2})$$
$$R = (R_1 + R_2)$$

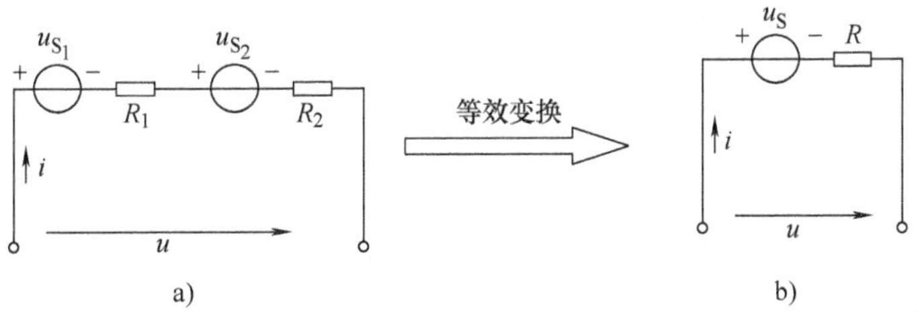

a)　　b)

图 2-16　理想电压源与支路的串联及其等效电路

a）电压源串联使用　b）等效电路

2. 理想电压源和电阻网络的并联

图 2-17a 为理想电压源和任意二端网络的并联，设外电路接电阻 R，根据 KVL 和欧姆定律得端口电压、电流为

$$u = u_S$$

$$i = \frac{u}{R}$$

即端口电压、电流仅由理想电压源和外电路决定，与并联的二端网络无关，对外特性与图 2-17b 所示电压为 u_S 的单个理想电压源一样。

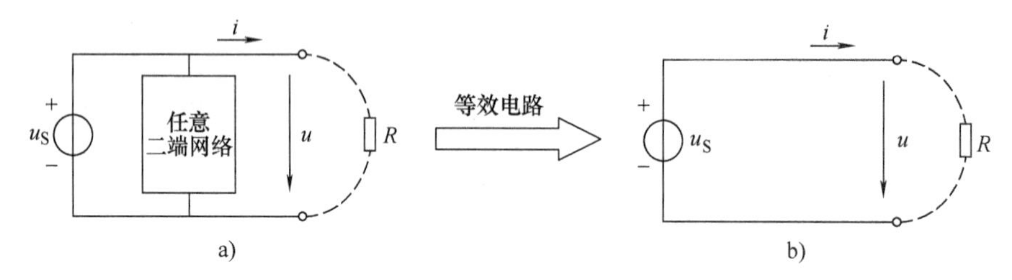

图 2-17 理想电压源与支路的并联及其等效电路
a）电压源与任意支路并联 b）等效电路

通过上述分析可知：与理想电压源并联的二端网络，对外电路而言可以去除该二端网络，仅等效为一个理想电压源。

2.3.3 理想电流源并联的等效电路

图 2-18a 为 n 个理想电流源的并联，根据 KCL 得总电流为

$$i_S = i_{S_1} + i_{S_2} + \cdots + i_{S_n} = \sum_{k=1}^{n} i_{S_k}$$

注意：式中 i_{S_k}与 i_S 的参考方向一致时，i_{S_k}在式中取“+”号，不一致时取“-”号。

根据电路等效的概念，可以用图 2-18b 所示电流为 i_S 的单个理想电流源等效替代图 2-18a 中的 n 个并联的理想电流源。

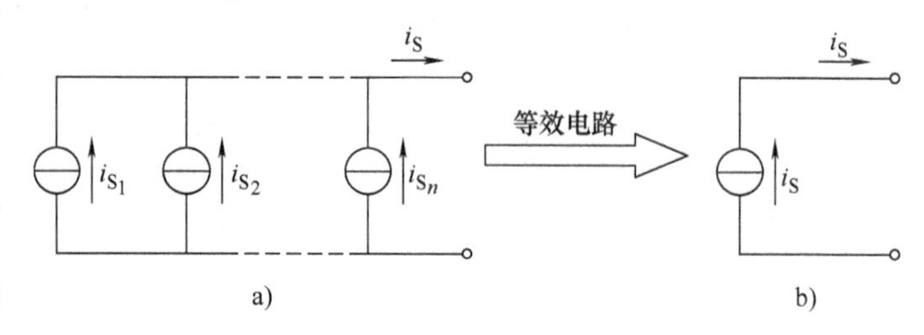

图 2-18 理想电流源并联及其等效电路
a）电流源并联使用 b）等效电路

可见，在实际应用中，如果需要一个较高的电流源作为信号源，可以通过电流源的并联实现。

理论上，理想电流源不能串联使用。电流源要正常工作，必须在一定的限流值范围内，否则电流源会发生击穿损坏。当两个不同电流值的电流源串联使用时，可能会造成电流值较小的电流源发生击穿损坏。

假设两个电流源串联，如图 2-19a 所示，要想能够正常工作，必须满足

$$i_S = i_{S_1} = i_{S_2}$$

上式说明只有电流相等且输出电流方向一致的电流源才能串联，此时串联电流源的对外特性与单个电流源一样，所以两个能够串联使用的电流源已经失去了串联的意义。根据电路等效概念，可以用图 2-19b 的单个电流源替代图 2-19a 多个电流源的串联电路。

根据上述分析得到以下结论：

1）不同值或不同流向的电流源是不允许串联的，否则违反 KCL。

2）完全相同的电流源串联时，每个电流源上的电压是不确定的。

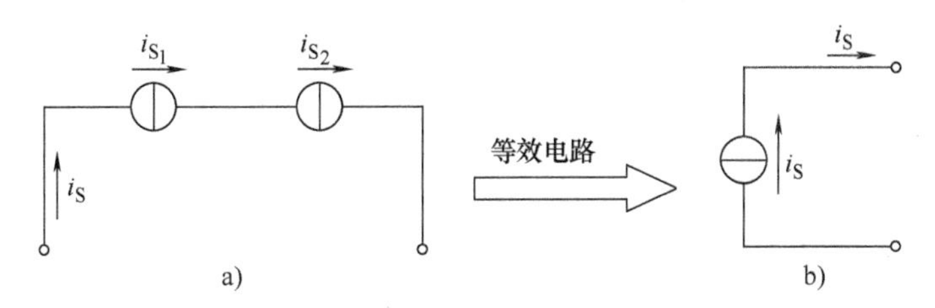

图 2-19　理想电流源串联及其等效电路

a）电流源串联　b）等效电路

2.3.4　理想电流源与二端网络串（并）联的等效电路

图 2-20a 为两个理想电流源和电阻支路的并联，根据 KCL 得端口电压、电流关系为

$$i = i_{S_1} - \frac{u}{R_1} + i_{S_2} - \frac{u}{R_2} = i_{S_1} + i_{S_2} - \left(\frac{1}{R_1} + \frac{1}{R_2}\right) u = i_S - \frac{u}{R}$$

上式说明图 2-20a 电路的对外特性与图 2-20b 所示电流为 i_S 的单个电流源和电阻为 R 的单个电阻的并联组合一样，因此，图 2-20a 可以用图 2-20b 等效替代，其中

$$i_S = (i_{S_1} + i_{S_2}) \qquad \frac{1}{R} = \left(\frac{1}{R_1} + \frac{1}{R_2}\right)$$

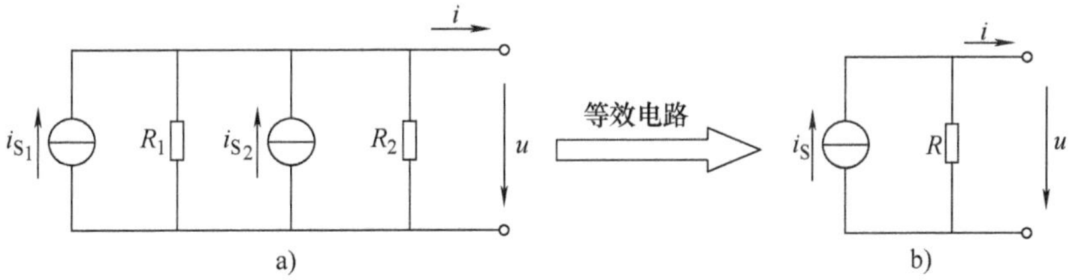

图 2-20　理想电流源与支路的并联及其等效电路

a）理想电流源与支路的并联　b）等效电路

图 2-21a 为理想电流源和任意二端网络的串联。设外电路接电阻 R，根据 KVL 和欧姆定律得端口电压、电流为

$$u = Ri_S$$

即端口电压、电流仅由理想电流源和外电路决定，与串联的二端网络无关，对外特性与图 2-21b 所示电流为 i_S 的单个理想电流源一样。因此，理想电流源和任意元件串联就等效为理想电流源。

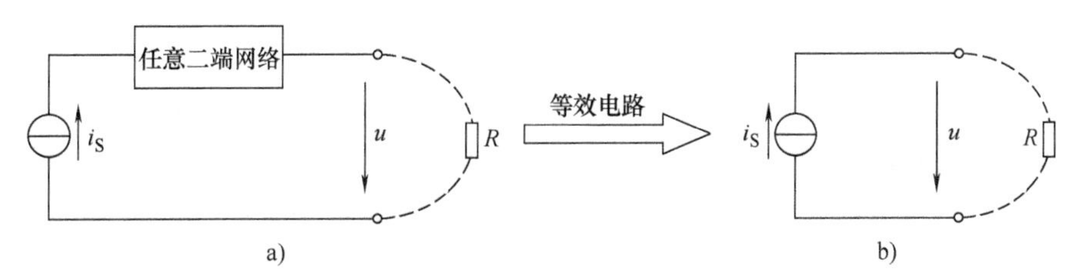

图 2-21　理想电流源与任意二端网络串联及其等效电路

a）理想电流源与任意二端网络串联　b）等效电路

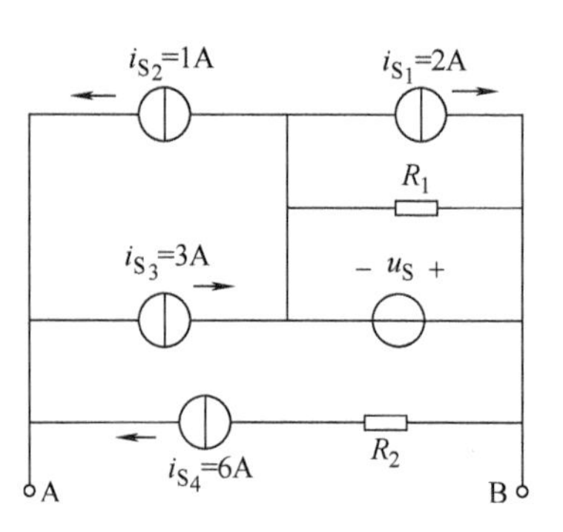

图 2-22 电源混联电路

通过上述分析可知：与理想电流源串联的二端网络，对外电路而言可以去除该二端网络，仅等效为一个理想电流源。

图 2-22 所示电路为电流源与电压源混联的一个综合电路图，读者可以自行思考利用电源的等效变换如何化简。

2.3.5 实际电压源与实际电流源的等效变换

实际电压源和实际电流源电路及其对应的伏安关系如图 2-23 和图 2-24 所示。二者能够等效变换的条件是：对外的电压电流相等（外特性相同），即如图 2-24 所示的伏安关系要完全相同。

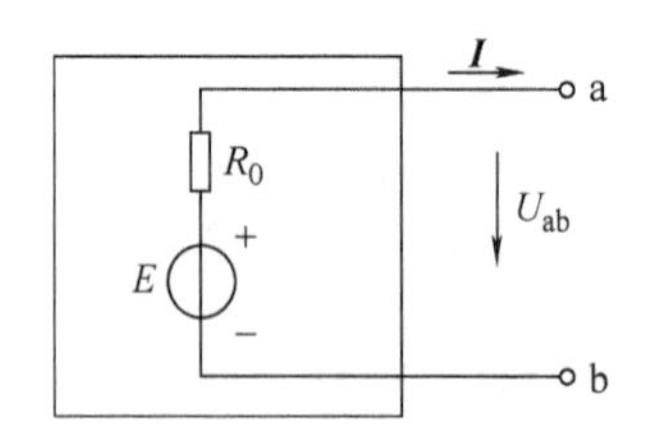

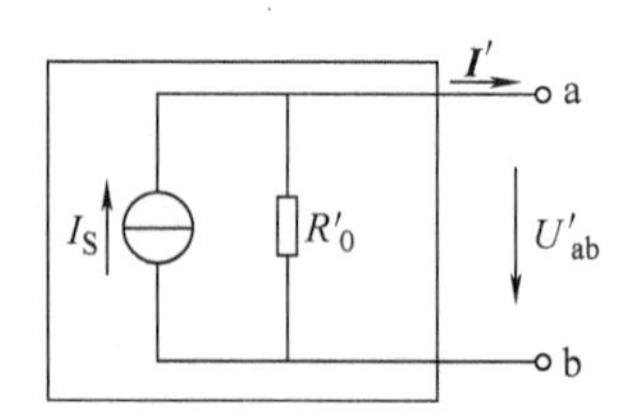

图 2-23 实际电压源与实际电流源电路

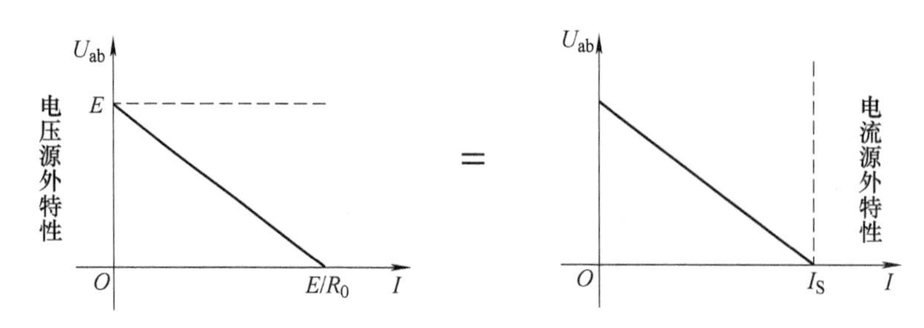

图 2-24 实际电压源与实际电流源伏安关系

在实际电压源模型电路中，$U_{ab}=E-IR_0$；在实际电流源模型电路中，$U_{ab}=(I_S-I)R_0$。因此当从电流源等效变换到电压源时，必须满足

$$E=I_SR_0 \tag{2-6}$$

当从电压源等效变换到电流源时，必须满足

$$I_S=\frac{E}{R_0} \tag{2-7}$$

式（2-6）和式（2-7）是电压源和电流源能够等效变换的条件。在电压源和电流源互相等效变换时需要注意的是：

1）变换关系既要满足上述参数间的关系，还要满足方向关系：电流源电流方向与电压源电压方向（电位降落的方向）相反。

2）理想电压源与理想电流源不能相互转换，因为两者的定义本身是相互矛盾的，不会有相同的 VCR。

3）电源等效互换的方法可以推广应用，如把理想电压源与外电阻的串联等效变换成理想电流源与外电阻的并联，同样可把理想电流源与外电阻的并联等效变换为电压源与外电阻的串联形式。

4）电源互换是电路等效变换的一种方法。这种等效是对电源以外部分的电路等效，对电源内部电路是不等效的。这一点可以通过图 2-25 理解。

例如，图 2-25a 所示电路中，开路的电压源中无电流流过 R_0；图 2-25b 所示电路中，开路的电流源可以有电流流过并联电阻 R_0。

图 2-25c 所示电路中，电压源短路时，电阻 R_0 中有电流；图 2-25d 所示电路中，电流源短路时，并联电阻 R_0 中无电流。

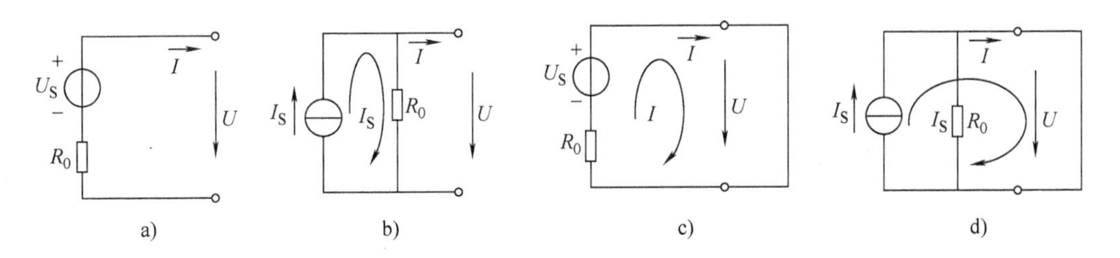

图 2-25　电压源与电流源的等效变换说明

【例 2-6】　在如图 2-26a 所示电路中，用电源的等效变换关系，求电阻 R_5 上的电流 I。

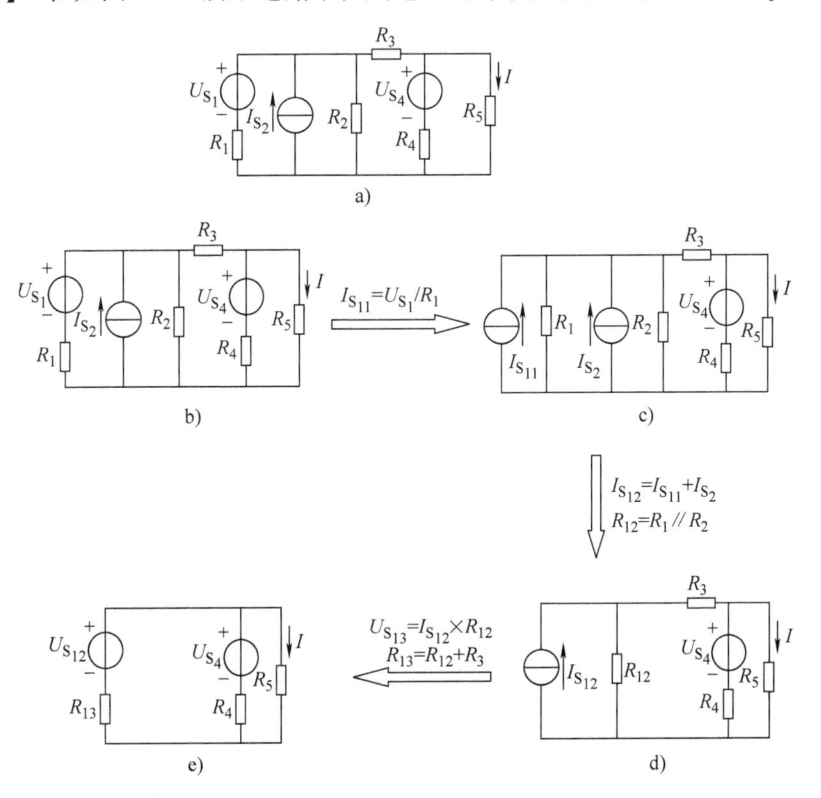

图 2-26　例 2-6 图

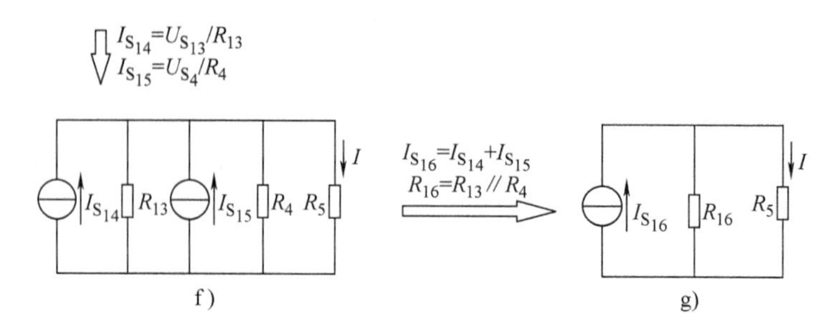

图 2-26　例 2-6 图（续）

解：求 R_5 上电流 I 的过程，可参见图 2-26b ~ g。在等效变换过程中，一定要保证待求支路不参与等效变换。变换中遇到电压源与其他元件并联，将电压源转变成电流源；遇到电流源与其他元件串联，将电流源转变成电压源，直至电路化到最简（单回路电路或一个电流源并联两个电阻的电路）。即按图 2-26b→c→d→e→f→g 所示步骤进行。对图 2-26g 所示电路应用分流公式计算，得

$$I=\frac{R_{16}}{R_{16}+R_5}\times I_{S_{16}}$$

【例 2-7】　在如图 2-27a 所示电路中，用电源的等效变换关系求电阻 R_L 上的电流 I。

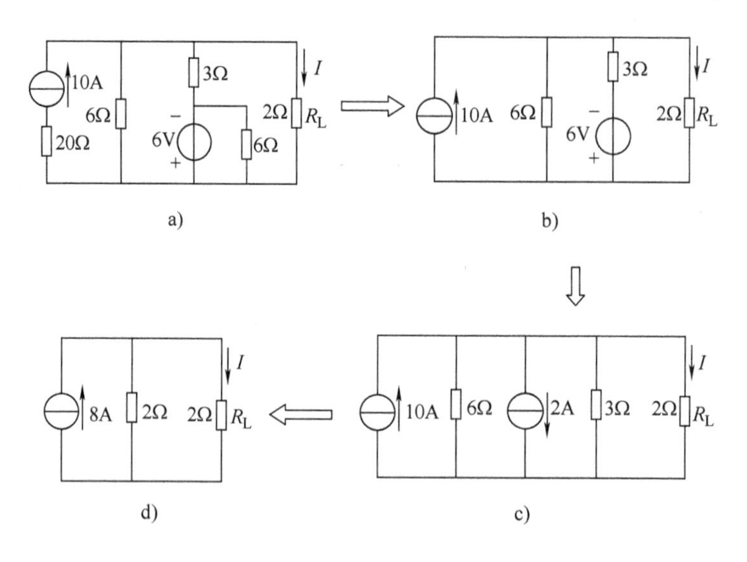

图 2-27　例 2-7 图

解：应用电源的等效变换关系，求电阻 R_L 上电流 I 的过程，如图 2-27a ~ d 所示。最后通过分流公式求支路电流

$$I=\frac{2}{2+2}\times 8\text{A}=4\text{A}$$

【例 2-8】　用电源的等效变换化简图 2-28 所示的各个电路。

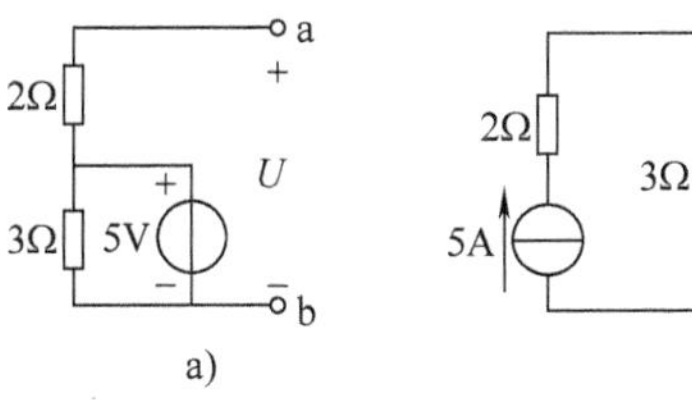

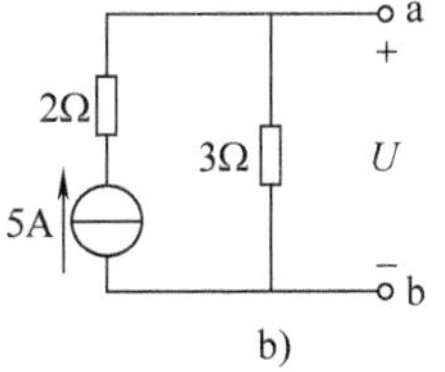

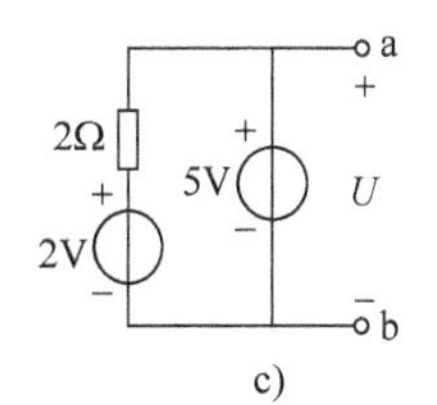

图 2-28　例 2-8 图

解：化简结果如图 2-29 所示。

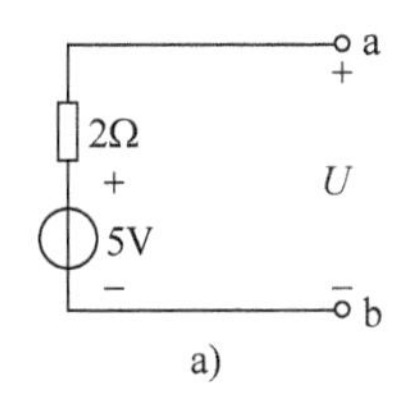

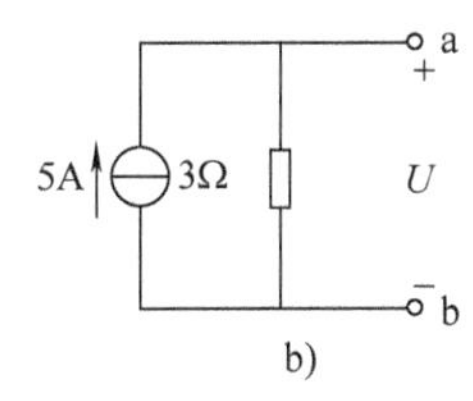

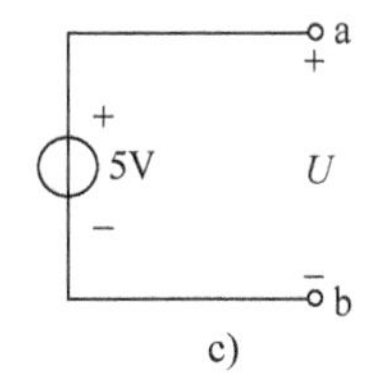

图 2-29　例 2-8 图

2.4　支路电流法

支路电流法是求解复杂直流电路最基本的方法，通过对支路电流法的学习，不仅可以使读者更加明确基尔霍夫定律的含义，而且有助于进一步学习后面的叠加原理。

2.4.1　定义

支路电流法是应用基尔霍夫电流定律（KCL）和基尔霍夫电压定律（KVL）分别对节点和回路列出所需要的电流方程和电压方程，而后解出各未知的支路电流。

对于有 n 个节点、b 条支路的电路，未知的支路电流共有 b 个。所以只要列出 b 个独立的电路方程，便可以求解这 b 个未知变量。

2.4.2　支路电流法的分析步骤

支路电流法列写方程步骤如下：

1）找出电路中所有的支路，标定各支路电流的参考方向和符号。

2）找出电路中所有的节点，从电路的 n 个节点中任意选择 $n-1$ 个节点列写 KCL 方程。

3）选择基本回路，结合元件的特性方程列写 KVL 电压方程（电压方程的个数等于网孔数）。

4）求解上述方程组，得到 b 个支路电流。

5）进一步计算支路电压或进行其他分析。

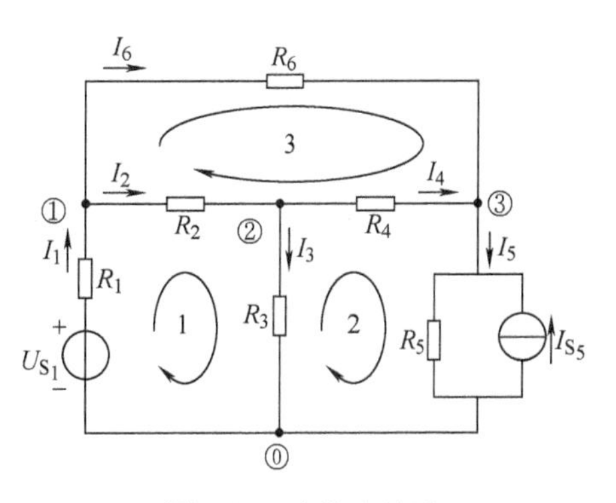

图 2-30　支路电流法

下面以图 2-30 所示电路为例，详述支路电流法分析电路的步骤。

1）该电路一共有 6 条支路，所以假设有 6 个支路电流作为未知变量，在电路中设定各支路电流及其参考方向，如图 2-30 所示的支路电流为 $I_1 \sim I_6$。

2）该电路一共有 4 个节点，在电路中设好各节点号，从电路的 4 个节点中任意选择 3 个节点，如图 2-30 中所示的节点①、②、③，列写节点的 KCL 方程为

$$节点①：+I_1 - I_2 - I_6 = 0$$

$$节点②：+I_2 - I_3 - I_4 = 0$$

$$节点③：+I_4 - I_5 + I_6 = 0$$

3）选择 3 个网孔作为基本回路，选择顺时针方向作为循行方向，在电路中设好各回路号，结合元件的特性列写 3 个回路的 KVL 方程为

$$回路1：+I_1R_1 + I_2R_2 + I_3R_3 - Us_1 = 0$$

$$回路2：-I_3R_3 + I_4R_4 + I_5R_5 + Is_5R_5 = 0$$

$$回路3：-I_2R_2 - I_4R_4 + I_6R_6 = 0$$

4）联立求解上述方程，得到 6 条支路电流 $I_1 \sim I_6$。

5）由各支路电流，可求得各支路的电压及功率。

注意：支路电流法列写的是 KCL 和 KVL 方程，所以方程列写方便、直观，但如果电路支路数过多时，方程数也较多，不利于求解计算。所以支路电流法适用于支路数不多的电路。如果电路支路数过多，可以采用后续章节介绍的方法。

【例 2-9】 对如图 2-31 所示电路，用支路电流法求各支路电流及每个电压源发出的功率。

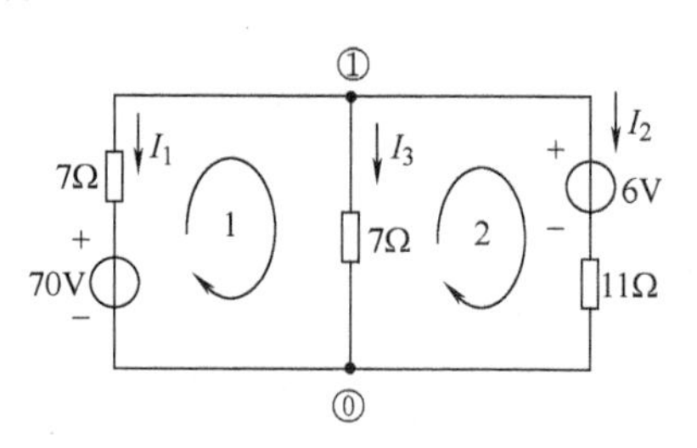

图 2-31 例 2-9 图

解：

1）在电路中设定各支路电流及参考方向。

2）设好各节点号，列写独立 KCL 方程为

$$节点①：-I_1 - I_2 - I_3 = 0$$

3）设各回路号及循行方向，列写 KVL 方程为

$$回路1：-7I_1 + 7I_3 - 70 = 0$$

$$回路2：-7I_3 + 6 + 11I_2 = 0$$

4）联立求解方程，得支路电流

$$I_1 = -6\text{A}, \quad I_2 = 2\text{A}, \quad I_3 = 4\text{A}$$

5）根据支路电流，求解电压源发出的功率为

$$P_{70\text{V}} = -70I_1 = -70 \times (-6)\text{W} = 420\text{W}$$

$$P_{6\text{V}} = -6I_2 = -6 \times 2\text{W} = -12\text{W}$$

【例 2-10】 对如图 2-32a 所示电路，试求支路电流 I_1、I_2 和 I_3。

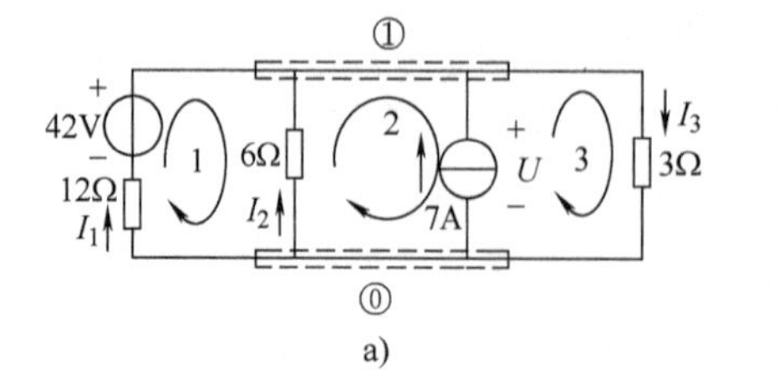

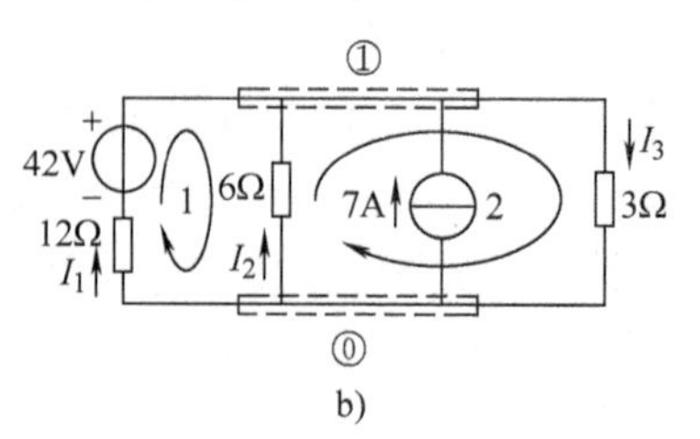

图 2-32 例 2-10 图

解法1:

1）设好各节点号，列写独立KCL方程为

$$\text{节点①}: I_1 + I_2 + 7 - I_3 = 0$$

2）对图2-32a所示电路，选3个网孔为独立回路，设电流源两端电压为U，列KVL方程为

$$\text{回路1}: 12I_1 - 6I_2 = 42$$
$$\text{回路2}: 6I_2 + U = 0$$
$$\text{回路3}: -U + 3I_3 = 0$$

3）联立求解方程，得支路电流

$$I_1 = 2\text{A}, \quad I_2 = -3\text{A}, \quad I_3 = 6\text{A}$$

解法2:

1）设好各节点号，列写独立KCL方程为

$$\text{节点①}: I_1 + I_2 + 7 - I_3 = 0$$

2）对如图2-32b所示电路，避开电流源支路取回路，如选回路1和大回路2列KVL方程，则有

$$\text{回路1}: 12I_1 - 6I_2 = 42$$
$$\text{回路2}: 6I_2 + 3I_3 = 0$$

3）联立求解方程，得支路电流

$$I_1 = 2\text{A}, \quad I_2 = -3\text{A}, \quad I_3 = 6\text{A}$$

本例说明：对含有理想电流源的电路，列写支路电流方程有两种方法，一是设电流源两端电压，把电流源看作电压源来列写方程。另一方法是选择回路时避开电流源所在支路。当无须求解电流源两端的电压时，第二种方法更为简便。

2.5　网孔（回路）电流法

网孔电流法的基本思想是：为减少未知量的个数，假想每个基本回路中有一个回路电流沿着构成该回路的各支路流动，各支路电流用回路电流的线性组合表示，从而求得电路的解的一种分析方法。

2.5.1　定义

以基本回路中的回路电流为未知量列写电路方程分析电路的方法称为回路电流法。选择回路时如果以网孔作为基本回路，回路电流法又称为网孔电流法。如图2-33所示，选择网孔作为基本回路，在电路的每个网孔中假设都有一个沿边界流动的网孔电流，则此电路共有3个网孔电流$I_{L_1} \sim I_{L_3}$。

1. 支路电流与网孔电流的关系

图2-33所示电路包含6条支路，假设3个网孔电流，设网孔电流沿顺时针方向流动。可以清楚地看出，当某支路只属于某一回路（或网孔），那么该支路电流就等于该网孔电流，如果某支路属于两个网孔所共有，则该支路电流就等于流经该支路两网孔电流的代数和，如图2-33所示电路，各支路电流表达式为

$$I_1 = -I_{L_2}$$
$$I_2 = I_{L_3}$$
$$I_3 = I_{L_1}$$
$$I_4 = I_{L_2} - I_{L_1}$$
$$I_5 = I_{L_3} - I_{L_1}$$
$$I_6 = I_{L_2} - I_{L_3}$$

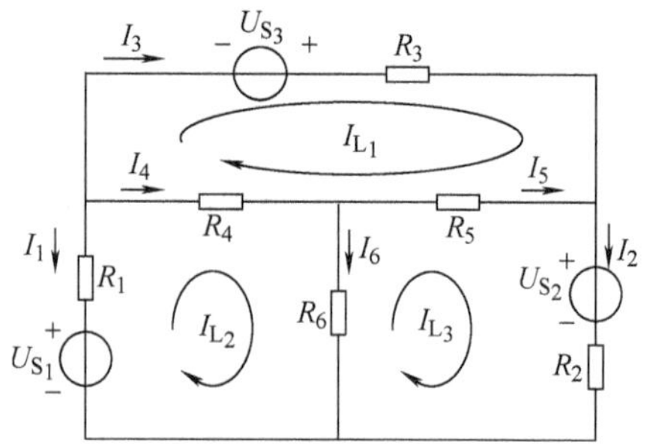

图 2-33　网孔电流法

2. 网孔电流法列写电压方程

网孔电流在独立回路中是闭合的，对每个相关节点而言，网孔电流流进一次，必流出一次，所以网孔电流自动满足 KCL。因此网孔电流法是对基本网孔列写 KVL 方程，有效的方程个数等于网孔的个数。

2.5.2　网孔（回路）电流法的分析步骤

下面仍然以图 2-33 所示电路为例，详述网孔电流法的分析步骤：

1）在电路中设定各网孔电流及其参考方向，例如图 2-33 中的 $I_{L_1} \sim I_{L_3}$。

2）在电路中，以网孔电流 $I_{L_1} \sim I_{L_3}$ 为变量，根据 KVL 列写各回路的电压方程为

回路 1：$(R_3 + R_4 + R_5)I_{L_1} - R_4 I_{L_2} - R_5 I_{L_3} = +U_{S_3}$

回路 2：$-R_4 I_{L_1} + (R_1 + R_4 + R_6)I_{L_2} - R_6 I_{L_3} = +U_{S_1}$

回路 3：$-R_5 I_{L_1} - R_6 I_{L_2} + (R_2 + R_5 + R_6)I_{L_3} = -U_{S_2}$

对于回路 1 的方程，设 $R_{11} = R_3 + R_4 + R_5$，$R_{12} = -R_4$，$R_{13} = -R_5$，$U_{S_{11}} = +U_{S_3}$

其中 R_{11} 表示网孔 1 中所有电阻之和，称它为网孔 1 的自阻；R_{12} 表示网孔 1 和网孔 2 公共支路上的电阻，称它为两个网孔的互阻，R_{13} 表示网孔 1 和网孔 3 的互阻；$U_{S_{11}}$ 表示网孔 1 中电压源的代数和，$U_{S_{11}}$ 中各电压的正负符号确定法则是：电压源的电压降落方向与网孔电流方向一致时取负号，反之取正号。

由此得网孔（回路）电流方程的标准形式，有

回路 1：$+R_{11}I_{L_1} + R_{12}I_{L_2} + R_{13}I_{L_3} = U_{S_{11}}$

回路 2：$+R_{21}I_{L_1} + R_{22}I_{L_2} + R_{23}I_{L_3} = U_{S_{22}}$

回路 3：$+R_{31}I_{L_1} + R_{32}I_{L_2} + R_{33}I_{L_3} = U_{S_{33}}$

3）联立求解网孔的 KVL 方程，求得网孔电流 $I_{L_1} \sim I_{L_3}$，进而再合成求出各支路电流 $I_1 \sim I_6$。

通过上述分析，得到以下通用结论：对于具有 $L = b - (n-1)$ 个（等于网孔个数）基本回路的电路，网孔电流方程的标准形式为

$$\begin{cases} R_{11}i_{L_1} + R_{12}i_{L_2} + \cdots R_{1L}i_{L_L} = \sum U_{SL_1} \\ R_{21}i_{L_1} + R_{22}i_{L_2} + \cdots R_{2L}i_{L_L} = \sum U_{S_{L_2}} \\ \cdots \\ R_{l1}i_{L_1} + R_{l2}i_{L_2} + \cdots R_{lL}i_{L_L} = \sum U_{S_{L_L}} \end{cases} \tag{2-8}$$

该标准形式同样适用于回路电流法。其中：自阻 $R_{kk}[k=1, \cdots, L]$ 为正；互阻 $R_{jk} = R_{kj}$

$(k \neq j)$ 可正可负，当流过互电阻的两网孔（回路）电流方向相同时为正，反之为负；当网孔电流均取顺时针或逆时针方向时，R_{kj} 均为负。

等效电压源代数和 $\sum U_{S_{kk}}$ 中的电压源电压方向与该网孔（回路）电流方向一致时，取负号；反之取正号。

注：当电路不含受控源时，网孔（回路）电流方程的系数矩阵为对称阵。

用网孔电流法分析电路时，若电路中含有电流源支路时，可分两种情况处理，下面举例加以说明。

【例 2-11】 对如图 2-34 所示电路，求网孔电流 $I_{L_1} \sim I_{L_3}$。

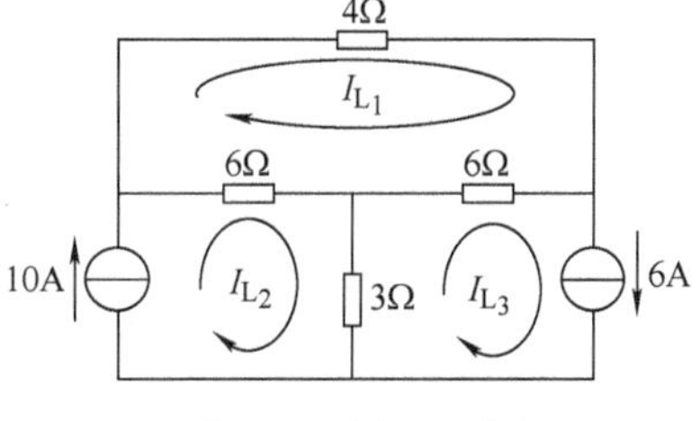

图 2-34　例 2-11 图

解： 网孔选择方式如图 2-34 所示。两个电流源 $I_{S_1}=6A$，$I_{S_2}=10A$ 都分别在网孔 2 和网孔 3 的外边界上，即每个电流源仅包含在一个网孔中，所以该网孔电流应该等于对应的电流源的电流值，则

$$I_{L_2} = 10A$$

$$I_{L_3} = 6A$$

所以该电路只需列写网孔 1 的电压方程，即自阻和互阻分别等于

$$R_{11} = (4 + 6 + 6)\Omega = 16\Omega$$

$$R_{12} =- 6\Omega$$

$$R_{13} =- 6\Omega$$

所以网孔 1 的电流方程为 $16I_{L_1}-6I_{L_2}-6I_{L_3}=0$，解得 $I_{L_1}=6A$。

【例 2-12】 对如图 2-35 所示电路，用网孔电流法分析电路。

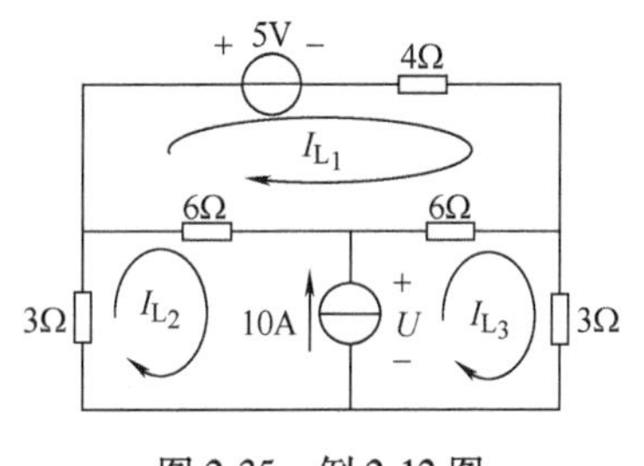

图 2-35　例 2-12 图

解： 根据图示所选网孔，此电路中电流源 I_S 存在于两个网孔中，这时，需假设电流源 I_S 两端的电压 U，并把电压 U 作为一个变量，以网孔电流法列写电压方程为

$$I_{L_1}(4 + 6 + 6) - 6I_{L_2} - 6I_{L_3} =- 5$$

$$I_{L_2}(3 + 6) - 6I_{L_1} =- U$$

$$I_{L_3}(3 + 6) - 6\, I_{L_1} =+ U$$

上述三个方程包含 4 个未知量，所以需增补一个方程，即该电流源 I_S 之值为该电流源支路上网孔电流的代数和，即

$$I_S = I_{L_3} - I_{L_2} = 10A$$

这样，再联立求解网孔的电压方程及增补方程，求得各网孔电流 I_{L_1}、I_{L_2}、I_{L_3}及电流源 I_S 两端的电压 U。

注意：网孔电流法适用于网孔数目较少的电路。

【例 2-13】 对如图 2-36 所示电路，利用网孔电流法列写电压方程。

解： 本题中包含受控源，可将受控源看作独立电源，按上述方法列方程，再将控制量用回路电流表示。

根据图示所选网孔，利用网孔电流法列写电压方程为

$$(R_s + R_1 + R_4)i_1 - R_1 i_1 - R_4 i_3 = U_S$$
$$-R_1 i_2 + (R_2 + R_1)i_2 = 5U$$
$$-R_4 i_1 + (R_3 + R_4)i_3 = -5U$$

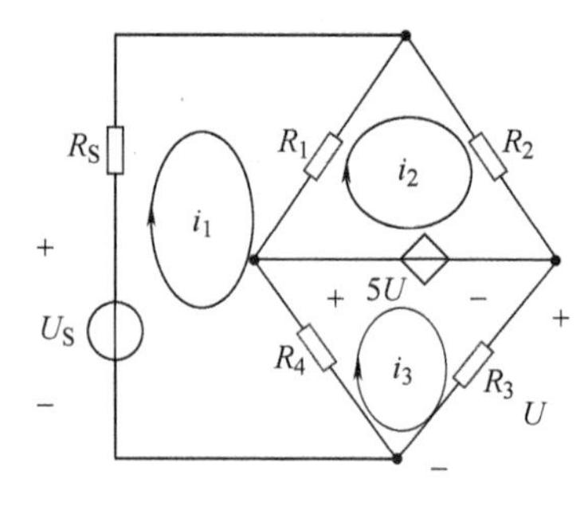

图 2-36 例 2-13 图

由于含有受控源，多了一个未知参数，故需对控制量 U 增补一个方程，该增补方程用网孔电流表示控制量，即

$$U = i_3 R_3$$

联立上面四个方程即可求出网孔电流，进而求出支路电流或者其他待求电量。

2.6 节点电压法

节点电压法的基本思想是：选节点电位为未知量，可以减少方程个数。节点电位自动满足 KVL，仅列写 KCL 方程就可以求解电路。各支路电流、电压可视为节点电位的线性组合。求出节点电位后，便可方便地得到各支路电压、电流。

2.6.1 定义

节点电压法是以节点电位 V_n 为变量列写电流方程来分析电路的方法。

在电路中，任选一节点作为参考点，其余各节点与参考点之间的电压差称为相应各节点的节点电位，方向为从该独立节点指向参考节点。如图 2-37 所示，选下部节点⓪为参考节点，设节点①、②、③的电位分别为 V_1、V_2、V_3。

1. 节点电位与支路电压的关系

支路 1 的电压为节点①的电位 V_1，支路 4 的电压为节点①和节点②的电位差，依此类推，任一支路电压都可以用节点电位表示。

如图 2-37 所示电路中各支路电压分别为

$$U_1 = V_1, \quad U_2 = V_3$$
$$U_3 = V_1 - V_3, \quad U_4 = V_1 - V_2$$
$$U_5 = V_2 - V_3, \quad U_6 = V_2 - V_3$$

同样，各支路电流通过支路电压可以求出，如

$$I_1 = \frac{V_1 - U_{S_1}}{R_1}, \quad I_2 = \frac{V_3 + U_{S_2}}{R_2}, \quad I_3 = \frac{V_1 - V_3}{R_3}$$

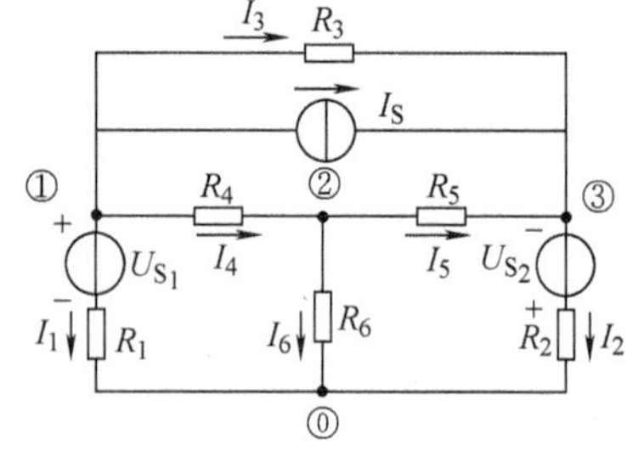

图 2-37 节点电压法

2. 节点电压法列写的方程

观察图 2-37 可见，对电路中任何一个回路利用节点电压列 KVL 方程，每一个节点电位一定出现一次正号和一次负号。如支路 R_1、R_2、R_6 构成的回路，KVL 方程为

$$-V_1 + (V_1 - V_2) + V_2 = 0$$

以上说明节点电压自动满足 KVL。因此节点电压法是对节点列写 KCL 方程，有效方程的个数等于节点数减 1，即为（$n-1$）。

2.6.2　节点电压法的分析步骤

下面以如图 2-37 所示电路为例，详述节点电压法的分析步骤。

1）找到电路中所有节点，并标明序号，在电路中设定各节点电位，例如图 2-37 中的 V_1、V_2、V_3，节点⓪为零电位参考点。

2）在电路中，以节点电压为变量，列写图 2-37 中各支路电流为

$$\begin{cases} I_1 = (V_1 - U_{S_1})/R_1 & I_2 = (V_3 + U_{S_2})/R_2 \\ I_3 = (V_1 - V_3)/R_3 & I_4 = (V_1 - V_2)/R_4 \\ I_5 = (V_2 - V_3)/R_5 & I_6 = V_2/R_6 \end{cases} \tag{2-9}$$

列写各节点的 KCL 方程为

$$\begin{cases} -I_1 - I_3 - I_4 - I_5 = 0 \\ I_4 - I_5 - I_6 = 0 \\ -I_2 + I_3 + I_5 + I_S = 0 \end{cases} \tag{2-10}$$

将各支路电流代入各节点的 KCL 方程中得

$$\begin{cases} \text{节点 ①：} -(V_1 - U_{S_1})/R_1 - (V_1 - V_3)/R_3 - (V_1 - V_2)/R_4 - I_S = 0 \\ \text{节点 ②：} +(V_1 - V_2)/R_4 - (V_2 - V_3)/R_5 - V_2/R_6 = 0 \\ \text{节点 ③：} -(V_3 + U_{S_2})/R_2 + (V_1 - V_3)/R_3 + (V_2 - V_3)/R_5 + I_S = 0 \end{cases} \tag{2-11}$$

把该方程中电阻的倒数用电导 G 代替，整理方程最终得到

$$\begin{cases} \text{节点 ①：}(G_1 + G_3 + G_4)V_1 - G_4V_2 - G_3V_3 = U_{S_1}G_1 - I_S \\ \text{节点 ②：} -G_4V_1 + (G_4 + G_5 + G_6)V_2 - G_5V_3 = 0 \\ \text{节点 ③：} -G_3V_1 - G_5U_2 + (G_2 + G_3 + G_5)V_3 = -U_{S_2}G_2 + I_S \end{cases} \tag{2-12}$$

对于式（2-12）中第一个节点①的方程，假设 $G_{11} = G_1 + G_3 + G_4$，$G_{12} = -G_4$，$G_{13} = -G_3$，$I_{S_1} = U_{S_1}G_1 - I_S$。

其中，G_{11}表示与节点①相连的所有支路的电导之和，称为节点①的自电导或自导；G_{12}表示节点①与节点②之间的所有支路的电导之和，称为互电导或互导。互导始终为负值；G_{13}表示节点①与节点③之间的所有支路的互导之和。方程右边 $I_{S_{11}}$ 表示流入节点①的电源（电压源或者电流源）激发而形成的电流的代数和，称为电激流，计算时以流入节点①的电激流为正，流出节点①的电激流为负。

用同样的方法可以得出式（2-12）中节点②和节点③中的自导、互导和电激流，由此得节点电压方程的标准形式为

$$\begin{cases} \text{节点 ①：} +G_{11}V_1 - G_{12}V_2 - G_{13}V_3 = I_{S_{11}} \\ \text{节点 ②：} -G_{21}V_1 + G_{22}V_2 - G_{23}V_3 = I_{S_{22}} \\ \text{节点 ③：} -G_{31}V_1 - G_{32}V_2 + G_{33}V_3 = I_{S_{33}} \end{cases} \tag{2-13}$$

式中，电导 G_{11}、G_{22}、G_{33}均为自导，自导项上总取正号。电导 G_{12}、G_{21}、G_{13}、G_{31}、G_{23}、G_{32}均为互导，且 $G_{12} = G_{21}$，$G_{13} = G_{31}$，$G_{23} = G_{32}$，互导项上总取负号。方程右端的 $I_{S_{11}}$、$I_{S_{22}}$、$I_{S_{33}}$为各个节点上电激流的代数和。

3）联立求解节点的电流方程，求得节点电压 $V_1 \sim V_3$，进而再求各支路电流 $I_1 \sim I_6$。

结论：对于具有 $n-1$ 个节点的电路，节点电压方程的标准形式为

$$\begin{cases} +G_{11}V_1 - G_{12}V_2 - \cdots - G_{1(n-1)}V_{n-1} = I_{S_{11}} \\ -G_{21}V_1 + G_{22}V_2 - \cdots - G_{2(n-1)}V_{n-1} = I_{S_{22}} \\ \cdots \\ -G_{(n-1)1}V_1 - G_{(n-1)2}V_2 - \cdots + G_{(n-1)(n-1)}V_{n-1} = I_{S_{(n-1)(n-1)}} \end{cases} \tag{2-14}$$

式中，G_{ii} [$i=1, \cdots, n-1$] 是自导，等于接在节点 i 上所有支路电导之和（包括电压源与电阻串联支路），自导永远为正，所以公式中 G_{ii} 前面的符号为“+”；$G_{ij}(i \neq j)$ 是互导，等于接在节点 i 与节点 j 之间的所有支路电导之和，互导永远为负，所以公式中 G_{ij} 前面的符号为“-”；$I_{S_{ii}}$ 是流入节点 i 的电流源的电流值的代数和（包括由电压源与电阻串联支路等效的电流源）。

注意：当电路不含受控源时，节点电压方程的系数矩阵为对称阵。与电流源串接的电阻或其他元件不能作为自导或互导。

节点电压法适用于节点较少的电路，尤其适用于两个节点的电路，这种情况也很常用。下面着重讨论两个节点电路的节点电压法。

2.6.3 弥尔曼定理

弥尔曼定理是指用来求解由电源和电阻组成的两个节点电路的节点电压法。因此弥尔曼定理适用于仅具有两个节点的电路。

由节点电压法方程可看到弥尔曼定理的一般形式为

$$\text{节点①：} G_{11}V_1 = I_{S_{11}} \tag{2-15}$$

式中，电导 G_{11} 是节点①上所有电导之和。

注意：在计算节点①上的电阻倒数之和时，不能计入与电流源串联的电阻或电导不能计入自导或互导；电激流 $I_{S_{11}}$ 为与节点①相连的所有电激流之和，以流入节点者为正号。

对如图 2-38 所示两节点电路可根据弥尔曼定理直接列写节点电压方程

$$V_1 = \frac{-U_{S_1}/R_1 + U_{S_2}/R_2}{1/R_1 + 1/R_2 + 1/R_3}$$

进而可计算各支路电流为

$$I_1 = (V_1 + U_{S_1})/R_1$$

$$I_2 = (V_1 - U_{S_2})/R_2$$

$$I_3 = V_1/R_3$$

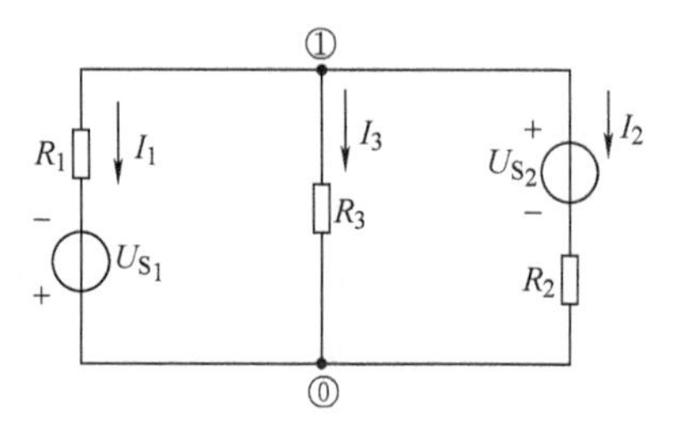

图 2-38 两节点电路

对如图 2-39 所示两节点电路可根据弥尔曼定理列写节点电压方程为

$$V_1 = \frac{-U_{S_3}/R_3 + U_{S_2}/R_2 - I_{S_1}}{1/R_2 + 1/R_3}$$

其一般形式为

$$V_1 = \frac{\pm \sum U_{S_k}/R_k \pm \sum I_{S_k}}{\sum 1/R_k} \tag{2-16}$$

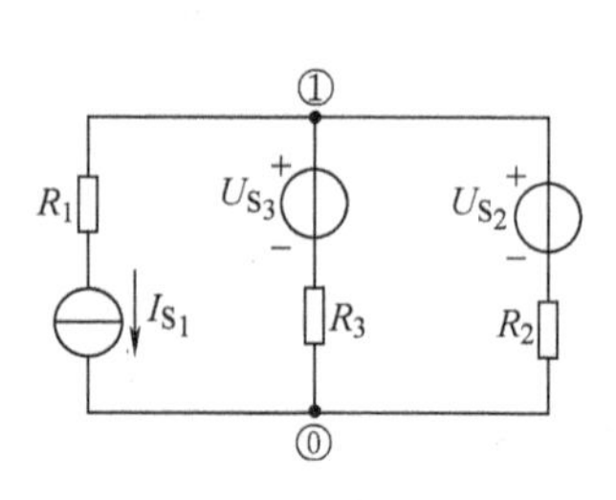

图 2-39 两节点电路

式（2-16）中的分子项即为式（2-15）中的 $I_{S_{11}}$ 项，当节点上电压源 U_{S_k} 的正极靠近节点时，U_{S_k}/R_{S_k} 项前取正号，反之，则取负号；当电流源电流 I_{S_k} 流入节点时，I_{S_k} 项前取正号，反之，则取负号。

【例 2-14】 对如图 2-40 所示电路，用节点电压法分析节点 a 的节点电压及各支路电流。

解： 首先，用弥尔曼定理求节点 a 的节点电位，可知

$$V_a(1/3 + 1/6 + 1/1) = 2.5 + 6/6 - 6/3,\qquad V_a = 1\text{V}。$$

再由节点 a 的节点电压求各支路电流

$$I_1 = (V_a - 6)/6 = -5/6\text{A}$$

$$I_2 = (V_a + 6)/3 = 7/3\text{A}$$

$$I_3 = V_a/1 = 1\text{A}$$

【例 2-15】 电路如图 2-41 所示，用节点电压法列写电路的电流方程。

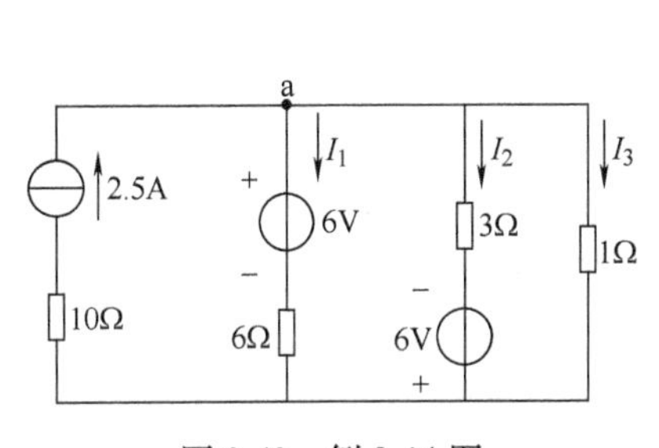

图 2-40　例 2-14 图

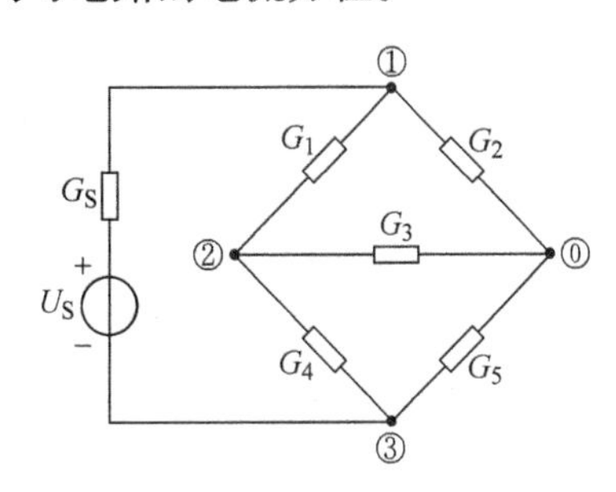

图 2-41　例 2-15 图

解： 节点编号如图 2-41 所示，选择节点⓪作为参考点，则节点电压方程为

节点①：$(G_1 + G_2 + G_S)V_1 - G_1V_2 - G_SV_3 = G_SU_S$

节点②：$-G_1V_1 + (G_1 + G_3 + G_4)V_2 - G_4V_3 = 0$

节点③：$-G_SV_1 - G_4V_2 + (G_4 + G_5 + G_S)V_3 = -G_SU_S$

【例 2-16】 电路如图 2-42 所示，用节点电压法列写电路的电流方程。（图中含有理想电压源支路）

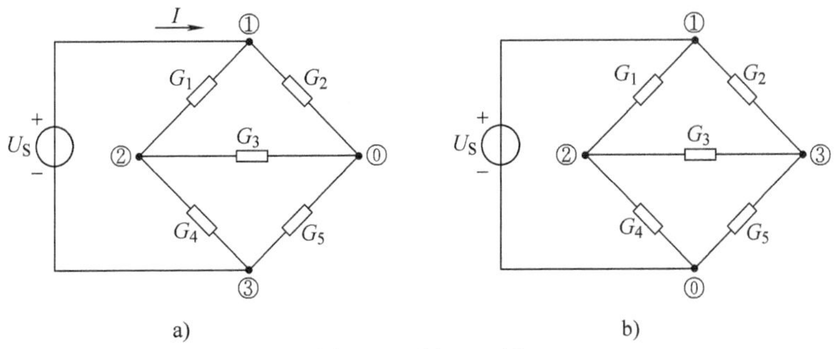

图 2-42　例 2-16 图

注意：本电路的特点是没有电阻与电压源串联，这样的电压源叫作无伴电压源。针对无伴电压源的节点电压分析法有以下两种方式。

解法 1： 增加一个未知量

节点编号及参考节点的选取如图 2-42a 所示，设流过电压源的电流为 I，用节点电压法

列电流方程为

$$\text{节点①：}(G_1+G_2)V_1-G_1V_2=I$$
$$\text{节点②：}-G_1V_1+(G_1+G_3+G_4)V_2-G_4V_3=0$$
$$\text{节点③：}-G_4V_2+(G_4+G_5+G_S)V_3=-I$$

由于所设电流 I 是未知量，需增补一个方程，该增补方程用节点电压表示电压源的电压，即

$$V_1-V_3=U_S$$

解法 2：巧妙地选取特殊的节点作为参考点

节点编号及参考节点的选取如图 2-42b 所示，此时节点①的电压等于无伴电压源的电压，节点电压方程为

$$\text{节点①：}V_1=U_S$$
$$\text{节点②：}-G_1V_1+(G_1+G_3+G_4)V_2-G_4V_3=0$$
$$\text{节点③：}-G_2V_1-G_3V_2+(G_2+G_5+G_3)V_3=0$$

比较两种方法：对含有无伴电压源的电路，列写方程的方式有两种：第一种是引入电压源电流 I，把电压源看作电流源列写方程，然后增补节点电压和电压源电压的关系方程，从而消去中间变量 I。这种方法比较直观，但需增补方程，往往列写的方程数多。

第二种是选择合适的参考点。通常选择电压源的负极所在节点作为参考节点，使理想电压源电压等于某一节点电压。这种方法列写的方程数少，求解简单。在一些有多个理想电压源问题中，以上两种方法往往并用。

【例 2-17】 电路如图 2-43 所示，用节点电压法列写电路的电流方程。

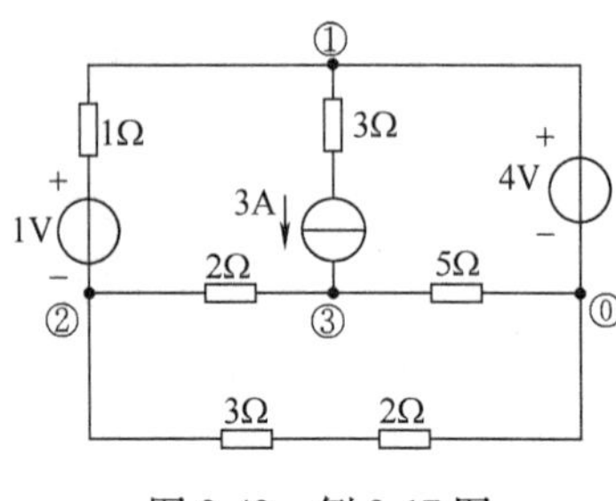

图 2-43 例 2-17 图

解：节点编号及参考节点⓪的选取如图所示，节点电压方程为

$$\text{节点①：}V_1=4V$$
$$\text{节点②：}-V_1+\left(1+\frac{1}{2}+\frac{1}{3+2}\right)V_2-\frac{1}{2}V_3=-1$$
$$\text{节点③：}-\frac{1}{2}V_2+\left(\frac{1}{2}+\frac{1}{5}\right)V_3=3$$

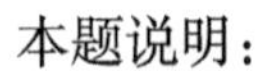

本题说明：

1）与电流源串接的电阻或其他元件不参与列节点电压方程，即不能出现在自导或互导中。

2）支路中有多个电阻串联时，要先求出总电阻或者总的自导或互导再用节点电压法列写电流方程。

【例 2-18】 对如图 2-44 所示电路，求图示电路中的电流 I。

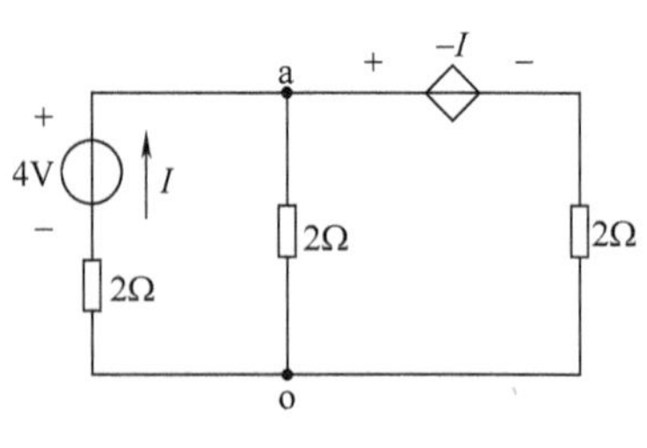

图 2-44 例 2-18 图

解：

1）先把受控源 CCVS 作为一个独立电源，采用前述的弥尔曼定理求节点 a 间的电位，即

$$V_a = (4/2 - I/2)/(1/2 + 1/2 + 1/2) = (4 - I)/3$$

2）再对受控源的控制量列写增补方程，即

$$I = (-U_{ao} + 4)/2, \qquad U_{ao} = V_a$$

3）联立求解，即可得 $I = 1.6\text{A}$。

【例 2-19】 对如图 2-45 所示电路列写节点电压方程。

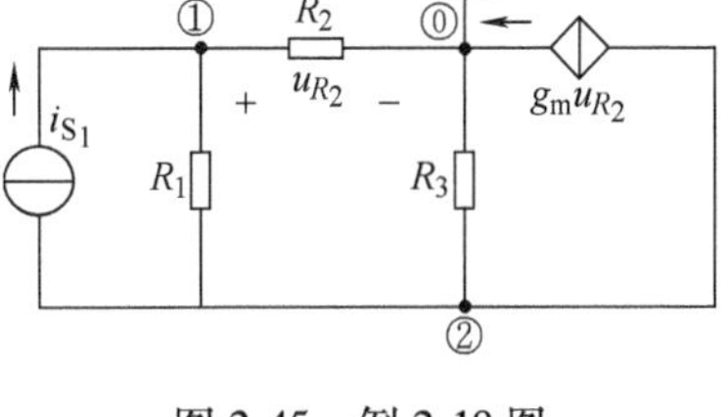

图 2-45　例 2-19 图

解： 节点编号及参考节点⓪的选取如图所示。

1）先把受控源当作独立电源列方程，即

节点①：$\left(\frac{1}{R_1}+\frac{1}{R_3}\right)V_1 - \frac{1}{R_1}V_2 i_{S_1}$

节点②：$-\frac{1}{R_1}V_1 + \left(\frac{1}{R_1}+\frac{1}{R_3}\right)V_2 = -g_m u_{R_2} - i_{S_1}$

2）增补方程为

$$u_{R_2} = V_1$$

2.7　输入电阻的分析和计算

输入电阻是指一个二端网络输入端的等效电阻。求解输入电阻的方法如图 2-46 所示，在二端网络输入端上加上一个电压源 u，测量输入端的电流 i，则输入电阻 R_{in} 就是 u/i。

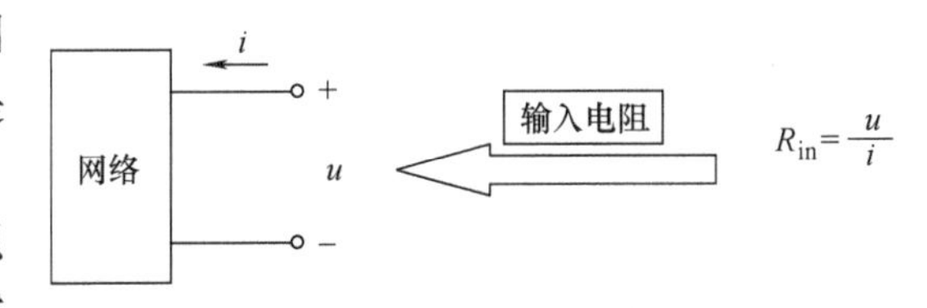

图 2-46　二端网络的输入电阻

针对无源二端网络，可以把输入端想象成一个电阻的两端，这个电阻的阻值就是输入电阻。通常可以利用电阻的串并联或者电阻的等效变换计算输入电阻。

但是针对有源二端网络，情况比较复杂。在计算输入电阻时，还要分两种情况，一种是仅含有独立源和电阻的有源二端网络，另一种情况是既含有独立源又含有受控源的有源二端网络。对于前者，仅含有独立源，需要把有源二端网络通过除源（除源是指先把独立源置零，即电压源短路或者电流源断路）的方法，变成对应的无源二端网络，再利用电阻的串并联或者其他方法计算输入电阻。对于后者，既有独立源，又有受控源，要先除源，再用电压、电流法求输入电阻，即在端口加电压源求得电流（加压求流），或在端口加电流源求得电压（加流求压），最后根据其比值得到输入电阻。

【例 2-20】 在如图 2-47a 所示无源二端网络中，求输入电阻 R_{ab}。

解： 求解这类比较复杂的无源二端网络的输入电阻时，无法快速判断出电路的连接方式，需要重新布置元件位置，使其串并联一目了然。方法如下：先确定该电路共有几个节点，再在平面上安置好这几个节点的位置，如图 2-47b 所示。然后，将各个电阻按起始节点号，用最简捷的路径，安置在对应的节点之间，如图 2-47c 所示。这时可按电阻串并联的计算方法，如图 2-47c、d、e 所示，逐步求得端口总的输入电阻为

$$R_{ab} = R_1 /\!/ R_4 /\!/ (R_2 /\!/ R_3 + R_5)$$

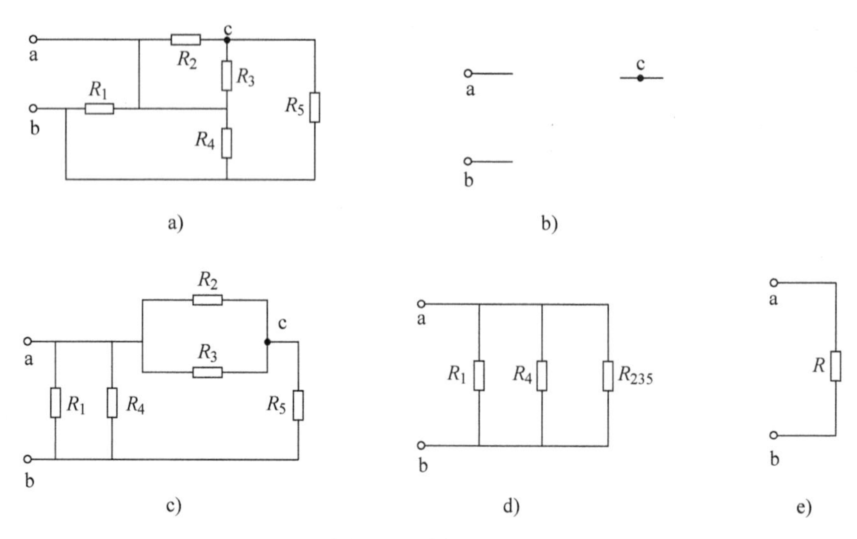

图 2-47 例 2-20 图

【例 2-21】 在如图 2-48a 所示有源二端网络中，求输入电阻 R。

解： 把有源二端网络除源（电压源短路，电流源断路），变成对应的无源二端网络如图 2-48b 所示。

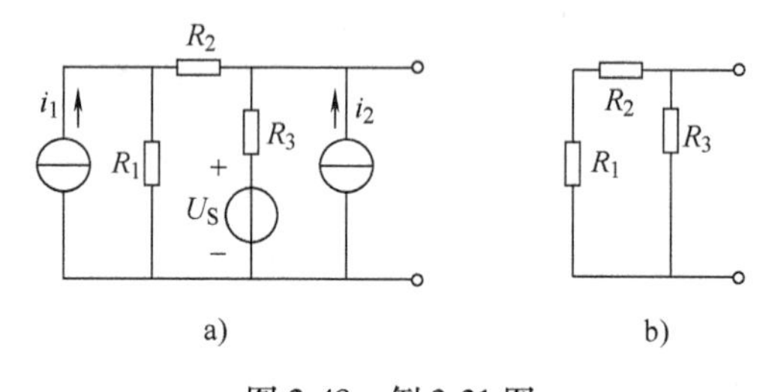

图 2-48 例 2-21 图

a）有源二端网络 b）对应的无源二端网络

则输入电阻为

$$R_{in} = (R_1 + R_2) \mathbin{/\!/} R_3$$

【例 2-22】 在如图 2-49a 所示的含有受控源的有源二端网络中，求输入电阻 R。

解： 由于二端网络含有受控源，所以先除源（电压源短路，电流源断路），再在端口外加电压源求端口电流，如图 2-49b 所示，可得

$$U = 6i_1 + 3i_1 = 9i_1$$

$$i = i_1 + \frac{3i_1}{6} = 1.5i_1$$

$$R = \frac{U}{i} = \frac{9i_1}{1.5i_1}\Omega = 6\Omega$$

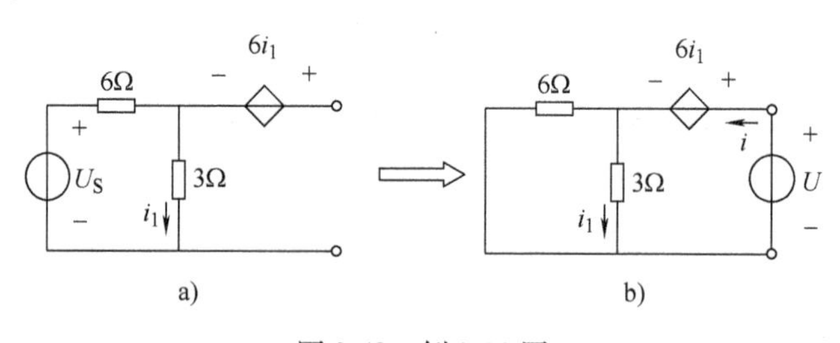

图 2-49 例 2-22 图

a）有源二端网络 b）除源后，端口加压求流

本 章 小 结

本章讨论了电路的主要分析方法（以电阻电路为例）。

1. 简单的等效变换法

1）对单电源的电阻电路，采用电阻的串、并、混联及Y-△的等效变换，求得各待求电

量。特别是单回路电路，可直接用欧姆定律代入回路 KVL 方程求得电流。

即：
$$I = \sum U_{S_k} / \sum R_k$$

2）若求多电源电路的某支路电量，可采用电源及电阻的等效变换，对该支路外的电路进行等效变换，最后变换成简单的单回路电路，再求该支路电量。

2. 复杂电路的系统分析法

几种分析方法小结见表 2-1。

表 2-1　电路的几种分析方法

分析方法	支路分析法	网孔分析法	节点分析法
电路变量	支路电流	网孔电流	节点电压
理论根据	KCL、KVL	KVL	KCL
分析步骤	①选定各支路电流的参考方向 ②对 $n-1$ 个独立节点列写 KCL 方程 ③选取 $b-n+1$ 个独立回路，列写 KVL 方程 ④联立求解 b 个独立方程，得出各支路电流 ⑤选一个未用过的回路，如果满足 $\sum u=0$，则求解正确。或用功率平衡验算	①选定网孔电流参考方向 ②列写 $l=b-(n-1)$ 个网孔电流方程 ③解方程求得各网孔电流 ④标出各支路电流的参考方向，求各支路电流、电压和功率 ⑤外网孔，如果满足 $\sum u=0$，则分析正确	①选定参考节点 ②对 $n-1$ 个独立节点列节点电压方程 ③解方程求得各节点电压 ④求各支路电压、电流和功率 ⑤对参考节点，如果满足 $\sum i=0$，则分析正确

1）支路电流法：以支路电流 I_b 作为变量，列写电路的 KCL 及 KVL 方程，系统地分析电路。独立 KCL 方程数为节点数减 1 个，独立 KVL 方程为网孔个数，总方程数等于支路数 b。

2）网孔（回路）分析法：以网孔电流 I_L 作为变量，通过列写网孔的 KVL 方程，系统地分析电路。所列的独立 KVL 方程数等于网孔数 L 个。该方法适用于网孔数目较少的电路。针对电路特点，网孔分析法总结见表 2-2。

表 2-2　网孔分析法总结

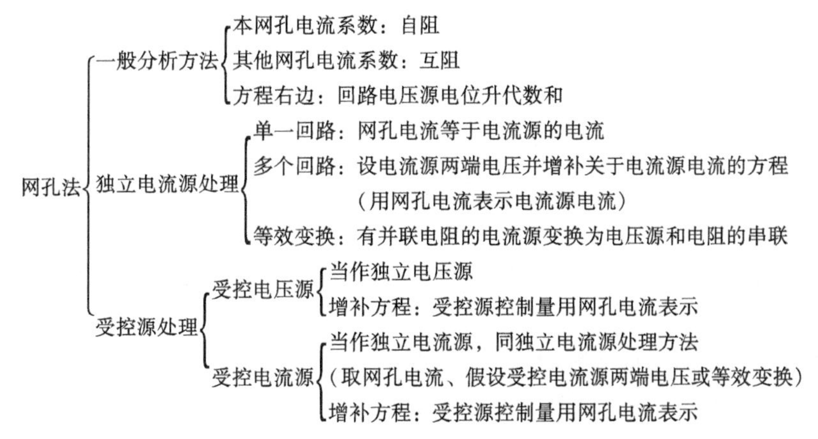

3）节点电压分析法：以节点电压 U_n 作为变量，列写节点的 KCL 方程，系统地分析电路。KCL 方程数等于独立节点数（$n-1$）个。该方法适用于节点少的电路。针对电路特点，节点电压分析法总结见表 2-3。

表 2-3　节点电压分析法总结

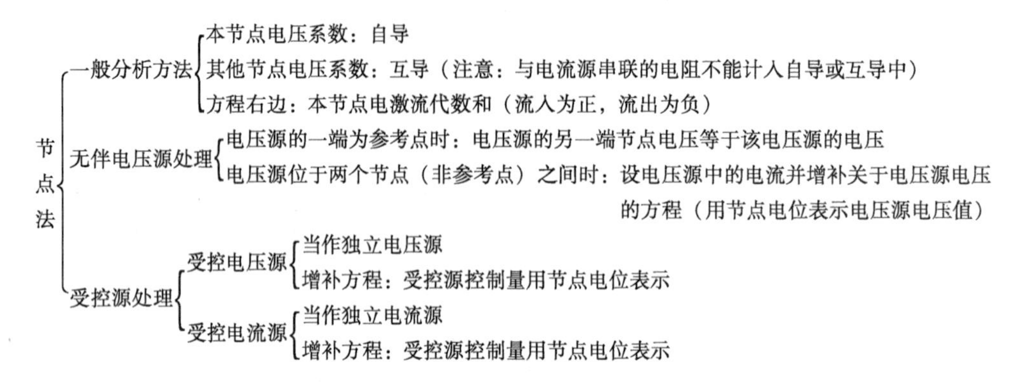
节点法
- 一般分析方法
  - 本节点电压系数：自导
  - 其他节点电压系数：互导（注意：与电流源串联的电阻不能计入自导或互导中）
  - 方程右边：本节点电激流代数和（流入为正，流出为负）
- 无伴电压源处理
  - 电压源的一端为参考点时：电压源的另一端节点电压等于该电压源的电压
  - 电压源位于两个节点（非参考点）之间时：设电压源中的电流并增补关于电压源电压的方程（用节点电位表示电压源电压值）
- 受控源处理
  - 受控电压源
    - 当作独立电压源
    - 增补方程：受控源控制量用节点电位表示
  - 受控电流源
    - 当作独立电流源
    - 增补方程：受控源控制量用节点电位表示

4）弥尔曼定理：针对只有两个节点的电路，可用弥尔曼定理计算两节点间的电压，即：$V_1 = \sum(\pm U_{S_k}/R_k \pm I_{S_k})/\sum G_k$。当节点上电压源 U_{S_k} 的正极靠近节点时，U_{S_k}/R_{S_k} 项前取正号，相反，则取负号；当电流源电流 I_{S_k} 流入节点时，I_{S_k} 项前取正号，相反，则取负号。

3. 二端网络的输入电阻

计算输入电阻时，根据二端网络的具体情况分为三种类型，总结见表 2-4。

表 2-4　输入电阻的三种计算方法

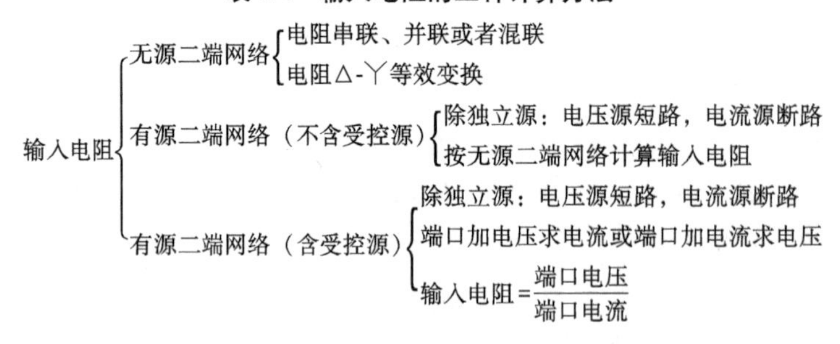
输入电阻
- 无源二端网络
  - 电阻串联、并联或者混联
  - 电阻△-Y等效变换
- 有源二端网络（不含受控源）
  - 除独立源：电压源短路，电流源断路
  - 按无源二端网络计算输入电阻
- 有源二端网络（含受控源）
  - 除独立源：电压源短路，电流源断路
  - 端口加电压求电流或端口加电流求电压
  - 输入电阻 $=\dfrac{\text{端口电压}}{\text{端口电流}}$

习　　题

一、填空题

1）恒流源和电阻并联时对外可以等效为________________，二者串联时对外可以等效为__________。

2）恒压源和电阻串联时对外可以等效为________________，二者并联时对外可以等效为__________。

3）理想电压源和理想电流源间________等效变换。

4）电阻均为 9Ω 的Y电阻网络，若等效为△网络，各电阻的阻值应为________Ω。

5）以客观存在的支路电流为未知量，直接应用________定律和________定律求解电路的方法，称为________法。

6）当复杂电路的支路数较多、回路数较少时，应用回路电流法可以适当减少方程式数目。这种解题方法中，是以假想的________为未知量，直接应用________定律求解电路的方法。

7）当复杂电路的支路数较多、节点数较少时，应用________法可以适当减少方程式数目。这种解题方法中，是以客观存在的________为未知量，直接应用________定律求解电路的方法。

8）当电路只有两个节点时，应用________只需对电路列写 1 个方程式，称作________定理。

9）回路电流法是对基本回路列写________方程。

10）节点电压法是对节点列写________方程。

11）为了减少方程式数目，在电路分析方法中引入了________电流法、________电压法。

12）在计算有源二端网络的等效输入电阻时，除源时将理想电压源视为________，理想电流源视为________。

二、分析计算

2-1　题 2-1 图中，试求：各电路中的等效电阻 R_{ab}。

2-2　题 2-2 图中，试求：电路中的等效电阻 R_{ab}。

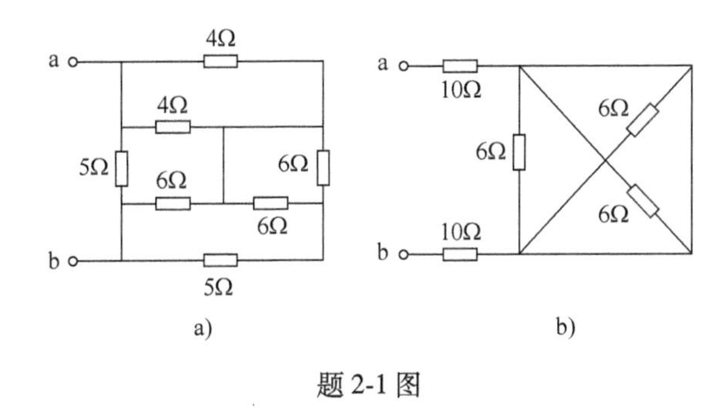

题 2-1 图

题 2-2 图

2-3　题 2-3 图中，试求标有问号的电压或电流。

2-4　题 2-4 图中，试求电流 I_0。

2-5　题 2-5 图中，试求电压 U 和电流 I。

2-6　题 2-6 图中，已知电流 I 为 4A，求电压源电压 U。

2-7　题 2-7 图中，试用电源的等效变换法化简各个电路。

2-8　题 2-8 图中，试用电源的等效变换法求电路中 1kΩ 电阻上的电流 I。

2-9　题 2-9 图中，试用电源的等效变换法求电路中 2Ω 电阻上的电流 I。

2-10　题 2-10 图中，试用支路电流法求电路中各支路的电流。

2-11　题 2-11 图中，试用支路电流法求电路中各支路的电流。

2-12　题 2-12 图中，试用网孔（回路）电流法求电路中的电压 U_0。

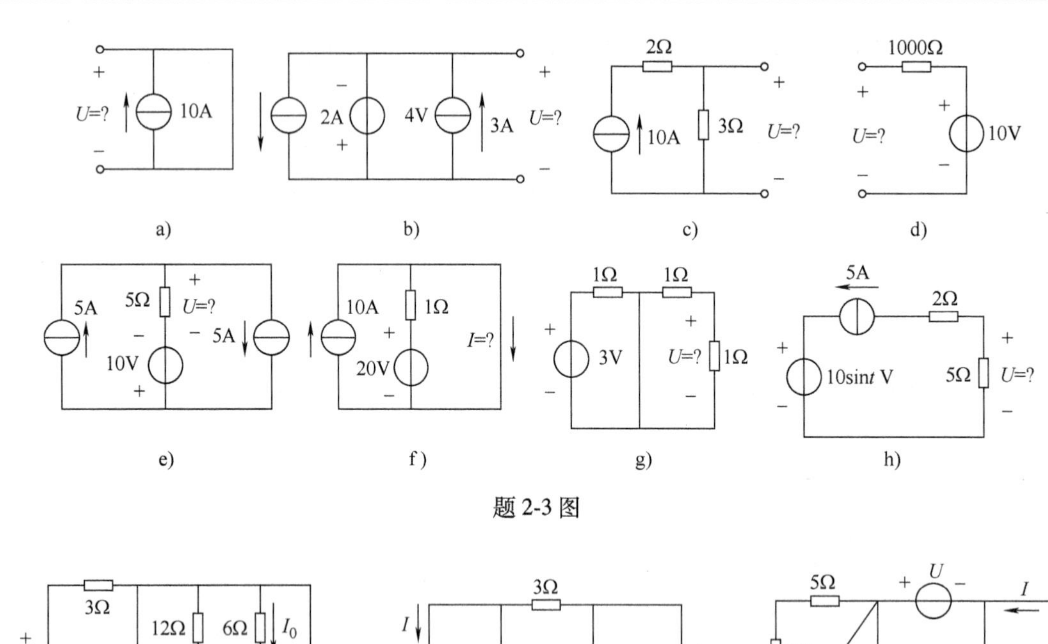

题 2-3 图

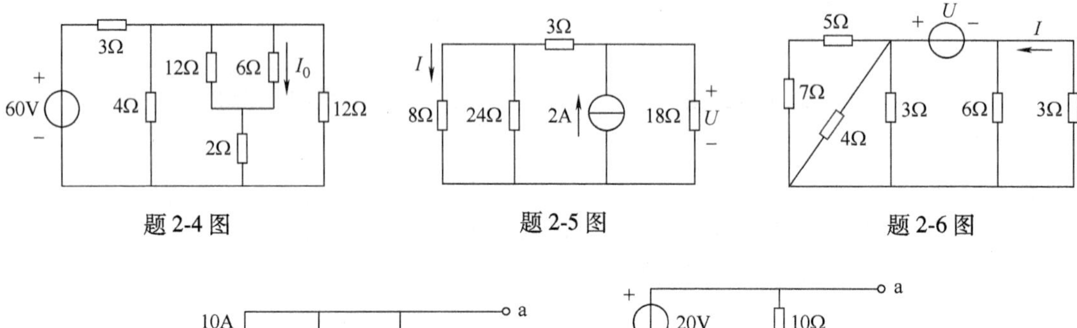

题 2-4 图 题 2-5 图 题 2-6 图

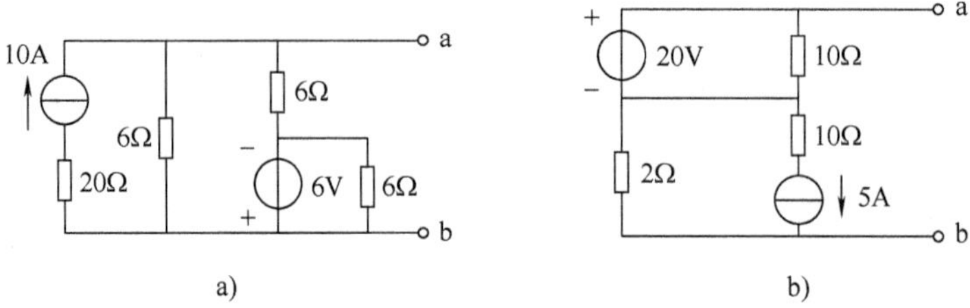

题 2-7 图

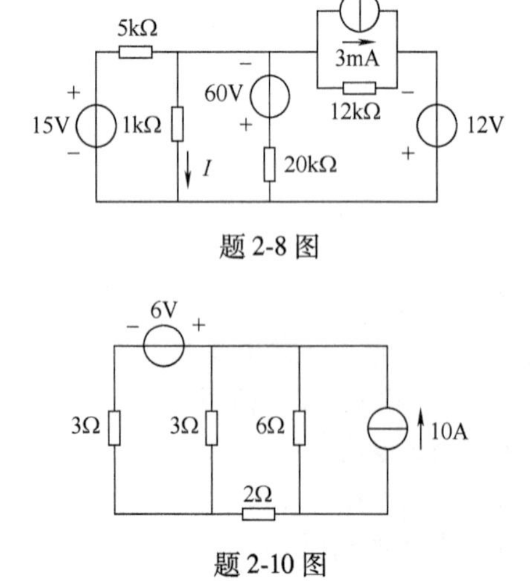

题 2-8 图

题 2-10 图

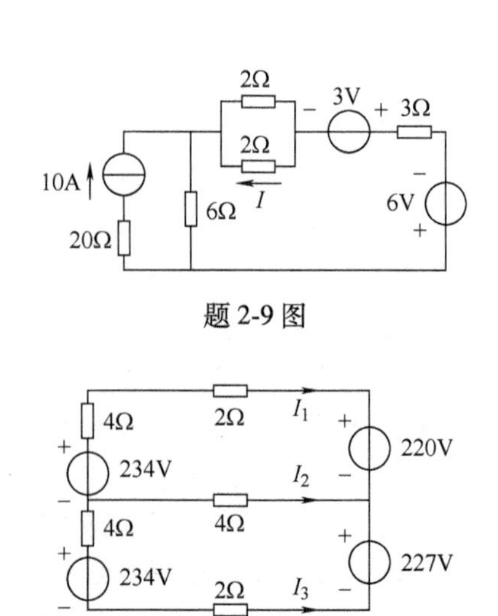

题 2-9 图

题 2-11 图

2-13　题 2-13 图中，试用网孔（回路）电流法求电路中的电流 I。

2-14　题 2-14 图中，试用节点电压法求电路中的电流 I。

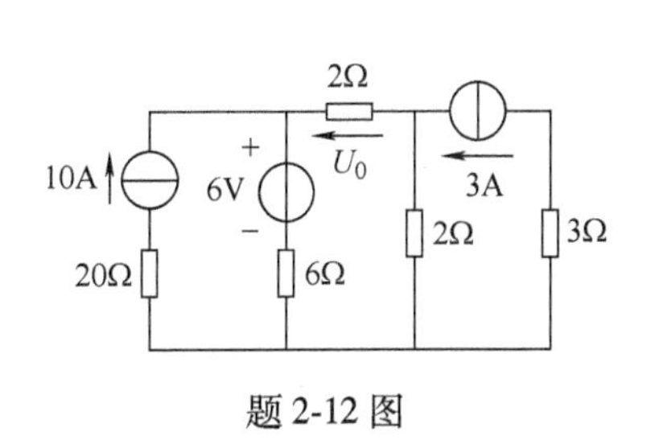

题 2-12 图

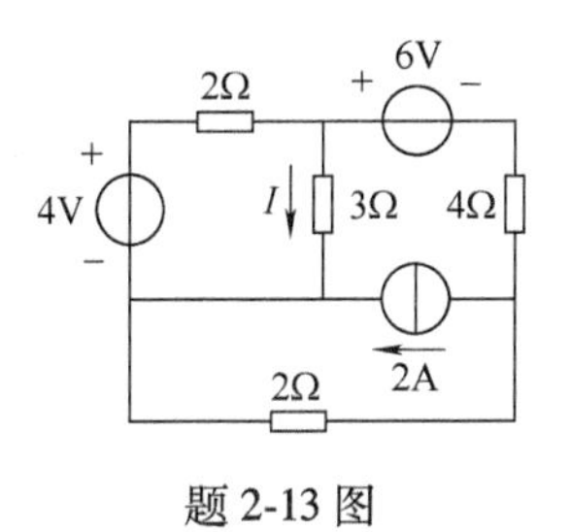

题 2-13 图

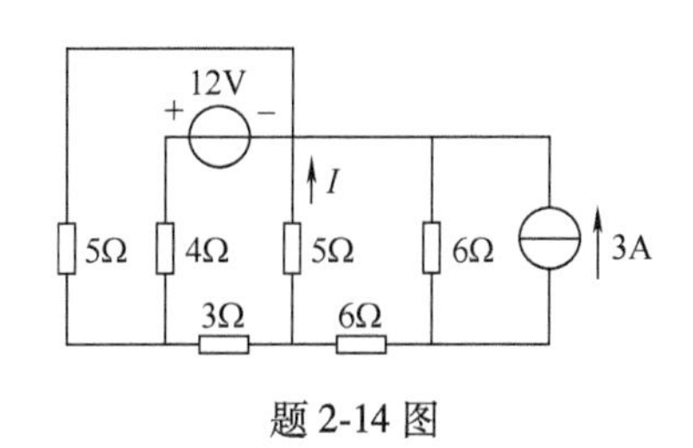

题 2-14 图

2-15　题 2-15 图中，试用节点电压法求电路中的电压 U_0。

2-16　题 2-16 图中，试用节点电压法求电路中的电流 I。

2-17　题 2-17 图中，试用节点电压法求 2Ω 电阻消耗的功率。

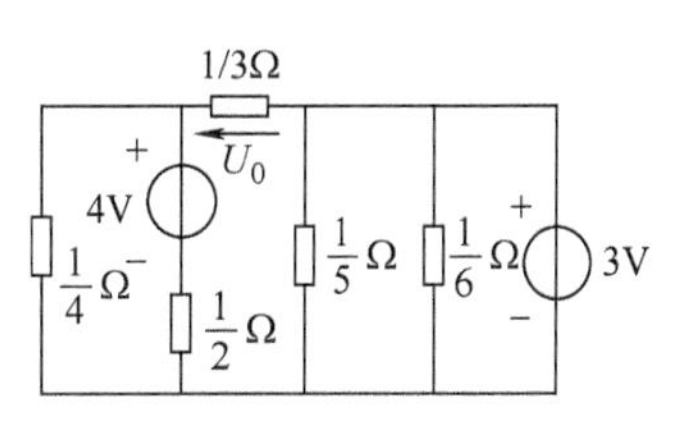

题 2-15 图

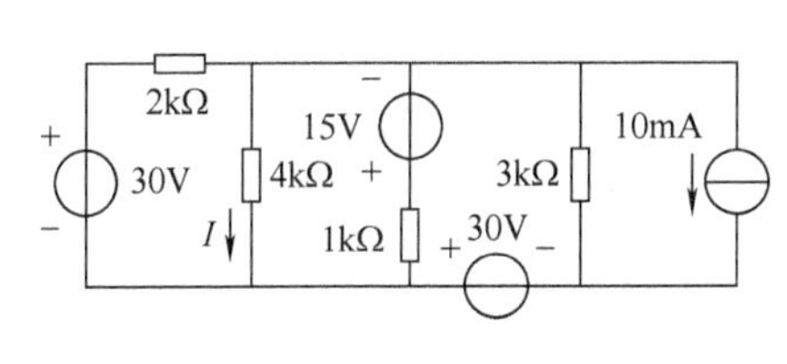

题 2-16 图

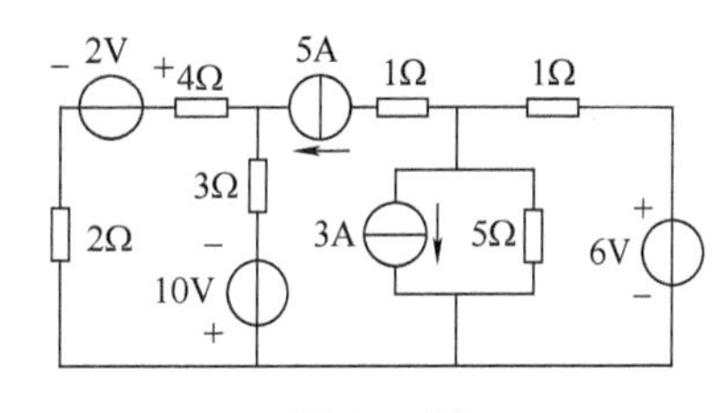

题 2-17 图

2-18　题 2-18 图中，分别用网孔（回路）电流法和节点电压法列出电压方程和电流方程。

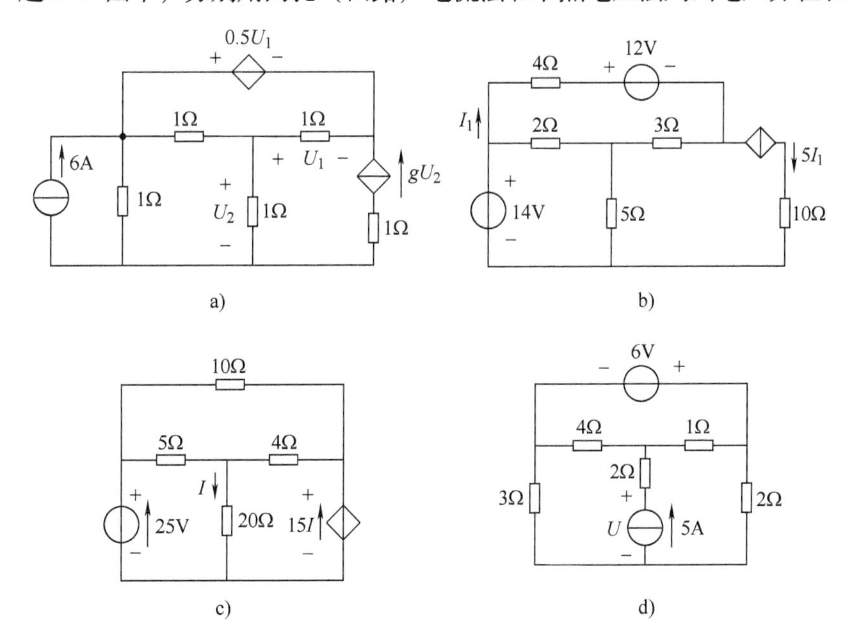

题 2-18 图

2-19 题 2-19 图中，计算各二端网络的等效输入电阻。

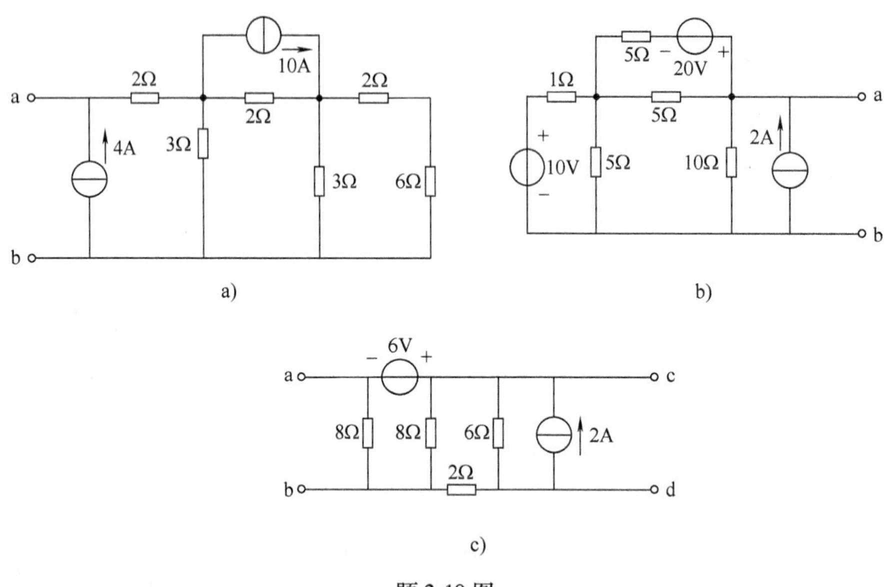

题 2-19 图

2-20 题 2-20 图中，计算各二端网络的等效输入电阻。

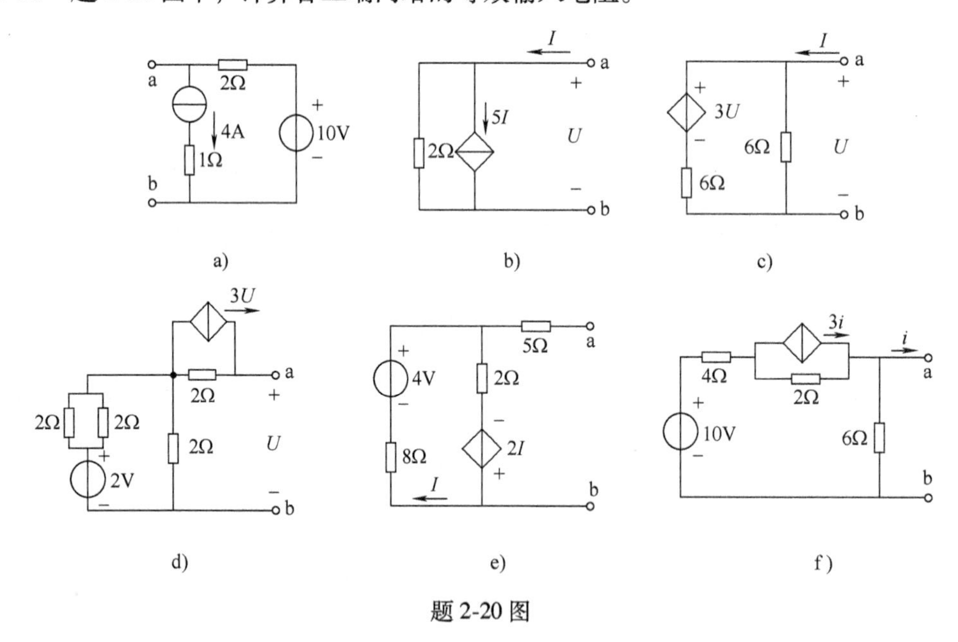

题 2-20 图

第3章　电路定理

本章以电阻电路为例，介绍几种常用的电路基本定理，这些定理是分析电路必须遵循的基本原理，也是今后分析电路问题的依据。利用电路定理可以将复杂电路化简或将电路的局部用简单电路等效替代，以使电路的分析计算得到简化。

本章学习要点：

- 叠加定理及其应用
- 戴维南定理和诺顿定理及其应用
- 最大功率传输定理及其应用

3.1　叠加定理

3.1.1　叠加定理的定义

叠加定理：在线性电路中，当有多个电源共同作用时，任一支路的电流（或电压）都可以看作是电路中各个独立源单独作用时在该支路产生的电流（或电压）的代数和。

对如图3-1所示电路进行叠加定理分析，电阻 R 上的电流和电压用叠加定理可表示为

$$I = \sum I_k$$

$$U = \sum U_k \tag{3-1}$$

式中，I_k 和 U_k 为各个独立电源 U_{S_k}、I_{S_k}分别作用于电阻 R 上时所产生的分电流和分电压。

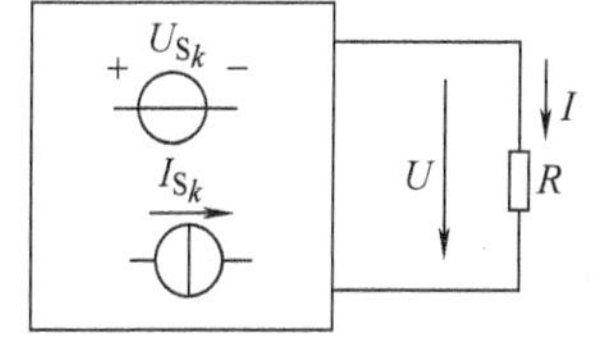

图3-1　叠加定理

3.1.2　叠加定理的使用条件和注意事项

叠加定理适用范围和注意事项如下：

1）叠加定理只适用于计算线性电路的电压或电流。这是因为线性电路中的电压和电流都与激励（独立源）呈一次函数关系。

2）一个独立源单独作用的含义为：其他独立源置零，即置零的电压源用短路替代或置零的电流源用开路替代。如图3-2a所示电路，图3-2b为 I_{S_1}单独作用电路图，图3-2c为 U_{S_2}单独作用电路图，图3-2d为 U_{S_3}单独作用电路图。

3）不能用叠加定理计算功率（因为功率为电压和电流的乘积，不是独立电源的一次函数）。

4）应用叠加定理求电压和电流是代数量的叠加，要特别注意各代数量的符号。若各个分电压或分电流的方向与总电压或总电流的方向一致，在叠加时取“+”号，否则，取

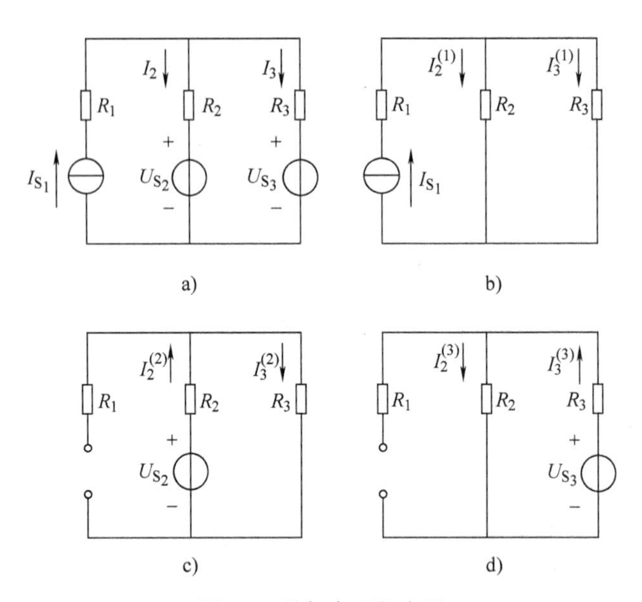

图 3-2 叠加定理的应用

a）原图 b）I_{S_1}单独作用 c）U_{S_2}单独作用 d）U_{S_3}单独作用

“-” 号。如图 3-2 所示电路中，$I_2 = I_2^{(1)} - I_2^{(2)} + I_2^{(3)}$，$I_3 = I_3^{(1)} + I_3^{(2)} - I_3^{(3)}$。

5）叠加的方式是任意的，可以一次使一个独立电源单独作用，也可以一次使几个独立电源同时作用，方式的选择取决于分析问题的方便与否。

【例 3-1】 对如图 3-3a 所示电路，用叠加定理求各支路上的电流。

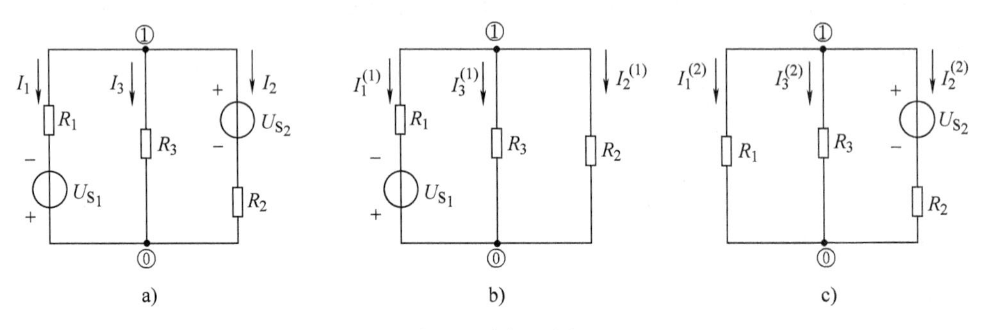

图 3-3 例 3-1 图

a）原图 b）U_{S_1}单独作用 c）U_{S_2}单独作用

解：

1）当 U_{S_1}单独作用时，参见图 3-3b 得

$$I_1^{(1)} = \frac{U_{S_1}}{R_1 + R_2 /\!/ R_3},\ I_2^{(1)} = -I_1^{(1)} \frac{R_3}{R_2 + R_3},\ I_3^{(1)} = -I_1^{(1)} \frac{R_2}{R_2 + R_3}$$

2）当 U_{S_2}单独作用时，参见图 3-3c 得

$$I_2^{(1)} = -\frac{U_{S_2}}{R_2 + R_1 /\!/ R_3},\ I_1^{(1)} = -I_2^{(1)} \frac{R_3}{R_1 + R_3},\ I_3^{(1)} = -I_1^{(1)} \frac{R_1}{R_1 + R_3}$$

3）叠加得各支路上的电流为

$$I_1 = I_1^{(1)} + I_1^{(2)}, \ I_2 = I_2^{(1)} + I_2^{(2)}, \ I_3 = I_3^{(1)} + I_3^{(2)}$$

【例 3-2】 利用叠加定理计算图 3-4a 所示电路的电压 U。

解：

1）当 12V 电压源作用时，在图 3-4b 中应用分压原理有

$$U^{(1)} = \frac{12}{6+3}\text{A} \times 3\Omega = 4\text{V}$$

2）当 3A 电流源作用时，在图 3-4c 中应用分流公式得

$$U^{(2)} = (6 /\!/ 3)\Omega \times 3\text{A} = 6\text{V}$$

3）应用叠加定理得

$$U = U^{(1)} + U^{(2)} = (4+6)\text{V} = 10\text{V}$$

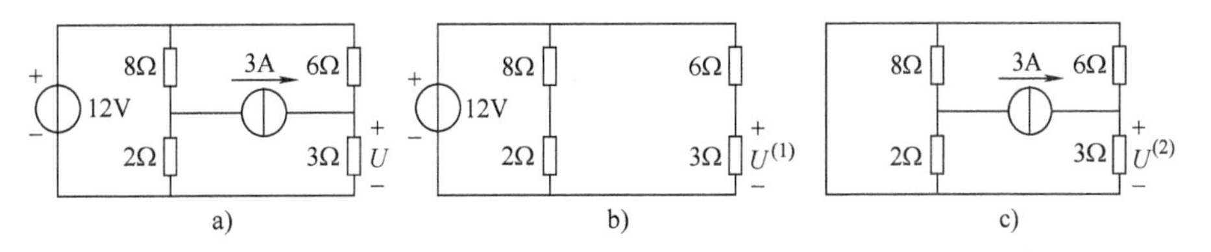

图 3-4 例 3-2 图

a）原图 b）12V 电压源单独作用 c）3A 电流源单独作用

【例 3-3】 计算图 3-5 所示电路的电压 U。

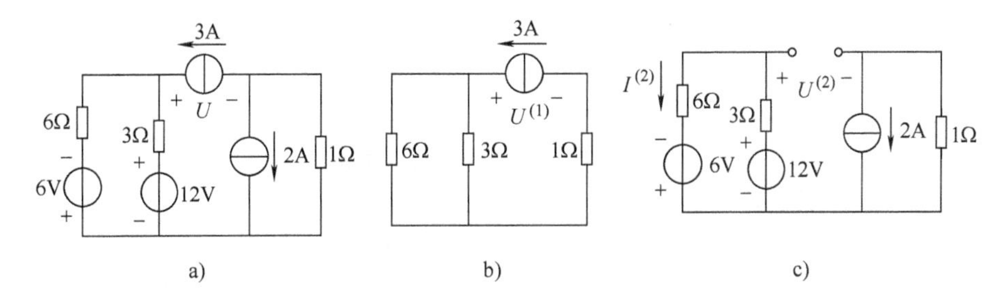

图 3-5 例 3-3 图

a）原图 b）3A 电流源单独作用 c）其余电源作用

解：

1）当 3A 电流源作用时，在图 3-5b 中有

$$U^{(1)} = (6 /\!/ 3 + 1)\Omega \times 3\text{A} = 9\text{V}$$

2）当其余电源作用时：在图 3-5c 中有

$$I^{(2)} = \left(\frac{6+12}{6+3}\right)\text{A} = 2\text{A}$$

$$U^{(2)} = 6I^{(2)} - 6 + 2 \times 1 = 6\Omega \times 2\text{A} - 6\text{V} + 2\text{A} \times 1\Omega = 8\text{V}$$

3）应用叠加定理得

$$U = U^{(1)} + U^{(2)} = (9+8)\text{V} = 17\text{V}$$

本例说明： 叠加方式是任意的，可以一次一个独立源单独作用，也可以一次几个独立源

同时作用，可根据是否利于简便计算来确定如何分组叠加。

【例 3-4】 封装好的线性电路如图 3-6 所示，已知下列实验数据：当 $U_S = 1V$、$I_S = 1A$ 时，响应 $I = 2A$，当 $U_S = -1V$、$I_S = 2A$ 时，响应 $I = 1A$。求：当 $U_S = -3V$，$I_S = 5A$ 时，I 为何值？

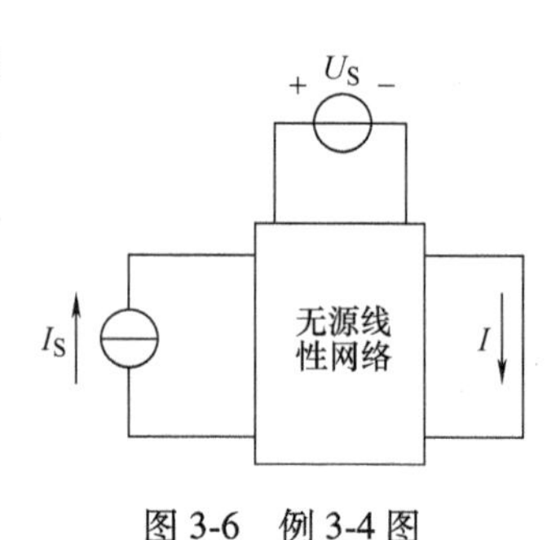

图 3-6 例 3-4 图

解： 由于是线性电路，根据叠加定理有

$$I = k_1 I_S + k_2 U_S$$

代入实验数据得

$$\begin{cases} k_1 + k_2 = 2 \\ 2k_1 - k_2 = 1 \end{cases}$$

解得

$$\begin{cases} k_1 = 1 \\ k_2 = 1 \end{cases}$$

因此

$$I = I_S + U_S = (5 - 3)A = 2A$$

本例给出了线性电路研究激励和响应关系的实验方法。

3.2 戴维南定理

3.2.1 问题的提出

对如图 3-7 所示的电路，求电路中某一条支路上的电流 I。设想把该支路以外的电路（ab 端左边部分电路）看作一个有源二端网络 A，将其等效为一个电压源，利用如图 3-8 所示电路的解决方法，就能方便地求得电流 $I = U_{OC}/(R_0 + R_L)$。因此，求出 U_{OC}和 R_0 是本节需要解决的问题，而戴维南定理就能回答 U_{OC}和 R_0 如何求解的问题。

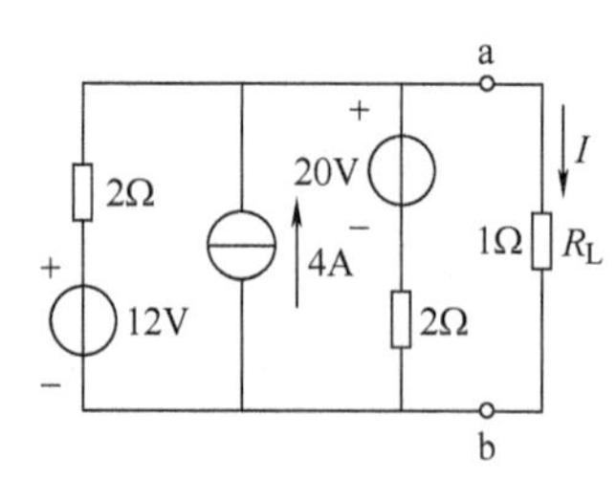

图 3-7 戴维南定理应用实例

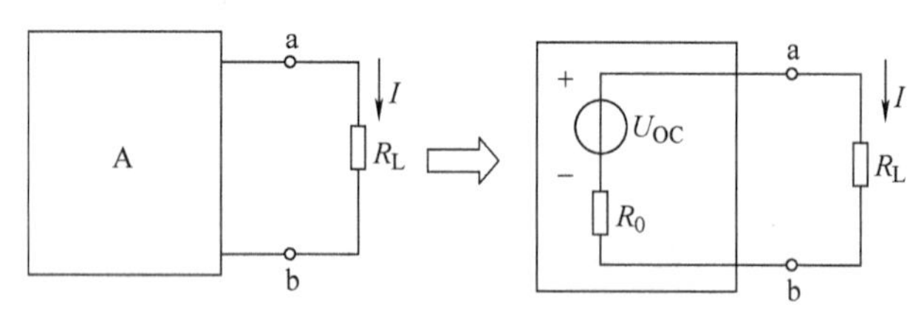

图 3-8 戴维南定理解决的方法

3.2.2 戴维南定理的定义

戴维南定理： 任何一个有源线性二端网络，对外电路而言，可以用一个理想电压源与电阻串联来等效。

如图 3-9、图 3-10 所示，其中理想电压源电压等于原二端网络的开路电压 U_{OC}，而串联电阻等于原二端网络中所有独立源置零时的等效输入端电阻 R_0。

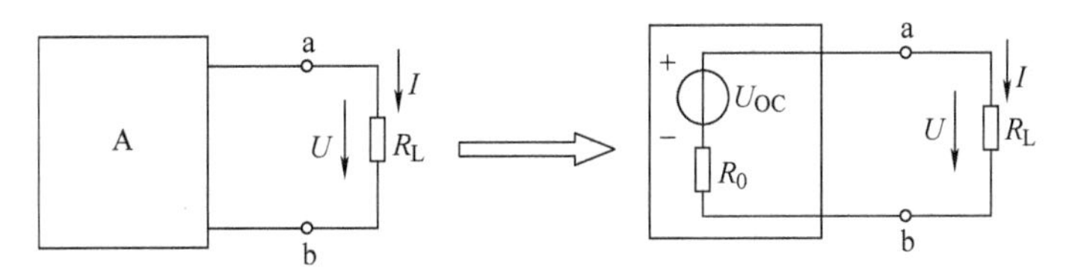

图 3-9 戴维南定理

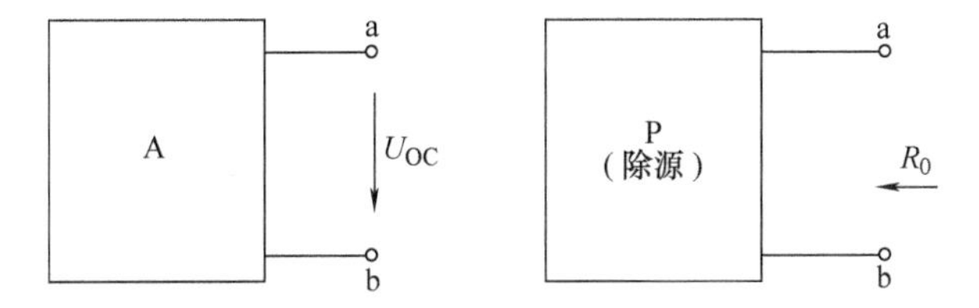

图 3-10 戴维南定理开路电压 U_{OC} 和等效输入端电阻 R_0 求取

3.2.3 应用戴维南定理分析电路

利用戴维南定理分析电路的过程如下：

1）移去待求支路。

2）求余下电路的开路电压 U_{OC}。

戴维南等效电路中电压源电压等于将外电路断开时的开路电压 U_{OC}，电压源方向与所求开路电压方向有关。计算 U_{OC} 的方法可根据电路结构选择前面学过的任意分析方法，如支路电流法、节点电压法、网孔电流法或叠加定理等。

3）求除源后对应的无源二端网络的等效输入端电阻 R_0。

4）画出用戴维南等效电路（将电压源模型和待求支路连接起来），求待求变量。

【例 3-5】 对如图 3-11a 所示电路用戴维南定理求图示电路中的电压 U_0。

解：

1）移去响应所在支路（1Ω 和 20V 电压源串联支路）

2）利用弥尔曼定理求开路电压 U_{OC}，如图 3-11b 所示，可得

$$U_{OC}=\left(\frac{\frac{12}{2}+4}{\frac{1}{2}+\frac{1}{2}}\right)\text{V}=10\text{V}$$

3）除源后求对应的等效无源二端网络的输入电阻 R_0，如图 3-11c 所示，可得

$$R_0=(2\ /\!/\ 2)\Omega=1\Omega$$

4）画出戴维南等效电路求电压 U_0，如图 3-11d 所示，可得

$$\begin{aligned}U_0&=\frac{U_{OC}-20}{R_0+1}\times 1\\&=\left(\frac{10-20}{1+1}\times 1\right)\text{V}\\&=-5\text{V}\end{aligned}$$

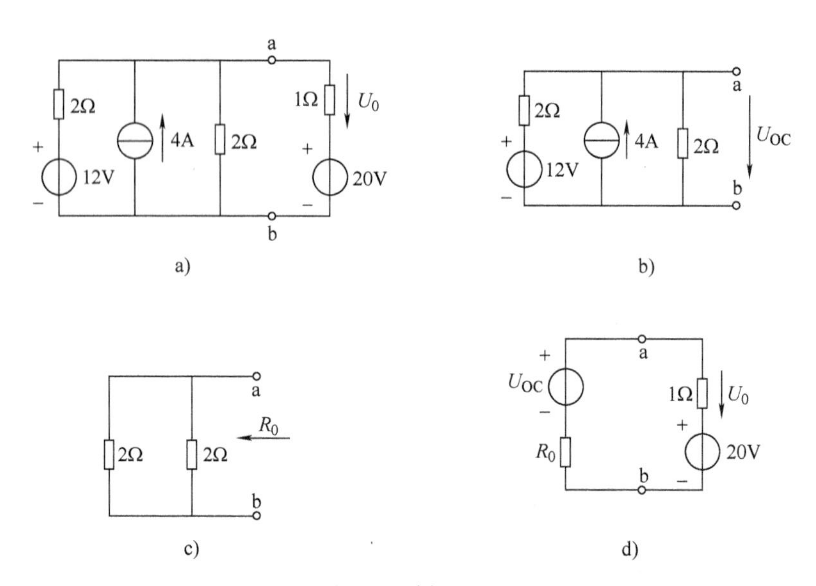

图 3-11　例 3-5 图

a）原图　b）移去待求支路求开口电压　c）除源求等效电阻　d）戴维南等效电路

【例 3-6】　对如图 3-12a 所示电路用戴维南定理求图示电路中流过理想电压源的电流 I。

解：

1）移去响应所在支路（10V 理想电压源支路）

2）利用叠加原理求开路电压 U_{OC}，如图 3-12b 所示

$$U_{OC} = (-3 \times 2)\text{V} + (3 \times 5)\text{V} = 9\text{V}$$

3）除源求对应的无源二端网络的等效输入端电阻 R_0，如图 3-12c 所示

$$R_0 = (2 + 3)\Omega = 5\Omega$$

4）画出戴维南等效电路求电流 I，如图 3-12d 所示

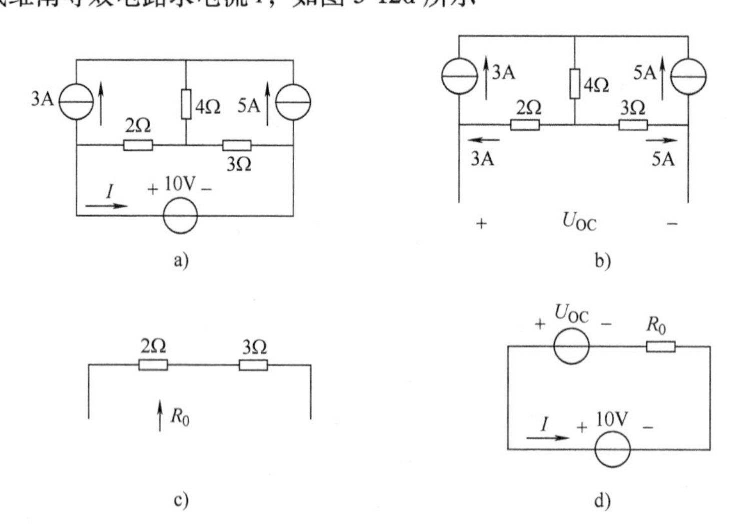

图 3-12　例 3-6 图

a）原图　b）移去待求支路求开口电压　c）除源求等效电阻　d）戴维南等效电路

$$I=\frac{U_{OC}-10}{R_0}=\left(\frac{9-10}{5}\right)A=-0.2A$$

【例 3-7】 电路如图 3-13a 所示，已知当开关 S 扳向 1 时，电流表读数为 2A；当开关 S 扳向 2 时，电压表读数为 4V；求当开关 S 扳向 3 时，电压 U 等于多少？

解： 由已知条件可以判断出，电流表和电压表测量的实际上就是二端网络的短路电流和开口电压，所以等效电阻可以根据欧姆定律计算得到

$$I_{SC}=2A,\ U_{OC}=4V$$

所以
$$R_0=\frac{U_{OC}}{I_{SC}}=\frac{4V}{2A}=2\Omega$$

等效电路如图 3-13b 所示，则

$$U=(5+R_0)\times 1+U_{OC}=[(5+2)\times 1+4]V=11V$$

由于电压源的模型与模型间可以等效互换，当把戴维南等效电路中的电压源模型用电流源模型代替，就得到了下面要介绍的诺顿定理。戴维南定理和诺顿定理统称为等效电源定理。

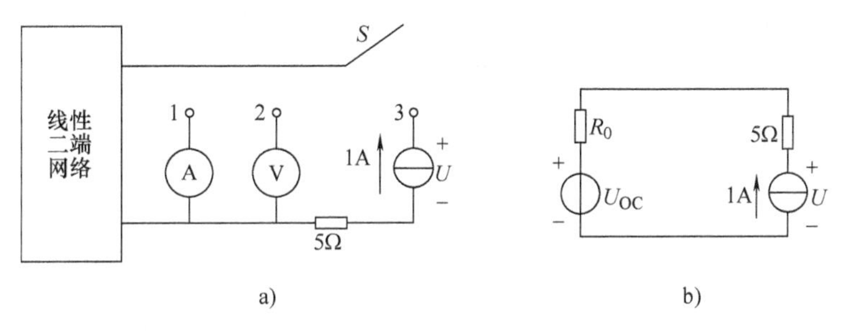

图 3-13 例 3-7 图

a）原图 b）戴维南等效电路

3.3 诺顿定理

诺顿定理表明，任何一个含源线性二端电路，对外电路来说，可以用一个电流源和电阻并联组合来等效置换；电流源的电流等于该二端网络的短路电流 I_{SC}，而电阻等于把该二端网络的全部独立源置零后的输入电阻 R_0。以上表述可以用图 3-14 来表示。

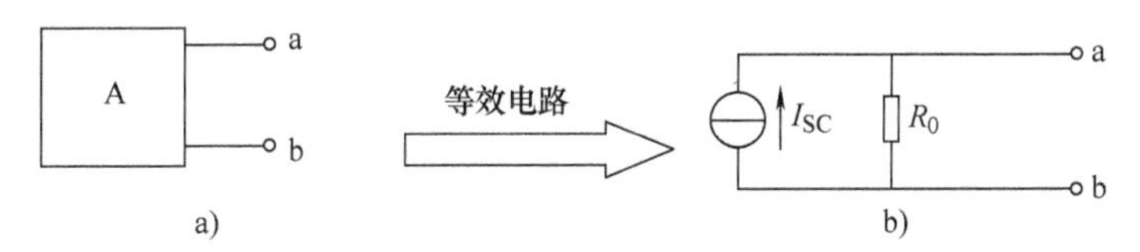

图 3-14 诺顿定理

诺顿等效电路可由戴维南等效电路经电源等效变换得到。

注意：

1）当含源二端网络 A 的等效电阻 $R_0=0$ 时，该网络只有戴维南等效电路，而无诺顿等效电路。

2）当含源二端网络 A 的等效电阻 $R_0=\infty$时，该网络只有诺顿等效电路而无戴维南等效

电路。

【例 3-8】 应用诺顿定理求如图 3-15a 所示电路中的电流 I。

解：

1）求短路电流 I_{SC}，把 ab 端短路，电路如图 3-15b 所示，利用叠加定理计算短路电流得

$$I_{SC}=\left(-\frac{12}{2\ /\!/\ 10}-\frac{24}{10}\right)\mathrm{A}=-9.6\mathrm{A}$$

2）求等效电阻 R_0，把独立电源置零，电路如图 3-15c 所示。解得

$$R_0=(10\ /\!/\ 2)\Omega=1.67\Omega$$

3）画出诺顿等效电路，如图 3-15d 所示，应用分流公式计算待求电流得

$$I=-\frac{R_0}{4\Omega+R_0}I_{SC}=-\frac{1.67}{4+1.67}\times(-9.6)\mathrm{A}=2.83\mathrm{A}$$

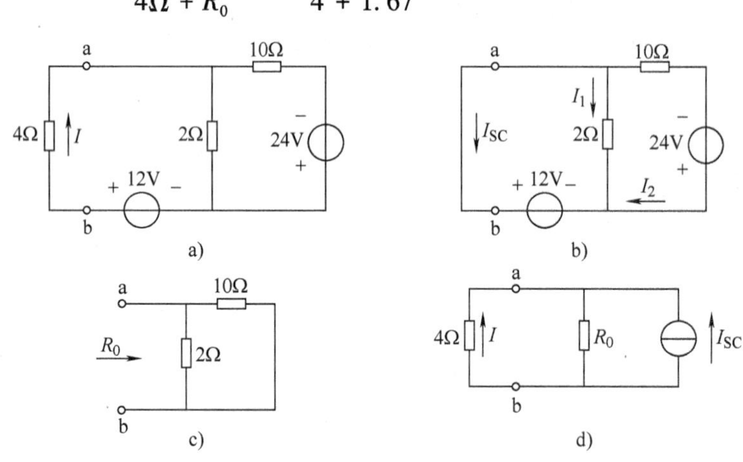

图 3-15 例 3-8 图

a）原图 b）待求支路短路求短路电流 c）除源求等效电阻 d）诺顿等效电路

注意：诺顿等效电路中电流源的方向若为 b 指向 a，则短路线上的电流方向为 a 指向 b。

3.4 最大功率传输定理

最大功率传输定理可以说是戴维南定理的一个重要应用。

3.4.1 最大功率传输定理的定义

一个含源线性二端网络，当所接负载不同时，二端网络传输给负载的功率就不同，讨论负载为何值时能从电路获取最大功率以及最大功率的值是多少的问题是有工程意义的，同时这也是最大功率传输定理所要表述的内容。

将含源二端网络等效成戴维南电压源模型，如图 3-16、图 3-17 所示。由图可知电源传给负载 R_L 的功率为

$$P=\left(\frac{U_0}{R_0+R_L}\right)^2R_L$$

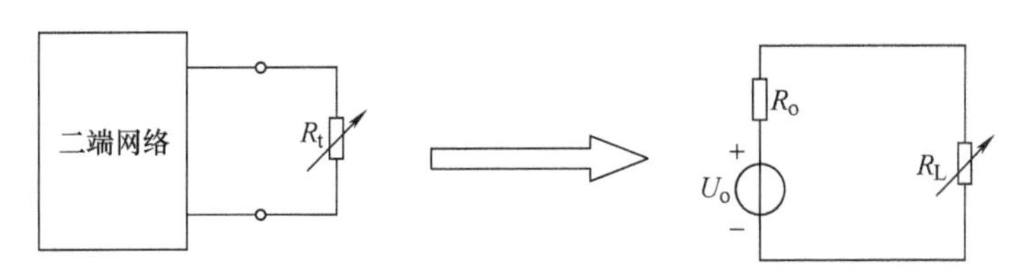

图 3-16 二端网络的戴维南等效电路

功率 P 随负载 R_L 变化的曲线如图 3-17 所示，存在一极大值点。为了找到这一极大值点，可对 P 求导，且令导数为 0，即

$$\frac{dP}{dR_L}=0$$

解上式得

$$R_L=R_0$$

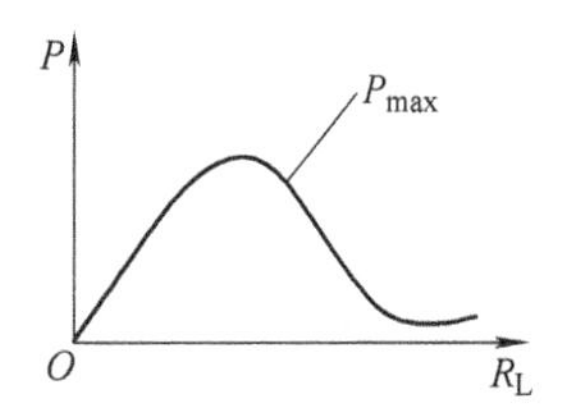

图 3-17 功率 P 随负载 R_L 变化的曲线

结论：有源线性二端网络向负载传输功率，当负载电阻 R_L 等于二端网络的等效内阻 R_0 时，负载获得最大功率，且最大功率为

$$P_m=\frac{U_0^2}{4R_0}$$

这就是最大功率传输定理。

3.4.2 最大功率传输定理的应用

应用最大功率传输定理时需要注意以下事项：

1）最大功率传输定理用于二端网络的功率给定、负载电阻可调的情况。

2）二端网络等效电阻消耗的功率一般不等于端口网络内部消耗的功率，因此当负载获取最大功率时，电路的传输效率并不一定等于50%。

3）结合应用戴维南定理或诺顿定理来计算最大功率问题最方便。

【例 3-9】 如图 3-18 所示电路中负载电阻 R_L 为何值时其上获得最大功率，并求最大功率。

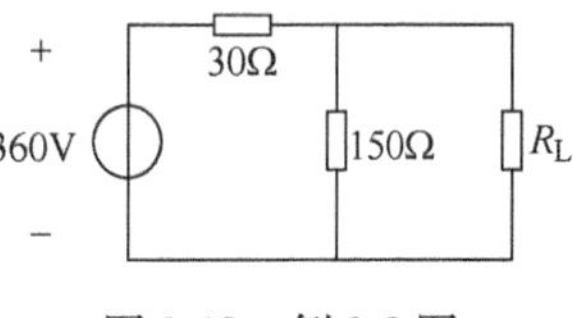

图 3-18 例 3-9 图

解：应用戴维南定理。移去待求支路即 R_L 所在支路，求开口电压

$$U_{OC}=\frac{150}{30+150}\times 360V=300V$$

除源后，根据对应的无源二端网络求等效电阻

$$R_0=(30\ /\!/\ 150)\Omega=\left(\frac{30\times 150}{30+150}\right)\Omega=25\Omega$$

由最大功率传输定理得：当 $R_L=25\ \Omega$时，其上获取最大功率，且最大功率等于

$$P_{max}=\frac{U_{OC}^2}{4R_0}=\frac{300^2}{4\times 25}W=900W$$

3.5 含受控源电路的综合分析

受控源在形式上是一个电源，是表示有源器件的数学模型。在电路的分析计算中，可以

雷同对独立电源的处理方法。但其本质不是一个独立电源，不能独立地向外电路输出能量，而只是反映了电路中电量之间的耦合控制关系，所以在电路的分析计算中，又不能完全作为一个独立电源处理。

含受控源电路的分析过程如下：

1）在采用前述的各种直流电路的分析方法中，把受控源作为一个独立电源处理。

2）列写受控源的增补方程，即列写受控源的控制量与所求电路变量的方程，再联立求解方程。

【例 3-10】 对如图 3-19a 所示电路，求 ab 端的戴维南等效电路。

解：

1）求开路电压 U_{OC}，把 ab 端开路，电路如图 3-19a 所示。由于开口，电流 $I=0$，所以受控源用开路替代，则

$$U_{OC} = U_{ab} = 10V$$

2）求等效电阻 R_0，把独立电源置零，受控源保留。由于电路中含有受控源，采用端口加压求流的方法，电路如图 3-19b 所示，可得

$$U = -1\times(1-\beta)I - 1\times I = -(2-\beta)I$$

$$R_0 = -\frac{U}{I} = (2-\beta)\mathrm{k}\Omega\begin{cases} >0: & \beta<2 \\ =0: & \beta=2 \\ <0: & \beta>2 \end{cases}$$

3）画出戴维南等效电路如图 3-19c 所示。

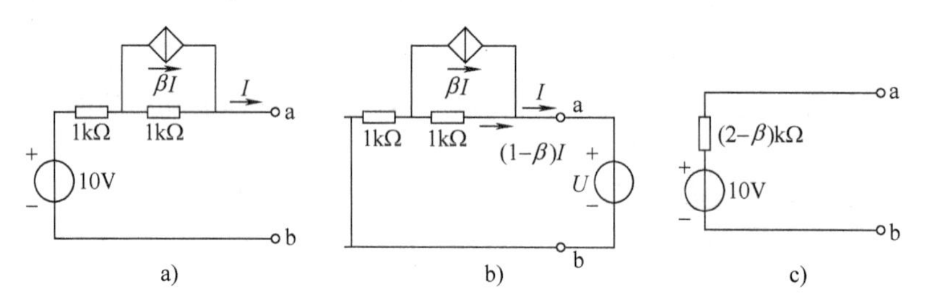

图 3-19 例 3-10 图

a）原图 b）端口加压求流计算输入电阻 c）等效电路

本例说明： 当电路中含有受控源时，等效输入电阻可能等于零，此时的戴维南等效电路相当于一个理想电压源；等效输入电阻也可能小于零，负的等效输入电阻表示向外电路提供能量，这在有源电路中是有可能发生的。

【例 3-11】 对如图 3-20a 所示电路，利用叠加定理计算电压 U 和电流 I。

解： 含受控源（线性）的电路，在使用叠加定理时，受控源不能单独作用，应把受控源作为一般元件始终保留在电路中。

应用叠加定理求解。首先画出分电路图，如图 3-20b、c 所示。

1）当 10V 电压源单独作用时，在图 3-20b 中

$$I^{(1)} = (10 - 2I^{(1)})/(2+1)$$

解得

$$I^{(1)} = 2A \qquad U^{(1)} = 1\times I^{(1)} + 2I^{(1)} = 3I^{(1)} = 3\times 2V = 6V$$

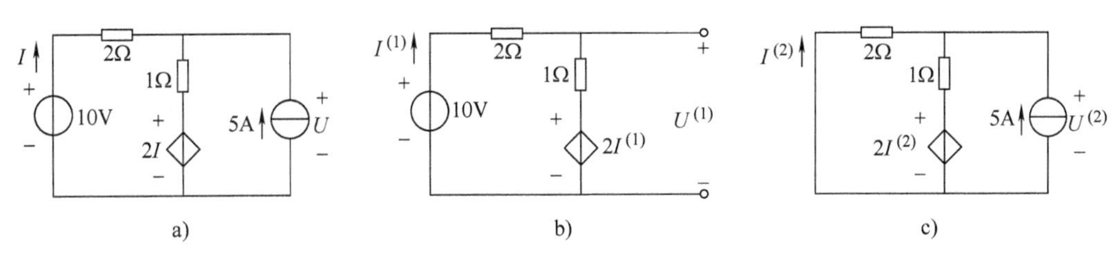

图 3-20 例 3-11 图

a）原图 b）10V 电压源单独作用 c）5A 电流源单独作用

2）当 5A 电流源单独作用时，在图 3-20b 中，由左边回路的 KVL 得

$$2I^{(2)}+1\times(5+I^{(2)})+2I^{(2)}=0$$

解得

$$I^{(2)}=-1\text{A},\ U^{(2)}=-2I^{(2)}=-2\times(-1)\text{V}=2\text{V}$$

所以

$$U=U^{(1)}+U^{(2)}=(6+2)\text{V}=8\text{V}$$

$$I=I^{(1)}+I^{(2)}=2\text{A}+(-1)\text{A}=1\text{A}$$

注意：受控源始终保留在分电路中。

【例 3-12】 用叠加定理求如图 3-21a 所示电路 U_0。

解：

如图 3-21b 所示，当 5V 电压源单独作用时

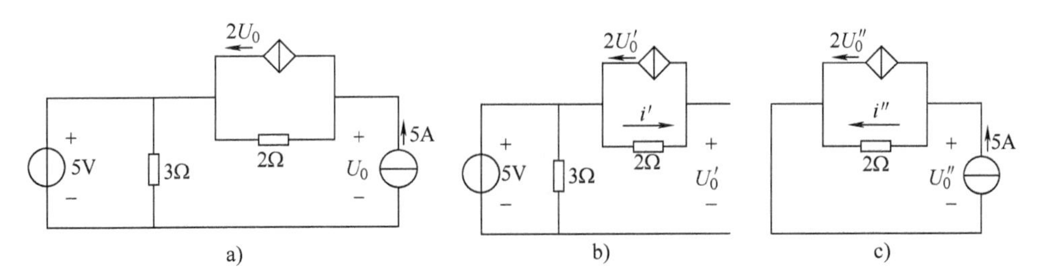

图 3-21 例 3-12 图

a）原图 b）5V 电压源单独作用 c）5A 电流源单独作用

$$i^{(1)}=2U_0^{(1)}$$

$$U_0^{(1)}=-2i^{(2)}+5$$

$$\Rightarrow U_0^{(1)}=1\text{V}$$

如图 3-21c 所示，当 5A 电流源单独作用时

$$i^{(2)}=5-2U_0^{(2)}$$

$$U_0^{(2)}=2i^{(2)}$$

$$\Rightarrow U_0''=2\text{V}$$

因此 $$U_0=U_0'+U_0''=(1+2)\text{V}=3\text{V}$$

【例 3-13】 用戴维南定理求如图 3-22a 所示电路中电阻 R_L 为何值时，其功率最大，并计算此最大功率。

解： 图 3-22b 中

$$20 + 3u - u = 0 \Rightarrow u = -10\text{V}$$

$$u_{\text{OC}} = 2 \times 5 + 3u = -20\text{V}$$

图 3-22c 中：当独立电源置零时

$$u = 3u \Rightarrow u = 0 \Rightarrow \text{受控电压源等效为短路}$$

故当 $R_{\text{L}} = R_{\text{eq}} = 2\Omega$ 时负载获得最大功率，且最大功率为

$$P_{\max} = \frac{u_{\text{OC}}^2}{4R_{\text{eq}}} = \frac{(-20)^2}{4 \times 2}\text{W} = 50\text{W}$$

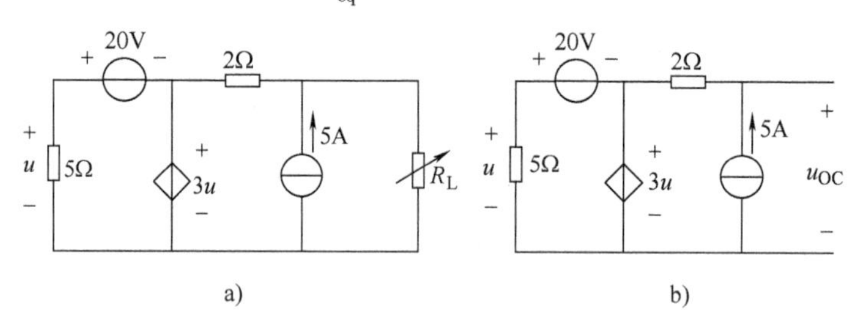

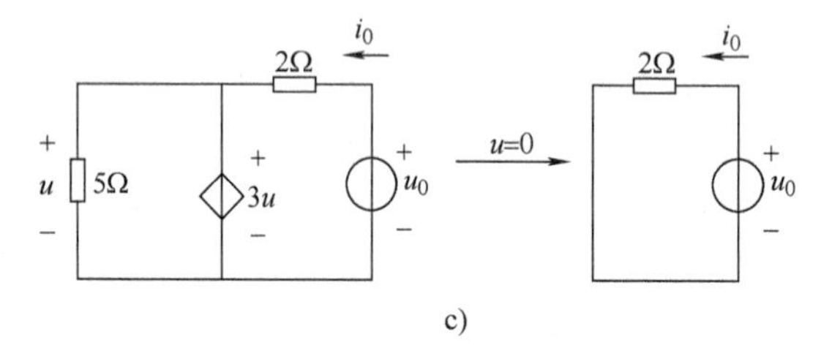

图 3-22　例 3-13 图

a）原图　b）移去待求支路求开口电压　c）端口加压求流计算输入电阻

本 章 小 结

本章讨论线性电阻电路的主要分析方法。

1. 线性电路的基本定理

1）叠加定理：线性电路中某一支路上的响应，等于当各个独立电源单独作用时，在这条支路上产生响应的代数和。注意，当一个独立源单独作用时，其他独立源置零，即电压源置零用短路替代，电流源置零用开路替代。此外，叠加定理只能计算电流或电压，不能计算功率。

2）戴维南定理：任何一个有源线性二端网络，可用一个理想电压源与电阻串联来等效代替，其中理想电压源等于原二端网络的开路电压 U_{OC}，而串联电阻等于原二端网络中的等效输入电阻 R_0。应用戴维南定理，把一个较复杂的线性二端网络等效化简为戴维南等效电路，然后再计算二端网络以外支路上的电流或电压。

3）诺顿定理：任何一个有源线性二端网络，可用一个理想电流源与电阻并联来等效代替，其中理想电流源等于原二端网络的短路电流 I_{SC}，而串联电阻等于原二端网络的等效输入电阻 R_0。

4）最大功率传输定理：最大功率传输定理是关于使含源线性阻抗二端网络向可变电阻负载传输最大功率的条件。定理满足时，称为最大功率匹配，此时负载电阻（分量）R_{L} 获

得的最大功率为：$P_{max}=U_{OC}^2/4R_0$。最大功率传输定理是关于负载与电源相匹配时，负载能获得最大功率的定理。

2. 含受控源电路的综合分析

受控源的电路符号及特性与独立源有相似之处，即受控电压源具有电压源的特性，受控电流源具有电流源的特性。

但它们又有本质的区别，受控源不是一个独立的电源，一般来讲，其电压（或者电流）值不是一个确定的量，其值是由控制源（电压或电流）的大小来决定的。一旦控制量为零，受控量也为零，而且受控源自身不能起激励作用，即当电路中无独立电源时就不可能有响应，因此受控源是无源元件。

在电路分析过程中，受控源具有两重性（电源特性、负载特性），有时需要按电源处理，有时需要按负载处理。

1）在利用节点电压法、网孔法、电源等效变换以及列写 KCL 和 KVL 方程时按电源处理（与独立电源相同、把受控关系作为增补方程）。

2）在利用叠加定理分析电路时，受控源不能作为电源单独存在，叠加时只对独立电源产生的响应叠加，受控源在每个独立电源单独作用时都应在相应的电路中保留，即与负载电阻一样看待；在戴维南或诺顿等效电路中，用伏安法求等效电阻时，独立源去掉，但受控源同电阻一样要保留。

习　　题

一、填空题

1）在多个电源共同作用的________电路中，任一支路的响应均可看成是由各个激励单独作用下在该支路上所产生的响应的________，称为叠加定理。叠加定理只适用________电路的分析。

2）应用叠加定理时，理想电压源不作用时视为________，理想电流源不作用时视为________，受控源不可以________。

3）对于线性电路，可以利用叠加定理计算____或____，不能用于计算____。

4）具有两个引出端的电路称为________网络，其内部含有电源的称为________网络，内部不包含电源的称为________网络。

5）“等效”是指对________以外的电路作用效果相同。戴维南等效电路是指一个有源二端网络可以用________和________的串联组合等效，其中电阻值等于原有源二端网络除源后的________，电压源的电压等于原有源二端网络的________电压。

6）诺顿等效电路是指一个有源二端网络可以用________和________的并联组合等效，其中电阻值等于原有源二端网络除源后的________，电流源的电流等于原有源二端网络的________电流。

7）在进行戴维南定理化简电路的过程中，应注意在除源后的二端网络等效化简的过程中，电压源应________处理；电流源应________处理。

8）负载上获得最大功率的条件是________等于________________________，获得的最大功率 P_{max} = __________。

二、分析计算

3-1　题 3-1 图中，试用叠加定理分析法求电路中的电流 I。

3-2　题 3-2 图中，试用叠加定理分析法求图 a 电路中的电流 I 以及图 b 电路中的 U 和 I。

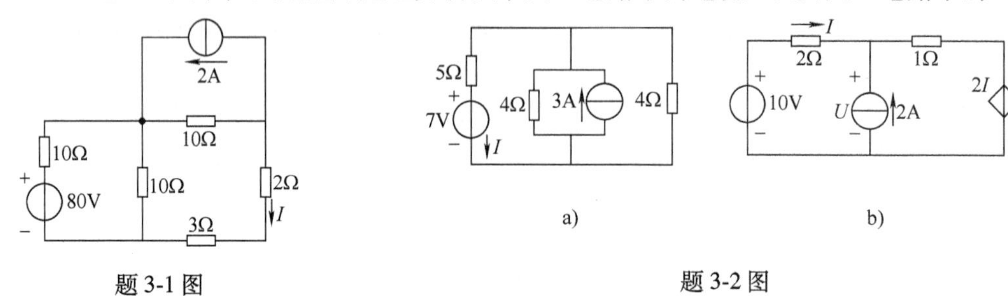

题 3-1 图　　题 3-2 图

3-3　题 3-3 图中，在线性有源网络 A 端口上，当 $I_{S_1}=0A$ 和 $U_{S_2}=0V$ 时，$I=0.1A$；当 $I_{S_1}=1A$ 和 $U_{S_2}=0V$ 时，$I=0.15A$；当 $I_{S_1}=1A$ 和 $U_{S_2}=1V$ 时，$I=0.1A$。求当 $I_{S_1}=3A$ 和 $U_{S_2}=-5V$ 时的 I。

3-4　应用叠加定理求题 3-4 图中的电压 u。

3-5　题 3-5 图中，用叠加定理求 U。

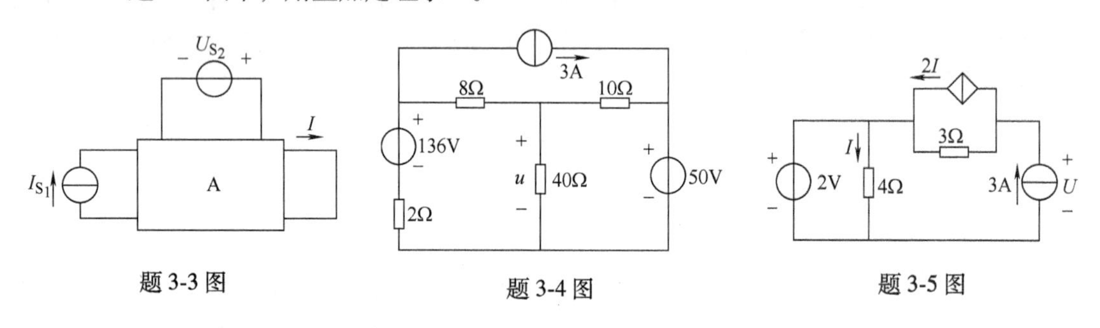

题 3-3 图　　题 3-4 图　　题 3-5 图

3-6　题 3-6 图中，用叠加定理求 I。

3-7　题 3-7 图中，试用戴维南定理分析法求电路中的电流 I。

3-8　题 3-8 图中，试求二端网络的戴维南等效电路。

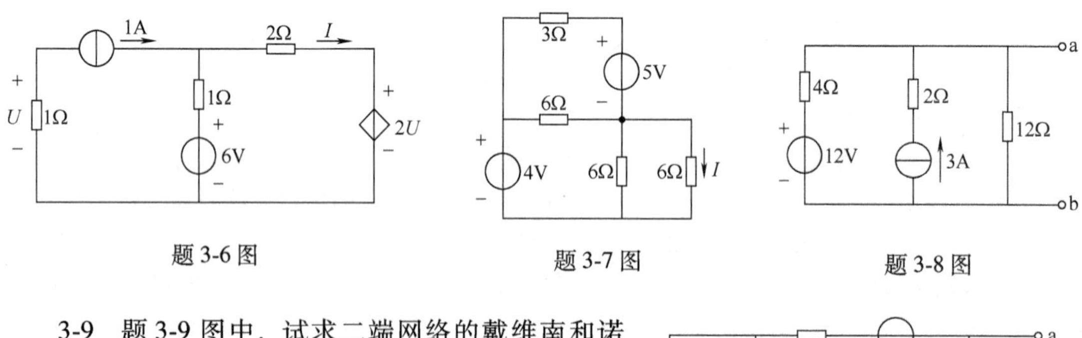

题 3-6 图　　题 3-7 图　　题 3-8 图

3-9　题 3-9 图中，试求二端网络的戴维南和诺顿等效电路。

3-10　题 3-10 图中，试求各二端网络的戴维南等效电路。

3-11　题 3-11 图中，1）计算并画出二端网络的戴维南等效电路；2）计算端口输出的最大功率。

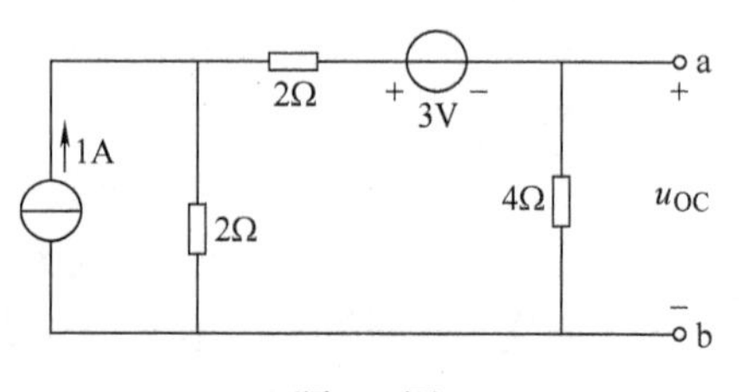

题 3-9 图

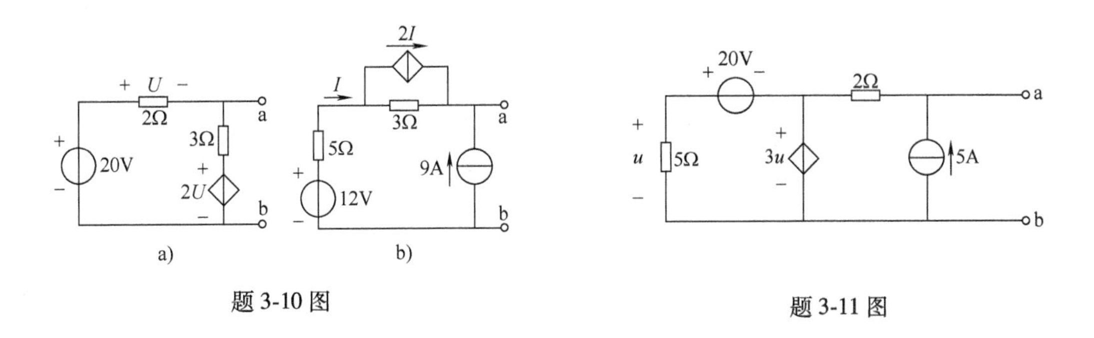

题 3-10 图

题 3-11 图

3-12 题 3-12 图中电阻 R_L 为何值时，其功率最大，并计算最大功率。

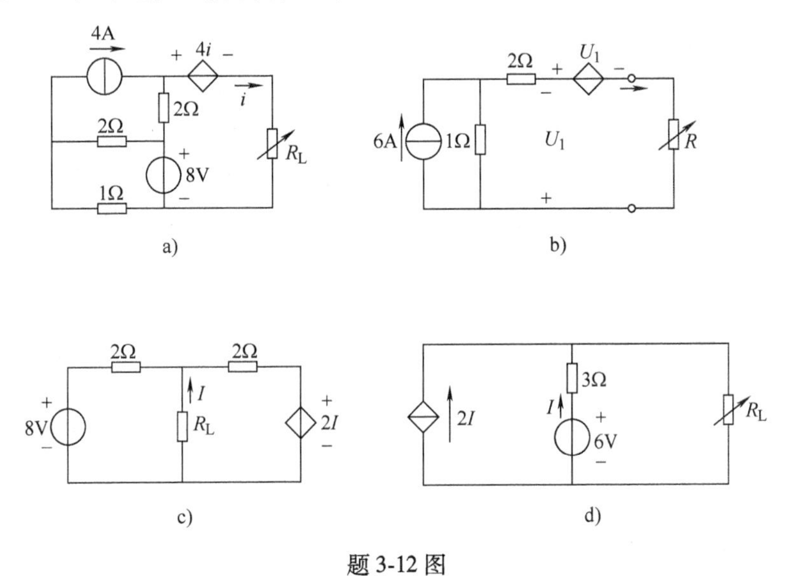

题 3-12 图

3-13 用戴维南定理求题 3-13 图中电阻 R_L 为何值时，可得到最大功率，并计算最大功率。

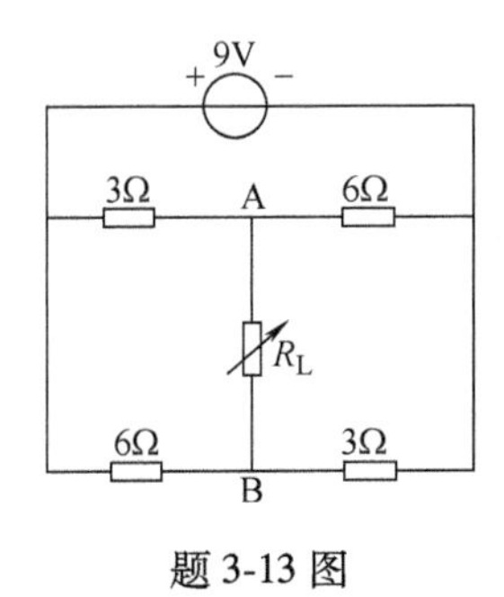

题 3-13 图

第 4 章　电路的暂态分析

前面几章以电阻电路为基础，介绍了电路分析的基本定律、定理和一般分析方法。在电阻电路中，组成电路的各元件的伏安关系均为代数关系，通常把这类元件称为静态元件。描述电路激励——响应关系的数学方程为代数方程，通常把这类电路称为静态电路。静态电路的响应仅由外加激励所引起。当电阻电路从一种工作状态转到另一种工作状态时，电路中的响应也将立即从一种状态转到另一种状态。

事实上，许多实际电路并不能只用电阻元件和电源元件来构成模型。电路中的电磁现象不可避免地要包含有电容元件和电感元件。由于这两类元件的伏安关系都涉及对电压或电流的微分或积分，故称这两种元件为动态元件。含有动态元件的电路称为动态电路。在动态电路中，激励—响应关系的数学方程是微分方程。动态电路的响应与激励的全部历史有关，这与电阻电路是完全不同的。当动态电路的工作状态突然发生变化时，电路原有的工作状态需要经过一个过程从而逐步达到另一个新的稳定工作状态，这个过程称为电路的瞬态过程或暂态过程。暂态分析是指对电路当电路结构或参数突然变化后从原有工作状态到新的工作状态全过程的研究。

本章学习要点：

- 电路形式与微分方程的关系
- 换路的概念、换路定则
- 一阶电路零输入响应、零状态响应及全响应的概念及分析
- 三要素的计算及三要素分析法
- 阶跃函数与阶跃响应

4.1　换路与换路定则

4.1.1　换路定义

当电路的结构或元件参数发生变化时，如电源的接入或切除、电路结构的转换等，会使电路的工作状态从一种稳态转换到另一种稳态，这就称为换路。换路发生的时刻称为换路时刻。如在 $t=0$ 时，把一个电压源接入某电路，则 $t=0$ 时刻就称为换路时刻。为了讨论在该时刻前后瞬间的变化，有必要对该时刻再进行细分，如图 4-1 所示。设 $t=0$ 为换路时刻，$t=0_-$ 为换路前的终了瞬间，$t=0_+$ 为换路后的初始瞬间。从图 4-1 中可见，$t=0_-$ 及 $t=0_+$ 在数值上都

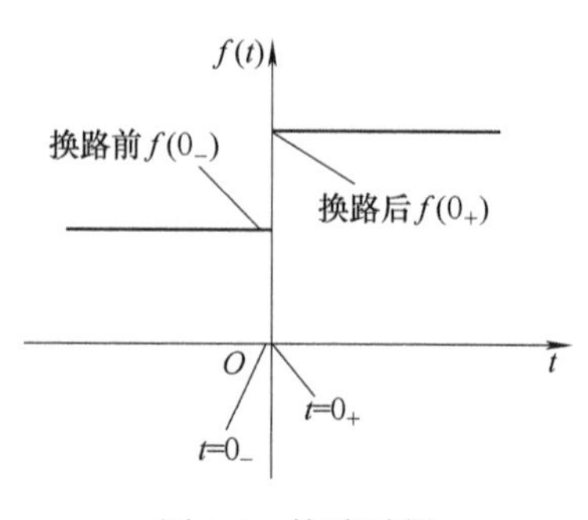

图 4-1　换路时刻

等于零，但在物理意义上，则产生了换路前与换路后的质变。这一点在电路的暂态分析中必须明确区分。

下面分析电阻电路、电容电路和电感电路在换路时的响应过程。

1. 电阻电路

图 4-2a 所示的电阻电路在 $t=0$ 时开关闭合，电路中的结构参数发生变化。电流 i 随时间的变化情况如图 4-2b 所示，显然电流从 $t<0$ 时的稳定状态直接进入 $t>0$ 后的稳定状态。说明纯电阻电路在换路时没有过渡过程。

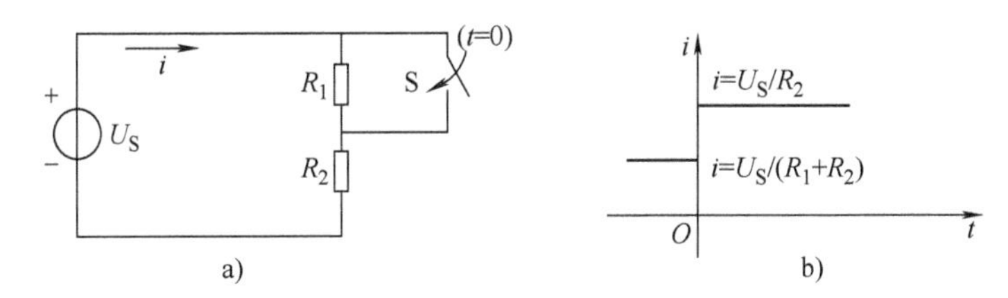

图 4-2　电阻电路换路响应过程

a）电阻电路　b）电阻电流响应

2. 电容电路

如图 4-3a 所示的电容和电阻组成的电路在开关未动作前，电路处于稳定状态，电流 i 和电容电压满足：$i=0$，$u_C=0$。

当 $t=0$ 时合上开关，电容充电，接通电源很长时间后，电容充电完毕，电路达到新的稳定状态，此时在直流稳态电路中有

$$\frac{\mathrm{d}u_C}{\mathrm{d}t}=0$$

$$i_C=C\frac{\mathrm{d}u_C}{\mathrm{d}t}=0$$

所以电容相当于开路（因为其电流为零），电路如图 4-3b 所示，电流 i 和电容电压满足：$i=0$，$u_C=U_S$。

电流 i 和电容电压 u_C 随时间的变化情况如图 4-3c 所示，显然从 $t<0$ 时的稳定状态不是直接进入 $t>0$ 后新的稳定状态。说明含电容的电路在换路时需要一个过渡过程。

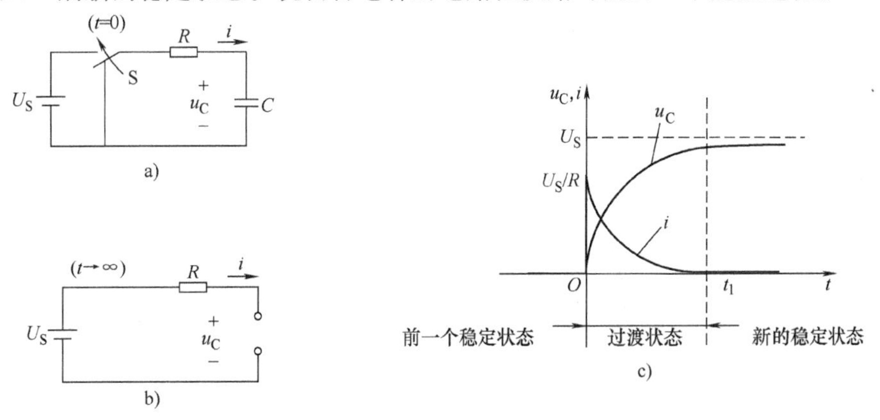

图 4-3　RC 电路换路

a）电容电路　b）换路后新的稳态　c）电容电压和电流响应

3. 电感电路

图 4-4a 所示的电感和电阻组成的电路在开关未动作前，电路处于稳定状态，电流 i 和电感电压满足：$i=0$，$u_L=0$。

当 $t=0$ 时合上开关。接通电源很长时间后，电路达到新的稳定状态，此时在直流稳态电路中有

$$\frac{di_L}{dt}=0 \qquad u_L=L\frac{di_L}{dt}=0$$

所以电感相当于短路（因为其电压为零），电路如图 4-4b 所示，电流 i 和电感电压 u_L 满足：$u_L=0$，$i=U_S/R$。

电流 i 和电感电压 u_L 随时间的变化情况如图 4-4c 所示，显然从 $t<0$ 时的稳定状态不是直接进入 $t>0$ 后新的稳定状态。说明含电感的电路在换路时需要一个过渡过程。

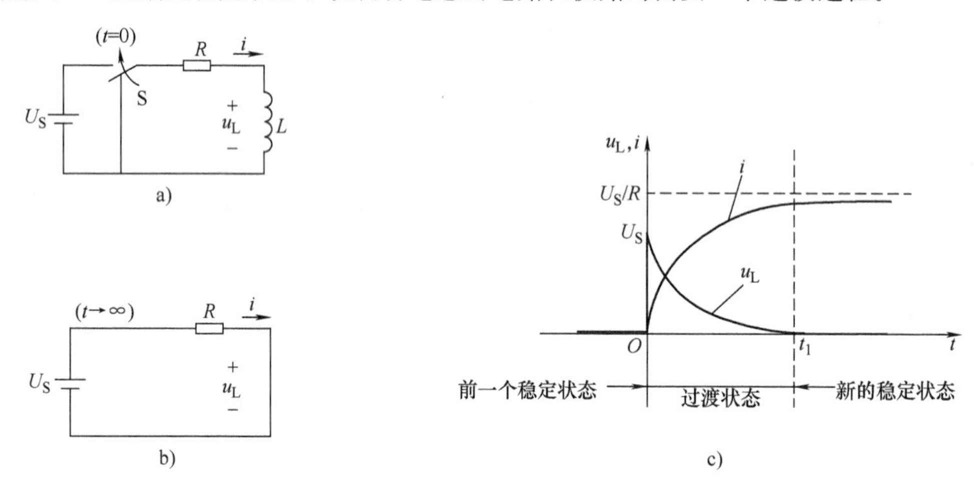

图 4-4 RL 电路换路

a）电感电路 b）换路后新的稳态 c）电感电压和电流响应

可见，产生暂态过程的必要条件是：

1）电路中必须有储能元件（电感或电容）。

2）电路发生换路。

4.1.2 换路定则

在含有储能元件 L 或 C 的电路中，当发生换路时，电路中的电磁能量状态就会跟着变化。电路中的电场能量可用电容元件上的电压来表示，即为 $w_C=Cu_C^2/2$，而磁场能量则可用电感上的电流来表示，即为 $w_L=Li_L^2/2$。由于在换路瞬间，电路中的能量不能跃变，否则会产生无穷大的功率，因此，换路后能量公式可表示为

$$w_C(0_+)=w_C(0_-) \text{ 及 } w_L(0_+)=w_L(0_-)$$

或用电量可表示为

$$\frac{1}{2}Cu_C^2(0_+)=\frac{1}{2}Cu_C^2(0_-) \text{ 及} \frac{1}{2}Li_L^2(0_+)=\frac{1}{2}Li_L^2(0_-)$$

因此可以推导出

$$\begin{cases}u_C(0_+) = u_C(0_-)\\ i_L(0_+) = i_L(0_-)\end{cases} \tag{4-1}$$

式（4-1）称为换路定则。换路定则仅适用于换路瞬间的电容电压 u_C 及电感电流 i_L，即可用换路前的 $u_C(0_-)$ 及 $i_L(0_-)$ 的值来确定换路后瞬间的初始电容电压 $u_C(0_+)$ 及初始电感电流 $i_L(0_+)$。

注意：电路中其他的电压、电流不受换路定则的约束，即其他元件的电压和电流是可以产生跃变的。

4.1.3　初始值的计算

在电路的暂态分析中，由于电容或电感在时域中的 VCR 是微分关系，因此建立的电路方程是微分方程。求解微分方程时，解答中的常数需要根据初始条件来确定。首先需确定换路后瞬间的电量初始值，因为它是过渡过程中的起始位置。电量初始值的确定一般可分三个步骤来进行。

1）通过 $t=0_-$换路前的稳态电路来求取电容上电压 $u_C(0_-)$ 及电感上电流 $i_L(0_-)$。

在换路前（$t=0_-$时刻），电路处于稳定状态，电压、电流都是恒定值，所以，根据电容及电感元件的 VCR 关系式 $i_C = C\mathrm{d}u_C/\mathrm{d}t$ 及 $u_L = L\mathrm{d}i_L/\mathrm{d}t$ 可知，在直流电路中 $\mathrm{d}u_C/\mathrm{d}t = 0$，$\mathrm{d}i_L/\mathrm{d}t = 0$，即电容上电流 $i_C=0$ 及电感上的电压 $u_L=0$。因此，在 $t=0_-$时刻，电容可用开路来代替（因为其电流为零），电感可用短路来代替（因为其电压为零）。然后，在 $t=0_-$的等效电路中，可用直流稳态电路中的各种分析计算方法来求取 $u_C(0_-)$ 及 $i_L(0_-)$。

注意：在这一步骤中只求取 $u_C(0_-)$ 及 $i_L(0_-)$ 两个电量，而其他电量的 0_-时刻的值不应求取，因为它们是不符合换路定则的。

2）根据换路定则，直接求得电容电压及电感电流换路后的初始值，即 $u_C(0_+) = u_C(0_-)$、$i_L(0_+) = i_L(0_-)$。若暂态分析中仅需求 u_C 或 i_L，分析到此结束。若还需确定其他电量的初始值，则需进行第 3 步。

3）根据 $u_C(0_+)$ 及 $i_L(0_+)$，画出 $t=0_+$时刻的等效电路。

在 $t=0_+$时刻，电容两端电压 $u_C(0_+)$ 和电感中的电流值 $i_L(0_+)$ 均是确定值。因此，在该等效电路中，电容元件可以用一个等效电压源来代替，该电压源的值及参考方向与 $u_C(0_+)$ 一致。电感元件可以用一个等效电流源来代替，该电流源的值及参考方向与 $i_L(0_+)$ 一致。另外，该时刻的电路结构为换路后的结构。然后，在该等效电路中，用直流电路分析法来计算确定其他电量的初始值。

注意：如果换路定则计算的 $u_C(0_+) = 0$ 或 $i_L(0_+) = 0$，则在 $t=0_+$时刻的等效电路图中，将电容元件用短路代替，将电感元件用开路代替。下面通过实例，来说明换路瞬间电量初始值的确定方法。

【例 4-1】　图 4-5a 所示电路在 $t<0$ 时处于稳态，求开关打开瞬间流过电容的电流初始值 $i_C(0_+)$。

解：

1）画出 $t = 0_-$ 即换路前的稳态电路。在该直流稳态电路中，电容元件开路，电路如图 4-5b 所示。在该电路中可求得

$$u_C(0_-) = \frac{40}{40+10} \times 10\text{V} = 8\text{V}$$

2）由换路定则直接求得电容电压换路后的初始值，即

$$u_C(0_+) = u_C(0_-) = 8\text{V}$$

3）画出 $t=0_+$时刻的等效电路，电容用 8V 电压源来代替，电路换路后的等效电路如图 4-5c 所示。在该电路中可求得其他各电量的初始值

$$i_C(0_+) = \frac{(10-8)\text{V}}{10\text{k}\Omega} = 0.2\text{mA}$$

注意：电容中的电流在换路瞬间发生了跃变，即从 0 跃变到 0.2mA。

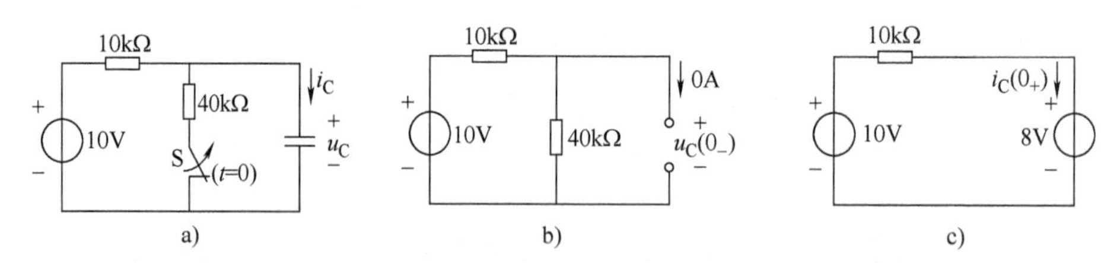

图 4-5　例 4-1 图

a）$t=0$ 换路　b）$t=0_-$等效电路　c）$t=0_+$等效电路

【例 4-2】 图 4-6 所示电路在 $t<0$ 时电路处于稳态，$t=0$ 时闭合开关，求开关打开瞬间电感上的电压 $u_L(0_+)$ 和 1Ω 电阻中的电流初始值 $i(0_+)$。

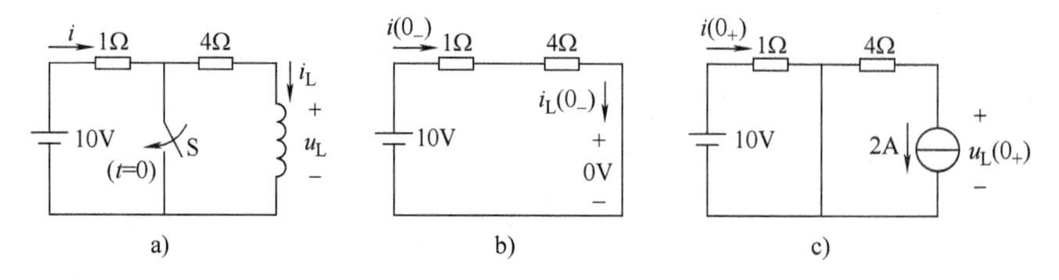

图 4-6　例 4-2 图

a）$t=0$ 换路　b）$t=0_-$等效电路　c）$t=0_+$等效电路

解：

1）画出 $t=0_-$ 即换路前的稳态电路。在该直流稳态电路中，电感元件用短路线代替，电路如图 4-6b 所示。在该电路中可求得

$$i_L(0_-) = \left(\frac{10}{1+4}\right)\text{A} = 2\text{A}$$

2）由换路定则直接求得换路后电感电流的初始值，即

$$i_L(0_+) = i_L(0_-) = 2\text{A}$$

3）画出 $t=0_+$时刻的等效电路，电感用 2A 电流源来代替，电路换路后的等效电路如图 4-6c 所示。在该电路中可求得其他各电量的初始值

$$u_L(0_+) = -4 \times 2\text{V} = -8\text{V}$$

$$i(0_+) = \frac{10}{1}\text{A} = 10\text{A}$$

注意：电感电压和电阻电流在换路瞬间发生了跃变，即

$$i(0_-) = i_L(0_-) = 2A \neq i(0_+)$$

$$u_L(0_-) = 0 \neq u_L(0_+)$$

【例 4-3】 图 4-7 所示电路在 $t<0$ 时处于稳态，$t=0$ 时闭合开关，求电感电压 $u_L(0_+)$ 和电容电流 $i_C(0_+)$。

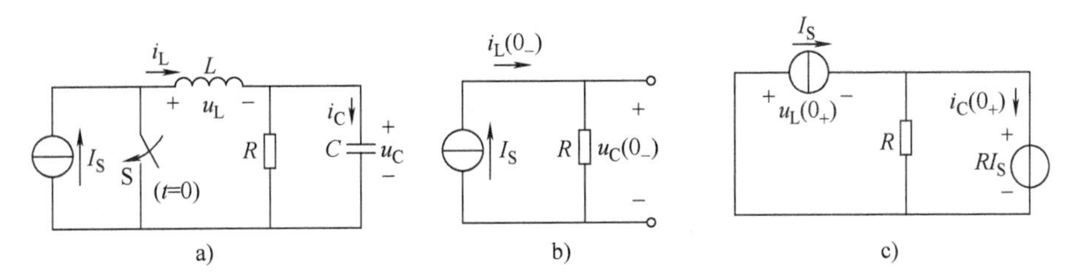

图 4-7　例 4-3 图

a）$t=0$ 换路　b）$t=0_-$ 等效电路　c）$t=0_+$ 等效电路

解：

1）画出 $t=0_-$ 即换路前的稳态电路。在该直流稳态电路中，电容元件可用开路来代替，电感元件可用短路来代替，电路如图 4-7b 所示。在该电路中可求得

$$i_L(0_-) = I_S$$

$$u_C(0_-) = RI_S$$

2）由换路定则直接求得换路后电容电压及电感电流的初始值，即

$$i_L(0_+) = i_L(0_-) = I_S$$

$$u_C(0_+) = u_C(0_-) = RI_S$$

3）画出 $t=0_+$ 时刻的等效电路，电容元件用 RI_S 电压源来代替，电感元件用电流为 I_S 的电流源来代替，电路换路后的结构如图 4-7c 所示。在该电路中可求得其他各电量的初始值

$$i_C(0_+) = I_S - \frac{RI_S}{R} = 0$$

$$u_L(0_+) = -RI_S$$

注意：直流稳态时电感相当于短路，电容相当于开路。

【例 4-4】 在如图 4-8a 所示电路中，开关 S 闭合前电路无储能。试求：换路后电路中电流 i_1、i_2、i_3 的初始值。

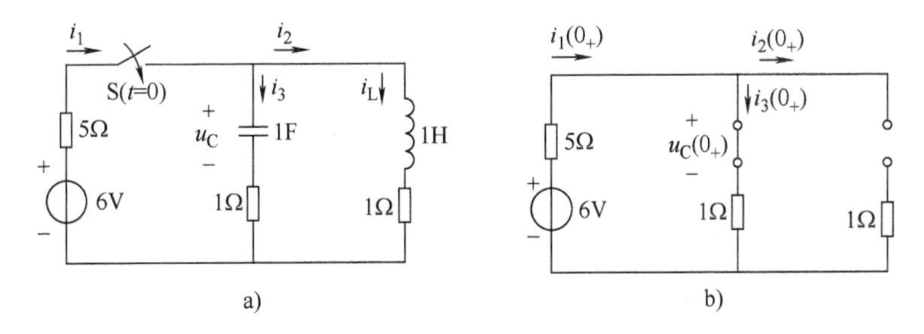

图 4-8　例 4-4 图

a）$t=0$ 换路　b）$t=0_+$ 等效电路

解：

1）当 $t=0_-$ 时，由已知条件，电路中无储能，可得

$$i_2(0_-)=i_L(0_-)=0,\ u_C(0_-)=0$$

2）由换路定则直接求得

$$i_2(0_+)=i_L(0_+)=i_L(0_-)=0,\ u_C(0_+)=u_C(0_-)=0$$

3）画出 $t=0_+$ 时刻的等效电路，电容元件用 0V 电压源来代替，即用短路代替，电感元件用 0A 电流源来代替，即用开路代替，电路如图 4-8b 所示。在该电路中可求得其他电量的初始值

$$i_1(0_+)=i_3(0_+)=\left(\frac{6}{1+5}\right)\text{A}=1\text{A}$$

注意：直流稳态时电感相当于短路，电容相当于开路。但换路瞬间，若 $i_L(0_+)=0$，$u_C(0_+)=0$，电感相当于开路，电容相当于短路。要正确理解两种不同条件下电容和电感的等效电路。

4.2 一阶 *RC* 电路的暂态分析

分析暂态电路就是要建立描述电路暂态过程的动态方程。动态电路方程的建立包括两部分内容：一是应用基尔霍夫定律，二是应用电感和电容的微分或积分的基本特性关系式。仅含一个储能元件的电路，其对应的时域电路方程为一阶微分方程，因此该类电路称为一阶电路，主要有 *RC* 电路及 *RL* 电路两种类型。

一阶电路的状态响应包含两种：零状态响应和零输入响应。当所有的储能元件均没有初始储能，电路处于零初始状态情况下，外加激励在电路中产生的响应称为零状态响应。零输入响应是指换路后外加激励为零，仅由动态元件初始储能即 $u_C(0_+)$ 或 $i_L(0_+)$ 所产生的响应。

分析一阶电路的状态响应有两种方法。基本的是经典法，该方法首先列写电路的时域微分方程，然后解方程，求得响应。第二种方法为公式法，该方法总结出微分方程解的规律以及对应的物理意义，直接求出公式中各要素，代入公式即可。本节从经典法开始讨论一阶 *RC* 暂态电路，导出响应的公式或规律，以后的电路分析中可以直接套用公式。

4.2.1 *RC* 电路的零输入响应

1. 零输入响应的电路图

零输入响应电路如图 4-9 所示。开关 S 闭合前电容已充电为 U_0，开关 S 在 $t=0$ 时刻闭合。

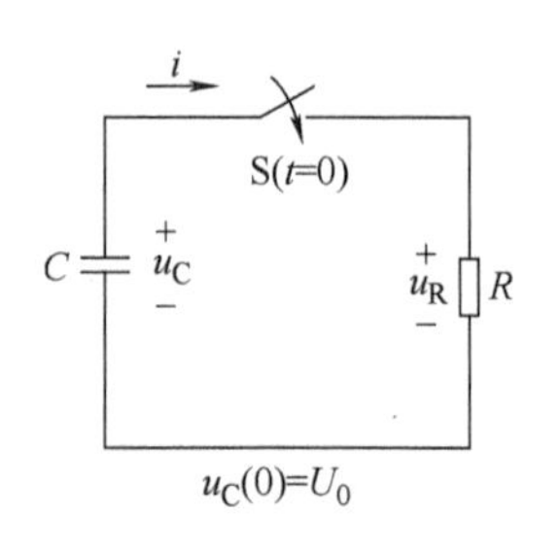

图 4-9 *RC* 电路零输入响应

2. 列写换路后即 $t\geqslant 0$ 时的电路伏安关系

以电容电压 u_C 为变量，将 C 和 R 元件上的 VCR 方程 $i=-C\text{d}u_C/\text{d}t$，$u_R=Ri$ 代入 KVL 方程可得

$$RC\frac{\text{d}u_C}{\text{d}t}+u_C=0 \tag{4-2}$$

这是一个一阶常系数线性齐次微分方程。

3. 方程的求解

由高等数学分析，该方程的通解为 $u_C = Ae^{pt}$，相应的特征方程为 $RCp+1=0$，特征根为：$p=-1/(RC)$，所以得通解

$$u_C(t) = Ae^{-\frac{t}{RC}} \tag{4-3}$$

再用初始储能条件 $u_C(0_+)=u_C(0_-)=U_0$ 代入式（4-3），求得积分常数 $A=U_0$。所以满足初始条件的微分方程解为

$$u_C(t) = U_0e^{-\frac{t}{RC}} \quad (t \geqslant 0)$$

则电路中有

$$i(t) = -C\frac{du_C}{dt} = \frac{U_0}{R}e^{-\frac{t}{RC}} \quad (t \geqslant 0)$$

$$u_R(t) = u_C(t) = U_0e^{-\frac{t}{RC}} \quad (t \geqslant 0)$$

4. 一阶 *RC* 暂态电路零输入响应小结

1）电压、电流都是从换路后的初始值起始，按同一个负指数规律 $e^{-t/(RC)}$ 衰减为零。其波形如图 4-10a 和图 4-10b 所示。此规律也可总结为一个数学表达式，即

$$f(t) = f(0_+)e^{-\frac{t}{RC}} = f(0_+)e^{-\frac{t}{\tau}} \quad (t \geqslant 0) \tag{4-4}$$

式中，系数 τ 称为时间常数，即

$$\tau = RC \tag{4-5}$$

2）响应衰减快慢与 τ 有关，τ 的量纲是秒，和时间的量纲一致。τ 的大小反映了一阶电路过渡过程的进展快慢。τ 越小，过渡过程时间越短；τ 越大，过渡过程时间越长，如图 4-10c 所示。

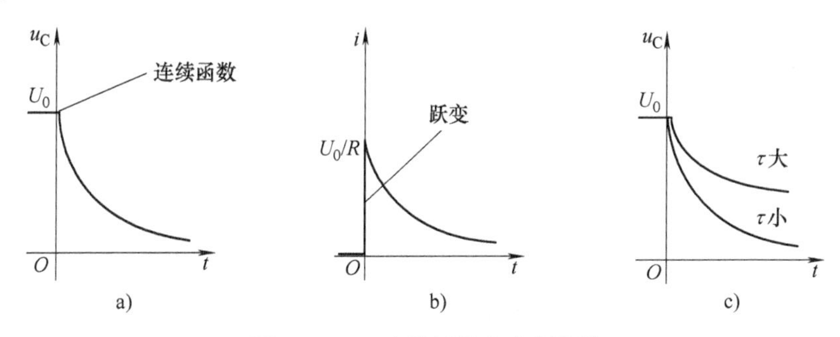

图 4-10　*RC* 电路零输入响应波形

a）电容电压不能跃变　b）电容电流可以跃变　c）时间常数与过渡过程

可以计算在时间 t 的各个时刻上电压 u_C 的值，见表 4-1。每经过一个时间 τ，电压 u_C 的值就在原基础上衰减了 64.2%，即为原值的 36.8%。

表 4-1　电容电压的衰减表

t	0	τ	2τ	3τ	4τ	5τ	…	∞
u_C	U_0	$0.368U_0$	$0.135U_0$	$0.050U_0$	$0.018U_0$	$0.0067U_0$	…	0

从表 4-1 中可见，从理论上讲，过渡过程要到 $t=\infty$ 时才正式结束，但在工程实际中，可允许忽略很小的电量值，因此，一般认为经过 $3\tau\sim5\tau$ 后，过渡过程结束并进入新的稳态。另外，从电量的变化曲线上可分析时间常数 τ 的几何意义。如图 4-11 所示，时间常数 τ 为曲线起始位置上的切距，或从曲线上任意一点起始的次切距的长度。

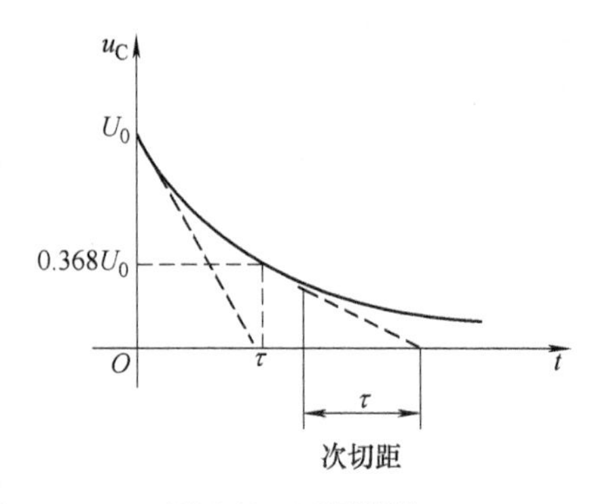

图 4-11 时间常数 τ

综上分析，一阶 RC 电路的零输入响应的规律为：$f(t)=f(0_+)e^{-t/\tau}(t\geqslant0)$。其中，时间常数 $\tau=R_0C$。在一阶 RC 电路中，电阻 R_0 为在换路后的电路结构中由电容 C 两端看入的戴维南等效电路电阻。因此，在以后的电路分析中，只需求得电量的初始值及时间常数，便可直接代入响应的规律公式。

【例 4-5】 如图 4-12 所示电路中，开关 S 闭合前电路处于稳态。已知：$I_S=3\text{mA}$，$R_1=1\text{k}\Omega$，$R_2=2\text{k}\Omega$，$R_3=3\text{k}\Omega$，$C=1\mu\text{F}$。求当 $t\geqslant0$ 时的 $u_C(t)$ 及 $i(t)$。

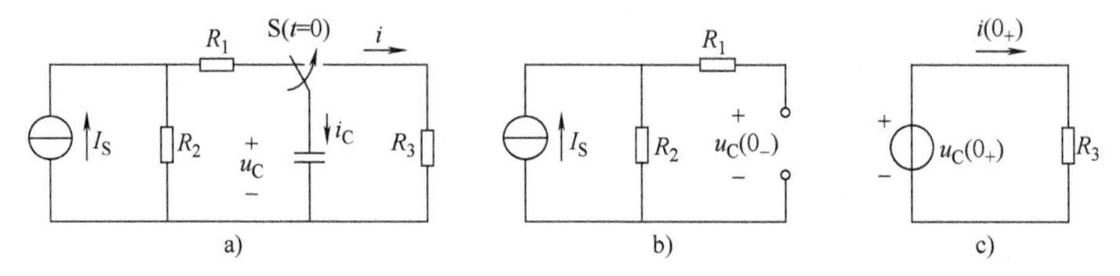

图 4-12 例 4-5 图

a) $t=0$ 换路 b) $t=0_-$ 等效电路 c) $t=0_+$ 等效电路

解： 当 $t\geqslant0$ 时，电路无独立电源，仅由电容的初始能量即 $u_C(0_+)$ 引起响应，属于一阶电路的零输入响应，其规律公式为

$$u_C(t)=u_C(0_+)\mathrm{e}^{-t/\tau},\quad i(t)=i(0_+)\mathrm{e}^{-t/\tau}$$

1）在如图 4-12b 所示的 $t=0_-$ 稳态电路中可求得

$$u_C(0_-)=R_2I_S=2\times3\text{V}=6\text{V}$$

2）由换路定则得

$$u_C(0_+)=u_C(0_-)=6\text{V}$$

3）画出 $t=0+$ 时刻的等效电路，如图 4-12c 所示。在该电路中可求得其他电量的初始值

$$i(0_+)=\frac{u_C(0_+)}{R_3}=\frac{6\text{V}}{3\text{k}\Omega}=2\text{mA}$$

4）求时间常数

$$\tau=R_0C=R_3C=3\times10^3\times10^{-6}\text{s}=3\times10^{-3}\text{s}$$

5）代入零输入响应的公式为

$$u_C(t)=u_C(0_+)\mathrm{e}^{-t/\tau}=6\mathrm{e}^{-333t}\text{V}\quad(t\geqslant0)$$

$$i(t)=i(0_+)\mathrm{e}^{-t/\tau}=2\mathrm{e}^{-333t}\text{mA}\quad(t\geqslant0)$$

注意：通常求 RC 电路暂态响应时，可以先求 u_C，再返回换路后的电路中，通过 u_C 求其他响应，这样可以避免求其他响应的初始值。如例 4-5 中

$$i(t)=\frac{u_C}{R_3}=\frac{6e^{-333t}}{3}mA=2e^{-333t}mA$$

【例 4-6】 如图 4-13 所示电路中的电容原本充有 24V 电压，求开关闭合后，电容电压和各支路电流随时间变化的规律。

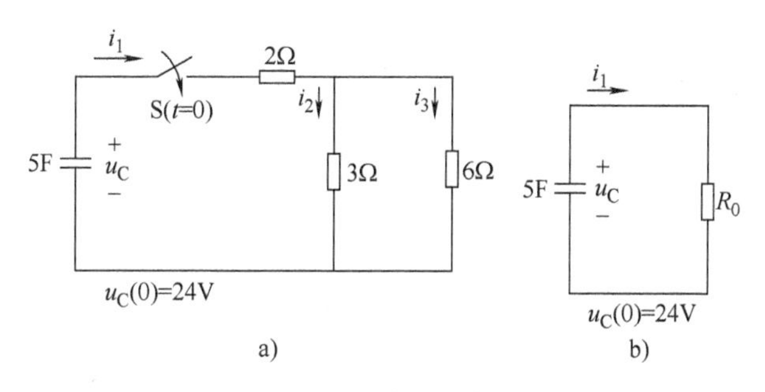

图 4-13　例 4-6 图

a）$t=0$ 换路　b）$t>0$ 等效电路

解：这是一个求一阶 RC 零输入响应问题，$t>0$ 后的等效电路如图 4-13b 所示，其中：$R_0=(2+3/\!/6)\Omega=4\Omega$

1）求时间常数

$$\tau=R_0C=4\times5s=20s$$

2）代入零输入响应的规律 u_C 为

$$u_C(t)=u_C(0_+)e^{-t/\tau}=24e^{-\frac{t}{20}}V\quad(t\geqslant0)$$

3）由 u_C 求其他响应。由图 4-13b 得

$$i_1=\frac{u_C}{R_0}=\frac{24e^{-\frac{t}{20}}}{4}=6e^{-\frac{t}{20}}A\quad(t\geqslant0)$$

返回图 4-13a，根据分流公式得

$$i_2=\frac{6}{3+6}i_1=\frac{2}{3}\times6e^{-\frac{t}{20}}=4e^{-\frac{t}{20}}A\quad(t\geqslant0)$$

$$i_3=\frac{3}{3+6}i_1=\frac{1}{3}\times6e^{-\frac{t}{20}}=2e^{-\frac{t}{20}}A\quad(t\geqslant0)$$

注意：通常为了分析方便，将电路中纯电阻部分从电路中分离出来并简化其等效电路。

4.2.2　*RC* 电路的零状态响应

1. 零状态响应的电路图

电路如图 4-14 所示，可分析 $u_C(0_-)=0V$。

2. 列写换路后，即 $t\geqslant0$ 时的电路微分方程

以电容电压 u_C 为变量，将 C 和 R 元件上的 VCR 方程 $i=C\mathrm{d}u_C/\mathrm{d}t$，$u_R=Ri$ 代入 KVL 方程可得

$$RC\frac{\mathrm{d}u_C}{\mathrm{d}t}+u_C=U_S\tag{4-6}$$

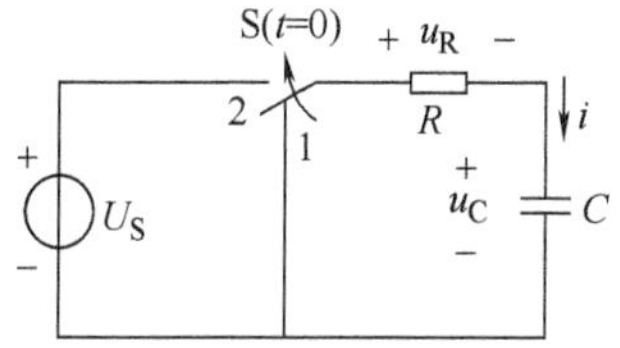

图 4-14　*RC* 电路零状态响应

这是一个一阶常系数线性非齐次微分方程。

3. 方程的求解

由高等数学可知，式（4-6）解答形式为

$$u_C(t)=u'_C+u''_C \tag{4-7}$$

其中，u'_C 为特解，也称强制分量或稳态分量，是与输入激励的变化规律有关的量。通过设微分方程中的导数项等于0，可以得到任何微分方程的直流稳态分量，上述方程满足 $u'_C=U_S$。另一种计算方法是，在直流稳态条件下，把电感看成短路，电容视为开路再加以求解，即 $u'_C=u_C(\infty)=U_S$。

u''_C为齐次方程 $RC\mathrm{d}u''_C/\mathrm{d}t+u''_C=0$ 的通解，也称自由分量或暂态分量。类似于零输入响应中 u_C 通解的形式 $u''_C=A\mathrm{e}^{-\frac{t}{RC}}$。

因此总的电容电压 $u_C=U_S+A\mathrm{e}^{-\frac{t}{RC}}$，再由初始条件 $u_C(0_+)=u_C(0_-)=0$，代入上式可求得积分常数 $A=-U_S$。于是，可解出电容电压

$$u_C=U_S-U_S\mathrm{e}^{-\frac{t}{RC}}=U_S(1-\mathrm{e}^{-\frac{t}{RC}})\quad(t\geqslant 0)$$

在 RC 一阶电路中 $\tau=RC$，所以

$$u_C=U_S(1-\mathrm{e}^{-\frac{t}{\tau}})\quad(t\geqslant 0) \tag{4-8}$$

分析式（4-8）可发现，式中 U_S 是电路进入稳态后的电容电压 $u_C(\infty)$，则式（4-8）就可写成 $t\geqslant 0$，$u_C=u_C(\infty)(1-\mathrm{e}^{-t/\tau})$。然后，在电路中可分别求得电流 i 及电阻电压 u_R，即

$$i=C\frac{\mathrm{d}u_C}{\mathrm{d}t}=\frac{U_S}{R}\mathrm{e}^{-\frac{t}{RC}}\quad(t\geqslant 0)$$

$$u_R=U_S-u_C=U_S\mathrm{e}^{-\frac{t}{RC}}\quad(t\geqslant 0)$$

电容电压各分量的波形及叠加结果如图 4-15a 所示，电流波形如图 4-15b 所示。

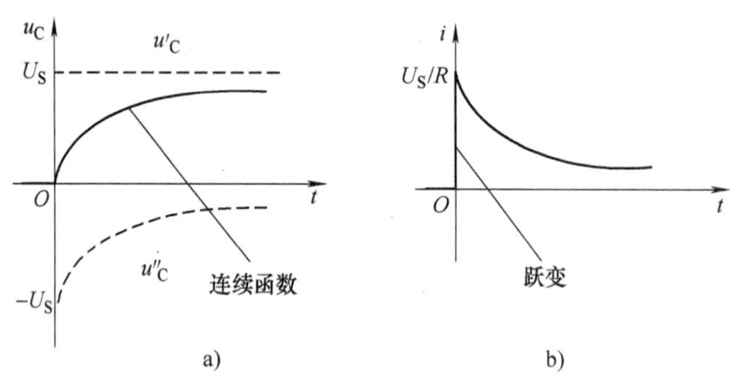

图 4-15 *RC* 电路零状态响应波形

a）电容电压响应 b）电容电流响应

【例 4-7】 如图 4-16 所示，开关 S 在 $t=0$ 时闭合，S 闭合前电路已处于稳态。求当 $t\geqslant 0$ 时的 u_C、i_C、i_R。

解：

1）求 $t=0_-$ 时的初态。由电路图 4-16a 可见，$u_C(0_-)=0$，所以电路为零状态响应。

2）求 $t=\infty$ 时的稳态。由图 4-16b 所示电路可知

$$u_C(\infty)=5\times\frac{3\times 6}{3+6}\mathrm{V}=10\mathrm{V}$$

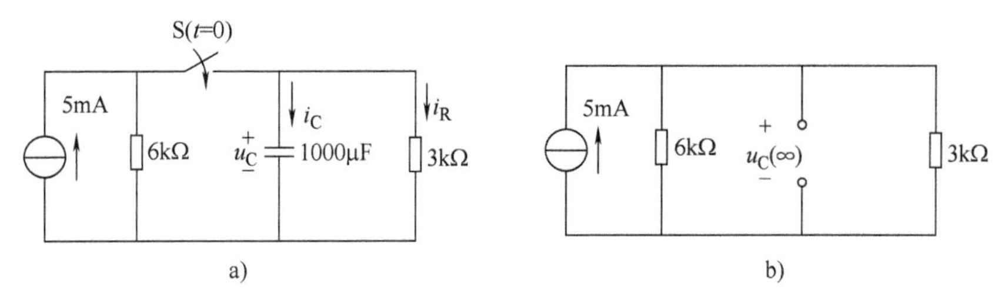

图 4-16　例 4-7 图

a）$t=0$ 换路　b）$t=\infty$ 新的稳态

3）求 RC 电路的时间常数

$$\tau = R_0 C = \frac{6 \times 3}{6+3} \times 10^3 \times 10^{-3}\text{s} = 2\text{s}$$

4）代入 u_C 的零状态响应规律公式，得

$$u_C(t) = u_C(\infty)(1 - e^{-\frac{t}{\tau}}) = 10(1 - e^{-\frac{t}{2}})\text{V} \quad (t \geqslant 0)$$

5）再由电容电压 u_C 推算换路后的电路中的其他电量，得

$$i_C = C\frac{du_C}{dt} = 10^{-2} \times 10 \times \frac{1}{2} \times e^{-\frac{t}{2}} = 5e^{-\frac{t}{2}} \times 10^{-3}\text{A} \quad (t \geqslant 0)$$

$$i_R = \frac{u_C}{3000\Omega} = \frac{10}{3}(1 - e^{-\frac{t}{2}}) \times 10^{-3}\text{A} \quad (t \geqslant 0)$$

4.3　一阶 *RL* 电路的暂态分析

4.3.1　*RL* 电路的零输入响应

1. 零输入响应的电路图

电路如图 4-17 所示。在开关动作前电压和电流已恒定不变，因此电感电流的初值为 $i_L(0_+)=i_L(0_-)=U_S/R_1$，记为 I_0。开关 S 在 $t=0$ 时刻由位置 1 位扳向位置 2。

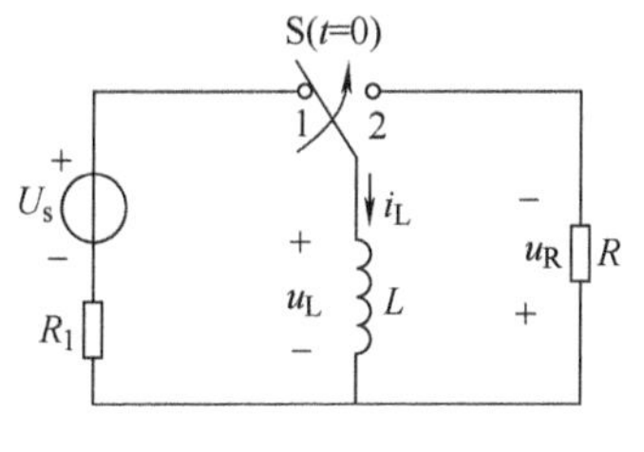

图 4-17　*RL* 电路零输入响应

2. 列写换路后，即 $t \geqslant 0$ 时的电路微分方程

以电感电流 i_L 为变量，将 L 元件上的 VCR 方程 $u_L = L\text{d}i_L/\text{d}t$ 代入 KVL 方程 $u_L + Ri_L = 0$ 可得

$$L\frac{di_L}{dt} + Ri_L = 0$$

这仍是一个一阶常系数线性齐次微分方程。

3. 方程的求解

相应的特征方程为 $LP+R=0$，特征根为：$P=-R/L$，所以得通解

$$i_L = Ae^{-\frac{Rt}{L}}$$

再用初始储能条件 $i_L(0_+) = I_0$ 代入上式，求得积分常数 $A = I_0$。这样，就求得满足初始条件的微分方程解为

$$i_L = I_0 e^{-\frac{Rt}{L}} = I_0 e^{-\frac{t}{\tau}} \quad (t \geqslant 0)$$

其中，$\tau = L/R$ 为 RL 电路的时间常数。

由 i_L 求电路中其他电量为

$$u_R = Ri_L = I_0 e^{-\frac{t}{\tau}} \quad (t \geqslant 0)$$

$$u_L = L\frac{\mathrm{d}i_L}{\mathrm{d}t} = -RI_0 e^{-\frac{t}{\tau}} \quad (t \geqslant 0)$$

4. *RL* 电路零输入响应小结

1）电压、电流是随时间按同一指数规律衰减的函数，如图 4-18 所示。

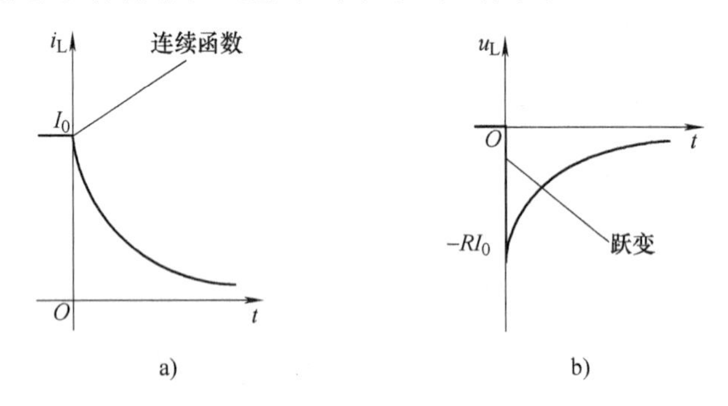

图 4-18 *RL* 电路零输入响应波形

a）电感电流不能跃变 b）电感电压可以跃变

2）一阶 RL 电路的零输入响应的规律为

$$f(t) = f(0_+)e^{-t/\tau} \quad (t \geqslant 0)$$

其中，时间常数 τ 为

$$\tau = \frac{L}{R_0} \tag{4-9}$$

在一阶 RL 电路中，电阻 R_0 为在换路后的电路结构中，由电感 L 两端看入的戴维南等效电路电阻。因此，在以后的电路分析中，只需求得电量的初始值及时间常数，便可直接代入响应的规律公式。

【例 4-8】 如图 4-19a 所示电路中，开关 S 闭合前电路已处于稳态。已知：$U_S = 12\text{V}$，$R_1 = 4\Omega$，$R_2 = 2\Omega$，$R_3 = 6\Omega$，$R_4 = 3\Omega$，$L = 16\text{H}$。求：当 $t \geqslant 0$ 时的 $i_L(t)$、$u_L(t)$ 及 $i_4(t)$。

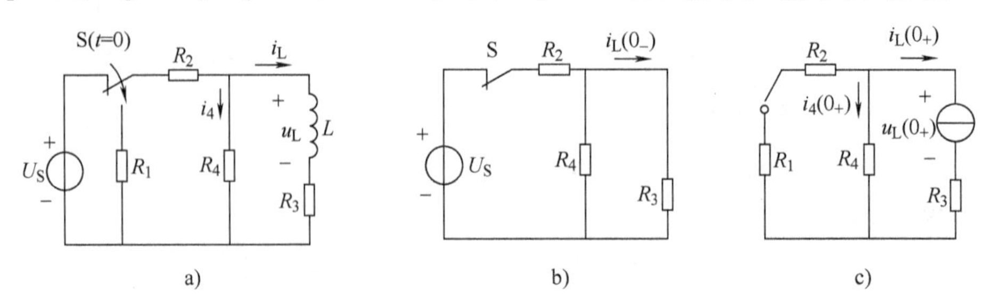

图 4-19 例 4-8 图

a）$t=0$ 换路 b）$t=0_-$ 等效电路 c）$t=0_+$ 等效电路

解：

1）如图 4-19b 所示的 $t=0_-$稳态电路中可求得

$$i_L(0_-)=\frac{U_S}{R_2+R_4 /\!/ R_3}\times\frac{R_4}{R_4+R_3}=\frac{12}{2+3 /\!/ 6}\times\frac{3}{3+6}\text{A}=1\text{A}$$

2）由换路定则得

$$i_L(0_+)=i_L(0_-)=1\text{A}$$

3）画出 $t=0_+$时的等效电路，如图 4-19c 所示。在该电路中可求得其他电量的初始值为

$$i_4(0_+)=-i_L(0_+)\times\frac{R_2+R_1}{(R_2+R_1)+R_4}=-1\times\frac{2+4}{(2+4)+3}\text{A}=-\frac{2}{3}\text{A}$$

$$u_L(0_+)=i_4(0_+)\times R_4-i_L(0_+)\times R_3=-8\text{V}$$

4）求时间常数为

$$R_0=(R_1+R_2) /\!/ R_4+R_3=(4+2) /\!/ 3\Omega+6\Omega=8\Omega$$

$$\tau=\frac{L}{R_0}=\frac{16}{8}\text{s}=2\text{s}$$

5）代入响应的规律公式得

$$i_L(t)=i_L(0_+)\text{e}^{-\frac{t}{\tau}}=\text{e}^{-\frac{t}{2}}\text{A}\quad(t\geqslant 0)$$

$$u_L(t)=u_L(0_+)\text{e}^{-\frac{t}{\tau}}=-8\text{e}^{-\frac{t}{2}}\text{V}\quad(t\geqslant 0)$$

$$i_4(t)=i_4(0_+)\text{e}^{-\frac{t}{\tau}}=-\frac{2}{3}\text{e}^{-\frac{t}{2}}\text{A}\quad(t\geqslant 0)$$

注意：通常求 RL 电路响应时，可以先求 i_L，再返回换路后的电路中，通过 i_L 求其他响应，这样可以避免求其他响应的初始值。如例 4-8 中，从图 4-19a 求得

$$u_L=L\frac{\text{d}i_L}{\text{d}t}=16\times\left(-\frac{1}{2}\text{e}^{-\frac{t}{2}}\right)\text{V}=-8\text{e}^{-\frac{t}{2}}\text{V}\quad(t\geqslant 0)$$

$$i_4=\frac{u_L+R_3 i_L}{R_4}=\frac{-8\text{e}^{-\frac{t}{2}}+6\text{e}^{-\frac{t}{2}}}{3}\text{A}=-\frac{2}{3}\text{e}^{-\frac{t}{2}}\text{A}\quad(t\geqslant 0)$$

【例 4-9】 图 4-20a 所示电路原本处于稳态，当 $t=0$ 时，打开开关，求 $t>0$ 后电压表的电压随时间变化的规律，已知电压表内阻为 10kΩ，电压表量程为 50V。

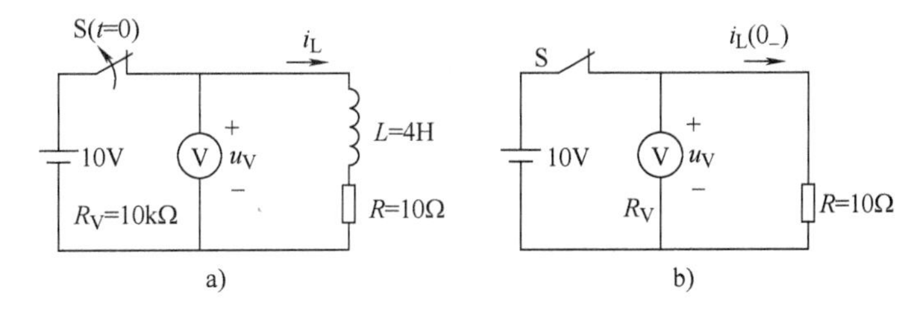

图 4-20　例 4-9 图

a）$t=0$ 换路　b）$t=0_-$等效电路

解：

1）如图 4-20b 所示的 $t=0_-$稳态电路中可求得

$$i_L(0_-)=\frac{U_S}{R}=\frac{10}{10}\text{A}=1\text{A}$$

2）由换路定则得

$$i_L(0_+)=i_L(0_-)=1\text{A}$$

3）求时间常数

$$\tau=\frac{L}{R+R_V}\approx\frac{4}{10\ 000}\text{s}=4\times10^{-4}\text{s}$$

4）开关打开后为一阶 *RL* 电路的零输入响应问题，因此有

$$i_L=i_L(0_+)\text{e}^{-\frac{t}{\tau}}=\text{e}^{-2500t}\text{A}\quad(t\geqslant0)$$

5）再返回换路后的电路中，通过 i_L 求电压表两端电压

$$u_V=-Ri_L=-10\ 000\text{e}^{-2500t}\text{V}\quad(t\geqslant0)$$

当 $t=0^+$ 时，电压达最大值：$u_V(0_+)=-10\ 000\text{e}^{-2500t}|_{t=0}\text{V}=-10\ 000\text{V}$，远远超过电压表的量程 50V，因而会造成电压表的损坏。

注意：例 4-9 说明 *RL* 电路在换路时会出现过电压现象，因此在开关断开前必须将电压表去掉，以免引起过电压而损坏电压表。

4.3.2 *RL* 电路的零状态响应

1. 零状态响应的电路图

电路如图 4-21 所示，可分析 $i_L(0_-)=0\text{A}$。

2. 列写换路后，即 $t\geqslant0$ 时的电路微分方程

以电感电流 i_L 为变量，将 L 和 R 元件上的 VCR 方程 $u_L=L\text{d}i_L/\text{d}t$，$i_R=u_L/R$ 代入 KCL 方程可得方程为

$$\frac{L}{R}\frac{\text{d}i_L}{\text{d}t}+i_L=I_S$$

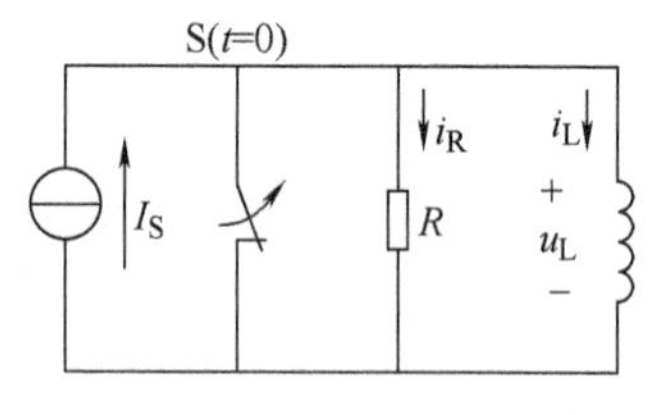

图 4-21 *RL* 电路零状态响应

这是一个一阶常系数线性非齐次微分方程。

3. 方程的求解

与前面 *RC* 电路微分方程的解法相同，可得

$$i_L=i'_L+i''_L=I_S+A\text{e}^{-\frac{t}{\tau}}\quad\left(\tau=\frac{L}{R}\right)$$

在式中代入初始条件 $i_L(0_+)=i_L(0_-)=0$，可解得电感上电流

$$i_L=I_S-I_S\text{e}^{-\frac{t}{\tau}}=I_S(1-\text{e}^{-\frac{t}{\tau}})=i_L(\infty)(1-\text{e}^{-\frac{t}{\tau}})\quad(t\geqslant0)$$

在该电路中，电感电流的稳态值 $i_L(\infty)=I_S$。其中，时间常数 τ 在 *RL* 电路中为 *L/R*。并由 i_L 可解得其他电量为

$$u_L=L\frac{\text{d}i_L}{\text{d}t}=RI_S\text{e}^{-\frac{t}{\tau}}\quad(t\geqslant0)$$

$$i_R=\frac{u_L}{R}=I_S\text{e}^{-\frac{t}{\tau}}\quad(t\geqslant0)$$

电感电流各分量的波形及叠加结果如图 4-22a 所示。电压波形如图 4-22b 所示。

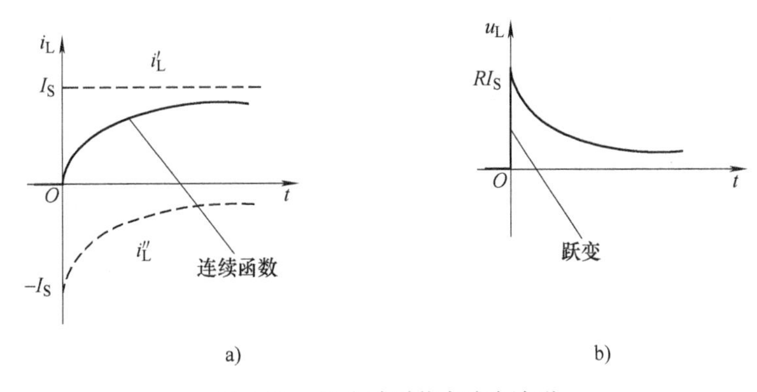

图 4-22 *RL* 电路零状态响应波形

a）电感电流不能跃变 b）电感电压可以跃变

【例 4-10】 图 4-23a 所示电路原本处于稳定状态，在 $t=0$ 时，打开开关 S，求 $t\geqslant0$ 后的电感电流 i_L 和电压 u_L 及电流源的端电压 u。

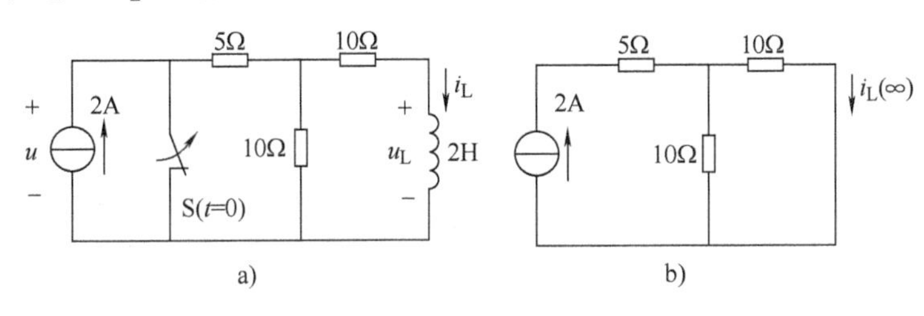

图 4-23 例 4-10 图

a）$t=0$ 换路 b）$t=\infty$ 等效电路

解：

1）求当 $t=0_-$ 时的初态。由电路图 4-23a 可见，$i_L(0_-)=0$，所以电路为零状态响应。

2）求 $t=\infty$ 时的稳态。由图 4-23b 所示电路可知

$$i_L(\infty)=2\times\frac{10}{10+10}\text{A}=1\text{A}$$

3）*RL* 电路的时间常数为

$$\tau=\frac{L}{R_0}=\frac{2}{10+10}\text{s}=0.1\text{s}$$

4）代入 i_L 的零状态响应规律公式，得

$$i_L(t)=i_L(\infty)(1-\mathrm{e}^{-\frac{t}{\tau}})=(1-\mathrm{e}^{-10t})\text{A}\quad(t\geqslant0)$$

5）再由电感电流 i_L 推算换路后的电路中的其他电量，得

$$u_L=L\frac{\mathrm{d}i_L}{\mathrm{d}t}=2\times10\mathrm{e}^{-10t}\text{V}=20\mathrm{e}^{-10t}\text{V}\quad(t\geqslant0)$$

$$u=5\times2+10i_L+u_L=10+10(1-\mathrm{e}^{-10t})+20\mathrm{e}^{-10t}=(20+10\mathrm{e}^{-10t})\text{V}\quad(t\geqslant0)$$

4.3.3 一阶电路零输入响应和零状态响应规律

比较一阶 *RC* 及 *RL* 零输入响应和零状态响应的微分方程解，可得到以下三条规律：

1）一阶电路的零输入响应是由储能元件的初始值引起的响应，都是由初始值衰减为零的指数衰减函数，其一般表达式可以写为

$$f(t)=f(0_+)e^{-\frac{t}{\tau}}\quad (t\geqslant 0)$$

对一阶电路中的 u_C 及 i_L（或称为独立状态变量）的零状态解的规律为

$$f(t)=f(\infty)(1-e^{-\frac{t}{\tau}})\quad (t\geqslant 0)$$

2）零输入响应的衰减快慢取决于时间常数 τ，其中 RC 电路中 $\tau=R_0C$，RL 电路中 $\tau=L/R_0$，R_0 为与动态元件相连的一端口电路的等效电阻。

3）同一电路中所有响应具有相同的时间常数。在有些情况下，电路既包含零输入响应又包含零状态响应，对一般的非独立状态变量解的一般式为

$$f(t)=f(0_+)e^{-\frac{t}{\tau}}+f(\infty)(1-e^{-\frac{t}{\tau}})\quad (t\geqslant 0)$$

当变量的换路后稳态值 $f(\infty)$ 为零时，则零状态响应为前一半分量。当变量的初始值 $f(0+)$ 为零时，则为后一半分量。若 $f(\infty)$ 及 $f(0+)$ 都不为零时，两部分分量都存在。这就是下面章节要介绍的全响应。

4.4 一阶电路的全响应

一阶电路中，由独立电源及储能元件上的初始储能共同作用下所产生的电路响应称为全响应。

4.4.1 全响应的经典分析法

动态电路的经典分析法即为通过求解微分方程得到电路响应的方法。全响应经典分析法中的分析过程与零状态响应的分析类同，仅在于初始条件不同。

以 RC 电路为例，零状态电路中 $u_C(0_-)=0$，而在全响应电路中 $u_C(0_-)=U_0$。两者的电路方程一样，为 $RC\mathrm{d}u_C/\mathrm{d}t+u_C=U_S$，解的合成形式也相同，为 $u_C=U_S+Ae^{-t/\tau}$。然而，在代入初始值求积分常数 A 时就不同了，全响应中 $u_C(0_+)=U_S+A=U_0$，则积分常数就为 $A=U_0-U_S$，所以方程解为

$$u_C=U_S+(U_0-U_S)e^{-\frac{t}{RC}}=U_0e^{-\frac{t}{RC}}+U_S(1-e^{-\frac{t}{RC}})\quad (t\geqslant 0)$$

即

$$u_C=u_C(0_+)e^{-\frac{t}{RC}}+u_C(\infty)(1-e^{-\frac{t}{RC}})\quad (t\geqslant 0)$$

同样地，在 RL 电路的全响应分析中，也可得电感电流的解为

$$i_L=I_S+(I_0-I_S)e^{-\frac{Rt}{L}}=I_0e^{-\frac{Rt}{L}}+I_S(1-e^{-\frac{Rt}{L}})\quad (t\geqslant 0)$$

即

$$i_L=i_L(0_+)e^{-\frac{Rt}{L}}+i_L(\infty)(1-e^{-\frac{Rt}{L}})\quad (t\geqslant 0)$$

比较上述 u_C 及 i_L 的最后表达式，电容电压及电感电流全响应的表达式可写成一般形式，即为

$$f(t)=f(0_+)e^{-\frac{t}{\tau}}+f(\infty)(1-e^{-\frac{t}{\tau}})\quad (t\geqslant 0)\tag{4-10}$$

这种解的形式，还可以重新整理为另一形式，即为

$$f(t)=f(\infty)+[f(0_+)-f(\infty)]\mathrm{e}^{-\frac{t}{\tau}}\quad(t\geqslant 0)\tag{4-11}$$

$$f(t)=f(0_+)\mathrm{e}^{-\frac{t}{\tau}}+f(\infty)(1-\mathrm{e}^{-\frac{t}{\tau}})\quad(t\geqslant 0)\tag{4-12}$$

分析式（4-10）的物理意义为：第一项是独立状态变量的零输入响应，第二项是独立状态变量的零状态响应，这说明一阶电路中，全响应是零输入响应和零状态响应的叠加，所以一般情况下：全响应 = 零输入响应 + 零状态响应，这是叠加原理在电路暂态分析中的应用。

分析式（4-11）的物理意义为：第一项是电路在 $t=\infty$ 时电量的稳态分量（特解），后一项为电量是从起点 $[f(0_+)-f(\infty)]$ 开始，按负指数规律 $\mathrm{e}^{-t/\tau}$ 逐步衰减的暂态分量（齐次微分方程通解）。于是：全响应=稳态分量+暂态分量，这是求解微分方程在电路暂态分析中的应用。式（4-10）和式（4-11）从不同角度描述了电路的过渡过程。

4.4.2　一阶电路全响应的三要素分析法

根据经典分析法对一阶电路全响应的分析结果来看，当一阶电路的初始值为 $f(0_+)$ 时，在直流独立电源作用下的电路稳态解为 $f(\infty)$，当一阶电路的时间常数为 τ 时，全响应解可写成下式形式：

$$f(t)=f(\infty)+[f(0_+)-f(\infty)]\mathrm{e}^{-\frac{t}{\tau}}\quad(t\geqslant 0)$$

因此，对于一阶直流电路的暂态分析，在各种类型、各种电路结构中，其电量的响应规律，都可归纳到这个基本公式中。因此，只需计算出电量的初始值 $f(0_+)$、电量在换路后的稳态值 $f(\infty)$ 以及电路的时间常数 τ 这三个要素，代入该式便能得到电量的响应。这种通过三个要素的计算就能直接得到电路响应的方法称为三要素法。

注意：三要素公式既可用于计算独立状态变量 u_{C} 及 i_{L} 的响应，也可直接用于一般电量的分析计算。如果利用三要素进行其他电量的计算，则必须注意其他电量的初始值不能利用换路定则，必须要画出 $t=0_+$ 时刻的等效电路才能计算。当然，其他电量的响应也可通过 u_{C} 及 i_{L} 的响应再根据电路分析计算求得。

下面系统地说明一阶暂态电路的三要素分析法的计算要点及主要步骤。

（1）电量初始值 $f(0_+)$ 的计算（通过三步来完成）

第一步：画出 $t=0_-$ 时的直流稳态电路。在此电路中，电容 C 做开路处理，电感 L 做短路处理，计算 $u_{\mathrm{C}}(0_-)$ 或 $i_{\mathrm{L}}(0_-)$。应注意，在此过程中不必计算其他无关电量的 0_- 值。

第二步：由换路定则，直接得出 u_{C} 或 i_{L} 的 0_+ 值。即 $u_{\mathrm{C}}(0_+)=u_{\mathrm{C}}(0_-)$，$i_{\mathrm{L}}(0_+)=i_{\mathrm{L}}(0_-)$。

第三步：画出 $t=0_+$ 时刻的等效电路。在该电路中，电路结构为换路后的结构，电容 C 用直流电压源代替，电压源的值及参考方向同 $u_{\mathrm{C}}(0_+)$。电感 L 用直流电流源代替，电流源的值及参考方向同 $i_{\mathrm{L}}(0_+)$。在这个电路中，求得其他待求电量的 0_+ 值。

（2）电量稳态值 $f(\infty)$ 的计算

画出换路后的直流稳态电路。在这个电路中，L 与 C 的处理同 $t=0_-$ 时的直流稳态电路中的处理相同，即电容 C 做开路处理，电感 L 做短路处理。在这个电路中，再应用各种直流分析方法，求取待求电量的稳态值 $f(\infty)$。

（3）一阶电路的时间常数 τ 的计算

从前面经典分析法的计算结论中可知，在一阶 RC 电路中，$\tau=R_0C$；在一阶 RL 电路中，$\tau=L/R_0$。其中等值电阻 R_0 为在换路后的电路结构中，由电容 C 或电感 L 两端看入的戴维南等效电路电阻。

（4）将三要素代入公式

$$f(t)=f(\infty)+[f(0_+)-f(\infty)]e^{-\frac{t}{\tau}}\quad(t\geqslant 0)$$

说明：由于线性电路具有时不变性质，当输入激励延迟 t_0 时，输出响应也同样延迟 t_0。因此若在 t_0 时刻换路，则三要素法公式为

$$f(t)=f(\infty)+[f(t_{t_{0+}})-f(\infty)]e^{-\frac{t-t_0}{\tau}}\quad(t\geqslant t_0)$$

【例 4-11】 在如图 4-24a 所示电路中，三个开关动作前电路已处于稳态。已知 $I_S=2A$，$R=2\Omega$，$C=1mF$，$u_C(0_-)=1V$。求：当 $t\geqslant 0$ 时的 $i_C(t)$、$u_C(t)$ 及 $i_R(t)$。

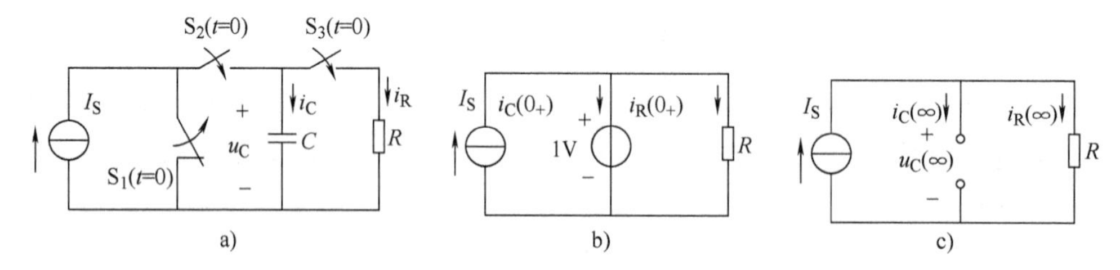

图 4-24 例 4-11 图

a）$t=0$ 换路 b）$t=0_+$ 等效电路 c）$t=\infty$ 等效电路

解：

1）由换路定则得

$$u_C(0_+)=u_C(0_-)=1V$$

2）画出 $t=0_+$ 时刻上的等效电路，电路如图 4-24b 所示。在该电路中可求其他电量的初始值为

$$i_R(0_+)=\frac{u_C(0_+)}{R}=\frac{1}{2}A$$

$$i_C(0_+)=I_S-i_R(0_+)=(2-0.5)A=1.5A$$

3）求当 $t=\infty$ 时的稳态。电路如图 4-24c 所示，由电路可知

$$i_C(\infty)=0A$$

$$i_R(\infty)=I_S=2A$$

$$u_C(\infty)=Ri_R(\infty)=2\times 2V=4V$$

4）求 RC 电路的时间常数

$$\tau=R_0C=RC=2\times 10^{-3}s=\frac{1}{500}s$$

5）代入各电量的三要素公式，则有

$$u_C(t)=u_C(\infty)+[u_C(0_+)-u_C(\infty)]e^{-\frac{t}{\tau}}=(4-3e^{-500t})V\quad(t\geqslant 0)$$

$$i_C(t)=i_C(\infty)+[i_C(0_+)-i_C(\infty)]e^{-\frac{t}{\tau}}=1.5e^{-500t}A\quad(t\geqslant 0)$$

$$i_R(t)=i_R(\infty)+[(i_R(0_+)-i_R(\infty)]e^{-\frac{t}{\tau}}=(2-1.5e^{-500t})A\quad(t\geqslant 0)$$

【例 4-12】 如图 4-25a 所示电路中开关 S 闭合前电路处于稳态。求当 $t \geqslant 0$ 时，$i_1(t)$、$i_2(t)$ 及 $i_L(t)$。

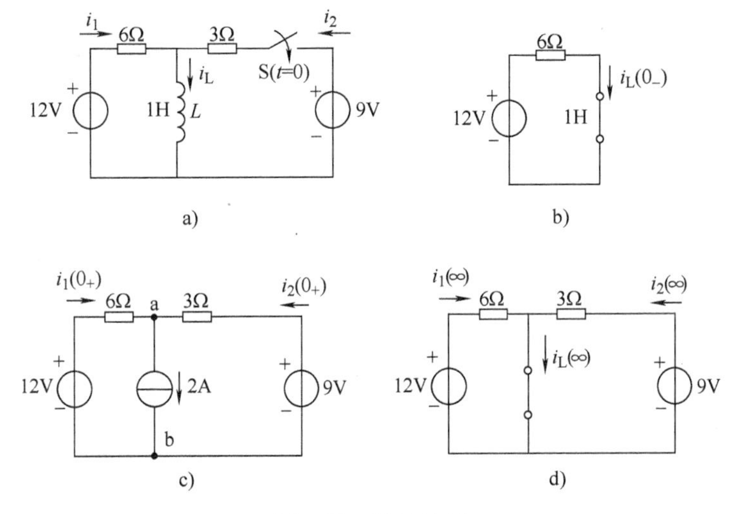

图 4-25　例 4-12 图

a）$t=0$ 换路　b）$t=0_-$ 等效电路　c）$t=0_+$ 等效电路　d）$t=\infty$ 等效电路

解：

1）由 $t=0_-$ 的等效电路，电路如图 4-25b 所示，得

$$i_L(0_-) = \frac{12}{6}\text{A} = 2\text{A}$$

2）由换路定则得

$$i_L(0_+) = i_L(0_-) = 2\text{A}$$

3）画出 $t=0_+$ 时刻上的等效电路，如图 4-25c 所示。在该电路中可求得其他电量初始值为

$$U_{ab} = \left(\frac{\dfrac{12}{6} + \dfrac{9}{3} - 2}{\dfrac{1}{6} + \dfrac{1}{3}}\right)\text{V} = 6\text{V}$$

$$i_1(0_+) = \frac{12 - U_{ab}}{6} = \frac{12 - 6}{6}\text{A} = 1\text{A}$$

$$i_2(0_+) = 2 - i_1(0_+) = (2 - 1)\text{A} = 1\text{A}$$

4）画出当 $t=\infty$ 时的稳态电路，如图 4-25d 所示。由电路可知

$$i_1(\infty) = \frac{12}{6}\text{A} = 2\text{A}$$

$$i_2(\infty) = \frac{9}{3}\text{A} = 3\text{A}$$

$$i_L(\infty) = i_1(\infty) + i_1(\infty) = (2 + 3)\text{A} = 5\text{A}$$

5）求 RL 电路的时间常数

$$\tau = \frac{L}{R_0} = \frac{1}{6 /\!/ 3}\text{s} = \frac{1}{2}\text{s}$$

6）代入各电量的三要素公式得

$$i_1(t) = i_1(\infty) + [i_1(0_+) - i_1(\infty)]e^{-\frac{t}{\tau}} = (2 - e^{-2t})\text{A} \quad (t \geqslant 0)$$

$$i_2(t) = i_2(\infty) + [i_2(0_+) - i_2(\infty)]e^{-\frac{t}{\tau}} = (3 - 2e^{-2t})\text{A} \quad (t \geqslant 0)$$

$$i_L(t) = i_L(\infty) + [i_L(0_+) - i_L(\infty)]e^{-\frac{t}{\tau}} = (5 - 3e^{-2t})\text{A} \quad (t \geqslant 0)$$

【例 4-13】 如图 4-26a 所示电路原本处于稳定状态，当 $t=0$ 时开关由 1 扳到 2，求换路后的电容电压 $u_C(t)$ 。

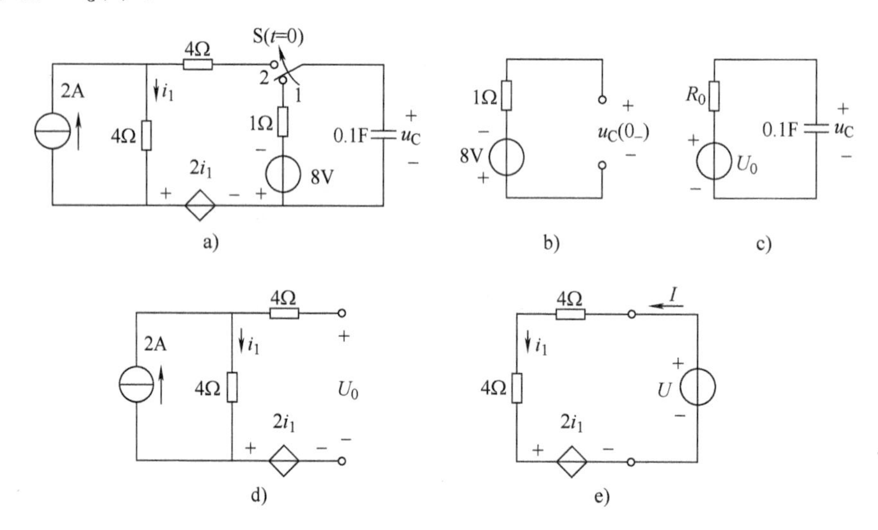

图 4-26 例 4-13 图

a）$t=0$ 换路 b）$t=0_-$ 等效电路 c）戴维南等效电路 d）计算戴维南开口电压 e）计算戴维南等效电阻

解：

1）由 $t=0_-$ 的等效电路，电路如图 4-26b 所示，得

$$u_C(0_-) = -8\text{V}$$

2）换路后的电路含有受控源，应用戴维南等效电路如图 4-26c 所示，由图 4-26d 计算戴维南等效电路开口电压得

$$i_1 = 2\text{A}$$

$$U_0 = 4i_1 + 2i_1 = 12\text{V}$$

由图 4-26e 计算戴维南等效电阻得

$$U = 4i_1 + 4i_1 + 2i_1 = 10i_1 = 10I$$

$$R_0 = \frac{U}{I} = 10\Omega$$

3）应用三要素公式求换路后的电容电压得

$$u_C(0_+) = u_C(0_-) = -8\text{V}$$

$$u_C(\infty) = U_0 = 12\text{V}$$

$$\tau = R_0C = 10 \times 0.1\text{s} = 1\text{s}$$

所以

$$u_C(t)=u_C(\infty)+[u_C(0_+)-u_C(\infty)]e^{-\frac{t}{\tau_2}}=(12-20e^{-t})\text{V}\quad(t\geqslant 0)$$

【例 4-14】 如图 4-27a 所示电路电感无初始储能，当 $t=0$ 时闭合开关 S_1，当 $t=0.2\text{s}$ 时闭合开关 S_2，求两次换路后的电感电流 $i(t)$。

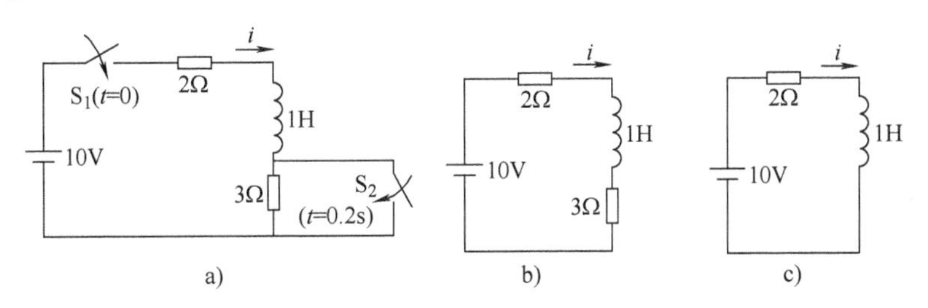

图 4-27　例 4-14 图

a) $t=0$ 换路　b) $t<0.2\text{s}$ 等效电路　c) $t>0.2\text{s}$ 等效电路

解： 分两个阶段求解，

1）当 $0<t<0.2\text{s}$ 时，电路如图 4-27b 所示，有

$$i(0_+)=i(0_-)=0$$

$$i(\infty)=\left(\frac{10}{2+3}\right)\text{A}=2\text{A}$$

$$\tau_1=\frac{L}{R_{01}}=\left(\frac{1}{2+3}\right)\text{s}=\frac{1}{5}\text{s}$$

所以

$$i(t)=i(\infty)+[i(0_+)-i(\infty)]e^{-\frac{t}{\tau_1}}=2(1-e^{-5t})\text{A}\quad(0\leqslant t<0.2\text{s})$$

2）当 $t\geqslant 0.2\text{s}$ 时，电路如图 4-27c 所示，有

$$i(0.2_+)=i(0.2_-)=2(1-e^{-5t})\big|_{t=0.2}=2(1-e^{-1})\text{A}=1.26\text{A}$$

$$i(\infty)=\frac{10}{2}\text{A}=5\text{A}$$

$$\tau_2=\frac{L}{R_{02}}=\frac{1}{2}\text{s}$$

所以

$$i(t)=i(\infty)+[i(0.2_+)-i(\infty)]e^{-\frac{t-0.2}{\tau_2}}=[5-3.74e^{-2(t-0.2)}]\text{A}\quad(t\geqslant 0.2\text{s})$$

【例 4-15】 如图 4-28a 所示电路中，$i_L(0_-)=0$，当 $t=0$ 时开关 S 闭合，求当 $t\geqslant 0$ 时的 $i_L(t)$。

解： 已知 $i_L(0_-)=0$，所以 $i_L(0_+)=i_L(0_-)=0$

为了计算时间常数和稳态值，首先求出换路后电感元件以外部分的戴维南等效电路（这是含有受控源的暂态电路的分析方法）。

端口开路时电路如图 4-28b 所示，开口电压为

$$u_{OC}=10i_1+10i_1=20i_1$$

而

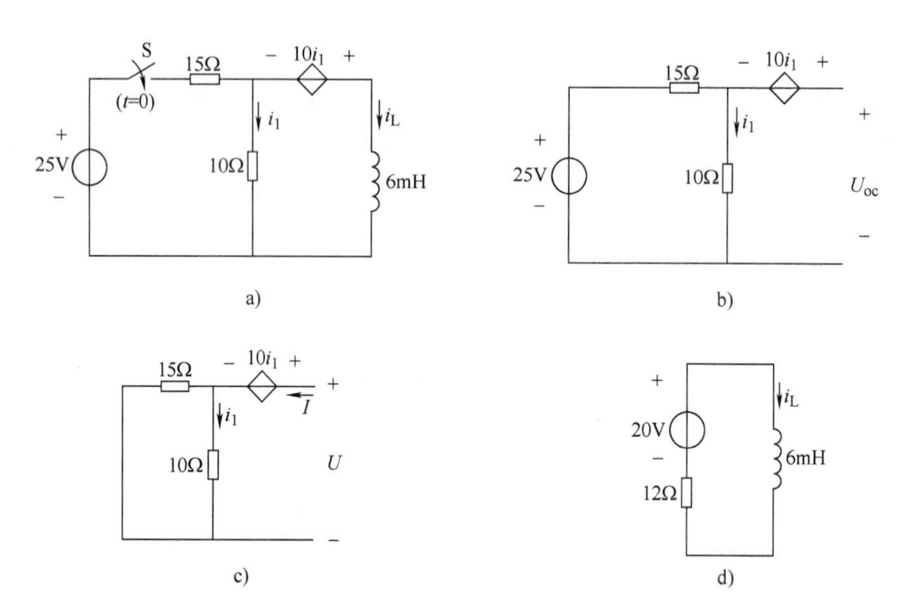

图 4-28　例 4-15 图

$$i_1 = \left(\frac{25}{15+10}\right)\text{A} = 1\text{A}$$

所以

$$u_{OC} = 20i_1 = 20\text{V}$$

除独立电压源，端口加压求流时电路如图 4-28c 所示，计算等效电阻为

$$U = 10i_1 + 10i_1 = 20i_1$$

$$I = i_1 + \frac{10}{15}i_1 = \frac{5}{3}i_1$$

所以

$$R_{eq} = \frac{U}{I} = \frac{20i_1}{\frac{5}{3}i_1}\Omega = 12\Omega$$

所以，戴维南等效电路如图 4-28d 所示。时间常数

$$\tau = \frac{L}{R_{eq}} = \frac{6\times10^{-3}}{12}\text{s} = 0.5\times10^{-3}\text{s}$$

由图 4-28d 可求得

$$i_L(\infty) = \frac{20}{12}\text{A} = \frac{5}{3}\text{A}$$

所以　$i_L(t) = i_L(\infty) + [i_L(0_+) - i_L(\infty)]\,e^{-\frac{t}{\tau}} = \frac{5}{3}(1 - e^{-2000t})\ \text{A}$

【例 4-16】　如图 4-29a 所示电路中，已知 $u_C(0_-) = 10\text{V}$，求 $u(t)$，$t \geqslant 0$。

解： $u_C(0_+) = u_C(0_-) = 10\text{V}$

电容两端左侧含源单口网络的戴维南等效电路如图 4-29b 所示，可得

$$i_1 = 2\text{A}$$

$$u_{OC} = 4\,i_1 + 2\,i_1 = 6 \times 2\text{V} = 12\text{V}$$

计算等效电阻：除独立电流源，端口加压求流如图 4-29c 所示，可得

$$u = (4 + 4)i_1 + 2\,i_1 = 10\,i_1$$

$$R_0 = u / i_1 = 10\,\Omega$$

原电路等效如图 4-29d 所示，可得

$$\tau = R_0 C = 10 \times 0.01\text{s} = 0.1\text{s}$$

$$u_C(\infty) = 12\text{V}$$

$$u_C(t) = u_C(\infty) + [u_C(0_+) - u_C(\infty)]\,\mathrm{e}^{-\frac{t}{\tau}} = 12 - 2\mathrm{e}^{-10t}\text{V}$$

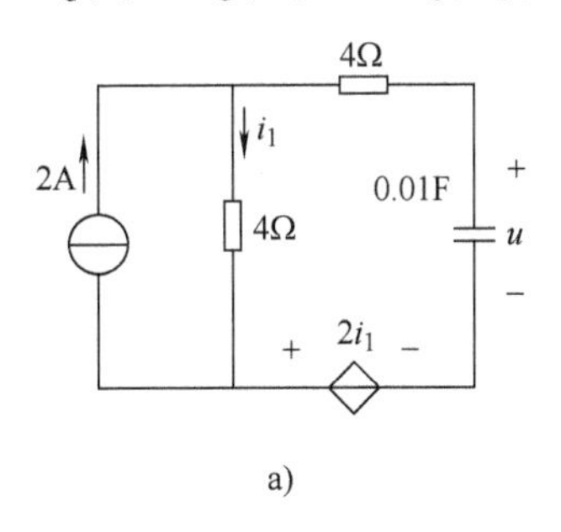

a)

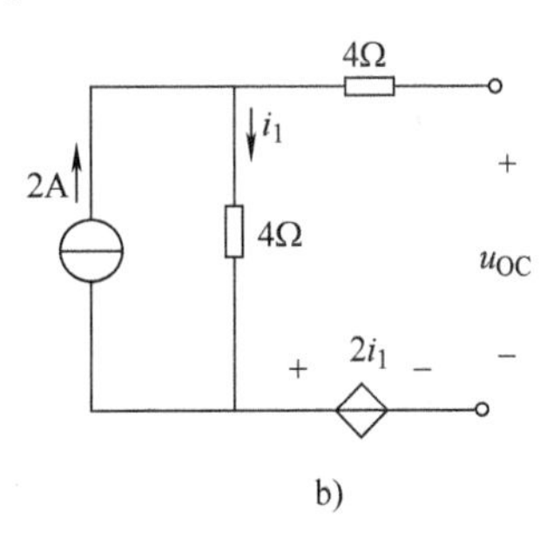

b)

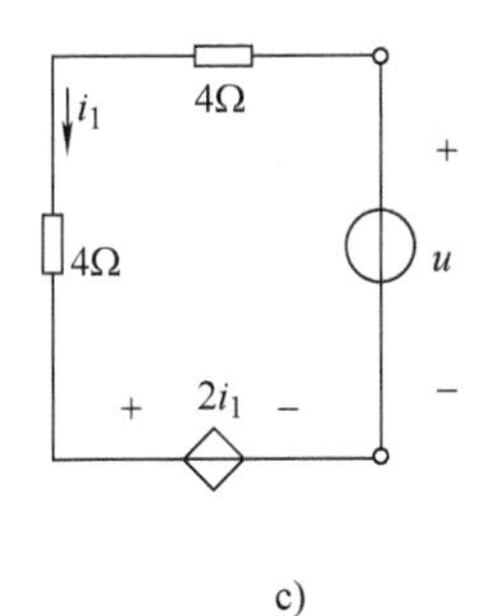

c)

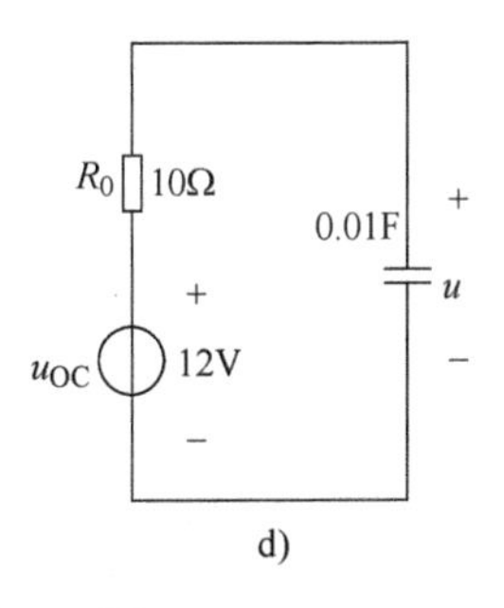

d)

图 4-29　例 4-16 图

4.5　阶跃函数与阶跃响应

4.5.1　阶跃函数

阶跃函数是一种奇异函数，基本的阶跃函数是单位阶跃函数。它定义为

$$\varepsilon(t) = \begin{cases} 0 & (t \leqslant 0_-) \\ 1 & (t \geqslant 0_+) \end{cases} \qquad (4\text{-}13)$$

单位阶跃函数 $\varepsilon(t)$ 的波形如图 4-30a 所示。它在 $(0_-,\ 0_+)$ 时域内发生了单位跃变。

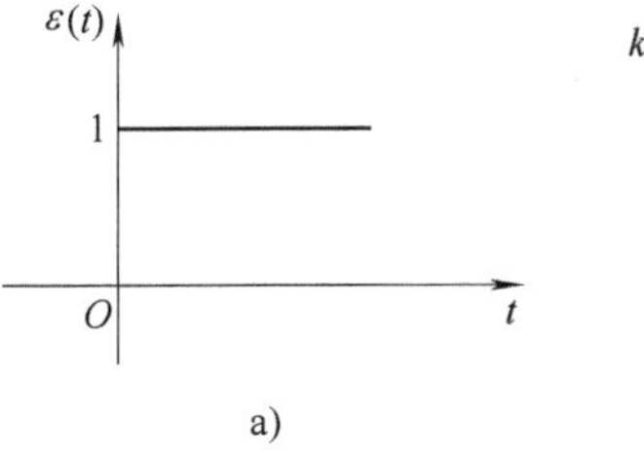

a)

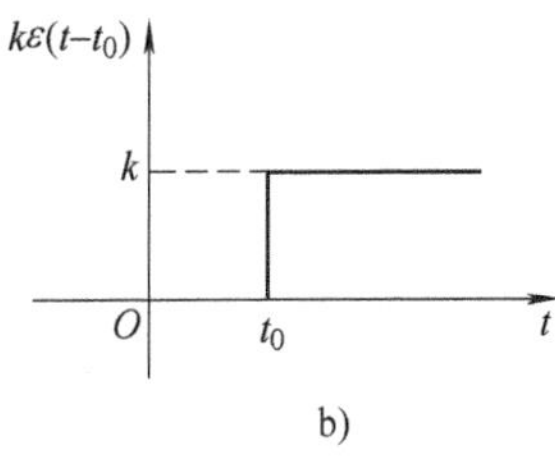

b)

图 4-30　阶跃函数

a）单位阶跃函数　b）延时 t_0 的单位阶跃函数

若电路在 $t=0$ 时刻，接入 $U_S=k$V 的电压源，则该电压源用阶跃函数可表示为 $k\varepsilon(t)$V。若该电压源在 $t=t_0$ 时刻接入，则可用延时阶跃函数表示为 $k\varepsilon(t-t_0)$V。它的波形如图 4-30b 所示。

在电路的暂态分析中，可用阶跃函数作为开关 S 动作的数学模型，有时就称为开关函数。如图 4-31a 所示，可以用 $10\varepsilon(t)$V 电压源代替在 $t=0$ 时刻上用开关 S 将 10V 的电压源接入电路。用图 4-31b 可以用 $2\varepsilon(t)$A 电流源代替在 $t=0$ 时刻上用开关 S 将 2A 的电流源接入电路。

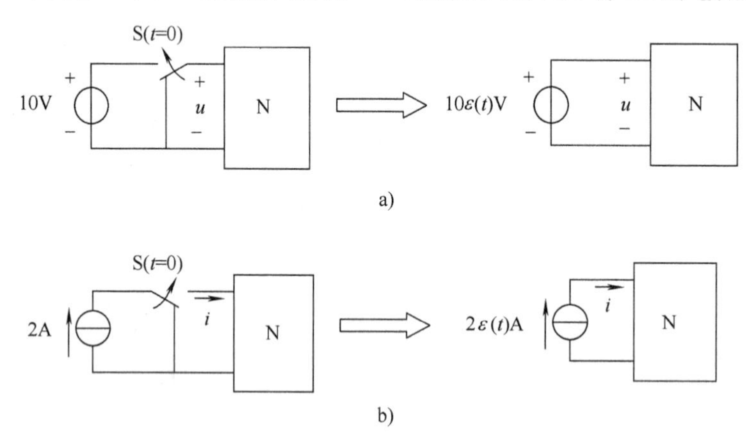

图 4-31 阶跃函数作开关模型

a）单位阶跃函数等效替代电压源 b）单位阶跃函数等效替代电流源

其次，可用阶跃函数来表示某函数的定义域。例在某一阶 RC 电路中，求得电路的响应为 $u_C=10(1-e^{-t/2})\text{V}(t\geqslant 0)$。该响应若用 $\varepsilon(t)$ 来表示，则为：$u_C=10(1-e^{-t/2})\varepsilon(t)\text{V}$，就不必再写时域 $t\geqslant 0$ 了。

利用阶跃函数还可以构成“闸门函数”来表示一个函数的某段波形。如图 4-32 所示，电压 u 的波形为一矩形脉冲，幅度为 1V。则可用两个阶跃函数的组合来等效，即 $u=[\varepsilon(t-t_1)-\varepsilon(t-t_2)]$V。

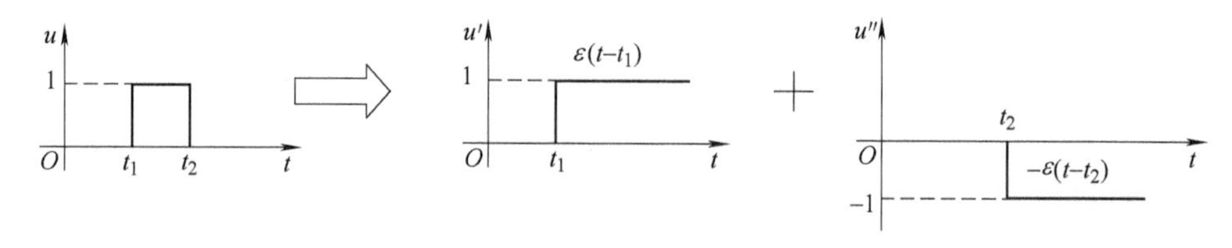

图 4-32 阶跃函数表示矩形脉冲

4.5.2 一阶电路的阶跃响应

在初始状态为零的电路中，由单位阶跃函数的作用而引起的响应，称为单位阶跃响应，用 $s(t)$ 表示。已知电路的 $s(t)$，如果该电路的直流电压源为 $U_0\varepsilon(t)(U_0\neq 1)$ 或直流电流源为 $I_0\varepsilon(t)(I_0\neq 1)$，则电路的阶跃响应为 $U_0s(t)$ 或 $I_0s(t)$。这说明了阶跃响应就是电路的零状态响应。因此，阶跃响应的求解方法与零状态响应的求解方法一致，该响应的规律也与零状态响应一致。

在 RC 电路中，电容电压阶跃响应为：$u_C = u_C(\infty)(1-e^{-t/\tau})\varepsilon(t)$。

在 RL 电路中，电感电流阶跃响应为：$i_L = i_L(\infty)(1-e^{-t/\tau})\varepsilon(t)$。

若激励在 $t=t_0$ 时加入，则响应从 $t=t_0$ 开始。根据线性电路的延时性有：

在 RC 电路中，延时 t_0 的电容电压阶跃响应为

$$u_C = u_C(\infty)(1-e^{-\frac{t-t_0}{\tau}})\varepsilon(t-t_0)$$

在 RL 电路中，延时 t_0 的电感电流阶跃响应为

$$i_L = i_L(\infty)(1-e^{-\frac{t-t_0}{\tau}})\varepsilon(t-t_0)$$

注意：上式为延迟的阶跃响应，不能写为 $u_C = u_C(\infty)(1-e^{-t/\tau})\varepsilon(t-t_0)$ 及 $i_L = i_L(\infty)(1-e^{-t/\tau})\varepsilon(t-t_0)$。

【例 4-17】 在如图 4-33a 所示电路中，如图 4-33b 所示矩形脉冲电压 $u(t)$ 作用于电路。试求电路中阶跃响应 $u_C(t)$ 及 $i_C(t)$。

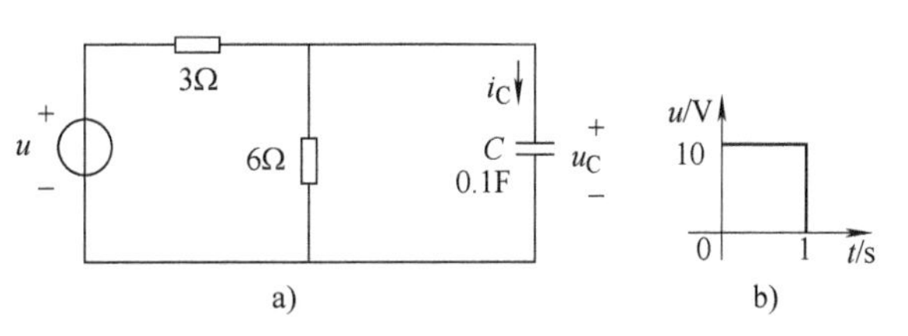

图 4-33　例 4-17 图
a）暂态电路　b）输入激励信号波形

解： $u(t)=[10\varepsilon(t)-10\varepsilon(t-1)]$V，按照叠加原理，总响应为 $10\varepsilon(t)$V 和 $-10\varepsilon(t-1)$V 分别作用下的响应相叠加。

1）先求电路在阶跃电压 $10\varepsilon(t)$V 作用下的电路零状态响应。初态 $u'_C(0_+)=u'_C(0_-)=0$。在图 4-33a 中可分析得到

$$u'_C(\infty)=\frac{6}{3+6}\times 10\text{V}=\frac{20}{3}\text{V}$$

$$\tau = R_0C=\frac{3\times 6}{3+6}\times 0.1\text{s}=0.2\text{s}$$

则阶跃响应为

$$u'_C=\frac{20}{3}(1-e^{-5t})\varepsilon(t)\text{V}$$

$$i'_C=C\frac{du'_C}{dt}=\frac{10}{3}e^{-5t}\varepsilon(t)\text{A}$$

2）再求电路在延时阶跃电压 $-10\varepsilon(t-1)$V 作用下的电路零状态响应。根据线性电路的齐次性（激励扩大或缩小 k 倍，响应也扩大或缩小 k 倍）和延时性，有

$$u''_C=-\frac{20}{3}[1-e^{-5(t-1)}]\varepsilon(t-1)\text{V}$$

$$i''_C=-\frac{10}{3}e^{-5(t-1)}\varepsilon(t-1)\text{A}$$

3）电路中总阶跃响应为

$$u_C(t)=u'_C+u''_C=\left\{\frac{20}{3}(1-e^{-5t})\varepsilon(t)-\frac{20}{3}[1-e^{-5(t-1)}]\varepsilon(t-1)\right\}\text{V}$$

$$i_C(t)=i'_C+i''_C=\left[\frac{10}{3}e^{-5t}\varepsilon(t)-\frac{10}{3}e^{-5(t-1)}\varepsilon(t-1)\right]\text{A}$$

本章小结

1. 过渡过程的概念

电路从一种稳定状态过渡到另一种稳定状态的过程称为过渡过程。过渡过程是电路的暂时状态，是与电路的稳态分析相对应的另一类重要的分析问题，即暂态分析。电路出现过渡过程的外因是电路中产生了换路；其内因是电路内有电感或电容储能元件，由于储能元件上电磁能量的渐变过程，导致电路中产生渐变的过渡过程。

2. 换路定则

电路中改变电路参数或改变电路结构的过程称为换路。由于换路瞬间电磁能量不能跃变，即 $w_C=Cu_C^2/2$ 及 $w_L=Li_L^2/2$ 不能跃变，所以表示电磁能量的电量 u_C 及 i_L 不能跃变。这个结论构成研究过渡过程的重要定则，即换路定则，表示为

$$u_C(0_+)=u_C(0_-),\ i_L(0_+)=i_L(0_-)$$

电路中其他电量，如电容电流、电感电压、电阻电压和电流，在换路时是可以跃变的。讨论电路的过渡过程，首先要讨论过渡过程的起点位置即电量初始值 $f(0_+)$。因此初始值的计算十分重要。计算方法是：

1）在 $t=0_-$ 的等效电路中，先求出 $u_C(0_-)$ 及 $i_L(0_-)$。

2）由换路定则，求得 $u_C(0_+)=u_C(0_-)$ 及 $i_L(0_+)=i_L(0_-)$。

3）由 $u_C(0_+)$ 及 $i_L(0_+)$，画出 $t=0_+$ 的等效电路。根据 KVL、KCL 及元件伏安关系，求出其他待求电量的初始值 $f(0_+)$。

3. 一阶 *RC*、*RL* 电路暂态响应的经典分析法

对于一阶电路的分析，若采用经典分析法，首先列写电路的微分方程，然后，求解微分方程，得出解的形式。根据电路暂态响应产生的原因，分为三种工作情况。

1）一阶电路的零输入响应

指在 $t\geqslant0$ 的电路中，仅由储能元件上的初始储能所产生的响应。通过列写求解电路的微分方程，电量响应的变化模式为 $f(t)=f(0_+)\mathrm{e}^{-t/\tau}(t\geqslant0)$。所有电量都是从换路后的初始值 $f(0_+)$ 起始，然后按同一负指数规律衰减为零。

2）一阶电路的零状态响应

指在 $t\geqslant0$ 的电路中，仅由电路中的独立电源作用所产生的响应。通过列写求解电路的微分方程，电量响应的变化模式对独立状态变量为 $f(t)=f(\infty)(1-\mathrm{e}^{-t/\tau})(t\geqslant0)$。而对非独立状态变量则为 $f(t)=f(0_+)\mathrm{e}^{-t/\tau}+f(\infty)(1-\mathrm{e}^{-t/\tau})(t\geqslant0)$。当变量的换路后稳态值 $f(\infty)$ 为零时，零状态响应为前一半分量；当变量的初始值 $f(0_+)$ 为零时，响应为后一半分量；当 $f(\infty)$ 及 $f(0_+)$ 都不为零时，两部分分量都存在。

3）一阶电路的全响应

指在 $t\geqslant0$ 的电路中，由电路中的初始储能和独立电源所共同产生的响应。其响应为零输入响应和零状态响应之和。任一电量的响应形式都为

$$f(t)=f(0_+)\mathrm{e}^{-t/\tau}+f(\infty)(1-\mathrm{e}^{-t/\tau})(t\geqslant0)$$

4. 一阶 *RC*、*RL* 电路暂态响应的三要素分析法

通过数学分析发现，不论 *RC* 或 *RL* 电路的暂态响应都具有统一的变化模式。即都是从

初始值起始，然后按负指数规律逐渐过渡到稳态值。它们的数学一般表达式为

$$f(t)=f(\infty)+[f(0_+)-f(\infty)]e^{-t/\tau}\quad(t\geq 0)$$

此表达式称为一阶电路的三要素公式。

其中，$f(0_+)$ 为初始值，$f(\infty)$ 为稳态值，τ 为时间常数。在一阶 RC 电路中，$\tau=R_0C$；在一阶 RL 电路中，$\tau=L/R_0$，R_0 是从动态元件 L 或 C 两端看进去的戴维南等效电阻。式中，$f(\infty)$ 项称为暂态响应中的稳态分量，$[f(0_+)-f(\infty)]e^{-t/\tau}$ 项称为暂态响应中的暂态分量，反映了电路过渡过程中的两种工作状态。

因此，求解一阶电路的过渡过程，可以不列、不解电路的微分方程，而直接根据物理意义求出待求电量的三要素，再代入三要素公式。

注意：三要素公式仅适用于直流电源激励的一阶电路。

5. 阶跃函数与阶跃响应

单位阶跃函数 $\varepsilon(t)$ 是奇异函数，它在 $t=0$ 处不连续。若取一般的阶跃函数，其形式为 $k\varepsilon(t-t_0)$，它表示在 $t=t_0$ 处产生跃变，跃变的幅度为 k 个单位。在电路分析中，阶跃函数有以下几个用途：

1）可表征电路中的开关动作。

2）可代替电路响应中的时域。

3）利用阶跃函数的组合可以表示一个矩形脉冲信号。

在阶跃函数作用下，一阶零状态电路产生的响应称为阶跃响应，用 $s(t)$ 表示。求解一阶电路的阶跃响应，可按前述的方法求一阶电路的零状态响应。

习　题

一、填空题

1）暂态是指从一种______态过渡到另一种______态所经历的过程。

2）换路定律指出：在电路发生换路后的一瞬间，______元件上通过的电流和______元件上的端电压，都应保持换路前一瞬间的原有值不变。

3）换路前，动态元件中已经储有原始能量。换路时，若外激励等于零，仅在动态元件原始能量作用下所引起的电路响应，称为________。

4）只含有一个______元件的电路可以用______方程进行描述，因而称作一阶电路。仅由外激励引起的电路响应称为一阶电路的______响应；只由元件本身的原始能量引起的响应称为一阶电路的______响应；既有外激励，又有元件原始能量的作用所引起的电路响应叫作一阶电路的______响应。

5）一阶 RC 电路的时间常数 $\tau=$______；一阶 RL 电路的时间常数 $\tau=$______。时间常数 τ 的取值决定于电路的______和______。

6）一阶电路全响应的三要素是指待求响应的______、______和______。

7）在电路中，电源的突然接通或断开，电源瞬时值的突然跳变，某一元件的突然接入或被移去等，统称为______。

8）换路定律指出：暂态电路发生换路时，储能元件的状态变量不能发生跳变。该定律用公式可表示为__________和__________。

9）由时间常数公式可知，RC 一阶电路中，当 C 一定时，R 值越大，过渡过程进行的时间就越______；RL 一阶电路中，当 L 一定时，R 值越大，过渡过程进行的时间就越______。

10）一阶电路达到稳态时，电容相当于______，而电感相当于______。一阶电路在换路后的初始时刻，电容相当于________，电感相当于________。

二、分析计算

4-1　题 4-1 图所示电路中，S 闭合前电路处于稳态，求 u_L、i_C 和 i_R 的初始值。

4-2　求题 4-2 图所示电路换路后 u_L 和 i_C 的初始值。设换路前电路已处于稳态。

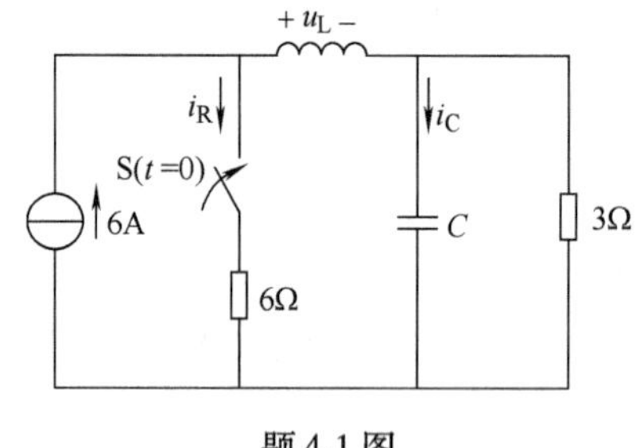

题 4-1 图

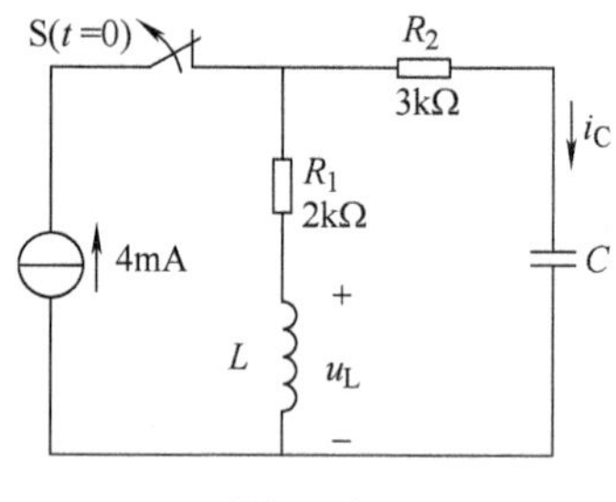

题 4-2 图

4-3　题 4-3 图所示电路中，开关 S 闭合前电路处于稳态。

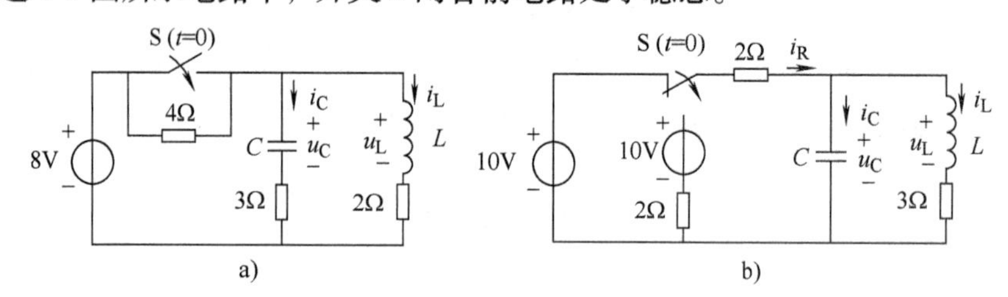

题 4-3 图

试求：

（1）各电路中所标电量的初始值。

（2）各电路中所标电量换路后的稳态值。

4-4　题 4-4 图所示电路中，已知：$u_C(0_-) = 10\text{V}$。

试求：当 $t \geqslant 0$ 时，$u_C(t)$ 及 $i(t)$。

4-5　题 4-5 图示电路中，开关 S 闭合前电路处于稳态。

试求：当 $t \geqslant 0$ 时，电压 $u_C(t)$ 和电流 $i(t)$。

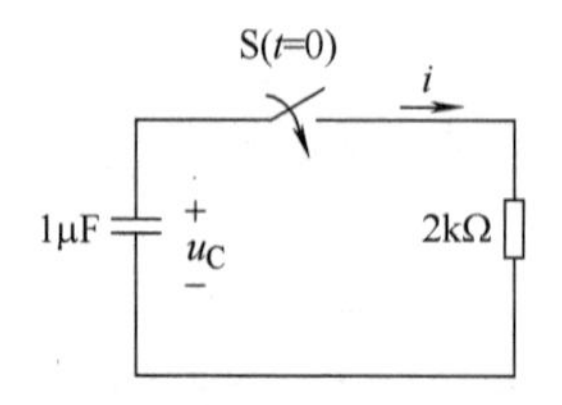

题 4-4 图

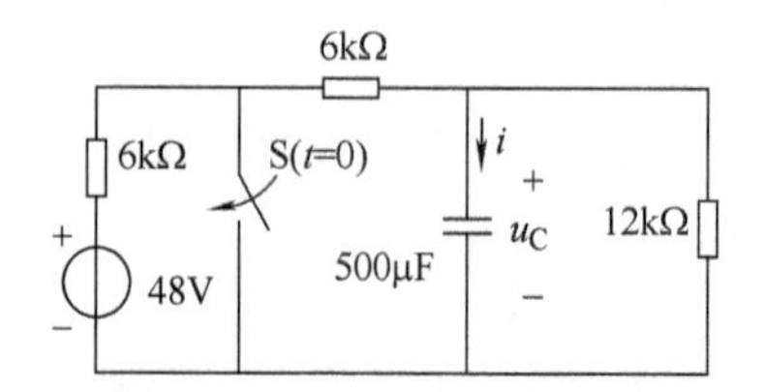

题 4-5 图

4-6　题 4-6 图示电路中，开关 S 打开前电路处于稳态。

试求：当 $t \geqslant 0$ 时，电压 $u_C(t)$ 和电流 $i(t)$。

4-7　题 4-7 图示电路中，开关 S 换路前电路处于稳态。

试求：当 $t \geqslant 0$ 时，电流 $i(t)$ 及 2Ω 电阻中消耗的能量。

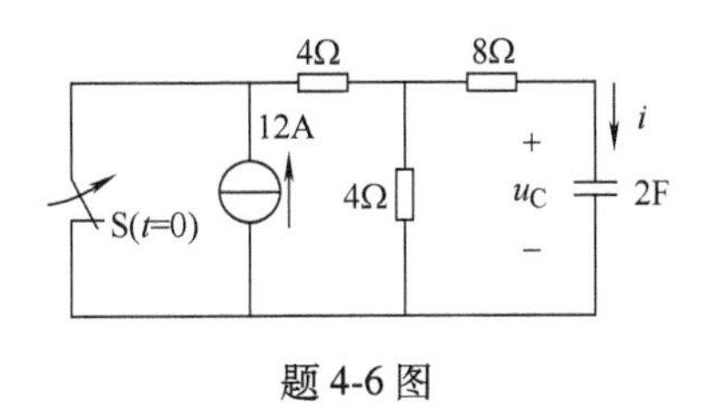

题 4-6 图

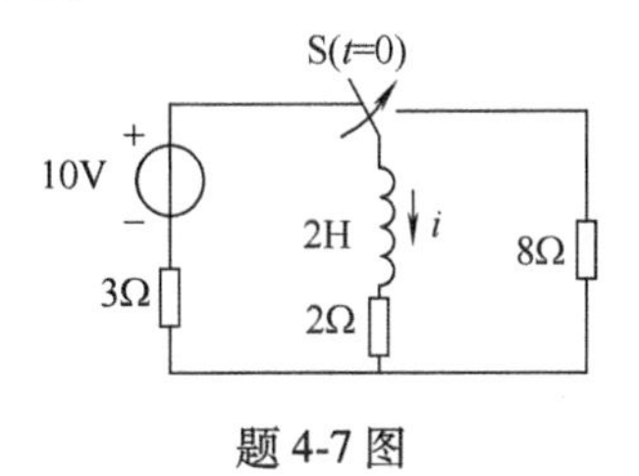

题 4-7 图

4-8　题 4-8 图示电路中，开关 S 闭合前电路无储能。

试求：当 $t \geqslant 0$ 时，电流 $i_L(t)$ 和电压 $u_L(t)$。

4-9　题 4-9 图示电路中，已知换路前电路已处于稳态。

试求：换路后电压 $u_C(t)$ 的变化规律。

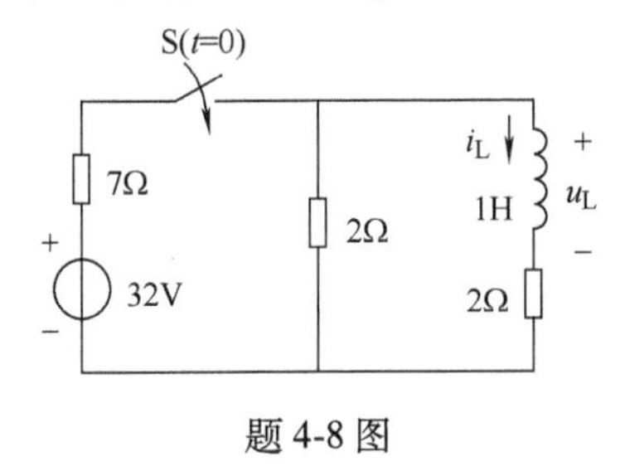

题 4-8 图

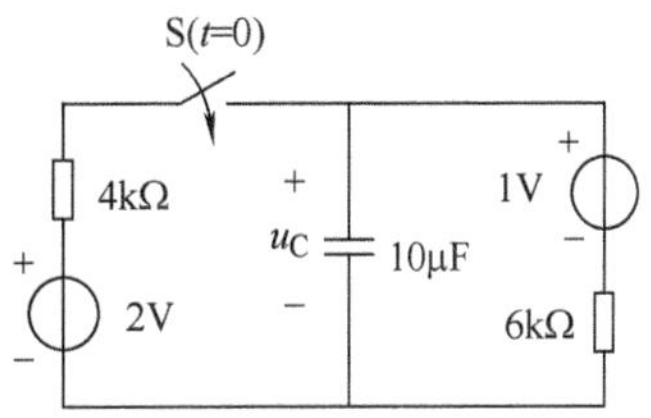

题 4-9 图

4-10　题 4-10 图示电路中，开关 S 闭合前电路处于稳态。试求：当 $t \geqslant 0$ 时，电流 $i_L(t)$ 和 $i(t)$。

4-11　题 4-11 图示电路中，当 $t<0$ 时电路处于稳态。

试求：当 $t \geqslant 0$ 时，$u_C(t)$ 的零输入响应、零状态响应和全响应。

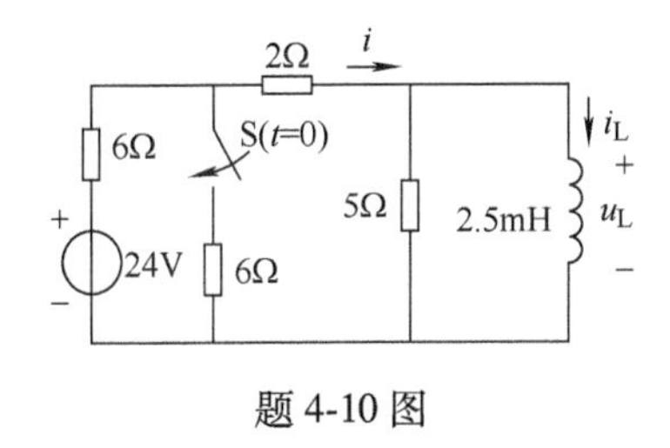

题 4-10 图

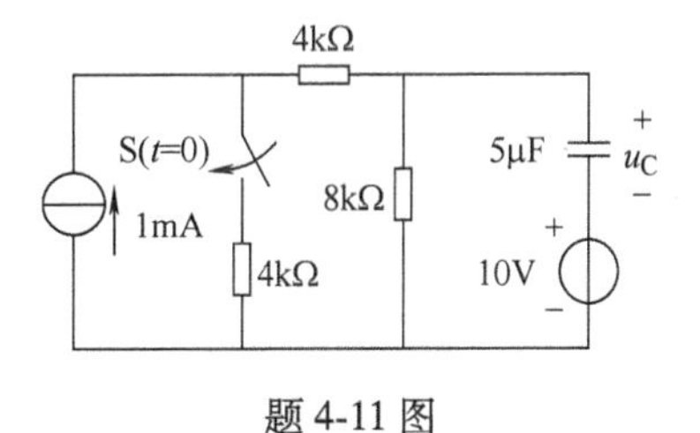

题 4-11 图

4-12　题 4-12 图所示电路中，开关 S 闭合前电路处于稳态。

试求：当 $t \geqslant 0$ 时，电流 $i_L(t)$ 的零输入响应、零状态响应及全响应。

4-13　题 4-13 图所示电路中，已知 $i_L(0_-) = 6A$，试求 $t >= 0_+$ 时的 $u_L(t)$。

4-14　题 4-14 图所示电路中，已知 $u_C(0_-) = 6V$，当 $t = 0$ 时将开关 S 闭合，求当 $t > 0$ 时的 $i(t)$。

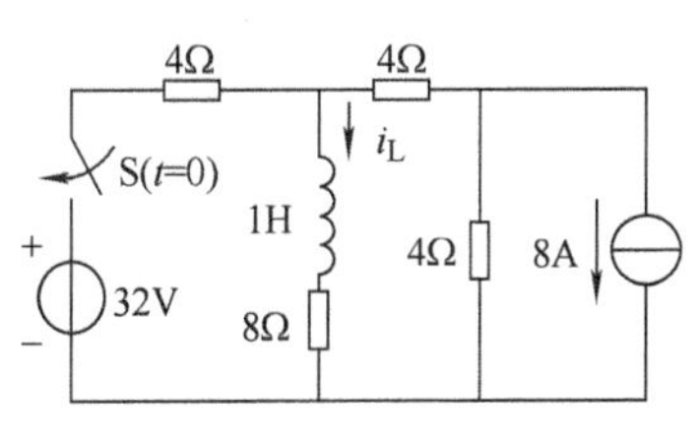

题 4-12 图

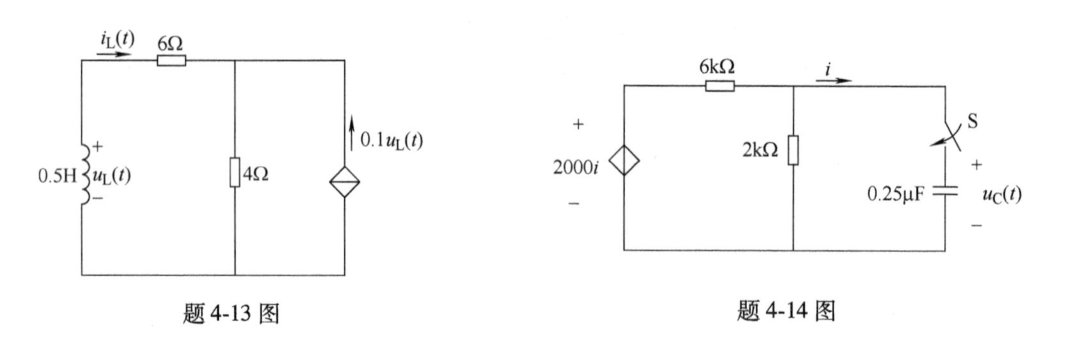

题 4-13 图　　　　题 4-14 图

4-15　题 4-15 图所示电路中，2V 电压源于 $t=0$ 时开始作用于电路，试用“三要素法”求 $i_1(t)$，$t \geqslant 0$。

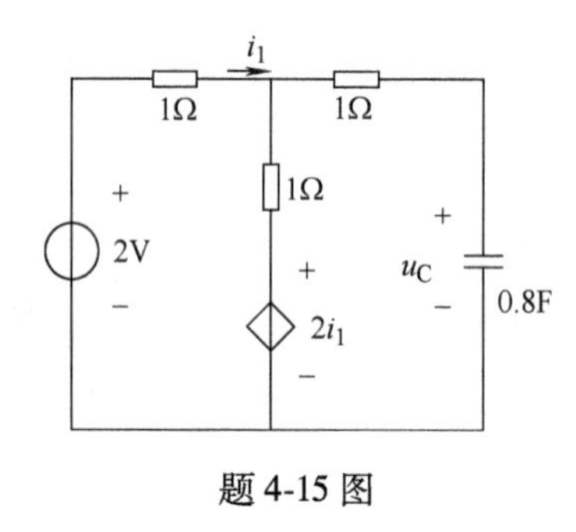

题 4-15 图

第 5 章　正弦稳态电路的分析

正弦稳态电路分析从数学的角度来说就是求解电路微分方程的特解，该特解可用常微分方程理论中的经典方法求解，但这些方法往往很烦琐而不易计算。本章将介绍一种正弦稳态电路分析的简便方法——相量法。相量法的基础是数学中的变换概念和复数运算，在相量法中用相量（复数）表示正弦量，将三角函数运算变换为复数运算，将电路微分方程求解问题变换为复系数代数方程求解的问题。并且若将时域电路变换为对应的相量模型，则由相量模型列出的基尔霍夫方程和元件的伏安关系与电阻电路在形式上完全相同，因此，前面所学的电阻电路的各种分析方法和定理均可推广到正弦稳态电路，从而给正弦稳态电路分析带来很大方便。

本章学习要点：

- 正弦量的三要素及相量表示
- 复阻抗
- 相量形式的基尔霍夫定律和欧姆定律
- 相量法分析正弦稳态电路
- 有功功率、无功功率、视在功率和复功率的计算
- 正弦稳态电路的最大功率传输问题
- 串联谐振和并联谐振的特点

5.1　正弦量

5.1.1　正弦量的数学模型

1. 正弦量的数学模型

正弦量是指随时间按正弦规律或者预选规律做周期性变化的物理量。正弦量用小写字母 i、u、e 等表示，如图 5-1 所示。本书用正弦函数表示正弦量。

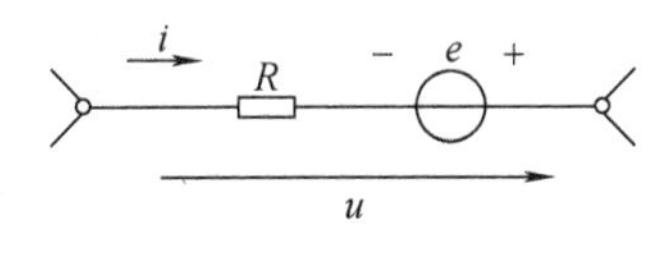

图 5-1　正弦交流量

正弦量的数学表达式为三角函数式，例如正弦交流的电流及电压表示为

$$i = I_m\sin(\omega t + \psi_i),\qquad u = U_m\sin(\omega t + \psi_u) \tag{5-1}$$

它对应的图形为正弦波形，如图 5-2 所示为电流 i 的波形。

2. 正弦量的参考方向

尽管正弦交流电的方向是周期性交变的，但在正弦稳态电路的分析时，与分析直流电路类似，必须对有关的电量选定一个参考方向。此方向可看作是对交流电量实际正半周方向的

假定。若交流电量三角函数式的值为正号，则表示交流电量正半周的实际方向与参考方向一致，若为负号，则表示实际正半周的方向与参考方向相反。

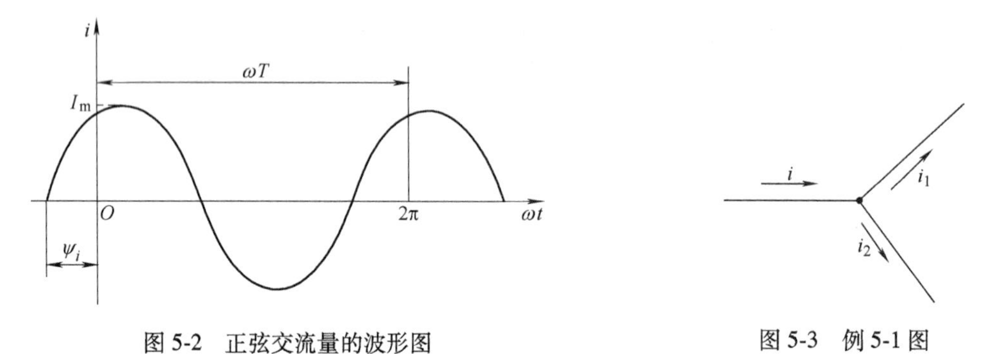

图 5-2　正弦交流量的波形图

图 5-3　例 5-1 图

【例 5-1】　在如图 5-3 所示电路及参考方向下，电流 i_1，i_2分别为

$$i_1 = 4\sqrt{2}\sin\left(314t + \frac{\pi}{6}\right) \text{A}$$

$$i_2 = 4\sqrt{2}\sin\left(314t - \frac{\pi}{6}\right) \text{A}$$

试求：（1）当 $t=1\text{s}$ 时，电流 i_1、i_2的瞬时值及实际方向。

（2）电流 i 的函数式。

解：

（1）把 $t=1\text{s}$ 代入 i_1、i_2的三角函数式，得瞬时值为

$$i_1(1) = 4\sqrt{2}\sin\left(314 \times 1 + \frac{\pi}{6}\right) \text{A} =+ 2\sqrt{2}\,\text{A} \approx 2.83\text{A}$$

电流值为正号，表示该时刻实际方向与参考方向一致。

$$i_2(1) = 4\sqrt{2}\sin\left(314 \times 1 - \frac{\pi}{6}\right) \text{A} =- 2\sqrt{2}\,\text{A} \approx - 2.83\text{A}$$

电流值为负号，表示该时刻电流实际方向与参考方向相反。

（2）根据如图 5-3 所示的电流参考方向，应用基尔霍夫电流定律得

$$i = i_1 + i_2 = 4\sqrt{2}\sin\left(314t + \frac{\pi}{6}\right) \text{A} + 4\sqrt{2}\sin\left(314t - \frac{\pi}{6}\right) \text{A} = 4\sqrt{6}\sin(314t)\,\text{A}$$

从本例中可看到，对正弦交流电量设置参考方向是电路分析中的一个重要步骤。同直流电路分析一样，有了电量的参考方向，才能确定有关公式的公式符号，例如本例中的 KCL 方程电流符号；有了参考方向，才能分析交流电量的实际方向，例如本例第（1）小题中分析电流的瞬时实际方向。

5.1.2　正弦量的三要素

从正弦量的数学表达式中可看到，要唯一地确定一个正弦量，必须确定最大值（I_m或U_m）、角频率（ω）及初相位（ψ_i或ψ_u）这三个要素。下面就这三个要素展开讨论。

1. 正弦量的幅值及有效值

正弦量是时间 t 的三角函数，它在每一瞬时的数值称为瞬时值。在一个周期内，最大的

瞬时值称为幅值或最大值，用大写字母表示，如 I_m、U_m、E_m。

在正弦稳态电路中，对应地引入了有效值的概念，以此来衡量交流电的大小。周期函数的有效值是通过和直流电在做功的效果上相比较的方法定义的。

周期性电流函数 i 通过某一电阻 R 时，如果在一个周期内所做的功与一直流电流 I 通过同一电阻在相同时间内所做的功相等，则该直流电的值就定义为周期电流 i 的有效值，用大写字母 I 表示，也称方均根值。用公式表示为

$$\int_0^T i^2(t)R \cdot \mathrm{d}t = I^2RT \tag{5-2}$$

在式（5-2）中代入交流电流的表达式 $i = I_m\sin(\omega t + \psi_i)$，可计算得

$$I = \sqrt{\frac{1}{T}\int_0^T i^2(t)\,\mathrm{d}t} = \sqrt{\frac{1}{T}\int_0^T I_m^2\sin^2(\omega t + \psi_i)\,\mathrm{d}t} = \frac{I_m}{\sqrt{2}} \tag{5-3}$$

式（5-3）表示了交流电流最大值（或幅度）与有效值的关系。同理，电压和电动势的有效值为 $U = U_m/\sqrt{2}$ 及 $E = E_m/\sqrt{2}$。由有效值和幅值的关系，瞬时值表达式又可写成

$$i = \sqrt{2}I\sin(\omega t + \psi_i)$$

$$u = \sqrt{2}U\sin(\omega t + \psi_u)$$

$$e = \sqrt{2}E\sin(\omega t + \psi_e)\text{。}$$

注意：

1）工程上所说的正弦电压、电流的大小一般指有效值，如设备铭牌额定值、电网的电压等级等，通常所使用的交流电压为 220V 或 380V，该电压值就是指交流电压的有效值。但绝缘水平、耐压值指的是最大值，因此，在考虑电器设备的耐压水平时应按最大值考虑。

2）测量中，交流测量仪表指示的电压、电流读数一般为有效值。

3）正确区分并书写电压、电流的瞬时值 u、i，最大值 U_m、I_m 和有效值 U、I 的符号。

2. 正弦量的角频率、频率和周期

正弦量在单位时间内所变化的角度称为角频率 ω，单位为弧度/每秒（rad/s）。角频率 ω 与频率 f 及周期 T 的关系为

$$\omega = 2\pi f = 2\pi \cdot \frac{1}{T} \tag{5-4}$$

式中，频率 f 是正弦量每秒内的变化次数，单位通常为 1/秒（1/s），即称赫兹（Hz），常用的单位还有千赫（kHz）、兆赫（MHz）；周期 T 是正弦量变化一周所需的时间，单位为秒（s）。我国的电力标准中，f=50Hz 称为工频，则周期 $T = 1/f = 0.02\text{s}$，角频率 $\omega = 2\pi f = 314\text{rad/s}$。

3. 正弦量的初相位及相位差

在正弦量的三角函数式中，$(\omega t + \psi)$ 称为正弦量的相位角。而当 $t=0$ 时，相位角为 ψ，称为正弦量的初始相位角，它是不随时间变化的常量。

相位角的单位为弧度（rad），也可为度（°）。初相位 ψ 的取值范围：$-\pi \leqslant \psi \leqslant \pi$。初相位 ψ 决定了正弦量的初始值，反映了正弦量的计时起点，即

$$i(0) = I_m\sin\psi = \sqrt{2}I\sin\psi \tag{5-5}$$

在正弦稳态电路中，任意两个同频率的正弦量在相位上的差值称为相位差，用符号 φ 来

表示。设有两个同频率的正弦电流，即

$$i_1 = \sqrt{2}I_1\sin(\omega t + \psi_{i_1})$$

$$i_2 = \sqrt{2}I_2\sin(\omega t + \psi_{i_2}) ,$$

则电流 i_1 与 i_2 的相位差为 $\varphi = \psi_{i_1} - \psi_{i_2}$ ，是一个与时间 t 无关的常数。

当 $\varphi = 0$ 时，称这两个正弦量为同相位。

当 $\varphi > 0$ 时，称 i_1 超前于 i_2 一个 φ 角。

当 $\varphi < 0$ 时，称 i_1 滞后于 i_2 一个 φ 角。

其中，当 $\varphi = \pm 90°$ 时，称这两个正弦量正交；当 $\varphi = \pm 180°$ 时，称这两个量反相。

注意：两个正弦量进行相位比较时应满足同频率、同函数及同符号三个条件。

综上所述，一个正弦量要由幅值 I_m、U_m、频率 ω 及初相位 ψ 三个要素唯一确定。幅值表示了正弦量的最大变化范围，频率反映了正弦量的变化速率，初相位决定了正弦量的初始状态。

【例 5-2】 试完成下列各个小题。

（1）已知正弦交流电流 $i = I_m\sin(\omega t + \psi_i) = 100\sin(6280t - \pi/4)\text{A}$ 。

试求：电流 i 的频率、角频率、周期、最大值、有效值和初相角 ψ_i。

（2）已知正弦交流电流 i，在 $t=0$ 时为 22A，初相角 $\psi_i = \dfrac{\pi}{4}\text{rad}$。

试求：电流 i 的有效值 I 及其三角函数式 。

（3）已知正弦交流电流 $i_1 = 15\sin(6280t + 45°)\text{A}$，$i_2 = 100\sin(3140t - 45°)\text{A}$，

问：两者的相位差 $\varphi = 45° - (-45°) = 90°$，是否对?

解：

（1）角频率 $\omega = 6280\text{rad/s}$，频率 $f = \omega/(2\pi) = 1000\text{Hz}$，周期 $T = 1/f = 0.001\text{s}$，最大值 $I_m = 100\text{A}$，有效值 $I = \dfrac{100}{\sqrt{2}}\text{A} = 70.7\text{A}$，初相角 $\psi_i = -\pi/4\text{rad}$。

（2）因为正弦交流电流 $i = I_m\sin(\omega t + \psi_i)$ ，所以 $i(0) = I_m\sin(+45°) = 22\text{A}$ ，则 $I_m = 22/\sin(+45°) = 22\sqrt{2}\ \text{A}$，所以有效值 $I = 22\sqrt{2}\ /\ \sqrt{2}\text{A} = 22\text{A}$。

则电流的三角函数式为

$$i = 22\sqrt{2}\sin(\omega t + 45°)\text{A}$$

（3）不对。因为相位差 φ 是对两个同频率的正弦量而言的，i_1 与 i_2 为两个不同频率的正弦交流电流，所以无相位差可言。

5.2 正弦量的相量表示

正弦量在数学上可以用三角函数式和波形图来表示，但用这两种方式进行正弦量的运算时非常烦琐，无法在实际电路的分析中应用。因此，设想用数学的手段来找到能表征正弦量的、合适简化的数学模型，用它来代替正弦量进行交流电路的分析与计算，这就是本节所要讨论的正弦量的相量表示。

5.2.1　正弦量的相量表示方法

用来表示正弦量的复数就称为相量。用大写字母 $\dot{I}_{m}$、$\dot{U}_{m}$ 或 $\dot{I}$、$\dot{U}$ 来表示，前者为正弦量的幅值相量，是以正弦量的幅值 I_{m}、U_{m} 为模，以初相为辐角 ψ 的一个复数；后者为正弦量的有效值相量，是以正弦量的有效值 I、U 为模，以初相为辐角 ψ 的一个复数。在以后的讨论中常用到有效值相量。大写字母上的小圆点是用来表示相量的，并与有效值区分，也可以与一般复数区分。因此，已知一正弦量 $i(t)=I_{m}\sin(\omega t+\psi)$，就可直接写成幅值相量 $\dot{I}_{m}=I_{m}\angle\psi$ 或有效值相量 $\dot{I}=\frac{I_{m}}{\sqrt{2}}\angle\psi=I\angle\psi$。

1. 正弦量的相量图

相量可以用复平面上的有向线段图形来表示，若干个相量画在同一个复平面上就构成了相量图。如图 5-4a 所示为幅值相量，如图 5-4b 所示为有效值相量的简化图（不再画坐标轴），但必须画出辐角为零的参考相量。由图 5-4b 可以很直观地看出各相量之间的关系：$\dot{I}=\dot{I}_{1}+\dot{I}_{2}$，并可通过图形的几何关系来分析计算。

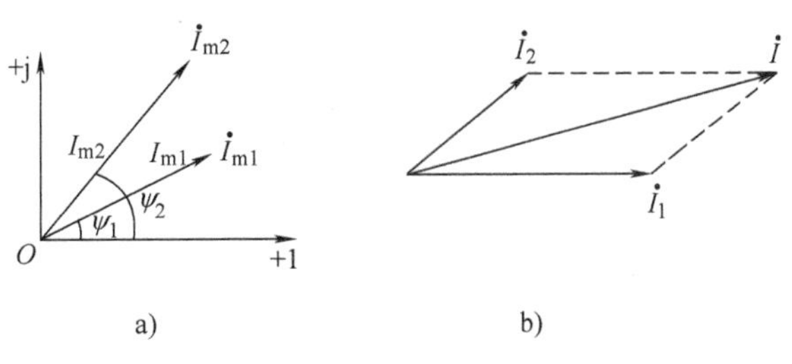

图 5-4　正弦量的相量图

2. 正弦量的相量表示方法

正弦量除了可以用相量图表示，还可以用代数式、三角函数式、指数形式以及极坐标表示。不同的表示方法之间可以相互转换。

图 5-5 所示为正弦量 $a(t)=A_{m}\sin(\omega t+\psi)$，图 5-6 所示为正弦量 $a(t)$ 所对应的相量式 $\dot{A}$。

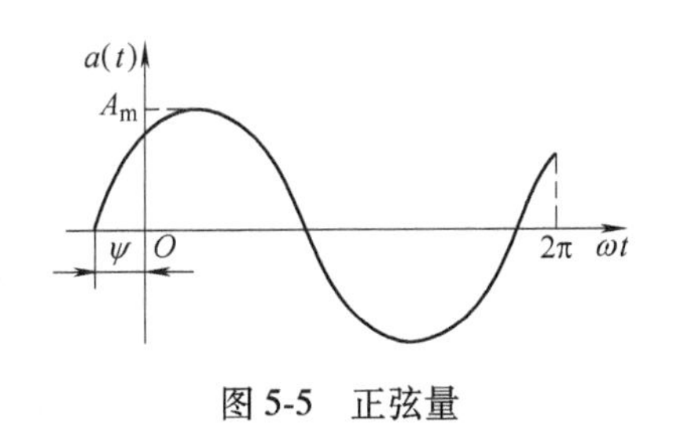

图 5-5　正弦量

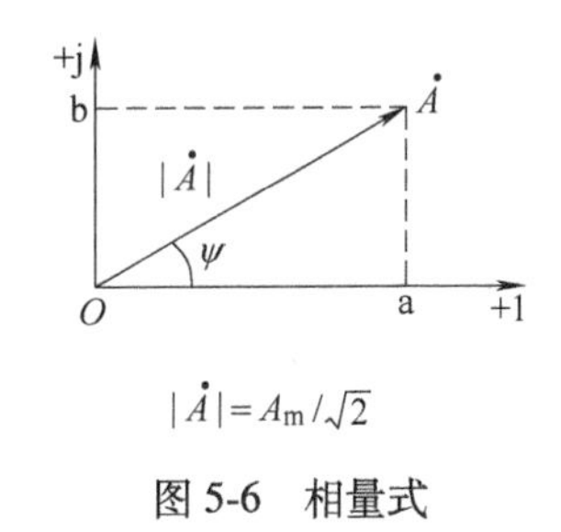

图 5-6　相量式

相量 $\dot{A}$ 的实部为 a，记为 $\mathrm{Re}[\dot{A}]=a$；虚部为 b，记为 $\mathrm{Im}[\dot{A}]=b$。则相量 $\dot{A}$ 的复数式为

$$\dot{A}=a+\mathrm{j}b \tag{5-6}$$

该式称为相量的代数式。

若有向线段长度（即为相量的模）为 $|\dot{A}|$，有向线段与实轴的夹角（即为相量的辐角）为 ψ，则相量 $\dot{A}$ 可表示为

$$\dot{A}=|\dot{A}|\cos\psi+\mathrm{j}|\dot{A}|\sin\psi \tag{5-7}$$

该式称为相量的三角函数式。式（5-7）又可表示为指数式，即

$$\dot{A} = |\dot{A}|(\cos\psi + \mathrm{j}\sin\psi) = |\dot{A}|\mathrm{e}^{\mathrm{j}\psi} \tag{5-8}$$

为了简便，工程上又常写成极坐标式

$$\dot{A} = |\dot{A}|\angle\Psi \tag{5-9}$$

代数式与极坐标式的转换关系为

代数式 → 极坐标式： $|\dot{A}| = \sqrt{a^2 + b^2}\psi = \arctan\frac{b}{a}$

极坐标式 → 代数式： $a = |\dot{A}|\cos\psi b = |\dot{A}|\sin\psi$

因此引入相量的优点是：

1）把时域中的正弦问题变为复数问题。

2）把微积分方程的运算变为复数方程运算。

注意：

1）相量法实质上是一种变换，通过把正弦量转化为相量，把时域里正弦稳态问题的分析转化为频域里复数代数方程问题的分析。

2）相量法只适用于激励为同频正弦量的非时变线性电路。

3）相量法用来分析正弦稳态电路。

5.2.2 相量的算术运算

相量实际上就是复数，所以相量的运算与复数运算完全相同。

1. 相量的加减法

相量做加减运算时，一般应把相量转化为复数的代数式后运算较方便，即

$$\dot{A}_1 \pm \dot{A}_2 = (a_1 + \mathrm{j}b_1) \pm (a_2 + \mathrm{j}b_2) = (a_1 \pm a_2) + \mathrm{j}(b_1 \pm b_2) = a + \mathrm{j}b。$$

2. 相量的加减法的相量图

相量的加减运算也可以通过相量图来实现，如图 5-7a 所示为相量相加，如图 5-7b 所示为相量相减。

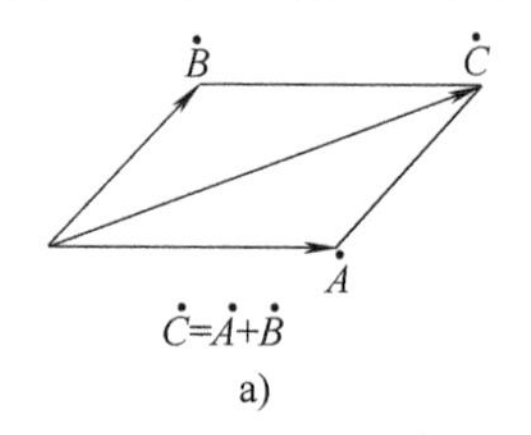

a)

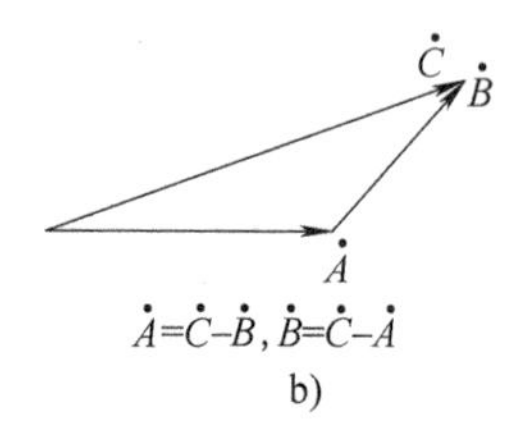

b)

图 5-7 相量的加减法
a）相量加法 b）相量减法

3. 相量的乘除法

相量的乘除运算一般采用相量的极坐标形式较为方便，即

$$\dot{A}_1 * \dot{A}_2 = |\dot{A}_1|\angle\psi_1 * |\dot{A}_2|\angle\psi_2 = |\dot{A}_1| * |\dot{A}_2|\angle(\psi_1 + \psi_2) = |\dot{A}|\angle\psi$$

$$\dot{A}_1 / \dot{A}_2 = |\dot{A}_1|\angle\psi_1 / |\dot{A}_2|\angle\psi_2 = |\dot{A}_1| / |\dot{A}_2|\angle(\psi_1 - \psi_2) = |\dot{A}|\angle\psi$$

即相量相乘时，模和模相乘，辐角相加；相量相除时，模和模相除，辐角相减。

4. 旋转因子

由相量的乘法运算得出：任意相量 $\dot{A}$ 乘以 $\mathrm{e}^{\mathrm{j}\theta}$，相当于 $\dot{A}$ 逆时针（$\theta > 0°$）或顺时针（$\theta < 0°$）旋转一个角度 θ，而模不变，故把 $\mathrm{e}^{\mathrm{j}\theta}$ 称为旋转因子，有

$$\begin{cases}\theta = \pm\dfrac{\pi}{2},\ e^{j\pm\frac{\pi}{2}} = \cos\dfrac{\pi}{2} + j\sin\dfrac{\pi}{2} = \pm j\\ \theta = \pm\pi,\ e^{j\pm\pi} = \cos(\pm\pi) + j\sin(\pm\pi) = -1\end{cases}$$

故 +j，-j 和 -1 都可以看成旋转因子。$j\dot{A}$ 相当于 $\dot{A}$ 逆时针旋转 90°；$-j\dot{A}$ 相当于 $\dot{A}$ 顺时针旋转 90°。四个特殊相量（复数）的极坐标形式与相量表示如下：

$$e^{j180^\circ} = \cos180^\circ + j\sin180^\circ = -1 + j0 = -1$$

$$e^{j0^\circ} = \cos0^\circ + j\sin0^\circ = 1 + j0 = 1$$

$$e^{j90^\circ} = \cos90^\circ + j\sin90^\circ = 0 + j = j$$

$$e^{-j90^\circ} = \cos(-90^\circ) + j\sin(-90^\circ) = 0 - j = -j$$

$$\begin{cases}1 = 1\angle0^\circ\\ -1 = 1\angle180^\circ\end{cases}\qquad\begin{cases}+j = 1\angle90^\circ\\ -j = 1\angle-90^\circ\end{cases}$$

【例 5-3】 计算 $5\angle47^\circ + 10\angle-25^\circ$。

解： $5\angle47^\circ + 10\angle-25^\circ$

$= (3.41 + j3.657) + (9.063 - j4.226)$

$= 12.47 - j0.569$

$= 12.48\angle-2.61^\circ$

本题说明进行复数的加减运算时应先把极坐标形式转化为代数形式。

【例 5-4】 计算 $220\angle35^\circ + \dfrac{(17+j9)(4+j6)}{20+j5}$。

解： $220\angle35^\circ + \dfrac{(17+j9)(4+j6)}{20+j5}$

$= 180.2 + j126.2 + \dfrac{19.24\angle27.9^\circ \times 7.211\angle56.3^\circ}{20.62\angle14.04^\circ}$

$= 180.2 + j126.2 + 6.728\angle70.16^\circ$

$= 180.2 + j126.2 + 2.238 + j6.329$

$= 182.5 + j132.5$

$= 223.5\angle36^\circ$

本题说明进行相量的乘除运算时应先把代数形式转化为极坐标形式。

【例 5-5】 已知有两个正弦量 $u_1 = 20\sqrt{2}\sin(\omega t+45^\circ)$ V，$u_2 = 15\sqrt{2}\sin(\omega t-30^\circ)$ V。试求：$u = u_1 + u_2$。

解： 先写出两个电压正弦量的相量式为

$$\dot{U}_1 = 20\angle45^\circ \quad \dot{U}_2 = 15\angle-30^\circ$$

用相量计算两者之和

$$\dot{U} = \dot{U}_1 + \dot{U}_2 = 20\angle45^\circ + 15\angle-30^\circ$$

$$= 10\sqrt{2} + j10\sqrt{2} + 7.5\sqrt{3} - j7.5$$

$$= 27.1 + j6.6$$

$$= 27.9\angle15.7^\circ\text{V}$$

再写出两个正弦电压和的三角函数式为

$$u = u_1 + u_2 = 27.9\sqrt{2}\sin(\omega t + 15.7°)\text{V}$$

5.2.3 基尔霍夫定律的相量形式

正弦稳态电路中的各支路电流和支路电压都是同频正弦量，所以可以用相量法将 KCL 和 KVL 转换为相量形式。

对电路任一节点，根据 KCL 有

$$\sum i = 0$$

由于所有支路电流都是同频正弦量，故其相量形式为

$$\sum \dot{I} = 0$$

同理，对电路任一回路，根据 KVL 有

$$\sum u = 0$$

由于所有支路电压都是同频正弦量，故其相量形式为

$$\sum \dot{U} = 0$$

上式表明：流入某一节点的所有正弦电流用相量表示时仍满足 KCL ；而任一回路所有支路正弦电压用相量表示时仍满足 KVL。

需要注意的是：流入某一节点的所有电流相量满足 KCL，而不是电流有效值满足 KCL，只有当所有电流同相时，电流有效值才满足 KCL。任一回路所有支路电压相量满足 KVL，而不是电压有效值满足 KVL，只有当所有电压同相时，电压有效值才满足 KVL。

5.3 *R*、*L*、*C* 元件相量形式的欧姆定律

5.3.1 电阻元件相量形式的欧姆定律

1. 瞬时形式的电路模型

如图 5-8a 所示，设电流 $i = \sqrt{2}I\sin(\omega t + \psi_i)$ 。

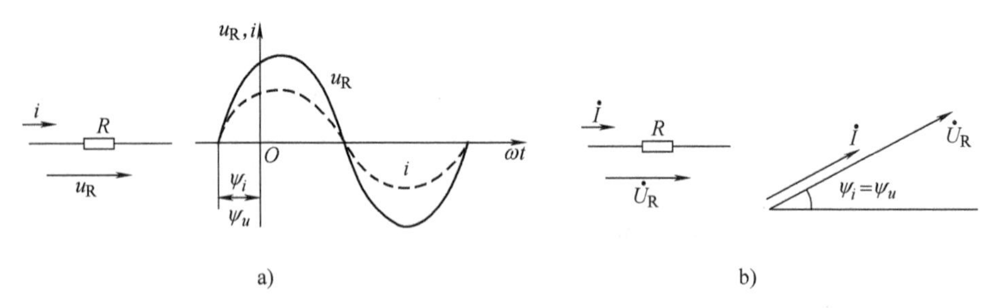

图 5-8 电阻元件的时域电路和频域电路

a）时域电路及其信号波形图 b）频域电路及其相量图

根据电阻元件上的电压电流关系，即 VCR 式 $u_R = Ri$，可得电阻上电压表达式：$u_R = \sqrt{2}IR\sin(\omega t + \psi_i)$ ，而正弦电压的一般表达式为 $u_R = \sqrt{2}U_R\sin(\omega t + \psi_u)$ 。比较上述两式，可得：

1）电压与电流有效值或最大值的关系为

$$U_{\mathrm{R}} = RI \quad 或 \quad U_{\mathrm{R_m}} = RI_{\mathrm{m}} \tag{5-10}$$

2）电压与电流的相位关系为

$$\psi_u = \psi_i \tag{5-11}$$

即电压与电流同相位，所以二者相位差 $\varphi = \psi_u - \psi_i = 0$。电阻元件上的瞬时电压 u_{R} 与瞬时电流 i 的波形图，可参见图 5-8a。

2. 相量形式的电路模型和欧姆定律

如图 5-8b 所示，根据正弦量与相量的关系，电流相量为 $\dot{I} = I\angle\psi_i$，电压相量为 $\dot{U}_{\mathrm{R}} = U_{\mathrm{R}}\angle\psi_u$，从而可得出电阻元件上，电压电流的相量形式的伏安关系方程即相量形式的欧姆定律表示为

$$\dot{U}_{\mathrm{R}} = R\dot{I} \tag{5-12}$$

3. 电阻元件上的功率

电阻元件上的瞬时功率为

$$p_{\mathrm{R}} = u_{\mathrm{R}}i = \sqrt{2}U_{\mathrm{R}}\sin(\omega t + \psi_u) \cdot \sqrt{2}I\sin(\omega t + \psi_i) = U_{\mathrm{R}}I[1 - \cos2(\omega t + \psi)]$$

其中，$\psi_u = \psi_i = \psi$。由于瞬时功率是时间的函数，不易测量及分析，所以在正弦稳态电路中引入了平均功率，平均功率可定义为瞬时功率在一个周期内的平均值，即

$$P_{\mathrm{R}} = \frac{1}{T}\int_0^T p_{\mathrm{R}}\mathrm{d}t = \frac{1}{T}\int_0^T U_{\mathrm{R}}I[1 - \cos2(\omega t + \psi)]\ \mathrm{d}t = U_{\mathrm{R}}I = I^2R = \frac{U_{\mathrm{R}}^2}{R} \tag{5-13}$$

在电工测量中，用功率表测得的交流电路功率即为平均功率 P。平均功率也称为有功功率，常用单位为瓦（W）或千瓦（kW）。从上述分析可见，电阻交流电路中的平均功率的计算式在形式上与直流电路中电阻元件的功率计算式相同，但在交流电路计算式中的电压 U 及电流 I 为交流电压及电流的有效值。

5.3.2　电感元件相量形式的欧姆定律

1. 瞬时形式的电路模型

瞬时形式的电路模型如图 5-9a 所示，这里同样设 $i = \sqrt{2}I\sin(\omega t + \psi_i)$。

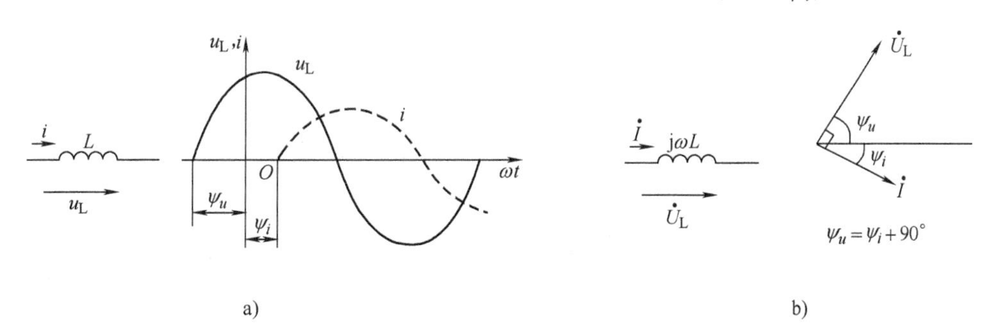

图 5-9　电感元件的时域电路和频域电路

a）时域电路及其信号波形图　b）频域电路及其相量图

根据电感元件上的 VCR 关系：$u_{\mathrm{L}}=L\dfrac{\mathrm{d}i}{\mathrm{d}t}$，可得电感上电压的表达式为 $u_{\mathrm{L}}=\sqrt{2}I\omega L\sin(\omega t+\psi_i+90°)$，再与交流电压的一般式 $u_{\mathrm{L}}=\sqrt{2}U_{\mathrm{L}}\sin(\omega t+\psi_u)$ 相比较，同样可得：

1）电压电流的有效值或最大值关系为

$$U_{\mathrm{L}}=\omega LI=X_{\mathrm{L}}I\quad,U_{\mathrm{L_m}}=\omega LI_{\mathrm{m}}=X_{\mathrm{L}}I_{\mathrm{m}}\tag{5-14}$$

式中，系数 $X_{\mathrm{L}}=\omega L$ 称为感抗，表示电感元件对电流的阻碍作用，单位也为欧姆。

2）电压电流的相位关系为

$$\psi_u=\psi_i+90°\tag{5-15}$$

即电感电压越前于电流 90°。电感元件上瞬时电压与电流的波形图如图 5-9a 所示。

2. 相量形式的电路模型和欧姆定律

相量形式的电路模型如图 5-9b 所示。根据正弦量与相量的关系，把上述电感元件上的电压电流的正弦瞬时量表示成对应的相量，即电流相量为 $\dot{I}=I\angle\psi_i$，而电压相量为

$$\dot{U}_{\mathrm{L}}=U_{\mathrm{L}}\angle\psi_u=\omega LI\angle(\psi_i+90°)=\mathrm{j}\omega LI\angle\psi_i=\mathrm{j}\omega L\dot{I}=\mathrm{j}X_{\mathrm{L}}\dot{I}\tag{5-16}$$

式（5-16）称为电感元件上相量形式的 VCR 方程式。其中 $\mathrm{j}X_{\mathrm{L}}$称为电感元件的复数阻抗，简称电感阻抗，可记为 Z_{L}。根据电感元件上电压、电流的相量，可画出它们的相量图，如图 5-9b 所示。

3. 电感元件上的功率

电感元件上的瞬时功率为

$$\begin{aligned}p_{\mathrm{L}}&=u_{\mathrm{L}}i=\sqrt{2}U_{\mathrm{L}}\sin(\omega t+\psi_i+90°)\cdot\sqrt{2}I\sin(\omega t+\psi_i)\\&=2U_{\mathrm{L}}I\cos(\omega t+\psi_i)\sin(\omega t+\psi_i)=U_{\mathrm{L}}I\sin2(\omega t+\psi_i)\end{aligned}\tag{5-17}$$

通过式（5-17）可计算对应的平均功率或有功功率为

$$P_{\mathrm{L}}=\frac{1}{T}\int_0^T p_{\mathrm{L}}\mathrm{d}t=\frac{1}{T}\int_0^T[U_{\mathrm{L}}I\sin2(\omega t+\psi_i)]\,\mathrm{d}t=0\tag{5-18}$$

由此可见，电感元件在一周期内从电源吸收的平均功率为零。其在上半周把电源提供的能量转化为磁场能量储存起来。而在下半周又把磁场储能送还给电源，为了描述电感元件上这种能量交换的规模，引入无功功率 Q 的概念。Q 可定义为电感元件上能交换的磁场能量的最大值。

在其瞬时功率 p_{L}的表达式中可看到

$$Q_{\mathrm{L}}=U_{\mathrm{L}}I=U_{\mathrm{L}}^2/X_{\mathrm{L}}=I_{\mathrm{L}}^2X_{\mathrm{L}}\tag{5-19}$$

Q 的常用单位为乏（var）或千乏（kvar）。但也应注意虽然电感元件在一个周期内并不消耗电源的能量。但从无功功率的概念中可看到，电感元件在能量交换与传递过程中，还是需要电源为其提供能量与磁场储能进行交换的，其次，无功功率也不是无用的功率，在变压器等实际器件中都是由无功功率进行能量传递的。

5.3.3 电容元件相量形式的欧姆定律

1. 瞬时形式的电路模型

瞬时形式的电路模型如图 5-10a 所示，设电流 $i=\sqrt{2}I\sin(\omega t+\psi_i)$。

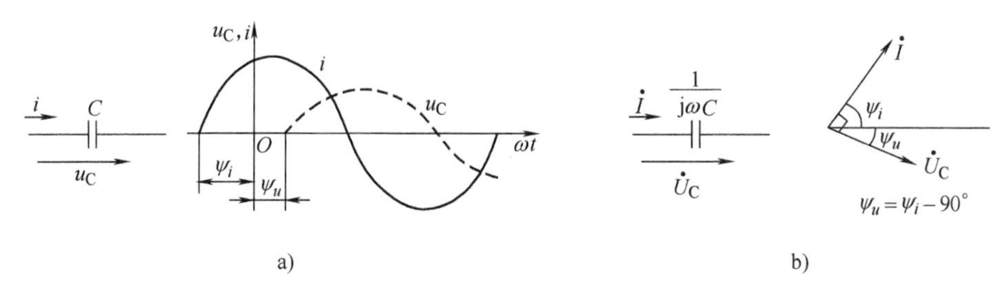

图 5-10　电容元件的时域电路和频域电路

a）时域电路及其信号波形图　b）频域电路及其相量图

根据电容元件上的 VCR 关系 $u_c = \frac{1}{C}\int i\mathrm{d}t$，可推算得电容上电压的表达式为

$u_c = \sqrt{2}I\frac{1}{\omega C}\sin(\omega t + \psi_i - 90°)$，与电压的一般式相比较可知：

1）电压电流的数值关系为

$$有效值\ U_C = \frac{1}{\omega C}\cdot I\ 或\quad 最大值\ U_{Cm} = \frac{1}{\omega C}\cdot I_m \tag{5-20}$$

2）电压电流的相位关系为

$$\psi_u = \psi_i - 90° \tag{5-21}$$

即电容上电压滞后于电流 90°，或电容上电流超前电压 90°。式（5-20）中系数 $\frac{1}{\omega C}$ 称为容抗，记作 X_C，表示电容元件的阻抗作用，单位为欧姆。电容元件瞬时电压电流波形图，可参见图 5-10a。

2. 相量形式的电路模型和欧姆定律

相量形式的电路模型如图 5-10b 所示，与电感元件分析方法相同。由电压电流瞬时量可写出对应的相量，电流相量为 $\dot{I} = I\angle\varphi_i$，电压相量 $\dot{U}_C$ 为

$$\dot{U}_C = U_C\angle\varphi_u = \frac{1}{\omega C}I\angle(\varphi_i - 90°) = \frac{1}{j\omega C}I\angle\varphi_i = -j\frac{1}{\omega C}\dot{I} = -jX_C\dot{I} \tag{5-22}$$

此式称为电容元件上相量形式的 VCR 方程式。其中 $-jX_c$ 称为电容元件的复数阻抗，简称电容阻抗，可记为 Z_C。根据电压电流相量画出其相量图，如图 5-10b 所示。

3. 电容元件上的功率

类似电感元件功率的讨论方法，电容的瞬时功率为 $p_C = -U_CI\sin2(\omega t + \psi_i)$，有功功率为 $P_C=0$，无功功率为

$$Q_C = -U_CI = -U_C^2/X_C = -I^2X_C \tag{5-23}$$

式中的负号以区别于电感的无功功率，表明电容元件上能量交换的过程正好与电感元件上能量吸放的过程相反。

综合 R、L、C 元件及其正弦稳态电路的主要性能以便于分析比较，见表 5-1。

表 5-1 R、C、L 元件及其正弦稳态电路的主要性能

电路参数		R	L	C
时域模型 频域模型		i R u_R $\dot{I}$ R $\dot{U}_R$	i $j\omega L$ u_L $\dot{I}$ $j\omega L$ $\dot{U}_L$	i C u_C $\dot{I}$ $1/(j\omega C)$ $\dot{U}_C$
元件阻抗（Ω）		电阻阻抗 $Z_R = R$	感抗 $X_L = \omega L$ 电感阻抗 $Z_L = jX_L = j\omega L$	容抗 $X_C = 1/(\omega C)$ 电容阻抗 $Z_C = -jX_C = -j\dfrac{1}{\omega C}$
元件基本 VCR		$u_R = i_R R$ $i = Gu_R$	$u_L = L\dfrac{di}{dt}$ $i = \dfrac{1}{L}\int u_L dt$	$i = C\dfrac{du_C}{dt}$ $u_C = \dfrac{1}{C}\int i dt$
电量瞬时式		$i = \sqrt{2}I\sin(\omega t + \psi_i)$ $u_R = RI_m\sin(\omega t + \psi_i)$	$i = \sqrt{2}I\sin(\omega t + \psi_i)$ $u_L = X_L I_m\sin(\omega t + \psi_i + 90°)$	$i = \sqrt{2}I\sin(\omega t + \psi_i)$ $u_C = X_C I_m\sin(\omega t + \psi_i - 90°)$
电压电流关系	有效值 幅值	$U_R = RI$ $U_{R_m} = RI_m$	$U_L = X_L I = \omega LI$ $U_{L_m} = X_L I_m$	$U_C = X_C I = I/(\omega C)$ $U_{C_m} = X_C I_m$
	相位	$\Psi_u = \Psi_i$，i 与 u_R 同相	$\Psi_u = \Psi_i + 90°$， u_L 越前 i $90°$	$\Psi_u = \Psi_i - 90°$， i 越前 u_C $90°$
相量形式的欧姆定律		$\dot{U}_R = R\dot{I}$	$\dot{U}_L = jX_L\dot{I}$	$\dot{U}_C = (-jX_C)\dot{I}$
电量相量图		$\dot{U}_R$ $\dot{I}$ $\psi_i = \psi_u$	$\dot{U}_L$ ψ_u ψ_i $\dot{I}$	$\dot{I}$ ψ_i ψ_u $\dot{U}_C$
平均（有功）功率（W，kW）		$P_R = U_R I = U_R^2/R = I^2 R$	$P_L = 0$	$P_C = 0$
无功功率（var，kvar）		$Q_R = 0$	$Q_L = U_L I = U_L^2/(\omega L) = I^2\omega L$	$Q_C = -U_C I = -U_C^2\omega C = -I^2/(\omega C)$

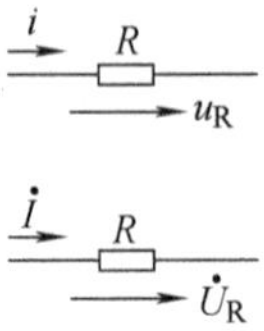

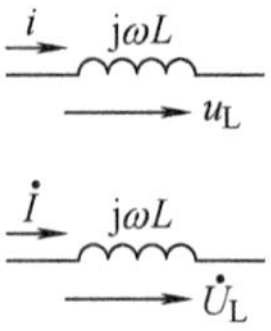

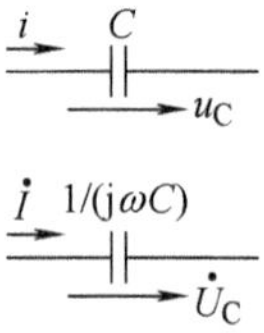

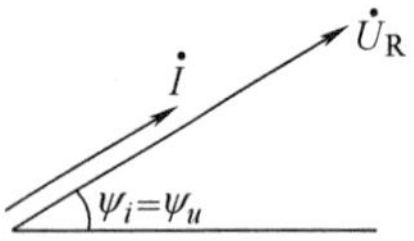

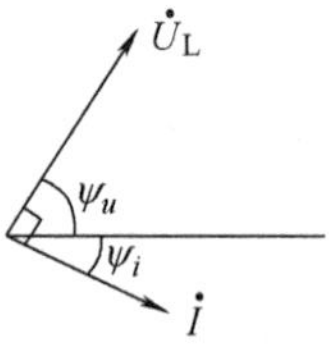

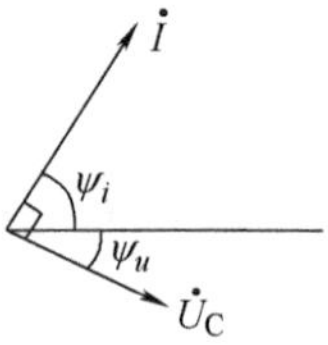

【例 5-6】 如图 5-11a 所示电路中，已知 $i = 20\sqrt{2}\sin(20t)$ A，$R = 10\Omega$，$C = 1F$，$L = 1H$。试求：

1）各元件的端电压 u_R、u_L 及 u_C。

2）各电压相量 $\dot{U}_R$、$\dot{U}_L$ 及 $\dot{U}_C$，并画出电路相量模型以及相量图。

3）各元件上的功率。

解：

1）由各元件上的 VCR 方程，可解得

$$u_R = 200\sqrt{2}(\sin 20t)\text{V}$$
$$X_L = \omega L = 20 \times 1\Omega = 20\Omega$$
$$u_L = 400\sqrt{2}\sin(20t + 90°)\text{V}$$
$$X_C = 1/(\omega C) = 1/20\Omega$$
$$u_C = \sqrt{2}\sin(20t - 90°)\text{V}$$

2）电路相量模型以及各元件上的电流相量、电压相量如图 5-11b 所示（图中的 $\psi_i = 0$）。则各元件上的电压相量为

$$\dot{U}_R = 220\angle 0°\text{V}$$
$$\dot{U}_L = 400\angle 90°\text{V}$$

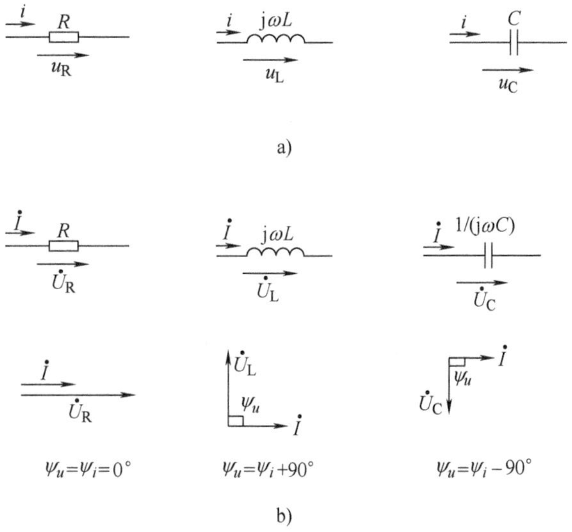

图 5-11　例 5-6 图

$$\dot{U}_L = 1\angle -90°\text{V}$$

3）各元件上的功率为

$$P_R = 200 \times 20\text{kW} = 4\text{kW},\ P_L = 0\ ,\ P_C = 0$$
$$Q_R = 0\ ,\ \ Q_L = 400 \times 20\text{kvar} = 8\text{kvar},\ Q_C = -1 \times 20\text{var} = -20\text{var}$$

从本例中可见，正弦稳态电路分析计算的基本方法是瞬时量的计算。但有了正弦量的相量表示形式后，推出了 R、L、C 元件上的相量形式的电路图、相量形式的 VCR 方程式及电压、电流的相量图。因此，为了能简便地进行电路分析计算（特别是复杂的正弦稳态电路），应尽量采用相量形式的电量计算，并辅助利用相量图对电路进行分析计算。

5.4　简单正弦稳态电路的相量分析法

前面用相量来表示正弦交流电量，对 R、L、C 单参数的正弦稳态电路，应用相量法对其主要特性进行了分析。但电路中的一个交流负载或一条支路上的负载往往不是由单一参数所组成的。例如一个电感线圈就是由电感 L 和电阻 R 共同组成的。因此，一般情况下，一个负载由多个参数所组成。这样，就需引入复阻抗 Z 的概念。

5.4.1　复阻抗 Z 及复导纳 Y

当一个含线性电阻、电感和电容等元件，但不含独立源的一端口，在角频率为 ω 的正弦电压（或正弦电流）激励下处于稳定状态时，端口的电流（或电压）将是同频率的正弦量。应用相量法，端口的电压相量 $\dot{U}$ 与电流相量 $\dot{I}$ 的比值定义为该一端口的阻抗 Z 。

以 RLC 串联的交流负载为例，前面已讨论了单一元件上的阻抗分别为 $Z_R = R$ 、$Z_L = \text{j}\omega L$ 、$Z_C = -\text{j}\dfrac{1}{\omega C}$ 。RLC 串联负载总的复阻抗可定义为端口的电压相量 $\dot{U}$ 与电流相量 $\dot{I}$ 的比值，根据

KVL 可知总的复阻抗为各元件上阻抗之和，即

$$Z=\frac{\dot{U}}{\dot{I}}=\frac{(R+\mathrm{j}X_{\mathrm{L}}-\mathrm{j}X_{\mathrm{C}})\dot{I}}{\dot{I}}=R+\mathrm{j}X_{\mathrm{L}}-\mathrm{j}X_{\mathrm{C}}$$
$$=R+\mathrm{j}(X_{\mathrm{L}}-X_{\mathrm{C}})=R+\mathrm{j}X=|Z|<\varphi \tag{5-24}$$

式中，X 称为负载的电抗，$|Z|=\sqrt{R^2+X^2}$ 为复阻抗的模；$\varphi=\arctan\frac{X}{R}$ 为复阻抗的阻抗角。根据上述关系，可以对 RLC 串联负载的阻抗作出一个阻抗直角三角形。该阻抗三角形与前述的电压三角形为一对相似三角形，如图 5-12 所示。

在电路的分析计算中，常可利用这对相似三角形及后面讨论的功率三角形之间的几何关系，使电量计算关系变得清晰和简便。

说明：

1）对于 RLC 串联电路，当 $X_{\mathrm{L}}>X_{\mathrm{C}}$ 时，有 $X>0,\varphi>0$，表现为电压超前电流，此时称电路为感性电路，其相量图（以电流为参考相量）和等效电路如图 5-13 所示。

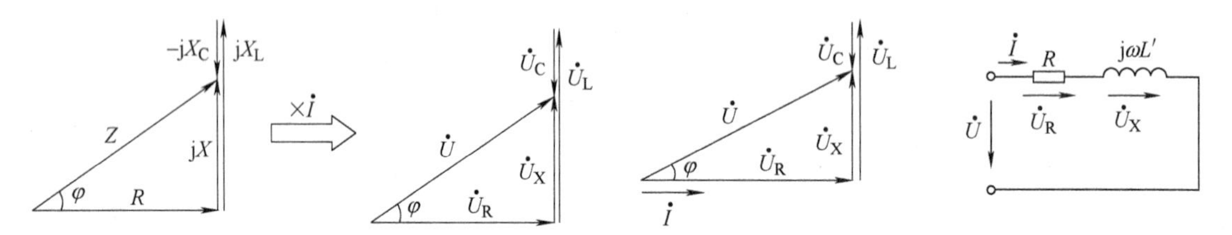

图 5-12 RLC 串联电路的阻抗三角形与电压三角形　　图 5-13 $X_{\mathrm{L}}>X_{\mathrm{C}}$ 时的相量图和等效电路

2）对于 RLC 串联电路，当 $X_{\mathrm{L}}<X_{\mathrm{C}}$ 时，有 $X<0,\varphi<0$，表现为电流超前电压，此时称电路为容性电路，其相量图（以电流为参考相量）和等效电路如图 5-14 所示。

3）对于 RLC 串联电路，当 $X_{\mathrm{L}}=X_{\mathrm{C}}$ 时，有 $X=0,\varphi=0$，表现为电压和电流同相位，电路呈现电阻性，其相量图（以电流为参考相量）和等效电路如图 5-15 所示。

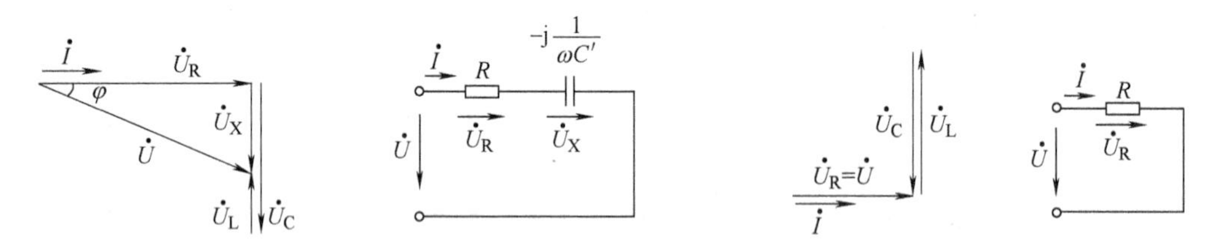

图 5-14 $X_{\mathrm{L}}<X_{\mathrm{C}}$ 时的相量图和等效电路　　图 5-15 $X_{\mathrm{L}}=X_{\mathrm{C}}$ 时的相量图和等效电路

4）RLC 串联电路的电压 U_{R}、U_{X}、U 构成电压三角形，它和阻抗三角形相似，满足：$U=\sqrt{U_{\mathrm{R}}^2+U_{\mathrm{X}}^2}$。

注意：从以上相量图可以看出，正弦交流 RLC 串联电路中，会出现分电压大于总电压的现象。

与电阻的倒数定义为电导类似，在交流电路中，复阻抗 Z 的倒数定义为复导纳 Y。

$$Y=\frac{1}{Z}=\frac{1}{R+\mathrm{j}X}=\frac{R}{R^2+X^2}-\mathrm{j}\frac{X}{R^2+X^2}=G+\mathrm{j}B=|Y|\angle\theta \tag{5-25}$$

式中，G是电导；B是电纳；$|Y|$是复导纳的模；θ是导纳角。因此，当负载上的电压、电流为$\dot{U}$、$\dot{I}$时，有$\dot{I}=\frac{1}{Z}\dot{U}=Y\dot{U}$。在电路的并联分流计算中，有时采用复导纳$Y$的概念，会使计算更方便。

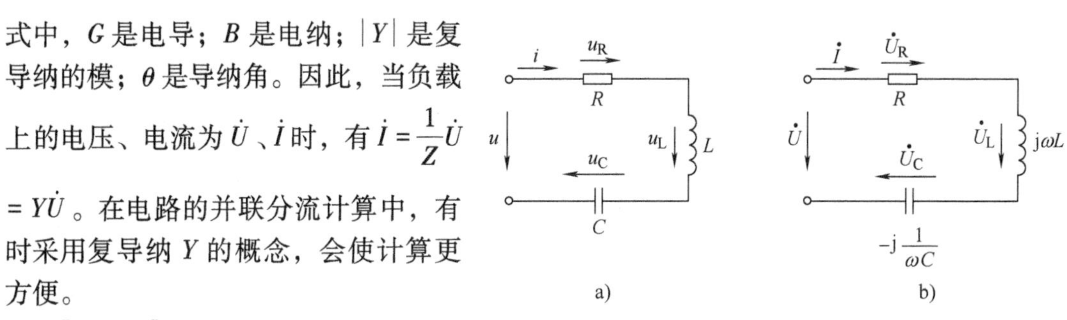

图5-16　例5-7图
a）原图　b）电路相量模型

【例5-7】 电路如图5-16a所示，已知$R=15\Omega$，$L=0.3\text{mH}$，$C=0.2\text{mF}$，$u(t)=5\sqrt{2}\sin(\omega t+60°)\text{V}$，$f=3\times10^4\text{Hz}$。求：$i$、$u_R$、$u_L$和$u_C$。

解：电路的相量模型如图5-16b所示，其中

$$\dot{U}=5\angle 60°\text{V}$$

$$j\omega L=j2\pi\times3\times10^4\times0.3\times10^{-3}\Omega=j56.5\Omega$$

$$-j\frac{1}{\omega C}=-j\frac{1}{2\pi\times3\times10^4\times0.2\times10^{-6}}\Omega=-j26.5\Omega$$

因此总阻抗为

$$Z=R+j\omega L-j\frac{1}{\omega C}=(15+j56.5-j26.5)\Omega=33.54\angle 63.4°\Omega$$

总电流为

$$\dot{I}=\frac{\dot{U}}{Z}=\frac{5\angle 60°}{33.54\angle 63.4°}\text{A}=0.149\angle -3.4°\text{A}$$

电感电压为

$$\dot{U}_L=j\omega L\dot{I}=56.5\angle 90°\times0.149\angle -3.4°\text{V}=8.42\angle 86.4°\text{V}$$

电阻电压为

$$\dot{U}_R=R\dot{I}=15\times0.149\angle -3.4°\text{V}=2.235\angle -3.4°\text{V}$$

电容电压为

$$\dot{U}_C=-j\frac{i}{\omega C}\dot{I}=26.5\angle -90°\times0.149\angle -3.4°\text{V}=3.95\angle -93.4°\text{V}$$

各量的瞬时式为

$$i=0.149\sqrt{2}\sin(\omega t-3.4°)\text{A}$$

$$u_R=2.235\sqrt{2}\sin(\omega t-3.4°)\text{V}$$

$$u_L=8.42\sqrt{2}\sin(\omega t+86.6°)\text{V}$$

$$u_C=3.95\sqrt{2}\sin(\omega t-93.4°)\text{V}$$

注意：$U_L=8.42\text{V}>U=5\text{V}$，说明正弦电路中分电压的有效值有可能大于总电压的有效值。

5.4.2 复阻抗的串联及分压计算

如图 5-17a 所示为两个阻抗的串联电路，根据 KVL 可得

$$\dot{U} = \dot{U}_1 + \dot{U}_2 = (Z_1 + Z_2)\dot{I}$$

在图 5-17b 所示的等效电路中 $\dot{U} = Z\dot{I}$，因此等效阻抗 Z 为

$$Z = Z_1 + Z_2$$

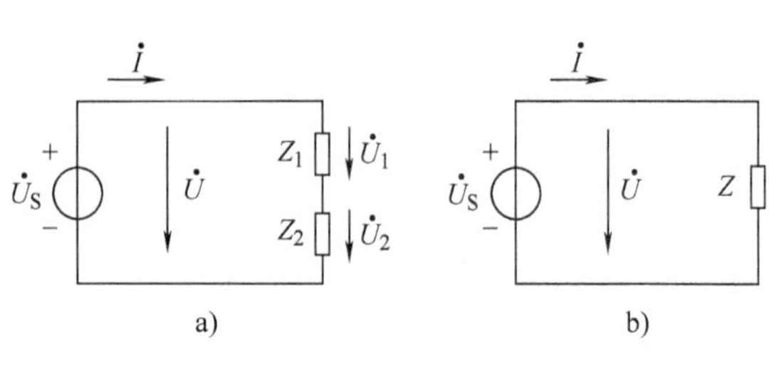

图 5-17 阻抗的串联电路
a）阻抗串联 b）等效电路

总电流为 $\dot{I} = \dfrac{\dot{U}}{Z_1 + Z_2}$，进而计算分电压为

$$\dot{U}_1 = \dot{I}Z_1$$
$$\dot{U}_2 = \dot{I}Z_2$$

或进行串联阻抗的分压计算，即分压公式为

$$\dot{U}_1 = \dot{U}\frac{Z_1}{Z_1 + Z_2}$$
$$\dot{U}_2 = \dot{U}\frac{Z_2}{Z_1 + Z_2}$$

注意：复数相量分析法中，各计算式都是复数计算，要严格区分相量与有效值的关系，例如相量 $\dot{U} = \dot{U}_1 + \dot{U}_2$，但有效值 $U \neq U_1 + U_2$。要严格区分复数阻抗与阻抗模的关系，例如阻抗模 $|Z| \neq |Z_1| + |Z_2|$，$\dot{U}_1 \neq \dot{U}\dfrac{|Z_1|}{|Z_1| + |Z_2|}$，$\dot{U}_2 \neq \dot{U}\dfrac{|Z_2|}{|Z_1| + |Z_2|}$。

【例 5-8】 如图 5-17 所示电路中，已知 $Z_1 = 1 + \mathrm{j}8\Omega$，$Z_2 = 1 - \mathrm{j}6\Omega$，$\dot{U} = 220\angle 45°\mathrm{V}$，试求电路电流 $\dot{I}$ 及分电压 $\dot{U}_1$、$\dot{U}_2$。

解：

$$Z = Z_1 + Z_2 = (1 + 1)\Omega + \mathrm{j}(8 - 6)\Omega = 2\Omega + \mathrm{j}2\Omega = 2\sqrt{2}\angle 45°\Omega, \quad \dot{I} = \dot{U}/Z = 55\sqrt{2}\angle 0°\mathrm{A}$$

$$\dot{U}_1 = \dot{U}\frac{Z_1}{Z_1 + Z_2} = 627\angle 82.9°\mathrm{V},\ \dot{U}_2 = \dot{U}\frac{Z_2}{Z_1 + Z_2} = 473\angle -80.5°\mathrm{V}$$

5.4.3 复阻抗的并联及分流计算

如图 5-18a 所示为两个阻抗的并联电路，根据 KCL 得

$$\dot{I} = \dot{I}_1 + \dot{I}_2 = \dot{U}\left(\frac{1}{Z_1} + \frac{1}{Z_2}\right) = \frac{\dot{U}}{Z}$$

在图 5-31b 所示的等效电路中有

$$\dot{I} = \frac{\dot{U}}{Z}。$$

因此等效阻抗 Z 为

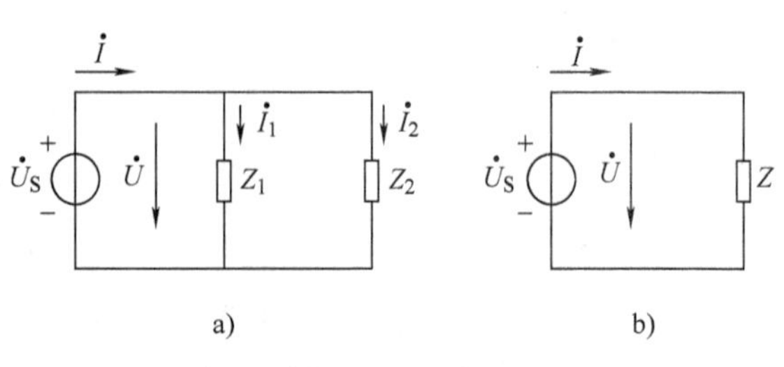

图 5-18 阻抗并联电路
a）阻抗并联 b）等效电路

$$\frac{1}{Z}=\frac{1}{Z_1}+\frac{1}{Z_2}$$

或

$$Z=\frac{Z_1Z_2}{Z_1+Z_2}$$

等效导纳 Y 为

$$Y=Y_1+Y_2$$

同样要注意： $|Z|\neq\frac{|Z_1|\cdot|Z_2|}{|Z_1|+|Z_2|}$，$\frac{1}{|Z|}\neq\frac{1}{|Z_1|}+\frac{1}{|Z_2|}$。

则分电流 $\dot{I}_1=\frac{\dot{U}}{Z_1}$，$\dot{I}_2=\frac{\dot{U}}{Z_2}$，将 $\dot{U}=\frac{Z_1Z_2}{Z_1+Z_2}\dot{I}$ 代入得分流公式为

$$\dot{I}_1=\dot{I}\frac{Z_2}{Z_1+Z_2},\quad \dot{I}_2=\dot{I}\frac{Z_1}{Z_1+Z_2}$$

5.4.4 复阻抗的混联及电路计算

以如图 5-19 所示的阻抗混联电路为例来说明电路的相量分析过程。

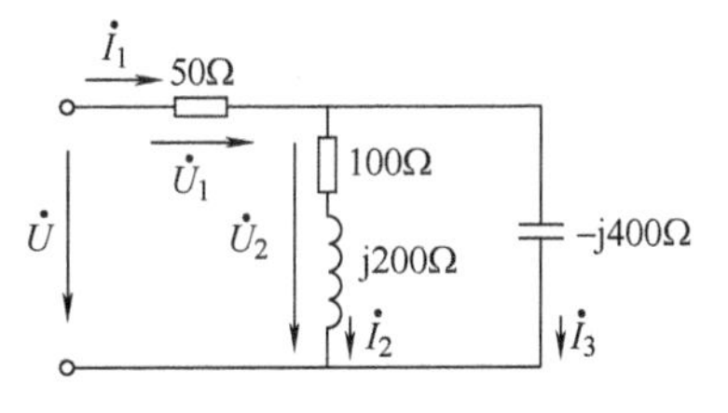

图 5-19　阻抗混联电路

【例 5-9】 在如图 5-19 所示电路中，已知总电压 $\dot{U}=220\angle0°\text{V}$，试求电路中各电压、电流的相量。

解：

1）电路阻抗 $Z_1=50\Omega$，$Z_2=100+\text{j}200\Omega$，$Z_3=-\text{j}400\Omega$，则总阻抗为

$$Z=\left[50+\frac{(100+\text{j}200)\cdot(-\text{j}400)}{(100+\text{j}200)+(-\text{j}400)}\right]\Omega=(370+\text{j}240)\Omega=440\angle33°\Omega$$

2）总电流为

$$\dot{I}_1=\dot{U}/Z=\frac{220\angle0°}{440\angle33°}\text{A}=0.5\angle-33°\text{A}$$

3）分电流为

$$\dot{I}_2=\dot{I}_1\frac{Z_3}{Z_2+Z_3}=0.89\angle-59.6°\text{A}$$

$$\dot{I}_3=\dot{I}_1\frac{Z_2}{Z_2+Z_3}=0.5\angle93.8°\text{A}$$

4）分电压为

$$\dot{U}_1=\dot{I}_1\times Z_1=25\angle-33°\text{V}$$

$$\dot{U}_2=\dot{I}_2\times Z_2(\text{或}\ \dot{I}_3Z_3)=200\angle3.8°\text{V}$$

【例 5-10】 求图 5-20 所示电路的等效阻抗，已知 $\omega=10^5\text{rad/s}$。

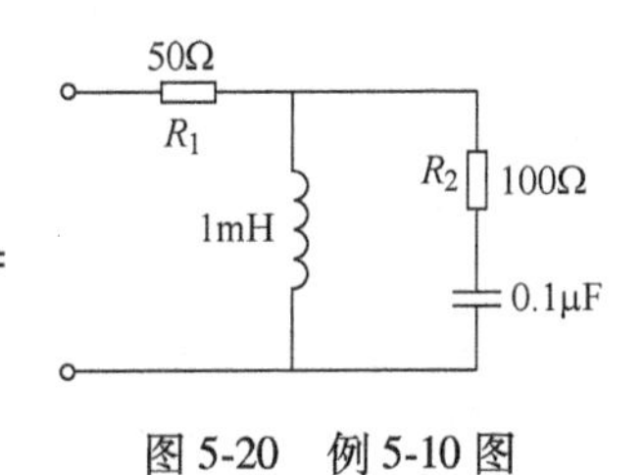

图 5-20　例 5-10 图

解： 感抗和容抗为

$$X_C = \frac{1}{\omega C} = \frac{1}{10^5 \times 0.1 \times 10^{-6}}\Omega = 100\Omega$$

$$X_L = \omega L = 10^5 \times 1 \times 10^{-3}\Omega = 100\Omega$$

所以电路的等效阻抗为

$$Z = R_1 + \frac{jX_L(R_2 - jX_C)}{jX_L + (R_2 - jX_C)}$$

$$= \left[30 + \frac{j100(100 - j100)}{j100 + (100 - j100)}\right]\Omega = (130 + j100)\Omega$$

【例 5-11】 图 5-21 所示电路对外呈现为感性还是容性？

解： 图 5-21 所示电路的等效阻抗为

$$Z = \left[3 - j6 + \frac{5(3 + j4)}{5 + (3 + j4)}\right]\Omega = (5.5 - j4.75)\Omega$$

由于阻抗角小于 0，所以电路对外呈现容性。

【例 5-12】 如图 5-22 所示为 RC 选频网络，试求 u_1 和 u_0 同相位的条件及 $\frac{\dot{U}_1}{\dot{U}_0}$ =?

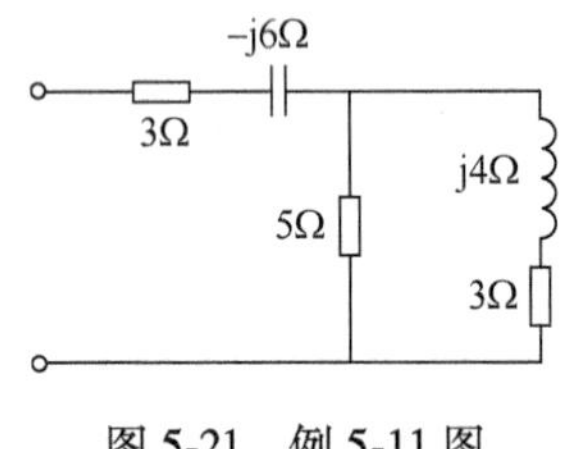

图 5-21 例 5-11 图

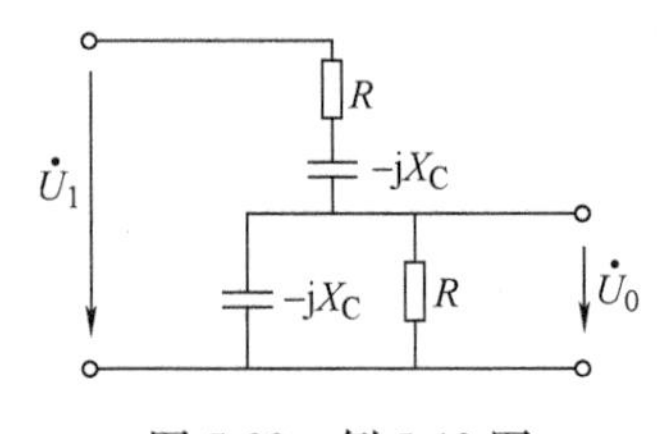

图 5-22 例 5-12 图

解： 设

$$Z_1 = R - jX_C\ ,\ Z_2 = R//(-jX_C)\ ,\ \frac{\dot{U}_1}{\dot{U}_0} = \frac{Z_1 + Z_2}{Z_2} = 1 + \frac{Z_1}{Z_2}$$

输出电压为

$$\dot{U}_0 = \frac{Z_2}{Z_1 + Z_2}\dot{U}_1$$

因为

$$\frac{Z_1}{Z_2} = \frac{R - jX_C}{-jX_C/(R - jX_C)} = \frac{(R - jX_C)^2}{-jX_C} = 2 + j\frac{R^2 - X_C^2}{RX_C}$$

当 $R = X_C$ 时，上式比值为实数，u_1 和 u_0 同相位，此时有

$$\frac{\dot{U}_1}{\dot{U}_0} = 1 + 2 = 3$$

5.4.5 正弦稳态电路的相量分析

对正弦稳态电路进行分析可以采用相量分析法，前面直流电路中学过的定理定律和分析方法仍然适用。需要注意的是，这些公式里面的电压和电流都要用电压相量和电流相量代

替，电阻用阻抗代替，即要根据相量形式的欧姆定律和相量形式的基尔霍夫定律来分析正弦稳态交流电路。此外，还可以借助相量图进行电路的辅助分析，这是正弦稳态电路分析的一个特点，也是正弦稳态电路分析中的一个有力工具，本节主要借助相量图对串联、并联以及混联电路进行相量分析计算。

1. *RLC* 串联电路的相量分析

下面以图 5-23 为例对 *RLC* 串联电路的相量图进行分析。一般步骤如下：

1）在电路图上标明各正弦电量的相量及方向（图 5-23a 中的 $\dot{I}$、$\dot{U}_{\mathrm{R}}$、$\dot{U}_{\mathrm{C}}$、$\dot{U}_{\mathrm{L}}$、$\dot{U}$）。

2）在串联电路中选取电流 $\dot{I}$ 为参考相量，即 $\psi_i=0, \dot{I}=I\angle 0°$ 。

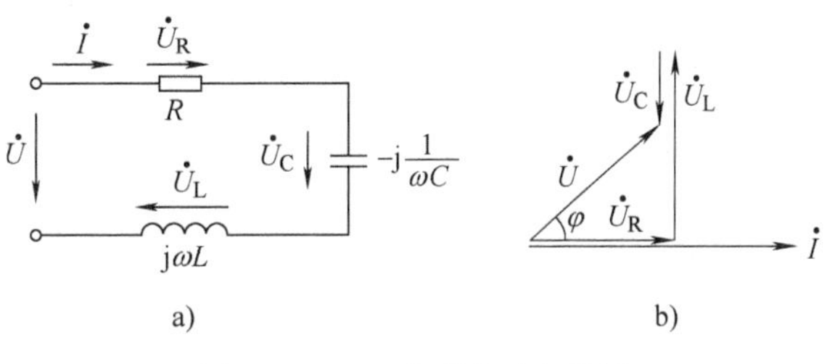

图 5-23　*RLC* 串联电路相量图

3）在相量平面上，以相量 $\dot{I}$ 为基准，以元件上相量 VCR 式为依据分别画出各个分电压（图 5-23b 中的 $\dot{U}_{\mathrm{R}}$ 、$\dot{U}_{\mathrm{C}}$ 、$\dot{U}_{\mathrm{L}}$ ），再按相量相加得总电压 $\dot{U}$ 。

【例 5-13】　电路如图 5-24 所示，已知 $R=1\Omega$，$C=0.02\mathrm{F}$，$L=15\mathrm{mH}$，$i=2\sqrt{2}\sin 100t$ A。试求：

1）电压相量 $\dot{U}_{\mathrm{R}}$、$\dot{U}_{\mathrm{L}}$、$\dot{U}_{\mathrm{C}}$、$\dot{U}$ 。

2）各元件的端电压 u_{R}、u_{C}、u_{L}及总电压 u。

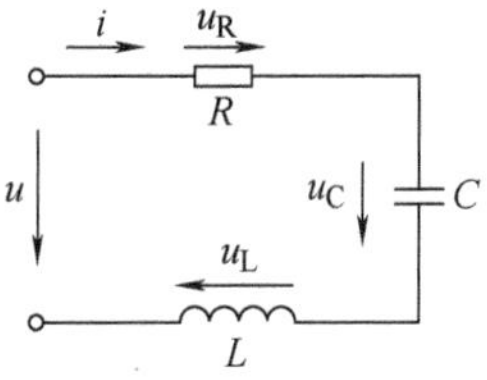

图 5-24　例 5-13 图

解：

1）$\dot{I}=2\angle 0°\mathrm{A}$

$\dot{U}_{\mathrm{R}}=R\dot{I}=1\times 2\angle 0°\mathrm{V}=2\angle 0°\mathrm{V}$，且 $\dot{U}_{\mathrm{R}}$ 与 $\dot{I}$ 同相

$\dot{U}_{\mathrm{L}}=\mathrm{j}\omega L\dot{I}=\mathrm{j}100\times 0.015\times 2\angle 0°\mathrm{V}=3\angle 90°\mathrm{V}$，且 $\dot{U}_{\mathrm{L}}$ 超前 $\dot{I}$ 90°

$\dot{U}_{\mathrm{C}}=-\mathrm{j}X_{\mathrm{C}}\dot{I}=-\mathrm{j}\dfrac{1}{100\times 0.02}\times 2\angle 0°\mathrm{V}=1\angle 90°\mathrm{V}$，且 $\dot{U}_{\mathrm{C}}$ 滞后 $\dot{I}$90°

$$\dot{U}=\dot{U}_{\mathrm{R}}+\dot{U}_{\mathrm{L}}+\dot{U}_{\mathrm{C}}=(2\angle 0°+3\angle 90°+1\angle -90°)\mathrm{V}=(2+3\mathrm{j}-\mathrm{j})\mathrm{V}=(2+2\mathrm{j})\mathrm{V}$$
$$=2\sqrt{2}\angle 45°\mathrm{V}$$

2）$u_{\mathrm{R}}=2\sqrt{2}\sin(100t)\mathrm{V}$

$u_{\mathrm{L}}=3\sqrt{2}\sin(100t+90°)\mathrm{V}$

$u_{\mathrm{C}}=\sqrt{2}\sin(100t-90°)\mathrm{V}$

$u=4\sin(100t+45°)\mathrm{V}$

【例 5-14】　电路如图 5-25a 所示，已知电流 $i(t)=5\sqrt{2}\sin(10^6t+15°)\mathrm{A}$，求 $u_{\mathrm{S}}(t)$ 。

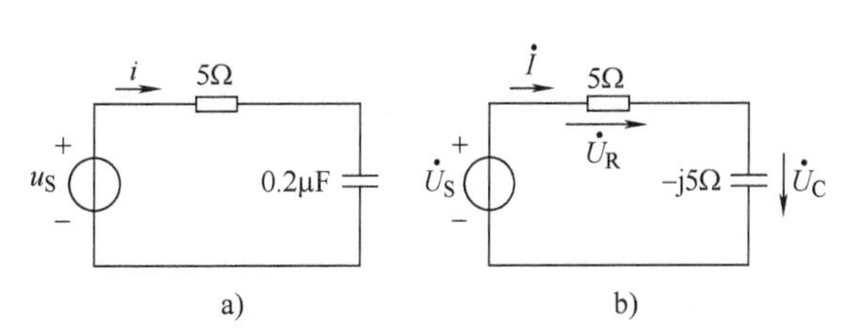

图 5-25　例 5-14 图

解： 电流的相量为

$$\dot{I}=5\angle 15°\mathrm{A}$$

计算得容抗为

$$-\mathrm{j}X_C = -\mathrm{j}\frac{1}{10^6 \times 0.2 \times 10^{-6}}\Omega = -\mathrm{j}5\Omega$$

电路的相量模型如图 5-25b 所示。根据 KVL 和元件的 VCR 的相量表示式得

$$\begin{aligned}\dot{U}_S &= \dot{U}_R + \dot{U}_C = \dot{I}(R - \mathrm{j}X_C)\\ &= 5\angle 15° \times 5\sqrt{2}\angle -45°\mathrm{V} = 25\sqrt{2}\angle -30°\mathrm{V}\end{aligned}$$

故

$$u_S(t) = 25\sqrt{2}\sin(10^6 t - 30°)\mathrm{V}$$

2. *RLC* 并联电路的相量分析

下面以图 5-26a 为例对 *RLC* 并联电路的相量图进行分析。

一般步骤：

1）在电路图上标明有关相量及方向（图 5-26a 中的 $\dot{U}$、$\dot{I}_R$、$\dot{I}_L$、$\dot{I}_C$、$\dot{I}$）。

2）在并联电路中选取电压 $\dot{U}$ 为参考相量，即 $\psi_u = 0$，$\dot{U} = U\angle 0°$。

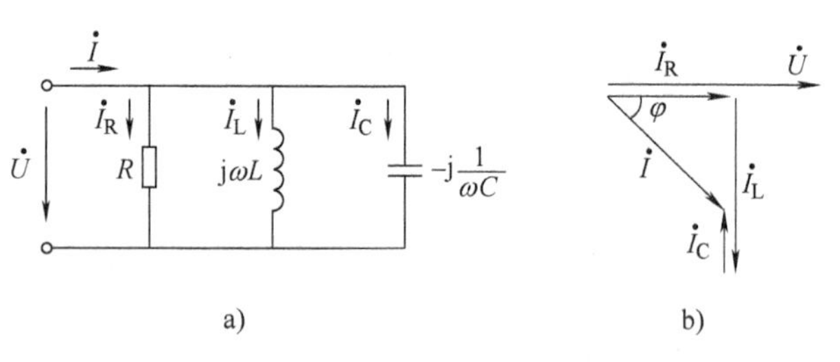

图 5-26 *RLC* 并联电路相量图

a）电路的相量模型 b）相量图

3）在相量平面上，以相量 $\dot{U}$ 为基准，以相量 VCR 为依据，分别画出各个分电流（图 5-26b 中的 $\dot{I}_R$、$\dot{I}_L$、$\dot{I}_C$），按相量相加得总电流 $\dot{I}$。

【例 5-15】 电路如图 5-27a 所示，已知 $I_1 = 5\mathrm{A}$，$I_2 = 3\mathrm{A}$。试求：电路总电流 I。

解： 作并联电路相量图如图 5-27b 所示，由相量图中的关系可计算得

$$I = I_1 - I_2 = (5-3)\mathrm{A} = 2\mathrm{A}。$$

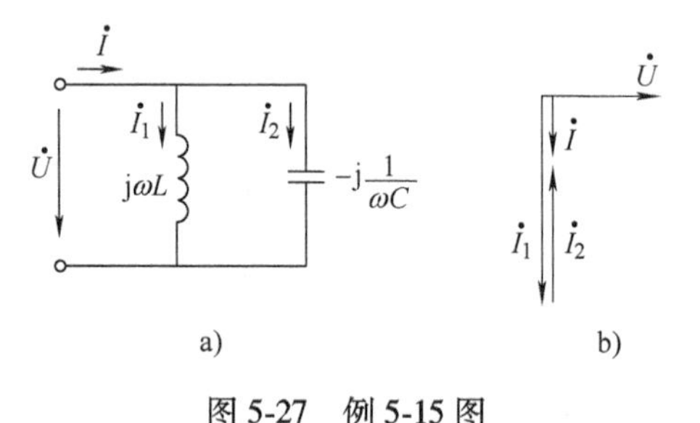

图 5-27 例 5-15 图

a）电路的相量模型 b）相量图

【例 5-16】 电路如图 5-28a 所示，已知电源电压 $u(t) = 120\sqrt{2}\sin(5t)\mathrm{V}$，求电源电流 $i(t)$。

解： 电压源电压的相量为

$$\dot{U} = 120\angle 0°\mathrm{V}$$

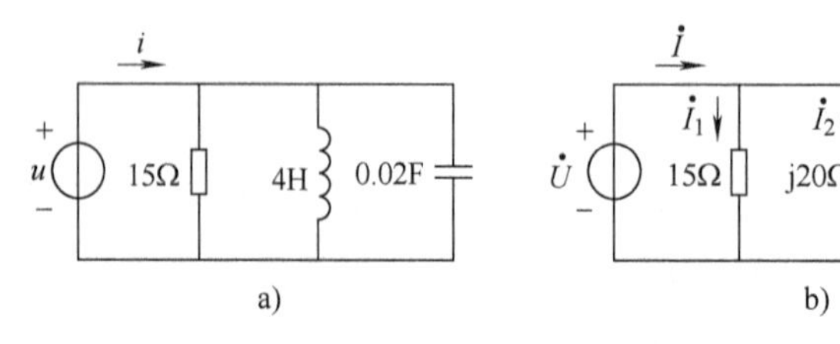

图 5-28 例 5-16 图

a）时域电路 b）电路的相量模型

计算得感抗和容抗值为

$$jX_L = j\omega L = j5 \times 4 = j20\Omega$$

$$-jX_C = -j\frac{1}{\omega C} = -j\frac{1}{5 \times 0.02}\Omega = -j10\Omega$$

电路的相量模型如图 5-28b 所示。根据 KCL 和元件的 VCR 的相量表达式得

$$i(t) = 10\sqrt{2}\sin(5t + 36.9°)\text{A}$$

$$\dot{I} = \dot{I}_1 + \dot{I}_2 + \dot{I}_3 = \frac{\dot{U}}{R} + \frac{\dot{U}}{jX_L} + \frac{\dot{U}}{-jX_C}$$

$$= 120\left(\frac{1}{15} + \frac{1}{j20} - \frac{1}{j10}\right)\text{A} = (8 - j6 + j12)\text{A} = (8 + j6)\text{A} = 10\angle 36.9°\text{A}$$

3. *RLC* 混联电路的相量分析

下面以图 5-29 为例对 *RLC* 混联电路的相量图进行分析。

一般步骤：

1）在电路图上标明有关相量及方向（图 5-29a 中的 $\dot{U}_1$、$\dot{U}_2$、$\dot{U}$、$\dot{I}_1$、$\dot{I}_2$、$\dot{I}$）。

2）在混联电路中选取并联部分的电压为参考相量（图 5-29a 中的 $\dot{U}_2$）。

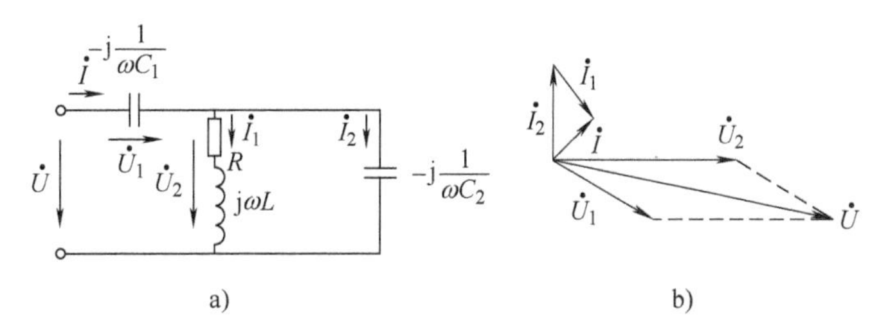

图 5-29　*RLC* 混联电路及相量图

a）电路的相量模型　b）相量图

3）在相量平面上，以 $\dot{U}_2$ 为基准，作各并联支路上的分电流（图 5-29b 中的 $\dot{I}_1$、$\dot{I}_2$），分电流相加为总电流 $\dot{I}$，再作串联分支上的分电压（图 5-29b 中的 $\dot{U}_1$），最后分电压相加为总电压 $\dot{U}$。

【例 5-17】 电路如图 5-29a 所示。已知：$R = X_L = 5\Omega$，$X_{C_1} = 10\Omega$，$I_2 = 10\text{A}$，$U_2 = 100\text{V}$。试求：电路总电压 U 及总电流 I。

解： 按上述的步骤作 *RLC* 混联电路相量图并计算（相量图如图 5-30 所示）。

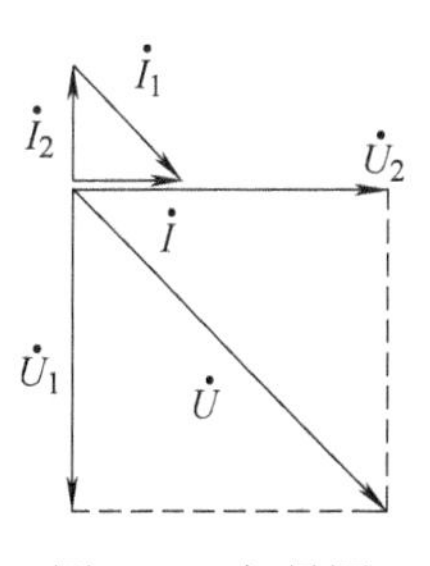

图 5-30　相量图

$$\dot{I}_1 = \frac{\dot{U}_2}{R + jX_L} = 10\sqrt{2}\angle -45°\text{A}$$

$$\dot{I}_2 = 10\angle 90°\text{A}$$

$$\dot{I} = \dot{I}_1 + \dot{I}_2 = 10\angle 0°\text{A}$$

$$\dot{U}_1 = \dot{I} \times (-jX_C) = -j100\text{V}$$

$$\dot{U} = \dot{U}_1 + \dot{U}_2 = 100\sqrt{2}\angle -45°\text{V}$$

$$U = \sqrt{(30I)^2 + (40I)^2} = I \times 50\Omega$$

【例 5-18】 电路如图 5-31a 所示，已知电压 $U_{AB} = 50\text{V}$，$U_{AC} = 78\text{V}$，求电压 U_{BC}。

解：以电流为参考相量，相量图如图 5-31b 所示，根据相量图得

$$U_{AB} = \sqrt{(30I)^2 + (40I)^2} = 50I$$

所以

$$I = 1\text{A}\ ,\ U_R = 40\text{V}\ ,\ U_L = 40\text{V}$$

$$U_{AC} = 78 = \sqrt{(30)^2 + (40 + U_{BC})^2}$$

$$U_{BC} = (\sqrt{(78)^2 - (30)^2} - 40)\text{V} = 32\text{V}$$

【例 5-19】 如图 5-32 所示电路中 $I_1 = I_2 = 5\text{A}$ ，$U = 50\text{V}$ ，总电压与总电流同相位，求：I 、R 、X_C 和 X_L 。

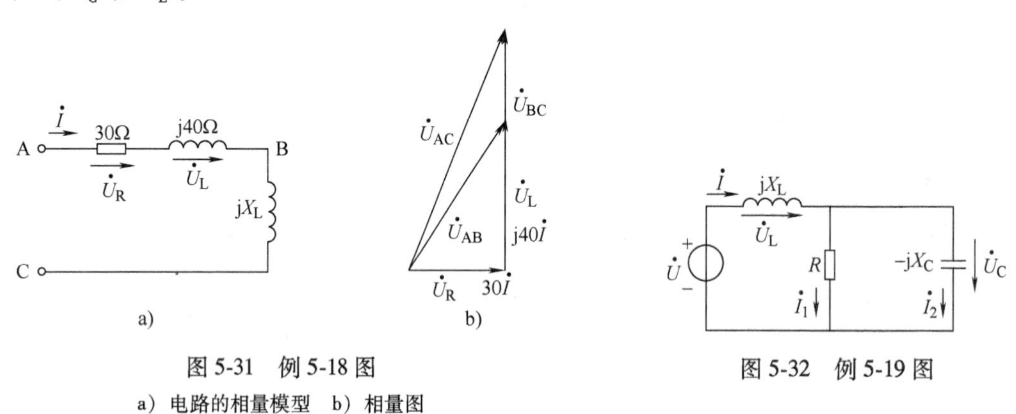

图 5-31　例 5-18 图

a）电路的相量模型　b）相量图

图 5-32　例 5-19 图

解：设 $\dot{U}_C = U\angle 0°\text{V}$ ，根据元件电压和电流之间的相量关系得

$$\dot{I}_1 = 5\angle 0°\text{A}$$

$$\dot{I}_2 = \text{j}5\text{A}$$

所以

$$\dot{I} = \dot{I}_1 + \dot{I}_2 = (5 + \text{j}5)\text{A} = 5\sqrt{2}\angle 45°\text{A}$$

因为

$$\text{j}X_L\dot{I} + R\dot{I} = \dot{U}$$

所以

$$\text{j}X_L(5 + \text{j}5) + 5R = 50\angle 45°\Omega = 25\sqrt{2}(1 + \text{j})\Omega$$

令上式左右两边实部等于实部，虚部等于虚部，得

$$5X_L = \frac{50}{\sqrt{2}}\Omega \Rightarrow \quad X_L = 5\sqrt{2}\Omega$$

$$5R = \frac{50}{\sqrt{2}}\Omega + 5 \times 5\sqrt{2}\Omega = 50\sqrt{2}\Omega \Rightarrow R = X_C = 10\sqrt{2}\Omega$$

5.5　复杂正弦稳态电路的分析与计算

前面讨论了简单电路的相量分析与计算，在此基础上，进一步研究复杂交流电路的相量分析及计算。

与计算复杂直流电路相似，复杂交流电路也可应用支路电流法、节点电压法、叠加原理和戴维南定理等效电路等分析方法来分析与计算。但在正弦稳态电路中，电动势、电压和电流都以相量来表示，电阻、电感和电容及其组合则以复阻抗或复导纳来表示。分析方法和步

骤与计算复杂直流电路相似，下面举例说明。

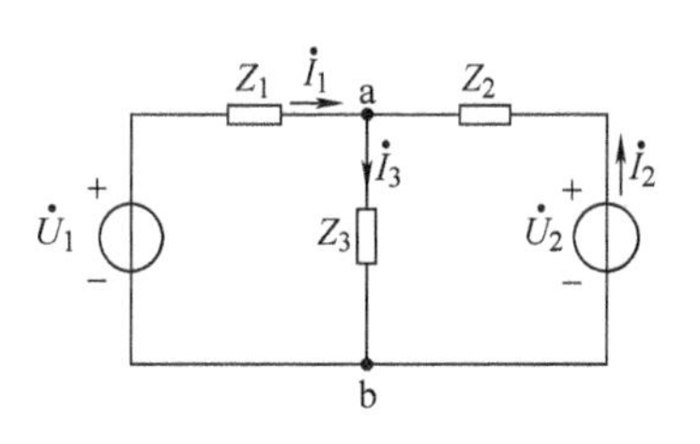

图5-33 例5-20图

【例5-20】 在如图5-33所示电路中，已知 $\dot{U}_1=230\angle0°\text{V}$，$\dot{U}_2=22\angle0°\text{V}$，$Z_1=(0.1+\text{j}0.5)\Omega$，$Z_2=(0.1+\text{j}0.5)\Omega$，$Z_3=(5+\text{j}5)\Omega$。试用支路电流法求电流 $\dot{I}_3$。

解：

1）在图中标明各支路电流及方向。

2）列写相量形式的支路电流法方程

$$\begin{cases}\dot{I}_1+\dot{I}_2-\dot{I}_3=0\\ \dot{I}_1Z_1+\dot{I}_3Z_3=\dot{U}_1\\ \dot{I}_2Z_2+\dot{I}_3Z_3=\dot{U}_2\end{cases}$$

3）将数据代入，联立求解得

$$\dot{I}_3=31.3\angle-46.1°\text{A}$$

【例5-21】 列写图5-34a所示电路的网孔电流方程和节点电压方程。

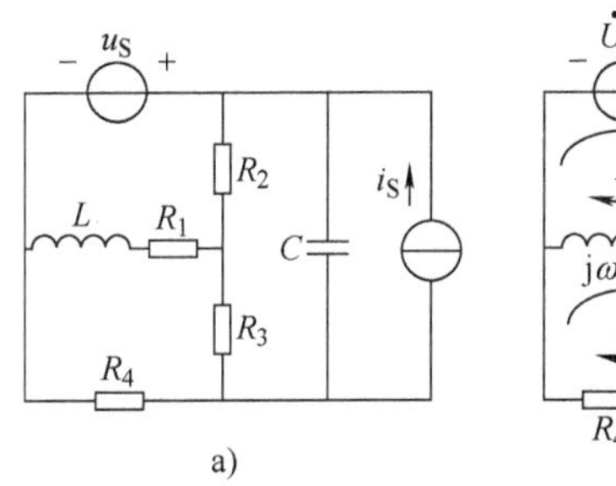

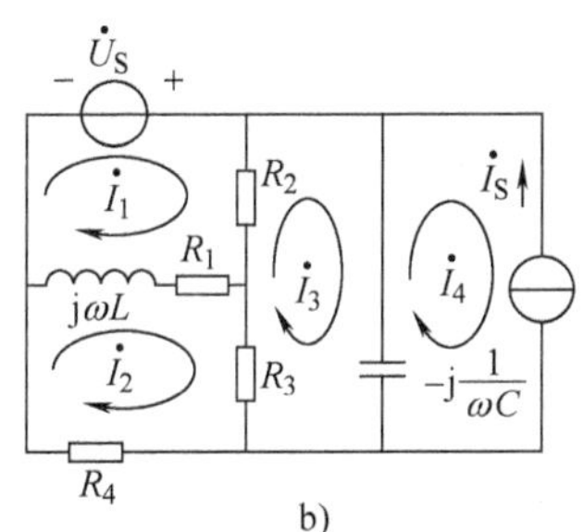

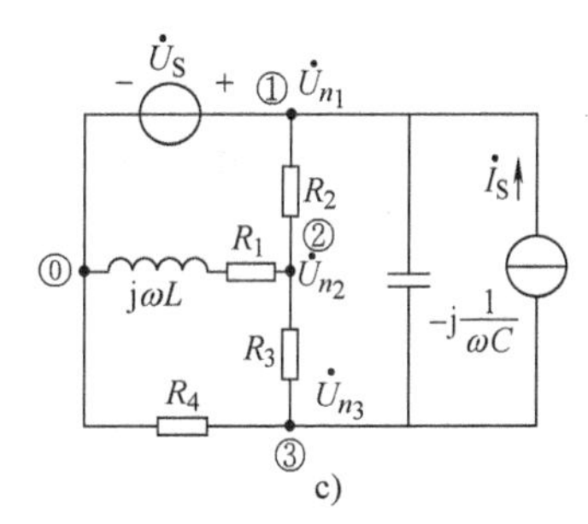

图5-34 例5-21图

a）原图 b）网孔电流法 c）节点电压法

解：选取网孔电流方向，如图5-34b所示，网孔电流方程为

网孔1：$(R_1+R_2+\text{j}\omega L)\dot{I}_1-(R_1+\text{j}\omega \text{L})\dot{I}_2-R_2\dot{I}_3=\dot{U}_S$

网孔2：$-(R_1+\text{j}\omega L)\dot{I}_1+(R_1+R_3+R_4+\text{j}\omega L)\dot{I}_2-R_2\dot{I}_3=0$

网孔3：$-R_2\dot{I}_1-R_3\dot{I}_2+\left(R_2+R_3-\dfrac{1}{\text{j}\omega C}\right)\dot{I}_3+\dfrac{1}{\text{j}\omega C}\dot{I}_4=0$

网孔4：$\dot{I}_4=-\dot{I}_S$

节点选取如图5-34c所示，节点电压方程为

节点①：$\dot{U}_{n_1}=\dot{U}_S$

节点②：$-\dfrac{1}{R_2}\dot{U}_{n1}+\left(\dfrac{1}{R_1+\text{j}\omega L}+\dfrac{1}{R_2}+\dfrac{1}{R_3}\right)U_{n_2}-\dfrac{1}{R_3}\dot{U}_{n_3}=0$

节点③：$-\text{j}\omega C\dot{U}_{n_1}-\dfrac{1}{R_3}\dot{U}_{n_2}+\left(\dfrac{1}{R_3}+\dfrac{1}{R_4}+\text{j}\omega C\right)\dot{U}_{n_3}=-\dot{I}_S$

【例5-22】 已知：$\dot{I}_S=4\angle90°\text{A}$，$Z_1=Z_2=-\text{j}30\Omega$，$Z_3=30\Omega$，$Z_1=45\Omega$，求图5-35a所示电路中的电流 $\dot{I}$。

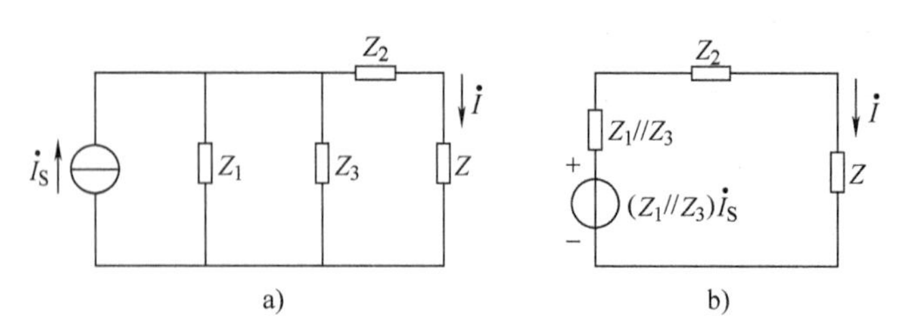

图 5-35　例 5-22 图

a）原图　b）电源变换等效电路

解：方法 1：应用电源等效变换方法得等效电路如图 5-35b 所示，其中

$$Z_1 \ // \ Z_3 = \frac{30(-\mathrm{j}30)}{30-\mathrm{j}30}\Omega = (15-\mathrm{j}15)\Omega$$

$$\dot{I} = \frac{\dot{I}_S(Z_1 \ // \ Z_3)}{Z_1 \ // \ Z_3 + Z_2 + Z} = \frac{\mathrm{j}4(15-\mathrm{j}15)}{15-\mathrm{j}15-\mathrm{j}30+45}\mathrm{A} = \frac{5.657\angle 45^\circ}{5\angle -36.9^\circ}\mathrm{A} = 1.13\angle 8.19\mathrm{A}$$

方法 2：应用戴维南等效变换。

求开路电压：由图 5-36a 得

$$\dot{U}_0 = \dot{I}_S(Z_1 \ // \ Z_3) = 4\angle 90^\circ \times (-\mathrm{j}30 \ // \ 30)\mathrm{V} = 84.86\angle 45^\circ\mathrm{V}$$

求等效电阻：把图 5-36a 中的电流源断开，得

$$Z_0 = Z_1 \ // \ Z_3 + Z_2 = (-\mathrm{j}30 \ // \ 30)\Omega - \mathrm{j}30\Omega = (15-\mathrm{j}45)\Omega$$

等效电路如图 5-37b 所示，因此电流为

$$\dot{I} = \frac{\dot{U}_0}{Z_0 + Z} = \frac{84.86\angle 45^\circ}{15-\mathrm{j}45+45}\mathrm{A} = 1.13\angle 81.9^\circ\mathrm{A}$$

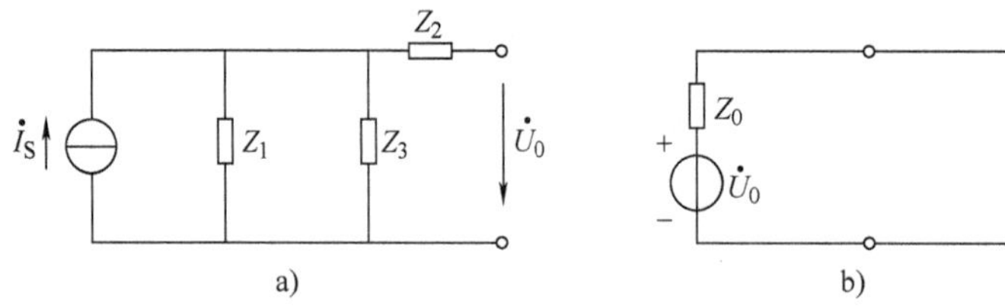

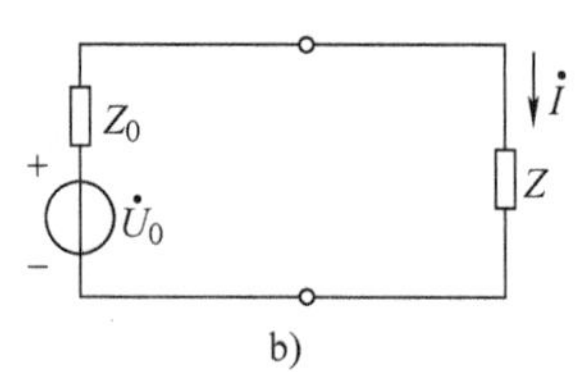

图 5-36　应用戴维南等效变换方法

a）原图　b）戴维南等效电路

【例 5-23】　求图 5-37a 所示电路的戴维南等效电路。

解：把图 5-37a 变换为图 5-37b，应用 KVL 得

$$\dot{U}_0 = -200\dot{I}_1 - 100\dot{I}_1 + 60\mathrm{V} = -300\dot{I}_1 + 60\mathrm{V} = -300\frac{\dot{U}_0}{\mathrm{j}300} + 60\mathrm{V}$$

解得开路电压

$$\dot{U}_0 = \frac{60}{1-\mathrm{j}}\mathrm{V} = 30\sqrt{2}\angle 45^\circ\mathrm{V}$$

把图 5-37b 所示电路端口短路得短路电流为

$$\dot{I}_{SC} = 60/100\mathrm{A} = 0.6\angle 0^\circ\mathrm{A}$$

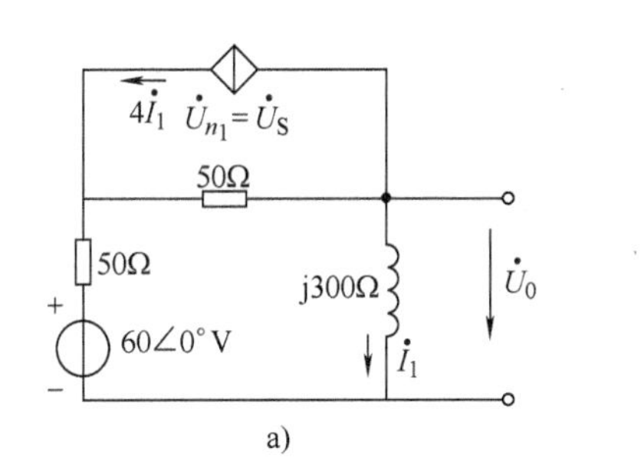

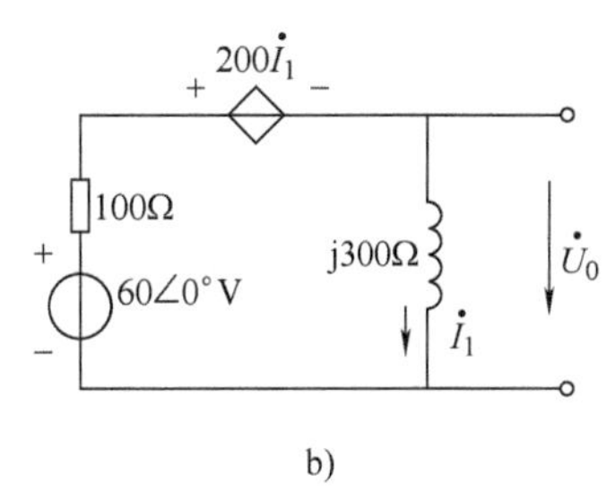

图5-37 例5-23图

a）原图 b）求开口电压

所以等效阻抗为

$$Z_0=\frac{\dot{U}_0}{\dot{I}_{SC}}=\frac{30\sqrt{2}45^\circ}{0.6}\Omega=50\sqrt{2}\angle 45^\circ\Omega$$

【例5-24】 已知 $\dot{U}_S=100\angle 45^\circ V$，$\dot{I}_S=4\angle 0^\circ A$，$Z_1=Z_3=50\angle 30^\circ\Omega$，$Z_2=50\angle-30^\circ\Omega$，用叠加定理计算图5-38a所示电路的电流 $\dot{I}_2$。

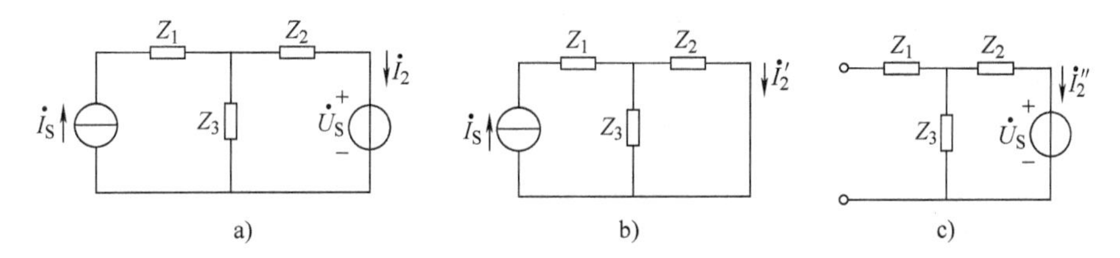

图5-38 例5-24图

a）原图 b）I_S 单独作用 c）U_S 单独作用

解：画出独立电源单独作用的分电路，如图5-38b和c所示，由图5-38b得

$$\dot{I}_2'=\dot{I}_S\frac{Z_3}{Z_2+Z_3}=4\angle 0^\circ\times\frac{50\angle 30^\circ}{50\angle-30^\circ+50\angle 30^\circ}A$$

$$=\frac{200\angle 30^\circ}{50\sqrt{3}}A=2.31\angle 30^\circ A$$

$$\dot{I}_2''=-\frac{\dot{U}_S}{Z_2+Z_3}=-\frac{100\angle 45^\circ}{50\sqrt{3}}A=1.155\angle-135^\circ A$$

由图5-38b得 $\dot{I}_2=\dot{I}_2'+\dot{I}_2''=(2.31\angle 30^\circ+1.155\angle-135^\circ)A=1.23\angle-15.9^\circ A$

【例5-25】 已知图5-39所示电路中 $Z=(10+j50)\Omega$，$Z_1=(400+j1000)\Omega$，问：当 β 等于多少时，$\dot{I}_1$ 和 $\dot{U}_S$ 相位差为90°？

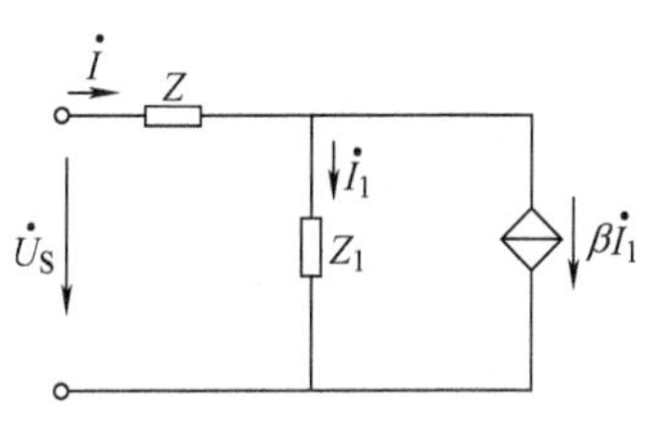

图5-39 例5-25图

解：根据KVL得

$$\dot{U}_S=Z\dot{I}+Z_1\dot{I}_1=Z(1+\beta)\dot{I}_1+Z_1\dot{I}_1$$

所以

$$\frac{\dot{U}_S}{\dot{I}_1}=(1+\beta)(10+j50)+400+j1000$$
$$=410+10\beta+j(50+50\beta+1000)$$

令上式实部为零，即 $410+10\beta=0\Rightarrow\beta=-41$

得

$$\frac{\dot{U}_S}{\dot{I}_1}=-j1000$$

即电压落后电流 90°相位。

5.6 正弦稳态电路的功率分析

5.6.1 正弦稳态电路的功率

前面已讨论了 R、L、C 单一电路参数的各类功率，本节将讨论一般正弦稳态电路的功率，如图 5-40 所示电路，现在讨论两端口无源网络，内部为 R、L、C 元件的连接。

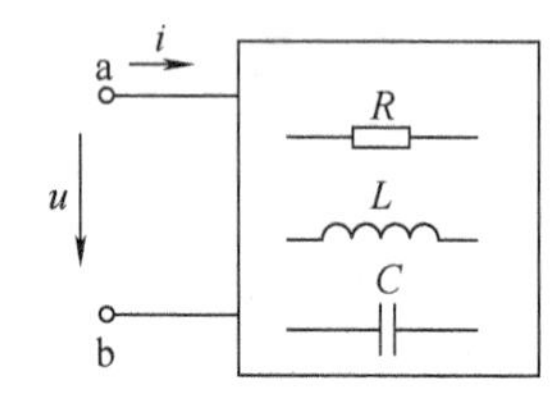

图 5-40 两端口无源网络

根据阻抗的等效变换，可得到 ab 端口上的等效阻抗为

$$Z=R+jX=|Z|\angle\varphi$$

设流入端口电流为 $i=\sqrt{2}I\sin\omega t$，则端口电压为 $u=\sqrt{2}U\sin(\omega t+\varphi)$，其中 φ 角为电压超前电流的相位角，也就是等效阻抗 Z 中的阻抗角 φ。在此基础上，来分析一般正弦稳态电路中的各类功率。

1. 交流电路中的瞬时功率

瞬时功率为瞬时形式下电压与电流的乘积，即

$$p=ui=2UI\sin(\omega t+\varphi)\sin\omega t$$

用三角函数的积化和差的关系，式中

$$\sin(\omega t+\varphi)\sin\omega t=\frac{1}{2}[\cos\varphi-\cos(2\omega t+\varphi)]$$

所以

$$p=UI\cos\varphi-UI\cos(2\omega t+\varphi) \tag{5-26}$$

由式（5-26）可见，瞬时功率由恒定分量及以 2ω 为角频率的交流分量两部分组成。其中恒定分量表示该电路中等效电阻所吸取的有功功率，交流分量表示电路中等效电感与等效电容上电磁能量的交换。

注意：瞬时功率有时为正，有时为负。当 $p>0$ 时，表示电路吸收功率，当 $p<0$ 时，表示电路发出功率。

2. 交流电路中的有功功率及功率因数

为了便于测量，通常引入有功功率的概念。有功功率为瞬时功率在一个周期内的平均值，也称为平均功率，即

$$P=\frac{1}{T}\int_0^T[UI\cos\varphi-UI\cos(2\omega t+\varphi)]\,dt=UI\cos\varphi \tag{5-27}$$

在正弦稳态电路中，有功功率也就是等效电阻上所吸收的功率，因此式（5-27）又可写为

$$P = IU\cos\varphi = IU_R = I^2R = U_R^2/R$$

在有功功率的表达式中，把 $\cos\varphi$ 称为交流电路中的功率因数，φ 称为功率因数角。从前面的分析中可见，功率因数角就是端口上电压超前电流的相位角，也是端口等效阻抗的阻抗角。有功功率不仅与电压和电流的乘积有关，而且与它们之间的相位差有关。有功功率的常用单位为瓦（W）。

注意：当 $\cos\varphi = 1$ 时，表示一端口网络的等效阻抗为纯电阻，平均功率达到最大。当 $\cos\varphi = 0$ 时，表示一端口网络的等效阻抗为纯电抗，平均功率为零。一般有 $0 \leqslant |\cos\varphi| \leqslant 1$。

3. 交流电路中的无功功率

在无源网络中的电感及电容元件上将进行磁场及电场能量的存储与释放，且与电源之间进行着能量的交换。在单一参数元件电路的分析中，已可知无功功率 $Q_L = U_LI$ 及 $Q_C = -U_CI$，所以总的无功功率 $Q = Q_L + Q_C = (U_L - U_C)I$。在 RLC 串联电路的电压三角形中可知：$(U_L - U_C) = U\sin\varphi$ 。将此式代入上式，可得无功功率为

$$Q = (U\sin\varphi)I = UI\sin\varphi \tag{5-28}$$

无功功率的常用单位为乏（var）。

注意：当 $\cos\varphi = 1$ 时，有 $\sin\varphi = 0$，纯电阻网络的无功功率为零。当 $\cos\varphi = 0$ 时，有 $\sin\varphi = 1$，表示纯电抗网络无功功率达到最大。因此 Q 的大小反映出网络与外电路交换功率的大小，这是由储能元件 L、C 的性质决定的。

4. 交流电路中的视在功率或容量

把电压电流的有效值直接相乘的乘积称为视在功率，其关系式为

$$S = UI \tag{5-29}$$

该公式的形式为功率，但它并不是交流电路中实际的有功或无功功率，因此称它为视在功率。它表示了电源或设备可以提供的最大有功功率（容量），即当 $\cos\varphi = 1$ 时，$P = UI$。在交流发电机、变压器等电源设备的技术参数中，都规定了其额定的视在功率或容量 $S_N = U_N I_N$，视在功率的常用单位为伏安（V·A）或千伏安（kV·A）。

5. 交流电路中的功率三角形

上述各项功率计算式为

有功功率　$P = UI\cos\varphi = S\cos\varphi$

无功功率　$Q = UI\sin\varphi = S\sin\varphi$

视在功率　$S = UI = \sqrt{P^2 + Q^2}$

功率因数　$\cos\varphi = P/S$

功率因数角　$\varphi = \arctan\dfrac{Q}{P}$

根据这些关系，可构成一个功率（直角）三角形，如图 5-41 所示。它与前述的 RLC 串联电路中的阻抗三角形、电压三角形为一组相似三角形，相似比为电流有效值 I。

利用这三个三角形的相似关系，在交流电路的分析计算中，能使计算简化。利用功率三角形，各个功率的计算总结如下

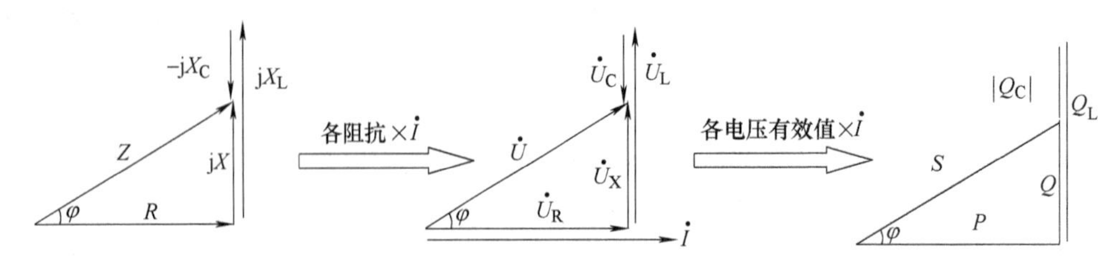

图 5-41 阻抗、电压、功率三角形（一组相似三角形）

$$P = UI\cos\varphi = |Z|I^2\cos\varphi = RI^2$$

$$Q = UI\sin\varphi = |Z|I^2\sin\varphi = XI^2 = I^2(X_L - X_C)$$

$$S = UI = \sqrt{P^2 + Q^2} = I^2\sqrt{R^2 + X^2} = I^2|Z|$$

【例 5-26】 有一无源二端网络，已知端口上的电压 $u = 220\sqrt{2}\sin(314t - 20°)\mathrm{V}$，电流 $i = 4.4\sqrt{2}\sin(314t + 33°)\mathrm{A}$。

试求：（1）该网络的端口等效阻抗 Z。

（2）该电路中的 P、Q、S、$\cos\varphi$。

解：

1）由题中的 u、i 算式可知，该网络中的电流越前于电压，阻抗一般可等效为 R 与 X_C 相串联构成。阻抗模 $|Z|$ 和阻抗角 φ 分别为

$$|Z| = U/I = \frac{220}{4.4}\Omega = 50\Omega$$

$$\varphi = \psi_u - \psi_i = -53°$$

所以，阻抗 Z 为

$$Z = |Z|\angle\varphi = 50\angle -53°\Omega$$

其中等效电阻及电抗分别为

$$R = |Z|\cos\varphi = 30\Omega$$

$$X_C = ||Z|\sin\varphi| = 40\Omega$$

2）有功功率 $P = 220 \times 4.4 \times \cos(-53°)\mathrm{W} = 583\mathrm{W}$

无功功率 $Q = 220 \times 4.4 \times \sin(-53°)\mathrm{var} = -773\mathrm{var}$

视在功率 $S = 220 \times 4.4\mathrm{V \cdot A} = 968\mathrm{V \cdot A}$

功率因数 $\cos\varphi = \cos(-53.1°) = 0.6$

【例 5-27】 图 5-42 所示电路是用三表法测线圈参数。已知 $f = 50\mathrm{Hz}$，测得 $U = 50\mathrm{V}$，$I = 1\mathrm{A}$，$P = 30\mathrm{W}$，求线圈参数 R 和 L。

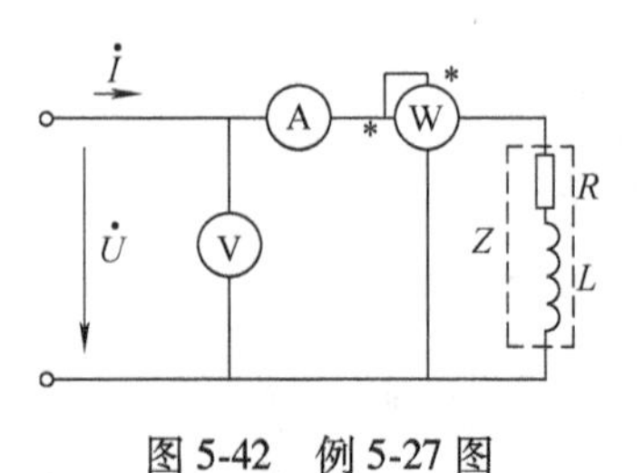

图 5-42 例 5-27 图

解： 由电表的读数知

视在功率 $S = UI = 50 \times 1\mathrm{V \cdot A} = 50\mathrm{V \cdot A}$

无功功率 $Q = \sqrt{S^2 - P^2} = \sqrt{50^2 - 30^2}\mathrm{var} = 40\mathrm{var}$

因此

$$R = P/I^2 = 30/1^2\Omega = 30\Omega$$

$$X_L = Q/I^2 = 40/I^2\Omega = 40\Omega$$
$$L = X_L/\omega = 40/(100\pi)\text{H} = 0.127\text{H}$$

5.6.2　功率因数的提高

在正弦稳态电路中，用电设备多属电感性，因此功率因数角 $\varphi>0$，且较大，而功率因数 $\cos\varphi$ 则较低。

1. 交流电路中 cosφ 低的危害

1）当电路端口容量 S 一定时，由于 $P=S\cos\varphi$，所以当 $\cos\varphi$ 低时，就使电路中能得到的有功功率 P 下降，即电源容量的有效利用率下降。

2）当电路中有功功率 P 及端口电压 U 一定时，由 $P=UI\cos\varphi$ 可见，当 $\cos\varphi$ 较低时，就使干线上的电流 I 上升，从而使输电线路上的消耗增加，电源输出电能的损失将加大。因此，在实际供电中，电厂或供电部门会要求用户（特别是用电大户）采取措施以提高功率因数，使电厂电源容量的有效效率得到提高。下面讨论提高电路功率因数的常用方法及计算公式。

2. 提高功率因数 cosφ 的常用方法

提高 $\cos\varphi$ 的常用方法如图 5-43 所示。在负载的两端并联上一定的电容 C，这样可提高并联 C 后电路的功率因数。

由于电容器 C 是并联在负载两端的，当外加电压一定时，并联电容对原负载上的电压、电流、功率以及功率因数都不会产生影响。根据图 5-43 所示电路及图 5-44 所示的功率三角形可得 $|Q_C|=P(\tan\varphi_0-\tan\varphi_1)$，又由电容元件上无功功率的计算式 $|Q_C|=U^2\omega C$，联立求解得到

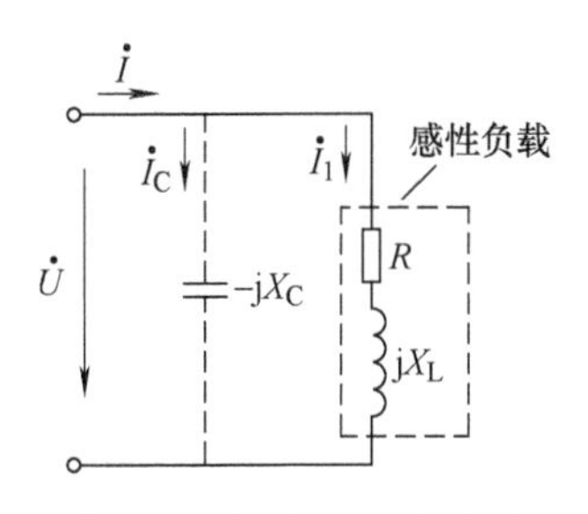

图 5-43　提高 cosφ 的方法

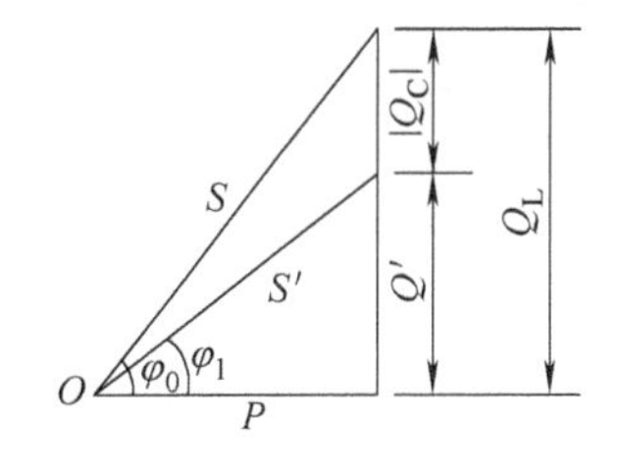

图 5-44　功率三角形

$$C = \frac{P(\tan\varphi_0 - \tan\varphi_1)}{\omega U^2} \tag{5-30}$$

式（5-30）表示了当将原负载上的功率因数 $\cos\varphi_0$ 提高到 $\cos\varphi_1$ 时，所需的并联电容 C 的值。并联电容提高 $\cos\varphi$ 的实质是利用电容中无功功率 Q_C（$Q_C<0$）去补偿原感性负载中的无功功率 Q_L（$Q_L>0$），使总的无功功率下降，总的功率因数角减小，总的功率因数 $\cos\varphi$ 提高，最终使电源的容量有效利用率提高，输电线路上的损耗下降，并且对用户负载上的工作情况无任何影响。

【例 5-28】　有一感性负载，其有功功率 $P=100\text{kW}$，功率因数 $\cos\varphi_0=0.5$，端口电源电压 $U=220\text{V}$，电源频率 $f=50\text{Hz}$。

试求：1）将功率因数提高到 $\cos\varphi_1=0.95$ 时，需并联的电容值 C。

2）电容并联前线路上的电流 I_1 及电容并联后线路上的电流 I。

解：

1）由 $\cos\varphi_0=0.5$ 得 $\varphi_0=60°$，所以 $\tan\varphi_0=1.732$。由 $\cos\varphi_1=0.95$ 得 $\varphi_1=18°$，所以 $\tan\varphi_1=0.325$，根据式（5-30）可得需要并联的电容值为

$$C=\frac{100\times10^3(1.732-0.325)}{220^2\times2\pi\times50}\mu F=9258\mu F$$

2）根据 $P=UI\cos\varphi$，分别计算电容并联前后的线路上电流为

$$I_1=\frac{P}{U\cos\varphi_1}=\frac{100\times10^3}{220\times0.5}A=909.1A$$

$$I=\frac{P}{U\cos\varphi_0}=\frac{100\times10^3}{220\times0.95}A=478.5A$$

并联电容后，线路上的电流下降得很快，但原负载上的电流还是 $I_1=909.1A$，并没有变化，所以并联电容并不影响原负载的正常工作。

5.7 正弦稳态电路的最大功率传输

由直流稳态电路分析其最大功率传输问题可知，负载吸收的功率仅是负载电阻 R 的函数，所以电阻电路的最大功率传输问题较简单。

本节讨论的正弦稳态电路的最大功率传输问题需要明确一点：这里涉及的功率是指有功功率。

如图 5-45 所示电路相量模型，设信号源在戴维南等效电路中的电压源和阻抗分别为 $\dot{U}_{OC}$ 和 $Z_0=R_0+jX_0$，负载阻抗 $Z_L=R_L+jX_L$。根据图 5-45 可得负载电流为

$$\dot{I}=\frac{\dot{U}_{OC}}{Z_0+Z_L}=\frac{\dot{U}_{OC}}{R_0+jX_0+R_L+jX_L} \tag{5-31}$$

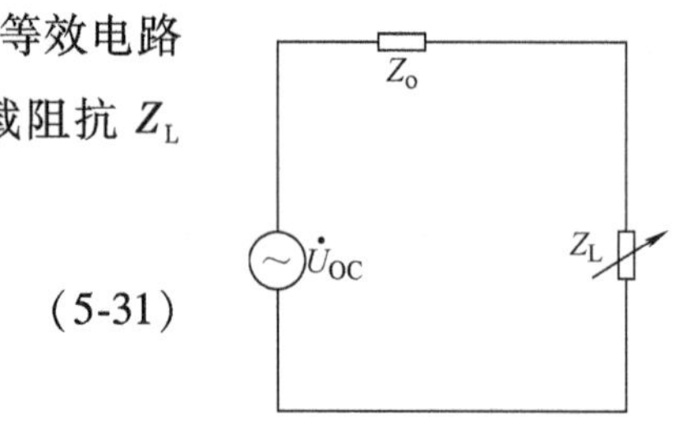

图 5-45 最大功率传输电路相量模型

因此

$$I=\frac{U_{OC}}{\sqrt{(R_0+R_L)^2+(X_0+X_L)^2}}$$

负载吸收的平均功率为

$$P=I^2R_L=\frac{U_{OC}^2R_L}{(R_0+R_L)^2+(X_0+X_L)^2} \tag{5-32}$$

由于变量 X_L 只出现在分母中，因此对任意的 R_L，当 $X_L=-X_0$ 时分母最小，此时

$$P=I^2R_L=\frac{U_{OC}^2R_L}{(R_0+R_L)^2} \tag{5-33}$$

求式（5-33）功率的最大值，对该式求导，令 $\frac{dP}{dR_L}=0$，得当 $R_L=R_0$ 时可获得最大功率。

综上可得，负载获得最大功率的条件为

$$Z_L=\overset{*}{Z}_0=R_0-jX_0 \tag{5-34}$$

通过上述分析，可得到正弦稳态电路的最大功率传输定理。

最大功率传输定理：工作于正弦稳态的二端网络向一个负载 $Z_L=R_L+jX_L$ 供电，如果该二端网络可用戴维南等效电路（其中 $Z_0=R_0+jX_0$，$R_0>0$）代替，则在负载阻抗等于戴维南等效输出阻抗的共轭复数（即 $Z_L=R_0-jX_0$）时，负载可以获得最大平均功率，且最大功率为

$$P_m=\frac{U_{OC}^2}{4R_0} \tag{5-35}$$

【例 5-29】 图 5-46 所示电路，已知 Z_L 为可变负载，试求当 Z_L 为何值时可获得最大功率？最大功率是多少？

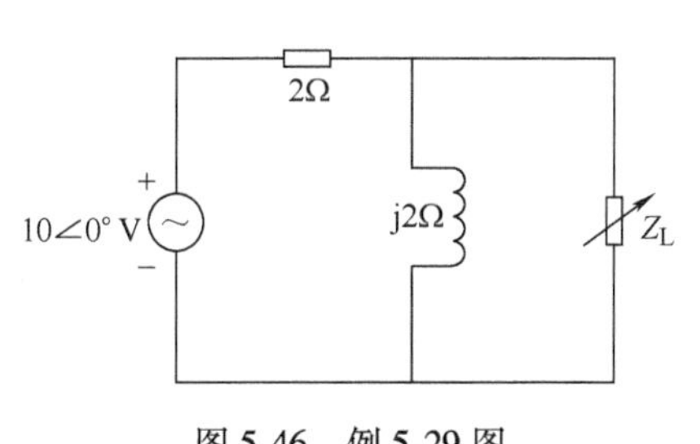

图 5-46　例 5-29 图

解：移去待求支路，计算戴维南等效电路参数，得

$$\dot{U}_{OC}=\frac{j2}{2+j2}\times 10\angle 0°\text{V}=5\sqrt{2}\angle 45°\text{V}$$

$$Z_0=\frac{2\times j2}{2+j2}\Omega=(1+j)\Omega$$

根据最大功率传输定理，当负载阻抗等于 Z_0 的共轭时，可获得最大功率，所以

$$Z_L=\overset{*}{Z}_0=(1-j)\Omega$$

且最大功率为

$$P_m=\frac{U_{OC}^2}{4R_0}=\frac{(5\sqrt{2})^2}{4\times 1}\text{W}=12.5\text{W}$$

5.8　电路的谐振

调节电路的参数或电源的频率，可以使电路中电压与电流的相位相同，即相位差 $\varphi=0$，电路此时呈纯电阻性，这时就称电路发生了谐振。研究电路的谐振现象，主要是讨论谐振产生的条件及谐振时电路中的电量特点，以便在实际电路中加以限制或利用。下面就串联及并联电路的谐振进行讨论。

5.8.1　串联谐振

RLC 串联电路中出现的谐振称为串联谐振或电压谐振，电路如图 5-47 所示。

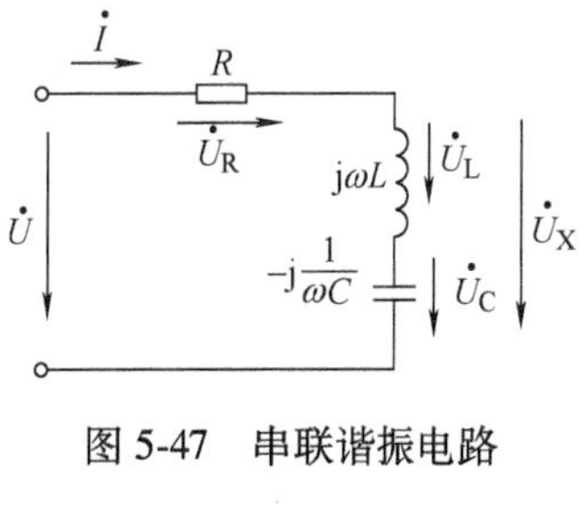

图 5-47　串联谐振电路

该电路的复阻抗为 $Z=R+j(X_L-X_C)=|Z|\angle\varphi$，要使电路发生串联谐振，需阻抗的虚部等于 0，即 $X_L=X_C$，也即

$$\begin{cases}\omega L=\dfrac{1}{\omega C}\\ \omega=\dfrac{1}{\sqrt{LC}}=\omega_0\\ f=\dfrac{1}{2\pi\sqrt{LC}}=f_0\end{cases} \tag{5-36}$$

这就是电路发生谐振的条件，发生谐振时对应的角频率或频率称为谐振角频率或者谐振频率，记为 ω_0或f_0。可以通过调节电源频率f使$f=f_0$，或者通过调节电路参数 L 或 C 使$f=f_0$，来使电路发生谐振。

由谐振条件得串联电路发生谐振的方式为：

1）L、C 不变，改变 ω 达到谐振。

2）电源频率不变，改变 L 或 C（通常改变 C）达到谐振。

串联电路发生谐振时，电路会呈现以下几个特征：

1）谐振时电路端口电压 $\dot{U}$ 和端口电流 $\dot{I}$ 同相位，相位角或阻抗角 $\varphi=0$，电路呈电阻性，电抗 $X=0$，$X_L=X_C$。

2）谐振时入端阻抗 $Z=R$ 为纯电阻，阻抗的模 $|Z|=\sqrt{R^2+(X_L-X_C)^2}=R$，其值最小，因此在电源电压 U 不变的情况下，电路中的电流达到最大，即

$$I_{max}=I_0=\frac{U}{R}$$

由于 $I=U/\sqrt{R^2+[2\pi fL-1/(2\pi fC)]^2}$，从而可作出电路的电流谐振曲线，如图 5-48 所示。当谐振曲线比较尖锐时，稍有偏离谐振频率 f_0 的信号就大大削弱。就是说，谐振曲线越尖锐，选择性就越强。此外，也引用通频带宽度的概念，规定在电流 I 值等于最大值 I_0 的 $1/\sqrt{2}$ 处频率的上下限之间的宽度称为通频带宽度，即 $\Delta f=f_2-f_1$。通频带宽度越小，表明谐振曲线越尖锐，电路的频率选择性就越强。

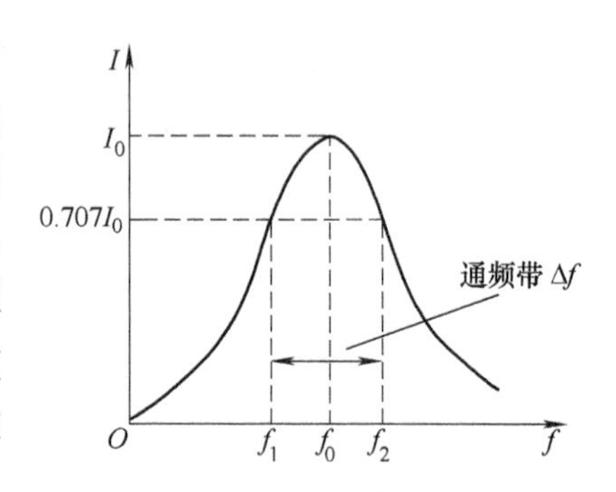

图 5-48 电路的谐振曲线

3）谐振时的元件电压特征为

$$\dot{U}_L=j\omega_0L\dot{I}=j\omega_0L\frac{\dot{U}}{R}=jQU$$

$$\dot{U}_C=-j\frac{\dot{I}}{\omega_0C}=-j\omega_0L\frac{\dot{U}}{R}=-jQU$$

上式表明，L、C 上的电压大小相等，相位相反。LC 串联总电压 $\dot{U}_X=\dot{U}_L+\dot{U}_C=0$，LC 串联部分相当于“短路”，这在串联谐振电路的分析中是一个经常可以利用的特点。但应注意，它不是实际的短接，L 与 C 元件还是有通过电流，元件上也有电压，但 L 与 C 两者的电压大小相等，方向相反。所以串联谐振有时也称电压谐振，此时电源电压全部加在电阻上，即 $\dot{U}=\dot{U}_R+\dot{U}_L+\dot{U}_C=\dot{U}_R$。

4）谐振时出现过电压现象。

电感电压和电容电压表达式中的 Q 称为品质因数，有

$$\begin{cases}Q=\dfrac{\omega_0L}{R}=\dfrac{1}{\omega_0CR}\\[2ex]Q=\dfrac{U_L}{U}=\dfrac{U_C}{U}\end{cases}\tag{5-37}$$

Q 值一般从几到几百。在高 Q 电路中，$U_C=U_L=QU\gg U$，电感或者电容两端电压远远高于电源电压，称为过电压现象。电子和通信工程中，常利用高品质因数的串联谐振电路来放大电压信号。而电力工程中则需避免发生高品质因数的谐振，以免因过高电压损坏电气设备。

5）谐振时的有功功率为

$$P = UI\cos\varphi = UI$$

即电源向电路输送电阻消耗的功率，此时电阻功率达最大。

无功功率为

$$Q = UI\sin\varphi = Q_L + Q_C = 0$$

其中

$$Q_L = \omega_0 LI_0^2,\ Q_C = -\frac{1}{\omega_0 C}I_0^2 = -\omega_0 LI_0^2$$

即电源不向电路输送无功功率，此时电感中的无功功率与电容中的无功功率大小相等，互相补偿，彼此进行能量交换，如图 5-49 所示。

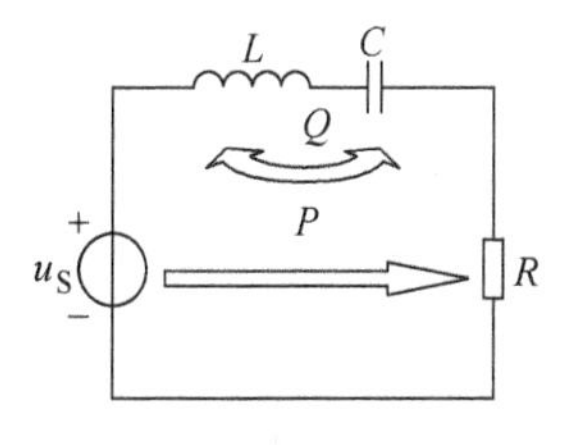

图 5-49 串联谐振电路的能量交换

在无线电技术中，经常应用串联谐振电路来选择所需频率的信号，如图 5-50 所示的无线接收电路的示意图，通过调节电容 C，从而对所需频率的信号产生串联谐振，即 $f_0=\dfrac{1}{2\pi\sqrt{LC}}$，则该频率的信号达到最大，从而在不同频率的信号中，该频率信号被选出接收，而其他频率信号即被抑制。

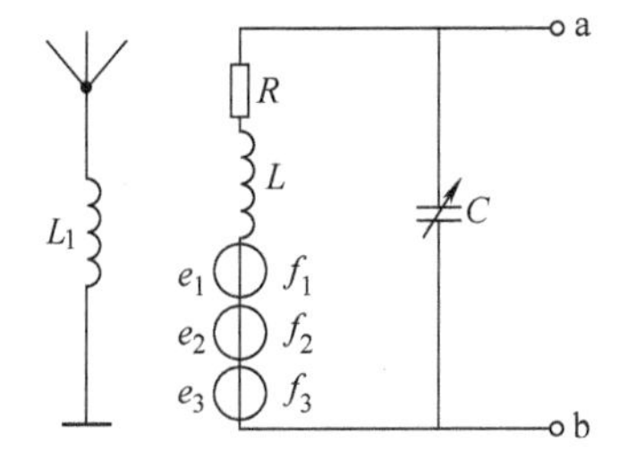

图 5-50 无线接收电路的示意图

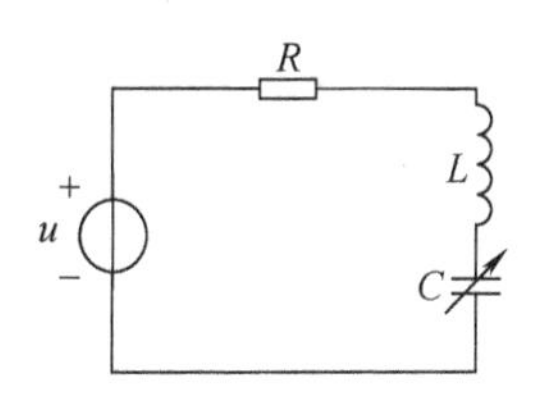

图 5-51 例 5-30 图

【例 5-30】 某收音机的输入回路如图 5-51 所示，已知电感 $L=1\text{mH}$，电阻 $R=10\Omega$，现要接收到 560kHz 的信号。试求：

（1）电容器 C 应调多大？

（2）若该频率信号的电压为 2V，则谐振时电流 I 及电容器上电压 U_C 为多大？

解：

（1）根据谐振条件，$f_0=\dfrac{1}{2\pi\sqrt{LC}}$，即

$$560\times 10^3 = \frac{1}{2\times 3.14\sqrt{1\times 10^{-3}\cdot C}}$$

所以电容 $C=80.8\text{pF}$。

（2）谐振电流 $I_0=\dfrac{U}{R}=\dfrac{2}{10}\text{A}=0.2\text{A}$，电容电压为

$$U_C=U_L=I_0 2\pi fL=0.2\times2\times3.14\times560\times10^3\times10^{-3}\text{V}=703\text{V}\gg2\text{V}$$

【例 5-31】 一接收器的电路如图 5-52 所示，参数为：$U=10\text{V}$，$\omega=5\times10^3\text{rad/s}$，调节 C 使电路中的电流最大，$I_{max}=200\text{mA}$，测得电容电压为 600V，求 R、L、C 和品质因数 Q。

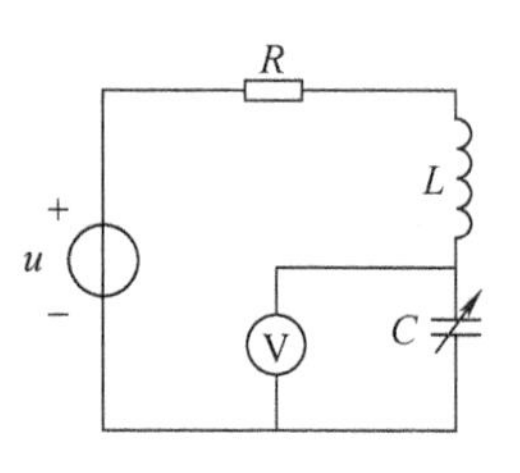

图 5-52 例 5-31 图

解： 电路中电流达到最大时发生串联谐振，因此有

$$R=\frac{U}{I_0}=\frac{10}{200\times10^{-3}}\Omega=50\Omega$$

$$U_C=QU\Rightarrow Q=\frac{U_C}{U}=\frac{600\text{V}}{10\text{V}}=60$$

$$L=\frac{RQ}{\omega_0}=\frac{50\times60}{5\times10^3}\text{H}=600\text{mH}$$

$$C=\frac{1}{\omega_0^2 L}=0.067\mu\text{F}$$

5.8.2 并联谐振

如图 5-53 所示电路为电感线圈与电容器的并联电路。当该电路发生谐振时，称为并联谐振。下面首先分析并联谐振的谐振条件，该电路的复导纳可根据阻抗的并联计算，得

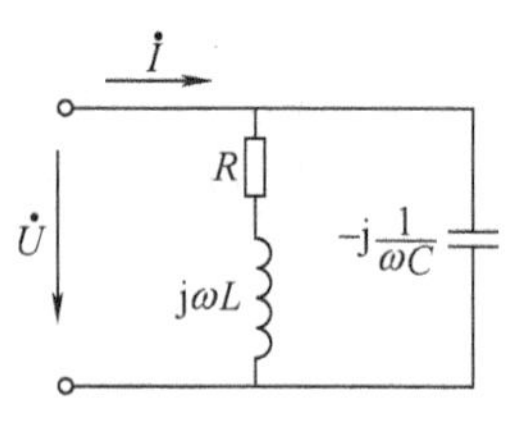

图 5-53 *RLC* 并联谐振电路图

$$Y=Z^{-1}=\left(\frac{\dfrac{1}{j\omega C}(R+j\omega L)}{\dfrac{1}{j\omega C}+(R+j\omega L)}\right)^{-1}=\frac{1+j\omega RC-\omega^2 LC}{R+j\omega L}$$

当电感线圈的感抗较大时，即 $\omega L\gg R$ 时，导纳为

$$Y\approx\frac{1+j\omega RC-\omega^2 LC}{j\omega L}=\frac{RC}{L}+j\left(\omega C-\frac{1}{\omega L}\right)=\frac{1}{R'}+j\left(\omega C-\frac{1}{\omega L}\right)$$

谐振发生的条件是并联谐振的频率即虚部等于 0，可得

$$\omega C-\frac{1}{\omega L}=0$$

所以

$$\omega=\frac{1}{\sqrt{LC}}=\omega_0,\ f=\frac{1}{2\pi\sqrt{LC}}=f_0$$

可见与串联谐振时的谐振条件完全相同。

下面再分析并联谐振电路的特征：

1）谐振时电路端口电压 $\dot{U}$ 和端口电流 $\dot{I}$ 同相位。

2）谐振时入端导纳 $Y=1/R'$ 为纯电导，导纳 $|Y|$ 最小，如图 5-54 所示，因此在电源电流 I 不变的情况下，电路中的电压达到最大，即 $U_{max}=U_0=R'I$，如图 5-55 所示。

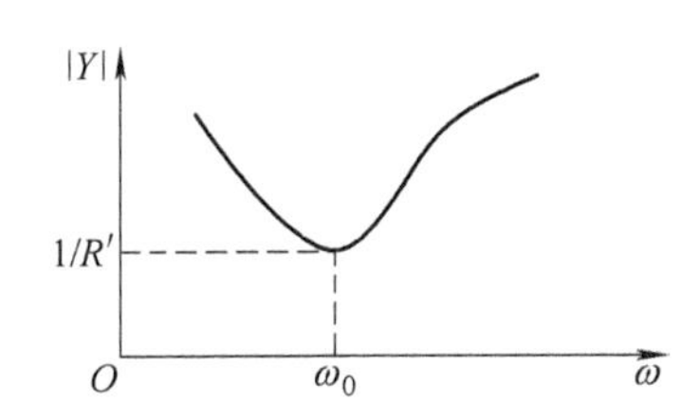

图5-54　并联谐振电路的|Y|的谐振曲线

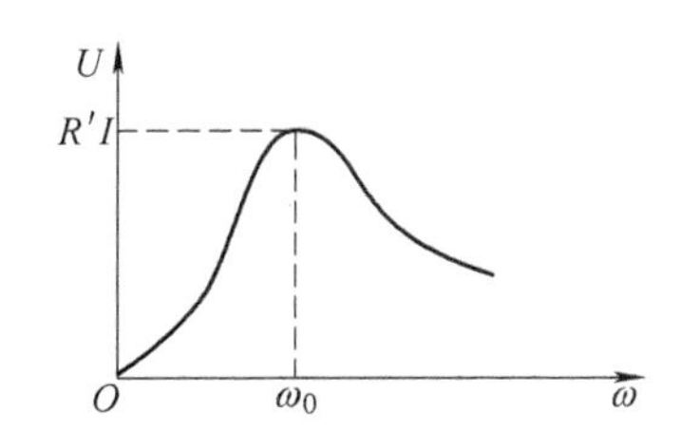

图5-55　并联谐振电路的U的谐振曲线

3）谐振时电感电流和电容电流分别为

$$\dot{I}_{\mathrm{L}}=\mathrm{j}\frac{1}{\omega_0 L}\dot{U}=-\mathrm{j}\frac{R'}{\omega_0 L}\dot{I}=-\mathrm{j}\frac{\frac{L}{RC}}{\omega_0 L}\dot{I}=-\mathrm{j}\frac{1}{\omega_0 RC}\dot{I}=-\mathrm{j}Q\dot{I}$$

$$\dot{I}_{\mathrm{C}}=\mathrm{j}\omega_0 C\dot{U}=\mathrm{j}\omega_0 CR'\dot{I}=\mathrm{j}\omega_0 C\frac{L}{RC}\dot{I}=\mathrm{j}\frac{\omega_0 L}{R}\dot{I}=\mathrm{j}Q\dot{I}$$

上式表明 L、C 上的电流大小相等，相位相反。并联总电流 $\dot{I}_{\mathrm{X}}=\dot{I}_{\mathrm{L}}+\dot{I}_{\mathrm{C}}=0$，$LC$ 相当于“开路”，但应注意，两元件实际上并不开路，L 与 C 分支上有电流 $\dot{I}_{\mathrm{L}}$ 及 $\dot{I}_{\mathrm{C}}$，但 L 与 C 两者的电流相等，方向相反。所以并联谐振有时也称电流谐振，此时电源电流全部通过电阻 R'，即 $\dot{I}_{\mathrm{R}}=\dot{I}$。

4）谐振时出现过电流现象。电感电流和电容电流表示式中的 Q 称为并联电路的品质因数，有

$$\begin{cases}Q=\dfrac{R'}{\omega_0 L}=\omega_0 CR'\\[2mm] Q=\dfrac{1}{\omega_0 RC}=\dfrac{\omega_0 L}{R}\\[2mm] Q=\dfrac{I_{\mathrm{L}}}{I}=\dfrac{I_{\mathrm{C}}}{I}\end{cases}$$

如果 $Q>1$，则有 $I_{\mathrm{L}}=I_{\mathrm{C}}>I$。当 $Q\gg 1$ 时，电感和电容中出现远远高于电源电流的电流，称为过电流现象。

5）谐振时的有功功率为

$$P=UI=R'I^2$$

即电源向电路输送电阻消耗的功率，此时电阻功率达最大。

无功功率为

$$Q=UI\sin\varphi=Q_{\mathrm{L}}+Q_{\mathrm{C}}=0$$

$$|Q_{\mathrm{L}}|+|Q_{\mathrm{C}}|=\omega_0 CU^2=\frac{U^2}{\omega_0 L}$$

上述分析表明：电感中的无功功率与电容中的无功功率大小相等，互相补偿，彼此进行能量交换。

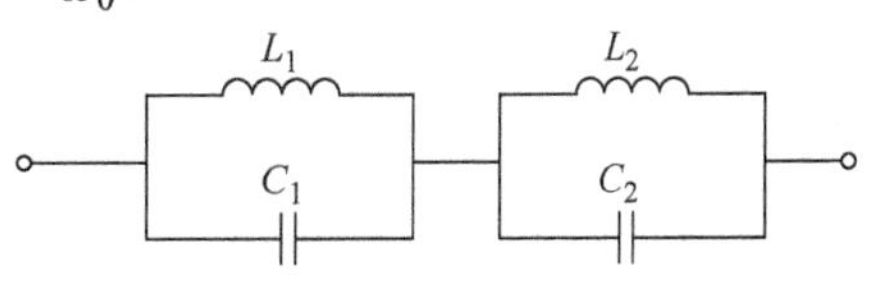

图5-56　例5-32图

【例5-32】　电路如图5-56所示，求电路的谐

振频率 ω_0。

解：整个电路的复导纳为

$$Y=\frac{\left(\frac{1}{\mathrm{j}\omega L_1}+\mathrm{j}\omega C_1\right)\left(\frac{1}{\mathrm{j}\omega L_2}+\mathrm{j}\omega C_2\right)}{\frac{1}{\mathrm{j}\omega L_1}+\mathrm{j}\omega C_1+\frac{1}{\mathrm{j}\omega L_2}+\mathrm{j}\omega C_2}=-\mathrm{j}\frac{(1-\omega^2L_1C_1)(1-\omega^2L_1C_1)}{\omega[L_1+L_2-\omega^2L_1L_2(C_1+C_2)]}$$

当虚部等于0时，电路发生并联谐振，即

$$1-\omega^2L_1C_1=0,\ 1-\omega^2L_2C_2=0$$

解得并联谐振频率为

$$\omega_{01}=\frac{1}{\sqrt{L_1C_1}},\ \omega_{02}=\frac{1}{\sqrt{L_2C_2}}$$

整个电路的复阻抗为

$$Z=Y^{-1}=\mathrm{j}\frac{\omega[L_1+L_2-\omega^2L_1L_2(C_1+C_2)]}{(1-\omega^2L_1C_1)(1-\omega^2L_1C_1)}$$

当时，电路发生串联谐振，即

$$L_1+L_2-\omega^2L_1L_2(C_1+C_2)=0$$

解得串联谐振频率为

$$\omega_0=\sqrt{\frac{L_1+L_2}{L_1L_2(C_1+C_2)}}$$

本 章 小 结

1. 正弦交流信号的数学模型

正弦交流信号是指大小和方向随时间按正弦规律做周期性变化的信号。可用四种方法来表示。

（1）三角函数表示式

如对正弦电流有

$$i=\sqrt{2}I\sin(\omega t+\psi_i)=I_{\mathrm{m}}\sin(\omega t+\psi_i)$$

式中，I_{m}是最大值或幅值；I 是有效值；ω 是角频率；ψ_i是初相位；（$\omega t+\psi_i$）是相位角或相位。前三项称为正弦交流电量的三要素。

（2）正弦交流量的瞬时波形图 $i(t)$、$u(t)$

它是随时间按正弦规律变化的曲线，反映了正弦交流电量的三要素。

（3）相量复数式

相量复数表示式有极坐标式及直角坐标代数式两种基本形式，例如对正弦电流有

$$\dot{I}=I\angle\psi_i=I\cos\psi_i+\mathrm{j}I\sin\psi_i$$

在电路分析计算中，视相量的计算类型进行必要的转换，一般加减运算用直角坐标代数式，乘除运算用极坐标式。

（4）正弦量 $\dot{I}$、$\dot{U}$ 的相量图

这是在复平面上反映相量之间关系的图形。在相量图上，除了按比例反映各相量的模（有效值）以外，最重要的是根据各相量的相位相对地确定各相量在图上的位置（方位）。

2. *R*、*L*、*C* 单一参数的交流电路

单一参数交流电路是分析单相交流电路的基础，必须重点掌握。

（1）电阻元件交流电路

R 元件在正弦稳态电路中的阻抗即为电阻 *R*，其相量 VCR 方程为 $\dot{U}_R = R\dot{I}$ 。$\dot{U}_R$ 和 $\dot{I}$ 的数值关系为 $I = U_R/R$ ，相位关系是电压与电流同相。电阻元件是耗能元件，它消耗的功率即为有功功率 $P = U_R I = U_R^2/R = I^2 R$（单位为 W）。在形式上这与直流电路的功率计算相同，但这里的 *U*、*I* 指的是有效值。

（2）电感元件交流电路

L 元件在交流电路中的感抗 $X_L = \omega L = 2\pi f L$ ，频率 *f* 越高，则 X_L越大；当 $f=0$（直流）时，$X_L = 0$，电感元件相当于短路。复阻抗 $Z_L = jX_L$，L 元件的相量 VCR 方程为 $\dot{U}_L = jX_L\dot{I}$ 。$\dot{U}_L$ 和 $\dot{I}$ 的数值关系为 $I = U_L/X_L$ ，相位关系是在关联参考方向下，电压超前于电流 90°。电感元件是储能元件，它本身并不消耗功率，即有功功率 *P* 为零，无功功率 $Q_L = I^2 X_L$（单位为 var），反映了其与电路交换的功率。

（3）电容元件交流电路

电容元件的容抗 $X_C = 1/(\omega C)$ ，复阻抗 $Z_C = 1/(j\omega C) = -j1/(\omega C) = -jX_C$ ，频率 *f* 愈高，则 X_C愈小；当 $f=0$（直流）时，$X_C = \infty$ ，电容器相当于开路。$\dot{U}_C = -jX_C\dot{I}$ ，这是电容元件相量形式的 VCR 方程。$\dot{U}_C$ 与 $\dot{I}$ 的数值关系为 $I = U_C/X_C$ ，相位关系是在关联参考方向下，电流超前于电压 90°。电容元件也是储能元件，它本身并不消耗功率，即有功功率 *P* 为零，无功功率 $Q_C = -I^2 X_C$（单位为 var），反映了其与电路交换的功率。

3. 电阻、电感与电容元件串联的交流电路

串联总电压 $\dot{U} = \dot{U}_R + \dot{U}_L + \dot{U}_C$ ，这是基尔霍夫电压定律的相量式。串联电路总复阻抗为

$$Z = R + j(X_L - X_C) = |Z|\angle\varphi$$

复阻抗的模为

$$|Z| = \sqrt{R^2 + (X_L - X_C)^2} = \sqrt{R^2 + X^2}$$

阻抗角为

$$\varphi = \arctan\frac{X}{R}$$

$\dot{U}_R$ 、$(\dot{U}_L + \dot{U}_C)$ 和 $\dot{U}$ 所构成的直角三角形称为电压三角形。*R*、*X* 和 $|Z|$ 所构成的直角三角形称为阻抗三角形。电路功率 *P*、*Q*、*S* 所构成的直角三角形称为功率三角形。阻抗、电压和功率三角形是一组相似直角三角形，相似比为电流 *I*。引出这一组相似三角形的目的是为了帮助分析和记忆。应当注意，功率及阻抗都不是正弦量，所以不能用相量表示，它们构成的三角形也不是相量三角形。

4. 正弦稳态电路的功率及功率因数的提高

交流电路的功率有：瞬时功率 $p = ui$，有功功率 $P = UI\cos\varphi$（单位为 W）；无功功率 $Q = UI\sin\varphi$（单位为 var）；视在功率 $S = UI = \sqrt{P^2 + Q^2}$（单位为 V · A）。功率因数为 $\cos\varphi$，$\cos\varphi =$

$R/|Z| = U_R/U = P/S$。

提高供电线路的功率因数 $\cos\varphi$ 对节约电能有重要的意义。在感性负载两端并联适当大小的电容器可以提高线路上的功率因数。并联电容器后，总电流值减小了，但负载两端的电压、电流及功率不变。电容器并联前后的线路电流及所需电容值分别为

$$I_0 = \frac{P}{U\cos\varphi_0},\ I_1 = \frac{P}{U\cos\varphi_1},\ C = \frac{P}{\omega U^2}(\tan\varphi_0 - \tan\varphi_1)$$

5. 正弦稳态电路的相量分析

相量分析法是交流电路分析的一个重要工具。用相量分析电路时，若题中已指定参考相量，则应以指定的参考相量来描绘相量图；若未指定参考相量，则首先应选择一合适的参考相量，通常串联电路中选电流作为参考相量，并联电路中选电压作为参考相量，混联电路则取并联部分电压作为参考相量。然后根据电路的具体结构、电路参数的性质以及相量形式的欧姆定律和基尔霍夫定律分析其他电量。此外也可以借助相量图中各相量的几何关系求出待求相量的大小和相位。

6. 复阻抗 Z 及正弦稳态电路的相量复数计算法

这是正弦稳态电路的基本分析计算方法。这时的电路为相量模型，参数为复阻抗，电源电动势及电量都为相量。在这基础上，就可把前述的直流电路中所有的定律、定理和分析方法用相量形式推广到正弦稳态电路中应用，分析方法和步骤与直流电路相同。

7. 电路中的谐振

在 RLC 电路中，当总电压与总电流的相位差 $\varphi=0$，电路呈阻性，此时称电路发生谐振。电路发生串联谐振时的频率 $f_0 = 1/(2\pi\sqrt{LC})$，谐振时电路阻抗最小，阻抗的模 $|Z| = \sqrt{R^2 + (X_L - X_C)^2} = R$；电流达到最大值 $I = U/R$，电压与电流同相；电感和电容的端电压相等 $U_L = U_C = QU$。因此，串联谐振又称为电压谐振。并联谐振条件同串联谐振，即 $f_0 = 1/(2\pi\sqrt{LC})$，电路的等效阻抗为 $Z = R' = L/(RC)$，这时的总电流 $I = U/R'$ 为最小，分电量 $I_L = I_C = QI$，因此称为电流谐振。

习　题

一、填空题

1）正弦交流电的三要素是指正弦量的________、________和________。

2）我国工业交流电采用的标准频率是________ Hz。

3）表征正弦交流电振荡幅度的量是它的________；表征正弦交流电随时间变化快慢程度的量是________；表征正弦交流电起始位置时的量称为它的________。

4）两个________正弦量之间的相位之差称为相位差，________频率的正弦量之间不存在相位差的概念。

5）实际应用的电表交流指示值和实验的交流测量值，都是交流电的________。工程上所说的交流电压、交流电流的数值，通常也都是它们的________，此值与交流电最大值的数量关系为________________。

6）电阻元件上的电压、电流在相位上是________关系；电感元件上的电压、电流相位存在________关系，且电压________电流；电容元件上的电压、电流相位存在________关系，且电压________电流。

7）________的电压和电流构成的是有功功率，用 P 表示，单位为________；________的电压和电流构成无功功率，用 Q 表示，单位为________。

8）正弦交流电路中，电阻元件上的阻抗 Z=________，与频率无关；电感元件上的阻抗 Z=________，与频率成________；电容元件上的阻抗 Z=________，与频率成________。

9）电阻电感串联的正弦交流电路中，复阻抗 Z= ________；电阻电容相串联的正弦交流电路中，复阻抗 Z=________；电阻电感电容相串联的正弦交流电路中，复阻抗 Z=________。

10）相量分析法，就是把正弦交流电路用相量模型来表示，其中正弦量用________代替，R、L、C 的电路参数用对应的________表示，则直流电阻性电路中所有的公式定律均适用于对相量模型的分析，只是计算形式以________运算代替了代数运算。

11）________三角形是相量图，因此可定性地反映各电压相量之间的________关系及相位关系，________三角形和________三角形不是相量图，因此它们只能定性地反映各量之间的________关系。

12）R、L、C 串联电路中，当电路复阻抗虚部大于零时，电路呈________性；当复阻抗虚部小于零时，电路呈________性；当电路复阻抗的虚部等于零时，电路呈________性，此时电路中的总电压和电流相量在相位上呈________关系，称电路发生串联________。

13）R、L、C 并联电路中，当电路复导纳虚部大于零时，电路呈________性；当复导纳虚部小于零时，电路呈________性；当电路复导纳的虚部等于零时，电路呈________性，此时电路中的总电流、电压相量在相位上呈________关系，称电路发生并联________。

14）R、L 串联电路中，测得电阻两端电压为 120V，电感两端电压为 160V，则电路总电压是________V。

15）复功率的实部是________功率，单位是________；复功率的虚部是________功率，单位是________；复功率的模对应正弦交流电路的________功率，单位是________。

二、分析计算

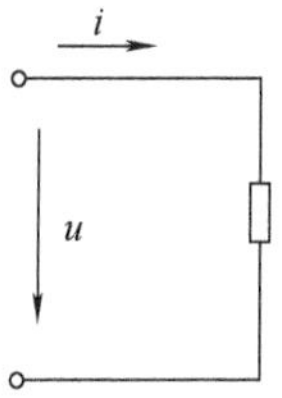

5-1　题 5-1 图中，已知正弦交流电压 $u = 220\sqrt{2}\sin(314t + 30°)\text{V}$。试求：

（1）最大值 U_m、有效值 U、角频率 ω 及频率、周期和初相角 ψ_u。

（2）在 t=0 和 t=0.1s 时，电压的瞬时值及实际极性。

（3）用交流电压表去测量电压时，电压表的读数应为多少？

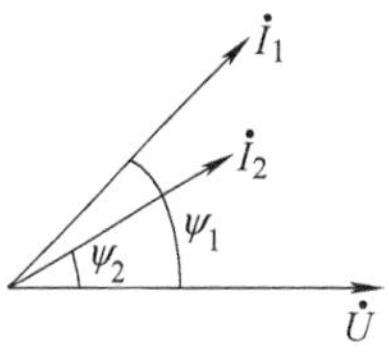

题 5-1 图

5-2　正弦交流电量的相量图如题 5-2 图所示，已知 U=220V，$I_1 = 10\sqrt{2}\text{A}$，I_2=10A，角频率为 ω，ψ_1=45°、ψ_2 = 30°。试写出它们的三角函数式、相量代数式及相量极坐标式。

题 5-2 图

5-3　已知某电路中的电压相量 $\dot{U} = 220\angle 30°\text{V}$，电流相量为 $\dot{I} = (3-\text{j}4)\text{A}$。

（1）试写出它们的三角函数式、画出相量图。

（2）若 $\dot{I}=(-3-j4)A$，则结果如何？

5-4　试计算下列各式，结果分别用相量代数式及极坐标形式表示。

（1）$(6-j8)-(3-j4)$

（2）$(6+j8)\times(3-j4)$

（3）$\dfrac{2+j2}{3+j4}$

5-5　在 220V 的交流电源上，接一个额定值为 220V、40W 的灯泡。试求该灯泡的电阻 R、灯泡上的电流 I 和在 8h 内消耗的电能。

5-6　在电感元件的正弦稳态电路中，已知电感 $L=100mH$，电源频率为 50Hz。试求：

（1）电流为 $i=10\sqrt{2}\sin\omega t A$ 时的电感两端的电压 u。

（2）电感两端的电压为 $\dot{U}=220\angle30°V$ 时的电流相量 $\dot{I}$，并画出它们的相量图。

5-7　已知某电容器的电容 $C=4\mu F$，电源频率为 50Hz。

（1）若电容两端的电压 $u=220\sqrt{2}\sin\omega t V$，求电流 i。

（2）若电容电流相量 $\dot{I}=0.1\angle-60°A$，试求电容两端的电压相量 $\dot{U}$。并画出它们的相量图。

5-8　有一电感线圈接在 50Hz 的交流电源上，已知电感线圈两端电压为 100V，电流为 10A，有功功率为 500W，试求该线圈的电感、无功功率、视在功率及功率因数。

5-9　试分析下面的电流表示式是否正确，错误的请改正。

（1）$I=10\sqrt{2}\sin\omega t=10\angle0°A$

（2）$\dot{I}=0.1\angle-60°A=0.1\sqrt{2}\sin(\omega t-60°)A$

（3）$i=10\sin\omega t=10e^{j0}A$

（4）$I=0.1\angle-60°A$

在 RLC 串联的正弦稳态电路中，下列表达式哪些是不能成立的？

（1）$R=R_1+R_2$

（2）$X=X_L+X_C$

（3）$Z=Z_1+Z_2$

（4）$|Z|=|Z_1|+|Z_2|$

（5）$\psi=\psi_1+\psi_2$

（6）$U=U_R+U_L+U_C$

（7）$u=u_R+u_L+u_C$

（8）$\dot{U}=\dot{U}_R+\dot{U}_L+\dot{U}_C$

5-10　用下列各式表示 RL 串联电路的电压和电流，哪些式子是错的？哪些是对的？

（1）$i=\dfrac{u}{Z}$

（2）$I=\dfrac{u}{Z}$

（3）$\dot{I}=\dfrac{\dot{U}}{Z}$

（4）$I=\dfrac{U}{Z}$

（5）$|u|=|u_R|+|u_L|$

（6）$|\dot{U}|=|\dot{U}_R|+|\dot{U}_L|$

（7）$U=U_R+U_L$

（8）$Z=R+X_L$

（9）$|Z|=|R|+|X_L|$

（10）$Z=R+jX_L$

5-11 求题 5-11 图所示电路中每种情况下的元件性质。

(1) $u=10\cos(10t+45°)\text{V}$ ，$i=2\sin(10t+135°)\text{A}$

(2) $u=10\cos(100t)\text{V}$ ，$i=2\sin(100t)\text{A}$

(3) $u=10\sin(100t+90°)\text{V}$ ，$i=2\cos(100t)\text{A}$

(4) $u=10\cos t\text{V}$ ，$i=-2\sin t\text{A}$

5-12 题 5-12 图为 RC 串联电路，接于 50Hz 的正弦电源上，$R=100\Omega$，$C=\frac{10^4}{314}\mu\text{F}$，电压相量 $\dot{U}=200\angle0°\text{ V}$，求复阻抗 Z、电流 $\dot{I}$ 、电压 $\dot{U}_C$ 。

5-13 题 5-13 图中，已知电流表读数为：$A_1=5\text{A}$ ，$A_2=20\text{A}$ 和 $A_3=25\text{A}$ 。求：

(1) 电流表 A 的读数。

(2) 如果电流表 A_1 的读数不变，电源频率加倍，求其他电流表的读数。

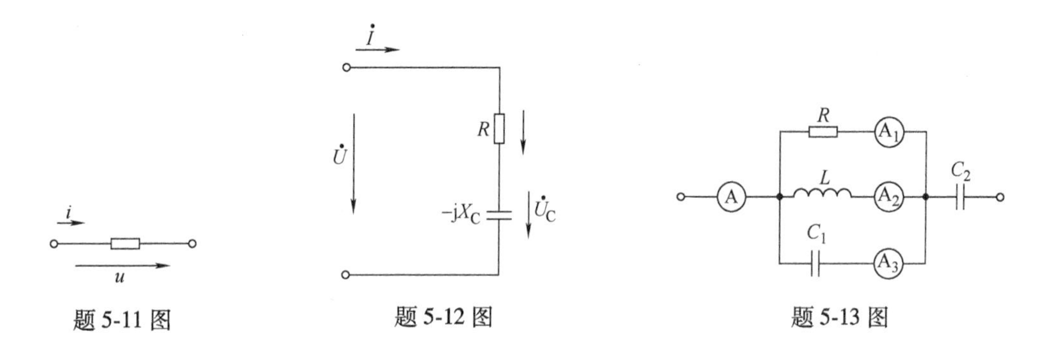

题 5-11 图　　题 5-12 图　　题 5-13 图

5-14 题 5-14 图中，已标明电流表 A_1 和 A_2 的读数，试用相量图求电流表 A 的读数。

5-15 题 5-15 图中，$u_S=10\sin314t\text{V}$，$R_1=20\Omega$，$R_2=10\Omega$，$L=637\text{mH}$，$C=637\mu\text{F}$，求电流 i_1，i_2和电压 u_C，并画出电路的相量模型。

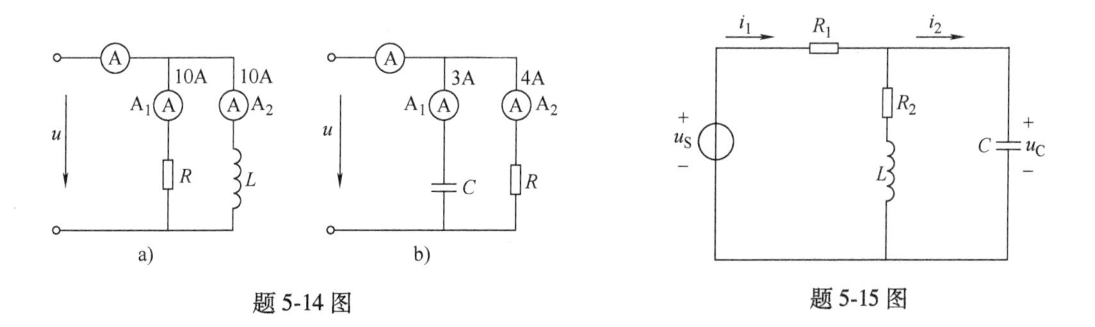

题 5-14 图　　题 5-15 图

5-16 题 5-16 图中，已知：$\dot{U}=220\angle0°\text{V}$ ，$R=50\Omega$，$R_1=100\Omega$，$X_L=200\Omega$，$X_C=400\Omega$，试求：总复阻抗及各支路中的电流，及总的功率 P、Q、S。

5-17 题 5-17 图中，已知 $U=100\text{V}$，$R_1=20\Omega$，$R_2=10\Omega$，$X_L=10\sqrt{3}\Omega$，求：

(1) 电流 I。

(2) 电路的功率 P 和功率因数 $\cos\varphi$。

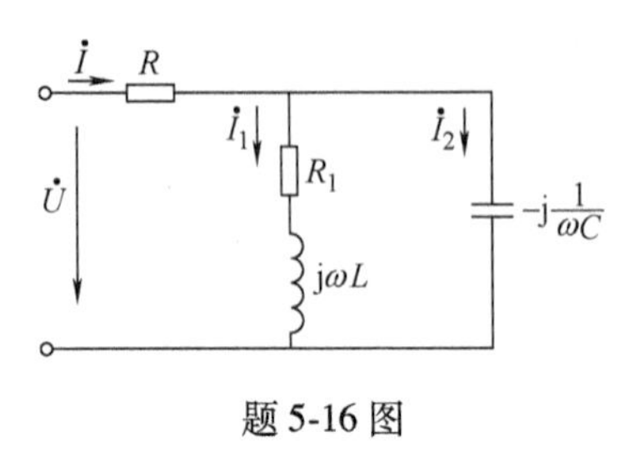

题 5-16 图

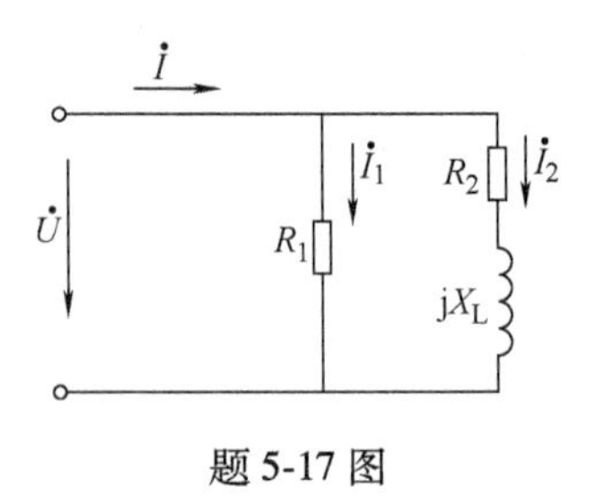

题 5-17 图

5-18　题 5-18 图中，已知，$\dot{U}_C = 1\angle 0°\text{V}$，$R_1 = R_2 = X_L = X_C = 2\Omega$，试求电压表及电流表的读数，以及电路的功率 P、Q、S。

5-19　题 5-19 图中，已知 $\dot{I}_S = 2\angle 10°\text{A}$，$R = 5\Omega$，$R_1 = 3\Omega$，$X_L = 4\Omega$，$X_C = 5\Omega$，$X_{C_1} = 4\Omega$，求图示两电路中的电流 I 及图中理想电流源两端的电压。

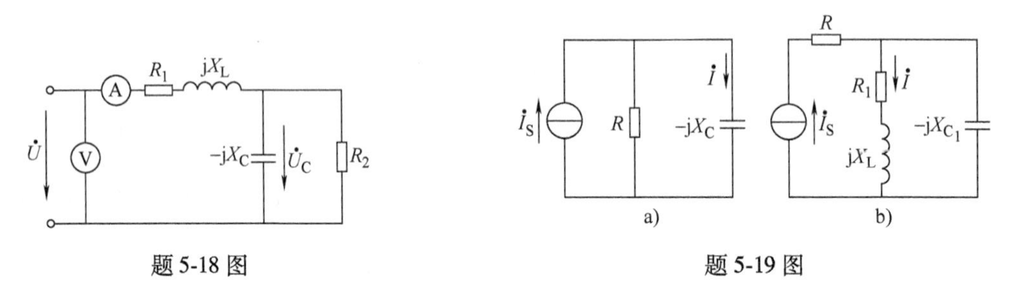

题 5-18 图　　题 5-19 图

5-20　题 5-20 图中，已知：$\dot{U} = 100\angle 0°\text{V}$，$R_1 = 3\Omega$，$R_2 = 4\Omega$，$X_L = 4\Omega$，$X_C = 3\Omega$。试求：各支路的电流 $\dot{I}$、$\dot{I}_1$、$\dot{I}_2$ 及电压 $\dot{U}_{AB}$ 之值。

5-21　题 5-21 图中，$u_S(t) = 10\sqrt{2}\cos 10^3 t\text{V}$，用回路电流法列方程求 $i_1(t)$、$i_2(t)$（只列式不计算）。

5-22　题 5-22 图中，写出网孔电流方程和节点电压方程。

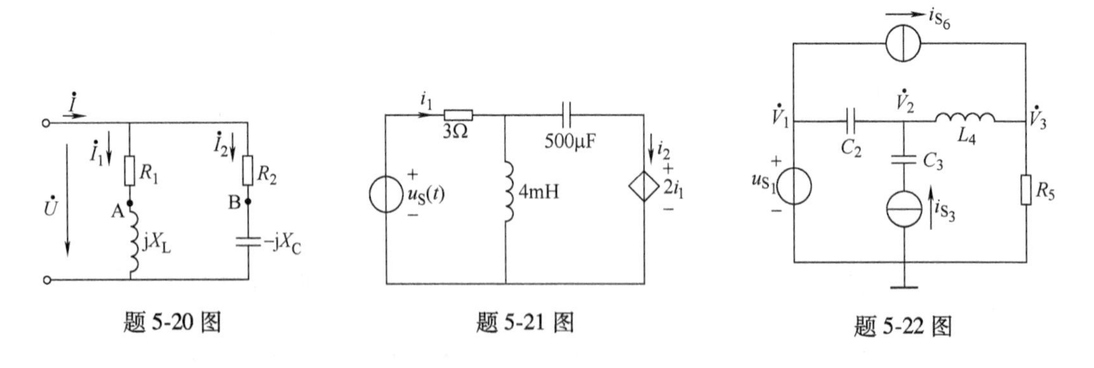

题 5-20 图　　题 5-21 图　　题 5-22 图

5-23　题 5-23 图中，求 ab 端的戴维南等效电路。

5-24　题 5-24 图中，已知电源电压 $U = 220\text{V}$，$R_1 = 10\Omega$，$R_2 = 5\Omega$，$X_1 = 10\sqrt{3}\ \Omega$，$X_2 = 5\sqrt{3}\,\Omega$，频率 $f = 50\text{Hz}$。

试求：

（1）总电流 I、各支路电流及功率因数 $\cos\varphi_0$。

（2）欲使电路的功率因数提高到 0.866，问应与电路并联多大的电容 C？这时线路电流等于多少？

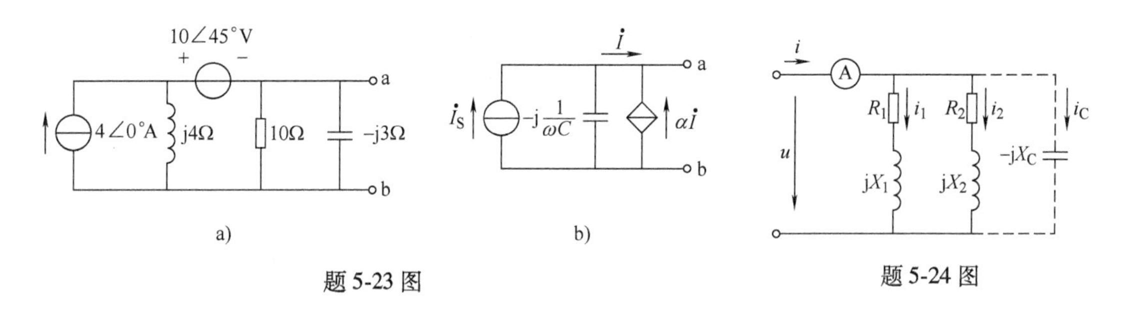

题 5-23 图　　题 5-24 图

5-25　题 5-25 图中，已知 $Z_1 = j1\Omega$，$Z_2 = 2 + j1\Omega$，$\dot{U}_S = 10\angle 0°V$。问当阻抗 Z_L为多少时可获得最大功率？且最大功率 $P_{max} = ?$

5-26　题 5-26 图中，交流电压 $U = 220V$，频率 $f = 50Hz$，电路的总功率 $P = 2.2kW$，电路的功率因数 $\cos\varphi_0 = 0.5$（感性）。当合上电容器支路的开关 S 后，电路的功率因数为 $\cos\varphi_1 = 0.866$。试求电阻 R、电感 L 及电容 C。

5-27　题 5-27 图中，已知 $R = R_1 = R_2 = 10\Omega$，$L = 31.8mH$，$C = 318\mu F$，$f = 50Hz$，$U = 10V$，试求并联支路端电压 U_{ab}及电路的 P、Q、S 及功率因数 $\cos\varphi$。

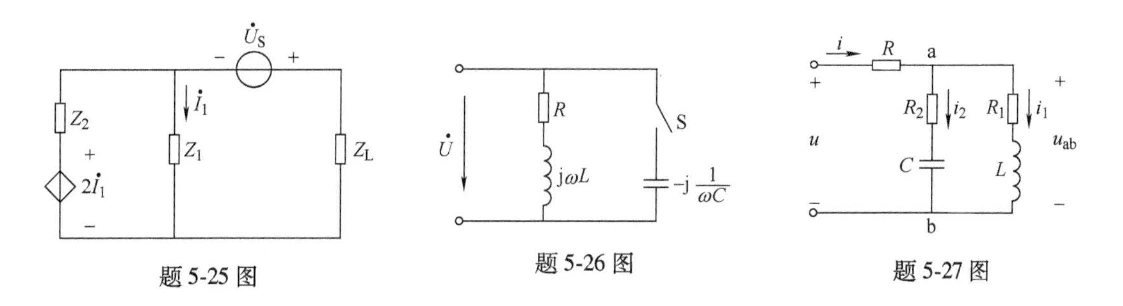

题 5-25 图　　题 5-26 图　　题 5-27 图

5-28　题 5-28 图中，$u(t) = 220\sqrt{2}\sin(250t + 20°)V$，$R = 110\Omega$，$C_1 = 20\mu F$，$C_2 = 80\mu F$ 和 $L = 1H$。求每个电流表的读数和输入阻抗。

5-29　题 5-29 图中，$R_1 = 100\Omega$，$L_1 = 1H$，$R_2 = 200\Omega$，$L_2 = 1H$，$U_S = 100\sqrt{2}V$ 和 $\omega = 100rad/s$，如果 $I_2 = 0A$，求 $\dot{I}_1$、$\dot{I}_3$和$\dot{I}_4$。

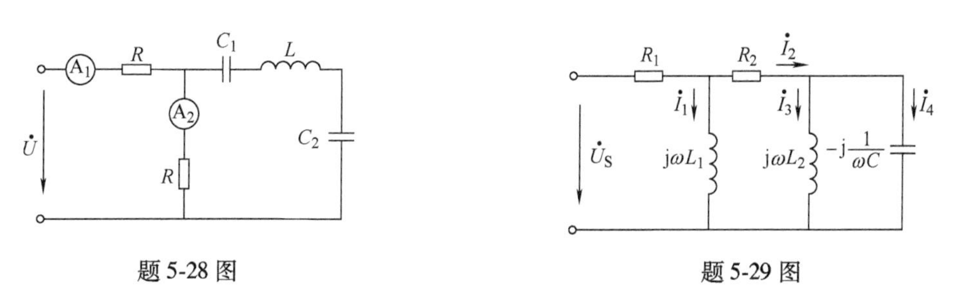

题 5-28 图　　题 5-29 图

5-30　题 5-30 图中，已知 $R=30\Omega$，$r=14\Omega$，$C=100\mu F$，频率 $f=50Hz$。现调节可变电感（设 r 不变），使电路发生串联谐振，此时电路电流 $I_0=5A$。试求电源电压 U、电感两端的电压 U_{rL} 及品质因数 Q 。

5-31　题 5-31 图中，求当 $v(t)$ 与 $i(t)$ 同相时，角频率 ω 为多大？

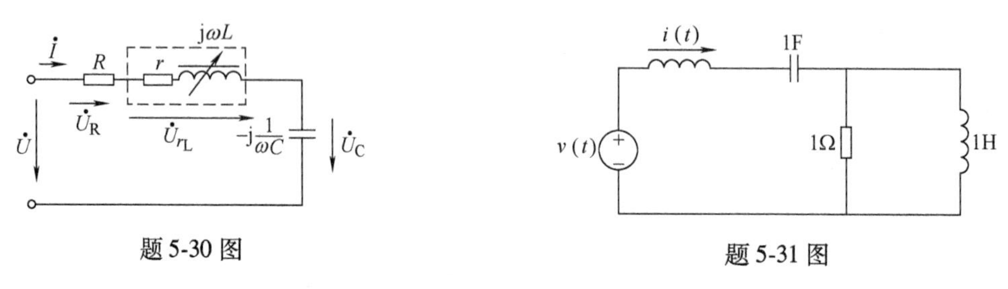

题 5-30 图　　题 5-31 图

第6章 三相电路

三相电路是一种特殊形式的复杂的正弦交流电路，由三相对称交流电源供电。对称三相电源是3个频率相同、幅值相等、相位互差120°的正弦电压电源按照一定的方式连接而成。三相电路就是复杂的正弦交流电路，完全可以按第5章中正弦交流电路的分析方法进行分析计算。但三相电路又是一种特殊的正弦交流电路，其电路结构、电源电压及各个分电压、分电流都有明显的对称特点，因此三相电路也有自己独特的电路分析方法。

本章学习要点：

- 三相电源的对称性及其相电压与线电压的关系
- 三相负载的概念及相电压与线电压的关系、相电流与线电流的关系
- 对称三相电路的概念及分析方法
- 负载不对称三相电路的分析和计算
- 三相电路功率的计算与测量

6.1 三相电路的基本概念及连接方式

6.1.1 三相电源的基本概念

三相电源是由三相交流发电机产生的，能够同时产生3个频率相同、幅值相同、相位不同的正弦交流电。如图6-1a所示，其中三相定子绕组放在定子铁心的凹槽内，空间位置互差120°，每相绕组完全相同，其中A、B、C三端称为始端，X、Y、Z三端称为末端。转子铁心上绕有励磁绕组，用直流励磁。当转子以均匀角速度ω转动时，定子绕组切割磁场线，在三相定子绕组中产生感应电压，从而形成图6-1b所示的3个电源u_A、u_B和u_C。3个电源如果频率相同、幅值相等、相位互差120°，则称为对称三相电源。本书所涉及的三相电源均指对称三相电源。

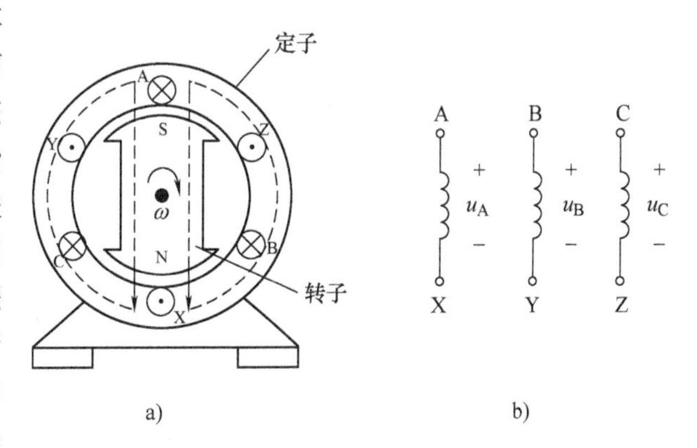

图6-1 三相交流发动机的原理图及三相绕组示意图
a）三相发动机原理 b）三相绕组构成的电压源

将对称三相电源看成理想电压源，则每个电压源为电源的一相，依次称为A相、B相和C相，每相电压分别记为u_A、u_B、u_C，其电压瞬时值表达式为

$$\begin{cases} u_A = \sqrt{2}U_p\sin\omega t \\ u_B = \sqrt{2}U_p\sin(\omega t - 120°) \\ u_C = \sqrt{2}U_p\sin(\omega t + 120°) \end{cases} \tag{6-1}$$

式中，U_P 是每相电源电压有效值，与之相应的对称三相电源用相量表示可记为$\dot{U}_A$、$\dot{U}_B$、$\dot{U}_C$，表达式为

$$\begin{cases} \dot{U}_A = U_P\angle 0° \\ \dot{U}_B = U_P\angle -120° \\ \dot{U}_C = U_P\angle 120° \end{cases} \tag{6-2}$$

3 个对称相电压波形图及相量图可参见图 6-2。

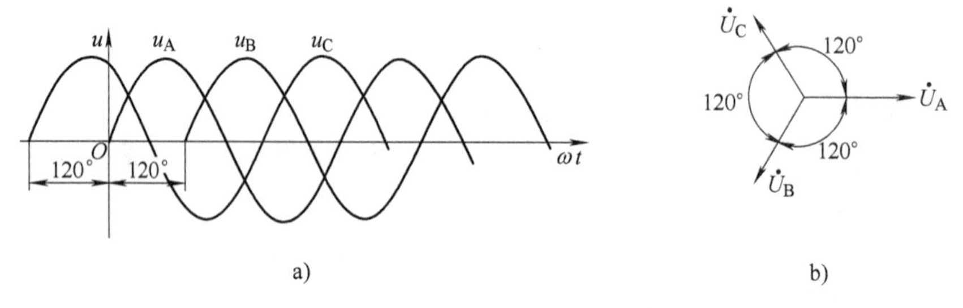

图 6-2 对称三相电源波形图及相量图

a) $u_A+u_B+u_C=0$ b) $\dot{U}_A+\dot{U}_B+\dot{U}_C=0$

由于对称三相电源之间相差 120°，通过计算可知这 3 个电源的瞬时值及相量之和均等于零，即

$$\begin{cases} u_A + u_B + u_C = 0 \\ \dot{U}_A + \dot{U}_B + \dot{U}_C = 0 \end{cases} \tag{6-3}$$

注意：对称三相电源的有效值之和不等于零，即 $U_A + U_B + U_C \neq 0$。

在波形图上，各电压到达同一量值的先后次序称为相序。当发动机的转子按顺时针方向旋转时，A 相超前 B 相 120°，B 相超前 C 相 120°，三相电源的相序是 A→B→C→A，称为“正序”或“顺序”，如图 6-3a 所示。反之，若 B 相超前 A 相 120°，C 相超前 B 相 120°，相序是 A→C→B→A 称为“负序”或“逆序”，如图 6-3b 所示。电力系统一般采用正序，在后面的分析中，如果不加以说明，均默认为正序。在实际的配电系统中，分别用黄、绿、红 3 种颜色来表示三相对称电源的 A 相、B 相、C 相。

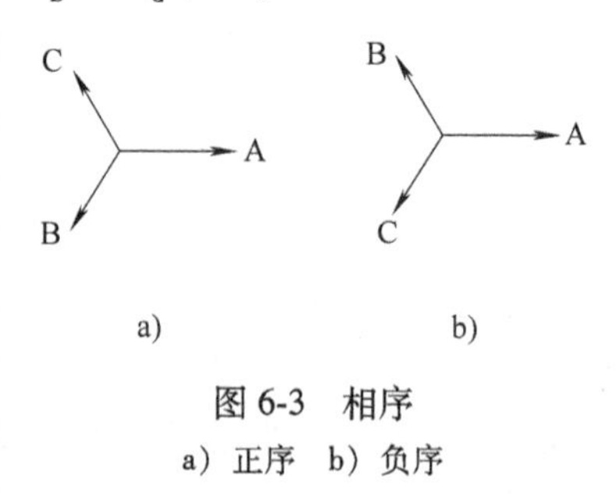

图 6-3 相序

a) 正序 b) 负序

6.1.2 三相电源的连接

三相发电机的 3 个绕组向外供电时，基本连接方式有星形（Y）联结和三角形（△）联结两种。星形联结又可分为三相三线制和三相四线制，三角形联结只能构成三相三线制，

下面分别具体介绍。

1. 三相电源的星形联结

将发电机三相绕组的末端 X、Y、Z（电源的负极性端）连接在同一点，记作 O，称为三相电源的中性点。由发电机三相绕组的首端 A、B、C（电源的正极性端）和中性点 O 分别向外引出连线接负载，这就是三相电源的星形联结，如图 6-4 所示。由发电机正极性端 A、B、C 向外引出的 3 条路线 Aa、Bb、Cc 称为端线，俗称相线。由中性点 O 向外引出的导线 OO′称为中性线，当中性点接地时，中性线又称为地线或零线。

在星形联结中，三相电源采用 3 根端线、1 根中性线向负载供电的方式，称为三相四线制。若仅用 3 根端线向负载供电则称为三相三线制。三相电路中的电压和电流包括：相电压、线电压以及相电流、线电流。在分析三相电路时，必须明确相电压、线电压、相电流及线电流的概念。

如图 6-4 所示电路，相电压定义为每相电源的电压，即端线与中性线之间的电压，记为 $\dot{U}_A$、$\dot{U}_B$、$\dot{U}_C$，其有效值用 U_P 表示。相电压的参考方向规定为由电源绕组的正极（绕组始端）指向负极（绕组末端）。线电压定义为任意两根端线之间的电压，记为$\dot{U}_{AB}$、$\dot{U}_{BC}$、$\dot{U}_{CA}$，其有效值用 U_L 表示。线电压的参考方向习惯用双下标字母的次序表示，即 3 个线电压$\dot{U}_{AB}$、$\dot{U}_{BC}$、$\dot{U}_{CA}$的参考方向分别为 A→B、B→C、C→A。

电源每相绕组上流过的电流称为相电流，其有效值用 I_P 表示；端线上流过的电流称为线电流，其有效值用 I_L 表示；中性线上的电流为中性线电流 $\dot{I}_O$。

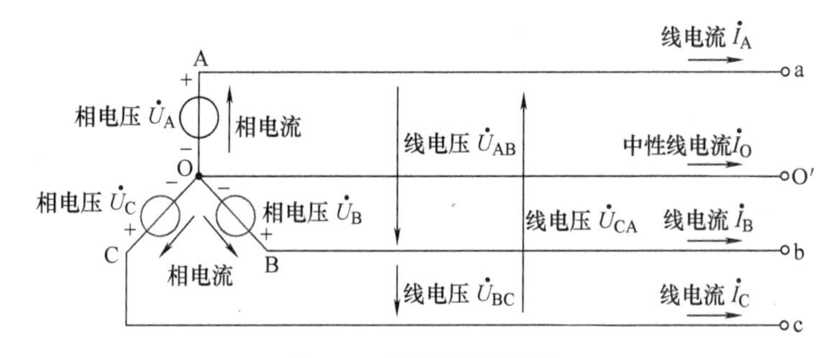

图 6-4 电源的星形联结

由图 6-4 可见，当三相电源星形联结时，其相电流等于线电流，分别为 $\dot{I}_A$、$\dot{I}_B$、$\dot{I}_C$。但相电压与线电压是不相等的，相电压之间的关系可以利用回路的电压方程分析。由 KVL 可列写出电压相量方程

$$\begin{cases}\dot{U}_{AB}=\dot{U}_A-\dot{U}_B\\\dot{U}_{BC}=\dot{U}_B-\dot{U}_C\\\dot{U}_{CA}=\dot{U}_C-\dot{U}_A\end{cases}\tag{6-4}$$

由于

$$\begin{cases}\dot{U}_B = \dot{U}_A\angle -120^\circ \\ \dot{U}_C = \dot{U}_B\angle -120^\circ \\ \dot{U}_A = \dot{U}_C\angle -120^\circ\end{cases}$$

代入式（6-4），得到

$$\begin{cases}\dot{U}_{AB} = \sqrt{3}\ \dot{U}_A\angle 30^\circ \\ \dot{U}_{BC} = \sqrt{3}\ \dot{U}_B\angle 30^\circ \\ \dot{U}_{CA} = \sqrt{3}\ \dot{U}_C\angle 30^\circ\end{cases} \tag{6-5}$$

或者用通式表示为

$$\dot{U}_L = \sqrt{3}\ \dot{U}_P\angle 30^\circ$$

式（6-5）中反映的规律可以这样描述：线电压的大小等于对应相电压的 $\sqrt{3}$ 倍（即 $U_L = \sqrt{3}U_P$），线电压的相位超前于对应的相电压 30°。所谓对应的相电压是指该相电压的下标为线电压双下标字母中的第一个字母，即 U_{AB}对应的相电压是 U_A，U_{BC}对应的相电压是 U_B，U_{CA}对应的相电压是 U_C。

式（6-4）表示的线电压与相电压的关系也可以通过相量图得到，如图 6-5 所示。显然，线电压 $\dot{U}_{AB}$ 在相位上超前对应的相电压 $\dot{U}_A$ 30°。根据几何图形计算线电压的有效值可以用相电压表示，即

$$U_{AB} = 2U_A\cos 30^\circ = \sqrt{3}U_A$$

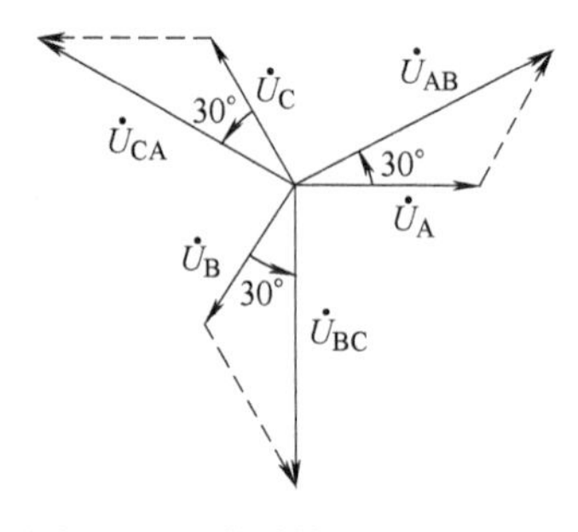

图 6-5 星形联结的电压相量图

通常情况下，线电压有效值用 U_L表示，相电压有效值用 U_p 表示，则

$$U_L = \sqrt{3}U_P \tag{6-6}$$

在图 6-5 的相量图中也可看到，3 个线电压之间也是 120° 的对称关系，用公式表示为

$$\dot{U}_{BC} = \dot{U}_{AB}\angle -120^\circ$$
$$\dot{U}_{CA} = \dot{U}_{AB}\angle 120^\circ$$

由此得出结论：对于星形联结的对称三相电源，有：

1）如果相电压对称，则线电压之间也对称。

2）线电压大小是相电压的 $\sqrt{3}$ 倍。

3）线电压相位超前对应的相电压相位 30° 。

因此，在这些电压中只要已知其中任意一个，根据对称性就能推算出其余所有的相电压或者线电压。

注意：以上关于线电压和相电压的关系也适用于星形联结的对称三相负载。

【例 6-1】 某对称三相电源中，已知相电压 $u_A = 220\sqrt{2}\sin(\omega t - 30^\circ)$ V，求其余各相的相电压及线电压。

解：

1）A 相电压的相量式为$\dot{U}_A = 220\angle -30^\circ$，由对称关系可推得$\dot{U}_B$ 及$\dot{U}_C$，即

$$\dot{U}_B = \dot{U}_A \angle -120° = 220\angle -150°\text{V}$$

$$\dot{U}_C = \dot{U}_A \angle 120° = 220\angle 90°\text{V}$$

2）由线电压与相电压的关系，可得

$$\begin{cases}\dot{U}_{AB} = \sqrt{3}\,\dot{U}_A \angle 30° = 380\angle 30°\text{V}\\ \dot{U}_{BC} = \sqrt{3}\,\dot{U}_B \angle 30° = 380\angle -120°\text{V}\\ \dot{U}_{CA} = \sqrt{3}\,\dot{U}_C \angle 30° = 380\angle 120°\text{V}\end{cases}$$

各电压瞬时表达式为

$$u_B = 220\sqrt{2}\sin(\omega t - 150°)\text{V}$$

$$u_C = 220\sqrt{2}\sin(\omega t + 90°)\text{V}$$

$$u_{AB} = 380\sqrt{2}\sin(\omega t + 0°)\text{V}$$

$$u_{BC} = 380\sqrt{2}\sin(\omega t - 120°)\text{V}$$

$$u_{CA} = 380\sqrt{2}\sin(\omega t + 120°)\text{V}$$

可见，三相四线供电系统可供给用户两种数值的电压，即相电压 220V 或者线电压 380V。在实际的三相电机或变压器等电气设备的铭牌中，所标定的额定电压值指的是线电压的有效值。

2. 三相电源的三角形联结

当发电机三相绕组以首尾依次相连的形式接成闭合回路时称为三相电源的三角形（或称为△）联结，如图 6-6 所示。

显然，在电源的三角形联结中，线电压等于对应的相电压，即

$$\begin{cases}\dot{U}_{AB} = \dot{U}_A\\ \dot{U}_{BC} = \dot{U}_B\\ \dot{U}_{CA} = \dot{U}_C\end{cases}$$

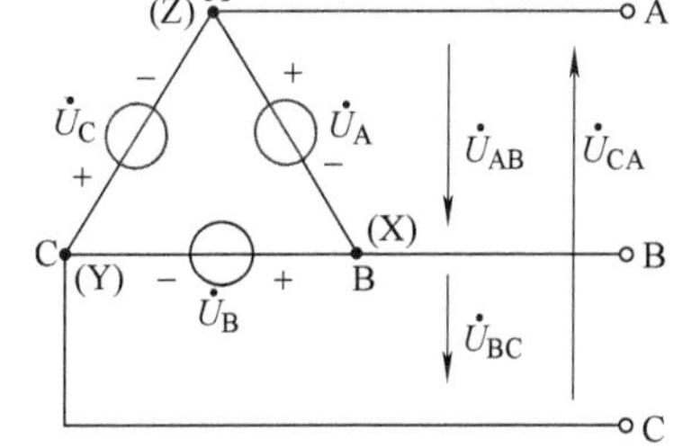

图 6-6 三相电源的三角形联结

或者用通式表示为

$$\dot{U}_L = \dot{U}_P$$

三角形联结的三相电源没有中性点，所以这种连接方法只能构成三相三线制。

注意：以上关于线电压和相电压的关系也适用于星形联结的对称三相负载。

切记：三角形联结电源必须始端末端依次相连，由于 $\dot{U}_A + \dot{U}_B + \dot{U}_C = 0$，即对称三相电源中不会产生环流。如果任意一相接反，都会造成电源中出现较大的环流而损坏电源。

在实际接线或者实验过程中，如何判断△联结是否正确呢? 采用的方法是：当将一组三相电源连成三角形时，应先不完全闭合，留下一个开口，在开口处接上一个交流电压表，测量回路中总的电压是否为零。如果电压为零，则说明连接正确，然后再把开口处接在一起。

6.1.3 三相负载的连接

三相电路中，当三相负载的复阻抗相等时，称为负载对称；当三相电源和三相负载均对

称时，称为对称三相电路。在三相供电系统中，三相负载与三相电源一样，三相负载也可以有星形和三角形两种基本联结方式。

1. 三相负载的星形联结

如图 6-7 所示，三相负载阻抗为 Z_A、Z_B、Z_C，它们的一端连在一起，构成负载侧的中性点 O，另一端则分别接至三相电源的 3 根端线上，三相电源的中性点 O 与 O′相连，这种连接方式称为三相四线制的负载星形联结。

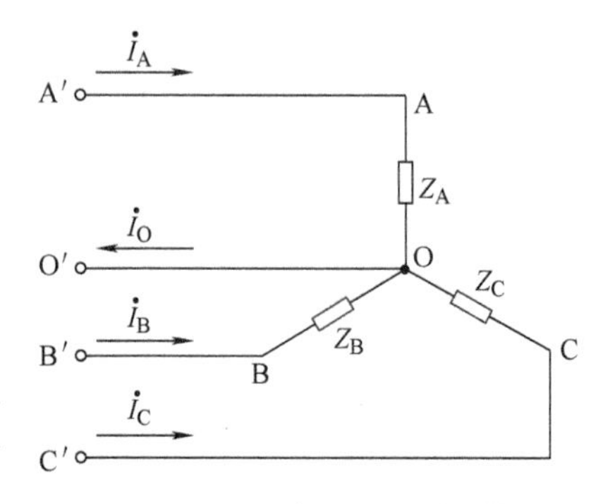

图 6-7　三相负载的星形联结

三相电路中，每相负载中流过的电流称为相电流，流经各端线的电流称为线电流。显然，当负载星形联结时线电流等于对应的相电流。三相四线制中，根据 KCL 流过中线的电流为

$$\dot{I}_O=\dot{I}_A+\dot{I}_B+\dot{I}_C$$

对于对称三相电路，由于线电流对称，由上式可得中性线电流等于 0，此时中性线相当于断路，所以可以省去中性线，此时三相四线制电路变成三相三线制电路。

下面分析负载的相电压与线电压的关系。与星形联结的三相电源侧的线电压分析相同，每相负载的相电压分别为 $\dot{U}_A$、$\dot{U}_B$、$\dot{U}_C$，则由 KVL 列写线电压相量方程为

$$\begin{cases}\dot{U}_{AB}=\dot{U}_A-\dot{U}_B\\ \dot{U}_{BC}=\dot{U}_B-\dot{U}_C\\ \dot{U}_{CA}=\dot{U}_C-\dot{U}_A\end{cases}$$

由于三相电路对称，线电压与相电压也具有对称关系，利用相量图分析可得线电压为

$$\begin{cases}\dot{U}_{AB}=\sqrt{3}\,\dot{U}_A\angle 30^\circ\\ \dot{U}_{BC}=\sqrt{3}\,\dot{U}_B\angle 30^\circ\\ \dot{U}_{CA}=\sqrt{3}\,\dot{U}_C\angle 30^\circ\end{cases}\tag{6-7}$$

或者用通式表示为

$$\dot{U}_L=\sqrt{3}\,\dot{U}_P\angle 30^\circ$$

该结果与星形联结三相电源的相电压与线电压具有完全相同的关系，即：

1）若 3 个相电压之间为 120°的对称关系，则 3 个线电压之间也为 120°的对称关系。

2）线电压大小是相电压的 $\sqrt{3}$ 倍。

3）线电压相位超前对应的相电压 30°。

2. 三相负载的三角形联结

如图 6-8 所示，三相负载 Z_{AB}、Z_{BC}、Z_{CA} 首尾依次相连构成闭合回路，由 3 个连接点分别与电源的三相端线相连，这种连接方式称为负载的三角形联结。可见负载三角形联结方式只能构成三相三线制电路。

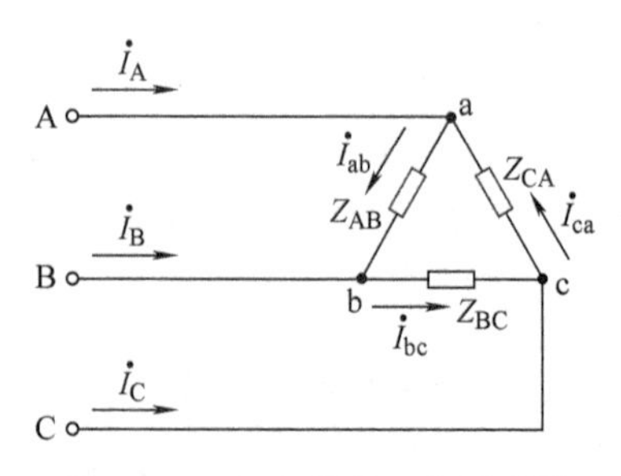

图 6-8　三相负载的三角形联结

其中由图 6-8 可知，各相负载的相电压等于对应的线电压，而流过各相负载的相电流和线电流根据基尔霍夫电

流定律有

$$\begin{cases}\dot{I}_A = \dot{I}_{ab} - \dot{I}_{ca} \\ \dot{I}_B = \dot{I}_{bc} - \dot{I}_{ab} \\ \dot{I}_C = \dot{I}_{ca} - \dot{I}_{bc}\end{cases}$$

对于对称三相电路，由于3个相电流是120°的对称关系，则3个线电流也是120°的对称关系。对称三角形负载电流的相量图可参见图6-9。从相量图中可得

$$\begin{cases}\dot{I}_A = \sqrt{3}\dot{I}_{ab}\angle -30° \\ \dot{I}_B = \sqrt{3}\dot{I}_{bc}\angle -30° \\ \dot{I}_C = \sqrt{3}\dot{I}_{ca}\angle -30°\end{cases} \quad (6-8)$$

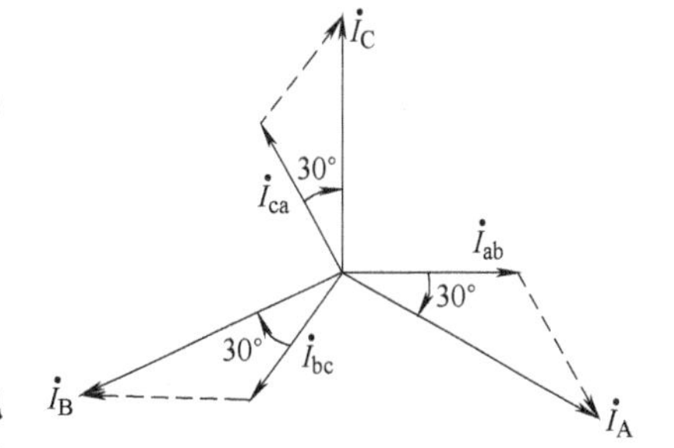

图6-9 对称三角形负载电流相量图

或者用通式表示为

$$\dot{I}_L = \sqrt{3}\,\dot{I}_p\angle -30°$$

其推导过程与对称星形负载电路中线电压与相电压关系的推导相似。即对称负载三角形联结时线电流与对应的相电流的关系可描述为

1）若3个相电流之间为120°的对称关系，则3个线电流之间也为120°的对称关系。

2）线电流大小是相电流的$\sqrt{3}$倍。

3）线电流相位滞后对应的相电流30°。

6.2 对称三相电路的分析和计算

根据三相电源和三相负载的连接方式，三相电路的组合方式有4种：

Y-Y， Y-Δ， Δ-Y， Δ-Δ

对称三相电路由对称三相电源和对称三相负载组成。在分析对称三相电路时，可以利用前面学过的相量法进行分析，同时还要注意对称三相电路的特点。

6.2.1 Y-Y对称三相电路

现以图6-10所示Y-Y对称三相电路为例，已知三相对称电源相电压$\dot{U}_A$、$\dot{U}_B$、$\dot{U}_C$，试讨论负载的相（线）电压和相（线）电流的分析方法。

先讨论三相三线制电路，图6-7中的中性线OO′不接。该电路按以下步骤进行分析。

（1）电路的中性点电压$\dot{U}_{OO'}$

当中性线断开时，该电路是仅有两节点的正弦交流电路，直接用弥尔曼定理求该中性点电压，即

$$\dot{U}_{OO'} = \frac{\dot{U}_A/Z_A + \dot{U}_B/Z_B + \dot{U}_C/Z_C}{1/Z_A + 1/Z_B + 1/Z_C}$$

因为对称电路中各相阻抗对称，即$Z_A=Z_B=Z_C=Z$，所以上式为

$$\dot{U}_{OO'}=\frac{\dot{U}_A+\dot{U}_B+\dot{U}_C}{3}$$

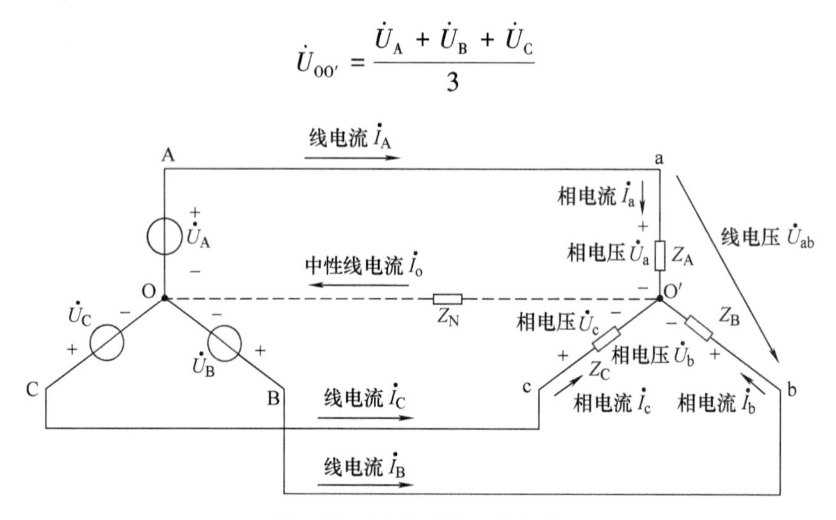

图 6-10 Y-Y对称三相电路

由于对称三相电源中相电压 $\dot{U}_A+\dot{U}_B+\dot{U}_C=0$，所以中性点电压 $\dot{U}_{OO'}=0$。对称三相星形联结电路的中性点电压等于零是一个很重要的特性，这时对称三相三线电路相当于有中性线的三相四线电路。可见，对于Y-Y对称三相电路，无论有没有中性线都可以当作三相四线制进行分析。

注意：$\dot{U}_{OO'}=0$ 说明连接 O 和 O′的是短接线，与中性线是否有阻抗 Z_N 无关。

（2）负载的相电压

因有中性点电压 $\dot{U}_{oo'}=0$，所以各相负载上的相电压即为各相电源电压，即

$$\begin{cases}\dot{U}_a=\dot{U}_A\\ \dot{U}_b=\dot{U}_B\\ \dot{U}_c=\dot{U}_C\end{cases} \tag{6-9}$$

（3）负载的线电压

因负载为Y联结，负载的线电压等于电源的线电压，可得

$$\begin{cases}\dot{U}_{ab}=\sqrt{3}\ \dot{U}_A\angle 30^\circ\\ \dot{U}_{bc}=\sqrt{3}\ \dot{U}_B\angle 30^\circ\\ \dot{U}_{ca}=\sqrt{3}\ \dot{U}_C\angle 30^\circ\end{cases} \tag{6-10}$$

（4）负载的相电流

利用相量形式的欧姆定律计算负载的相电流为

$$\begin{cases}\dot{I}_a=\dfrac{\dot{U}_a}{Z}=\dfrac{\dot{U}_A}{Z}\\ \dot{I}_b=\dfrac{\dot{U}_b}{Z}=\dfrac{\dot{U}_B}{Z}\\ \dot{I}_c=\dfrac{\dot{U}_c}{Z}=\dfrac{\dot{U}_C}{Z}\end{cases} \tag{6-11}$$

（5）线电流及中性线电流

从图 6-10 中可明显看到，线电流等于相应的相电流，即

$$\begin{cases}\dot{I}_{A}=\dot{I}_{a}\\ \dot{I}_{B}=\dot{I}_{b}\\ \dot{I}_{C}=\dot{I}_{c}\end{cases} \tag{6-12}$$

若在三相四线制电路中，可用基尔霍夫电流定律分析中性线电流，即

$$\dot{I}_{OO'}=\dot{I}_{A}+\dot{I}_{B}+\dot{I}_{C}=\dot{I}_{a}+\dot{I}_{b}+\dot{I}_{c}=0 \tag{6-13}$$

上述讨论了Y-Y对称三相电路的分析方法，由于中性线上没有电流，电源和负载的中性点是等电位点，所以可以将对称三相电路变成单相电路进行分析。根据单相电路求出相应的相电压、相（或线）电流后，再由对称性可以直接写出其他两相的结果。单相电路分析法如下。

根据图 6-10 画出对应的单相电路，如图 6-11 所示。

由单相电路图 6-11 计算可得

$$\dot{I}_{A}=\frac{\dot{U}_{an}}{Z}=\frac{\dot{U}_{A}}{Z}$$

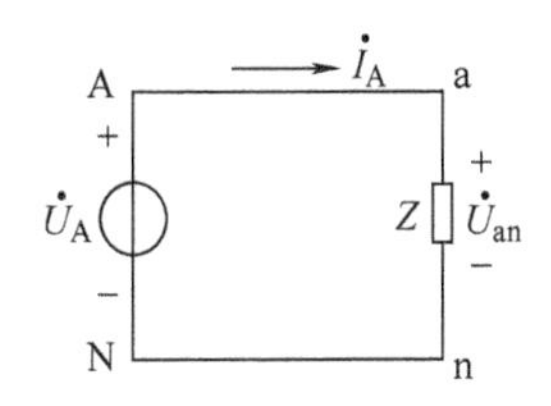

图 6-11 Y-Y联结对应的单相电路

该电流为原电路图 6-10 中的相电流，也等于线电流，根据对应关系其余两相相（或线）电流为

$$\dot{I}_{B}=\dot{I}_{A}\angle-120^{\circ}$$

$$\dot{I}_{C}=\dot{I}_{A}\angle 120^{\circ}$$

最后再根据星形联结负载的线电压与相电压的关系，求出线电压，可参考式（6-10）进行计算。

【例 6-2】 有一星形联结的三相负载，每相负载的电阻 $R=6\Omega$，感抗 $X_{L}=8\Omega$，电源电压对称，设线电压 $u_{AB}=380\sqrt{2}\sin(\omega t+30^{\circ})\text{V}$。试求：各相电压及相电流的瞬时值表达式。

解： 利用单相电路法进行计算，单相电路可参考图 6-11。

已知 $\dot{U}_{AB}=380\angle 30^{\circ}\text{V}$，由于负载星形联结有 $\dot{U}_{AB}=\sqrt{3}\,\dot{U}_{A}\angle 30^{\circ}\text{V}$，可得 A 相负载相电压和相电流分别为

$$\dot{U}_{an}=\dot{U}_{A}=220\angle 0^{\circ}\text{V}$$

$$\dot{I}_{an}=\frac{\dot{U}_{an}}{Z}=\frac{220\angle 0^{\circ}}{6+\text{j}8}\text{A}=22\angle-53.1^{\circ}\text{A}$$

根据对称关系，计算 B、C 两相的相电压及相电流，得

$$\begin{cases}\dot{U}_{b}=\dot{U}_{a}\angle-120^{\circ}=220\angle-120^{\circ}\text{V}\\ \dot{U}_{c}=\dot{U}_{a}\angle+120^{\circ}=220\angle+120^{\circ}\text{V}\\ \dot{I}_{b}=\dot{I}_{a}\angle-120^{\circ}=22\angle-173.1^{\circ}\text{A}\\ \dot{I}_{c}=\dot{I}_{a}\angle+120^{\circ}=22\angle+66.9^{\circ}\text{A}\end{cases}$$

所以各相电压及相电流瞬时值表达式为

$$u_a = 220\sqrt{2}\sin(\omega t + 0°)\,\text{V}$$
$$u_b = 220\sqrt{2}\sin(\omega t - 120°)\,\text{V}$$
$$u_c = 220\sqrt{2}\sin(\omega t + 120°)\,\text{V}$$
$$i_a = 22\sqrt{2}\sin(\omega t - 53.1°)\,\text{A}$$
$$i_b = 22\sqrt{2}\sin(\omega t - 173.1°)\,\text{A}$$
$$i_c = 22\sqrt{2}\sin(\omega t + 66.9°)\,\text{A}$$

6.2.2 Y-△对称三相电路

Y-△对称三相电路如图 6-12 所示，三相负载阻抗相等有 $Z_{AB}= Z_{BC}=Z_{CA}=Z$。下面讨论相（线）电压和相（线）电流的分析方法。

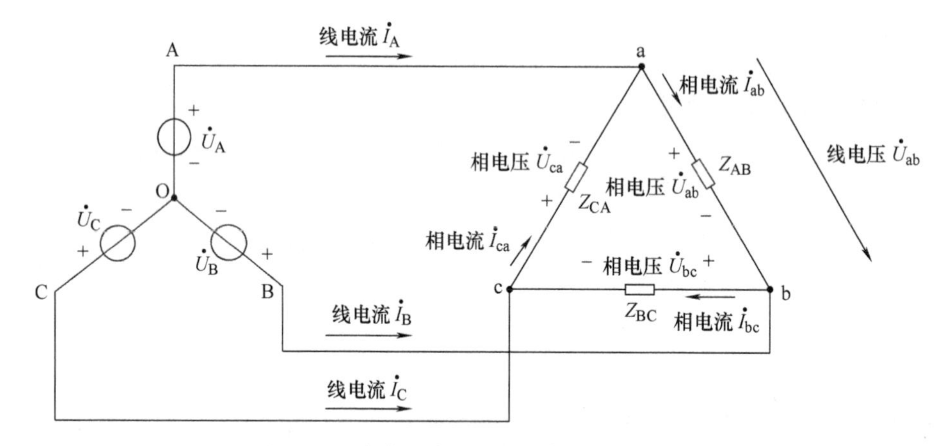

图 6-12　负载三角形联结的对称三相电路

（1）各相负载上的相电压和线电压

由图可见，每相负载的相电压等于电源的线电压，即

$$\begin{cases}\dot{U}_{ab} = \dot{U}_{AB} \\ \dot{U}_{bc} = \dot{U}_{AB}\angle -120° \\ \dot{U}_{ca} = \dot{U}_{AB}\angle +120°\end{cases} \tag{6-14}$$

（2）各相负载上的相电流

各相负载上的相电流为

$$\begin{cases}\dot{I}_{ab} = \dfrac{\dot{U}_{ab}}{Z_{AB}} \\ \dot{I}_{bc} = \dfrac{\dot{U}_{bc}}{Z_{BC}} \\ \dot{I}_{ca} = \dfrac{\dot{U}_{ca}}{Z_{CA}}\end{cases}$$

或者先计算其中一相，比如先计算 $\dot{I}_{ab} = \dfrac{\dot{U}_{ab}}{Z}$，再根据对称关系推算其余两相，即

$$\dot{I}_{bc} = \dot{I}_{ab}\angle -120°$$

$$\dot{I}_{ca} = \dot{I}_{ab}\angle +120°$$

（3）电路中的线电流

根据△联结负载中相电流与线电流的关系，计算线电流为

$$\begin{cases}\dot{I}_A = \sqrt{3}\,\dot{I}_{ab}\angle -30° \\ \dot{I}_B = \sqrt{3}\,\dot{I}_{bc}\angle -30° \\ \dot{I}_C = \sqrt{3}\,\dot{I}_{ca}\angle -30°\end{cases} \tag{6-15}$$

分析Y-△对称三相电路的相电流或者线电流，实际上也可以利用单相电路分析法。前面已经讨论过，负载星形联结和三角形联结可以等效变换，所以Y-△对称三相电路也可以用Y-Y三相电路等效，如图6-13所示，由此得到的单相电路如图6-14所示。

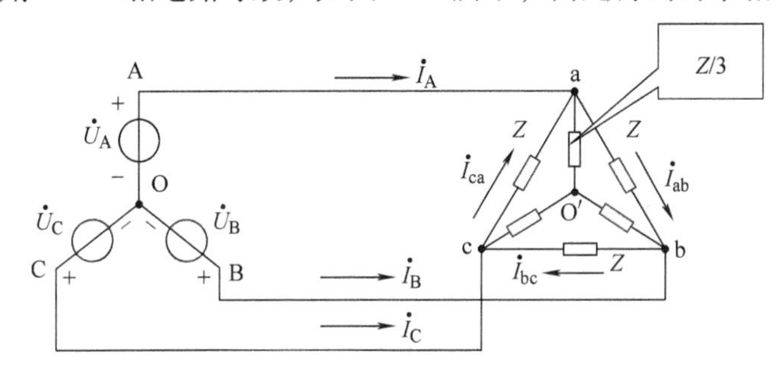

图6-13 三角形联结转化为星形联结

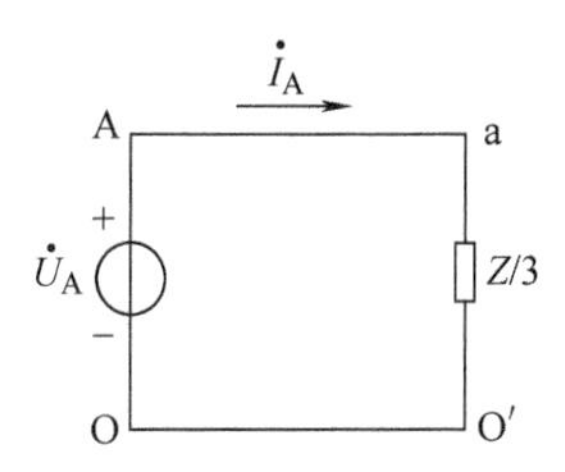

图6-14 图6-13对应的单相电路

采用单相电路分析法根据图6-14计算线电流为

$$\dot{I}_A = \dot{I}_{aO'} = \frac{\dot{U}_A}{Z/3} = \frac{3\dot{U}_A}{Z}$$

再根据原电路图6-12计算相电流为

$$\dot{I}_{ab} = \frac{1}{\sqrt{3}}\dot{I}_A\angle 30°$$

其余两相相电流或线电流可以根据对应关系求得。

针对对称三相电路的另外两种连接：△-Y和△-△，同样也可以利用电源或负载等效变换转换成Y-Y联结，所以分析△-Y和△-△电路的相（线）电压或相（线）电流也可以利用单相电路法。三角形三相电源的等效变换电路可以参考图6-15。

等效变换的原则是端口的伏安关系相同，所以将三角形三相电源用星形三相电源等效替代时，必须保证其端口线电压相等。由于星形三相电源的线电压和相电压关系为

$$\dot{U}_{AB} = \sqrt{3}\dot{U}_{AO}\angle 30°$$

所以等效变换后星形三相电源的相电压为

$$\dot{U}_{AO} = \frac{1}{\sqrt{3}}\dot{U}_{AB}\angle -30°$$

然后画出单相电路再进行相关电量参数的分析和计算。

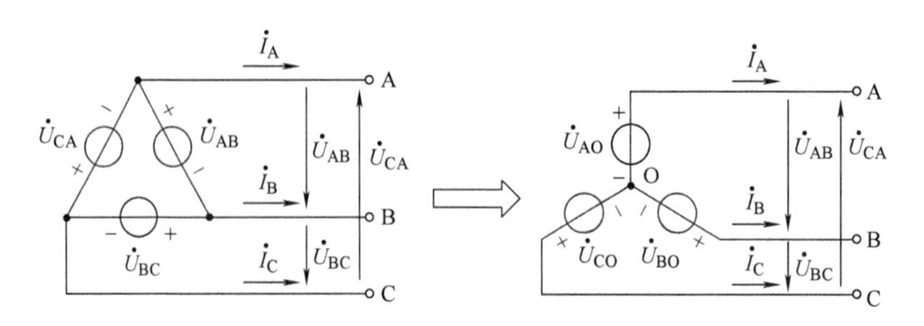

图 6-15 △-Y三相电源等效变换

【例 6-3】 如图 6-16 所示，对称三相电源相电压有效值为 380V，计算各相线电流。

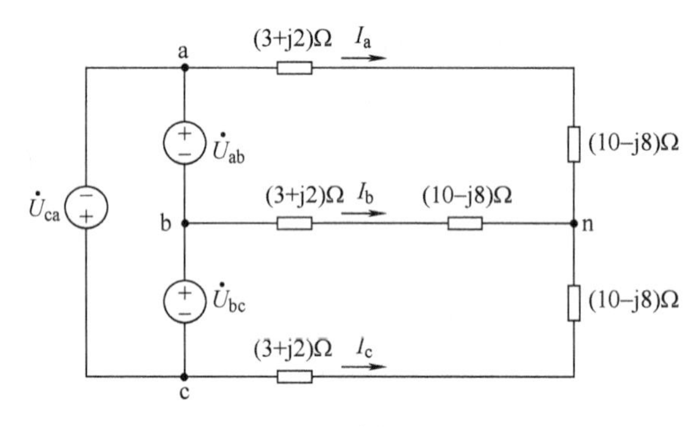

图 6-16 例 6-3 图

解： 设 $\dot{U}_{ab}=380\angle 0°\text{V}$ 作为参考相量，因为 $\dot{U}_{an}=\dfrac{\dot{U}_{ab}}{\sqrt{3}}\angle -30°$，所以线电流等于

$$\dot{I}_a=\frac{\dot{U}_{an}}{Z}=\frac{\dfrac{U_{ab}}{\sqrt{3}}\angle -30°}{(3+\text{j}2)\Omega+(10-\text{j}8)\Omega}=\frac{220\angle -30°}{13-\text{j}6}\text{A}$$

$$=\frac{220\angle -30°}{14.32\angle -24.78°}\text{A}=15.36\angle -5.22°\text{A}$$

根据线电流对称关系，得到

$$\dot{I}_b=\dot{I}_a\angle -120°=15.36\angle -127.22°\text{A}$$

$$\dot{I}_c=\dot{I}_a\angle +120°=15.36\angle 114.78°\text{A}$$

【例 6-4】 一对称三相负载分别接成如图 6-17a 所示的星形和如图 6-16b 所示的三角形，分别求其线电流。

解： 设负载相电压为 $\dot{U}_A$，当负载为Y联结时，如图 6-17a 所示，线电流为

$$\dot{I}_{AY}=\frac{\dot{U}_A}{Z}$$

负载为△联结时，如图 6-17b 所示，将负载从△联结变为Y联结，根据负载星形和三角形的等效互换，得图 6-17c 所示等效电路，线电流为

$$\dot{I}_{A\triangle}=\frac{\dot{U}_A}{Z/3}=\frac{3\dot{U}_A}{Z}$$

即

$$\dot{I}_{AY}=\frac{\dot{I}_{A\triangle}}{3}$$

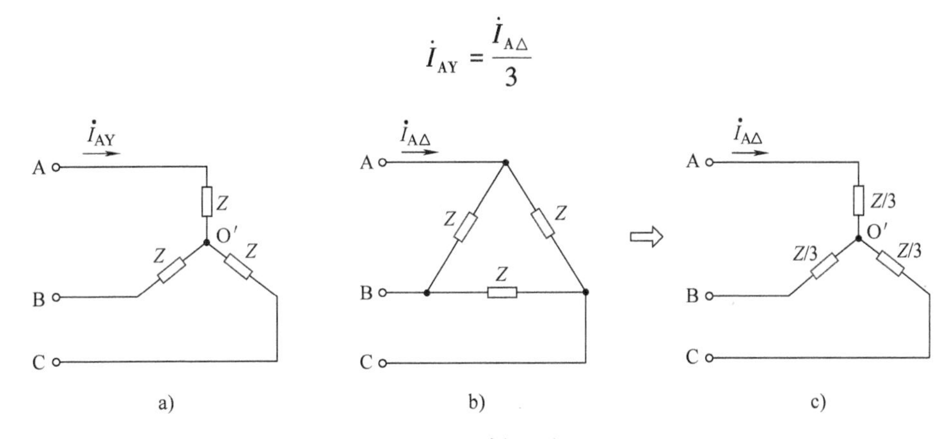

图6-17 例6-4图

a）负载Y联结 b）负载△联结 c）△-Y等效

注意：上述结果在工程实际中可用于电动机的降压起动，其原理是电动机起动时其定子绕组为星形，等到转速接近额定值时再换接成三角形，这样，起动时定子每相绕组上的电压为正常工作电压的 $1/\sqrt{3}$，降压起动时的电流为直接起动时的1/3，所以起动转矩也减小到直接起动时的1/3。

【例6-5】 如图6-18a所示，已知电源线电压为380V，$Z_1=(6+j8)\Omega$，$Z_2=-j50\Omega$，$Z_N=(1+j2)\Omega$。

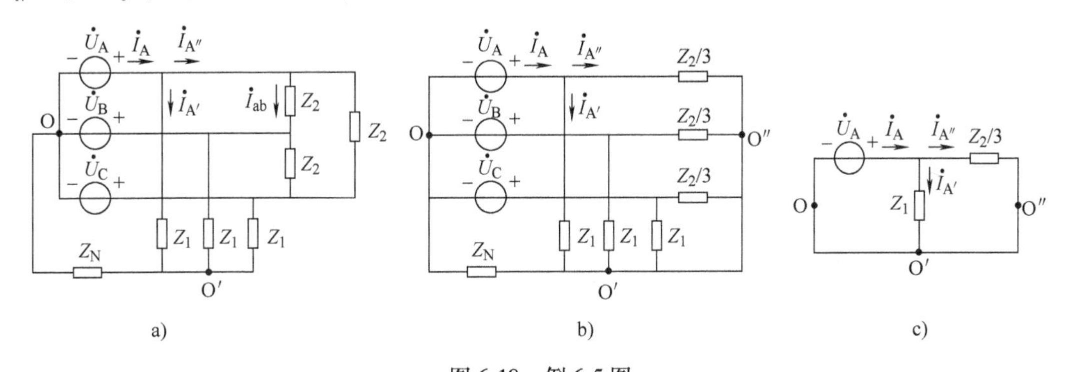

图6-18 例6-5图

a）原图 b）△-Y等效变换 c）单相电路

试求：相电流及线电流。

解： 电路包含由 Z_1 和 Z_2 并联构成的三相电路，所以需要针对每个负载计算对应的相电流。

1）Z_1 构成星形联结，Z_2 构成三角形联结，根据负载的星形和三角形的等效互换，将对称三角形负载转为星形负载，则等效电路为两个星形的三相负载并联，将电源中性点和所有的负载中性点连接，如图6-18b所示。

2）将对称三相电路转为单相（A 相）电路，由于 $\dot{U}_{O'O}=0$，连接 O′和 O 的是短路线，与中线阻抗 Z_N 无关，A 相电路如图 6-18c 所示。

下面求 A 相的线、相电流。由于电源线电压为 380V，所以相电压为 220V。设电源相电压 $\dot{U}_A=220\angle 0°V$ 作为参考相量，$Z'_2=Z_2/3$，由图 6-18c 可利用叠加原理计算线电流得

$$\dot{I}_{A'}=\frac{\dot{U}_A}{Z_1}=22\angle -53.1°A$$

$$\dot{I}_{A''}=\frac{\dot{U}_A}{Z'_2}=13.2\angle 90°A$$

$$\dot{I}_A=\dot{I}_{A'}+\dot{I}_{A''}=13.98\angle -18.44°A$$

3）由线对称关系计算得

$$\dot{I}_B=\dot{I}_A\angle -120°=13.9\angle -138.44°A$$

$$\dot{I}_C=\dot{I}_A\angle +120°=13.9\angle 106.56°A$$

4）返回图 6-17a，由△联结负载的线电流与相电流关系计算负载 Z_2 的相电流为

$$\dot{I}_{ab\triangle}=\frac{\dot{I}_{A''}}{\sqrt{3}}\angle 30°=7.62\angle 120°A$$

再由对称关系计算另两相相电流为

$$\dot{I}_{bc\triangle}=7.62\angle 0°A$$

$$\dot{I}_{ca\triangle}=7.62\angle -120°A$$

5）返回图 6-17a，计算负载 Z_1 的相电流为

$$\begin{cases}\dot{I}_{ab\curlyvee}=\dot{I}_{A'}=22\angle -53.1°A\\ \dot{I}_{bc\curlyvee}=\dot{I}_{A'}\angle -120°=22\angle -173.1°A\\ \dot{I}_{ab\curlyvee}=\dot{I}_{A'}\angle +120°=22\angle -66.9°A\end{cases}$$

根据上述分析得出对称三相电路的一般计算方法：

1）将所有三相电源、负载都化为等效Y—Y电路。

2）连接各负载和电源的中性点，中性线上若有阻抗可不计。

3）画出单相电路，求出单相的电压、电流，单相电路中的电压为Y联结时的相电压，单相电路中的电流为原电路中的线电流。

4）根据△联结、Y联结时线电压（流）、相电压（流）之间的关系，求出原电路的电流和电压。

5）由对称性得出其他两相的电压、电流。

【例 6-6】 图 6-19 所示为照明电路，灯泡额定电压 220V，电源电压和负载均对称，试分析在三相四线制和三相三线制下的工作情况。

解： 1）三相四线制如图 6-19a 所示。在正常情况下，每相负载的工作彼此独立。相（线）电压和相（线）电流均对称，负载相电压有效值为

$$U_a=U_b=U_c$$

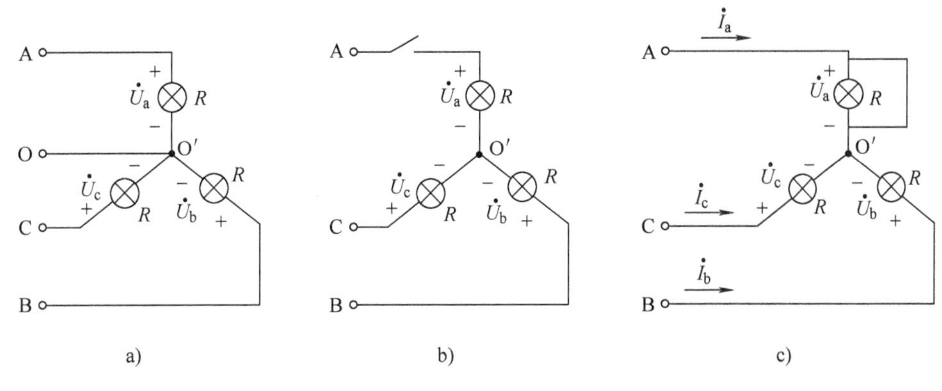

图 6-19 例 6-6 图

a) 正常情况 b) A 相断路 c) A 相短路

2) 三相三线制如图 6-19b 所示，每相负载的工作彼此相关，设 A 相断路出现三相不对称，此时有：若线电压为 380V，则 B、C 相灯泡电压为 190V，未达额定工作电压，灯光昏暗。

3) A 相短路如图 6-19c 所示，负载上的电压为线电压 380V，超过灯泡的额定电压 220V，灯泡将烧坏。此时 A 相的短路电流计算如下（设灯泡电阻为 R）：

$$U_c = U_b = U_{AB} = U_{CA}$$

$$\dot{I}_b = \frac{\dot{U}_{BA}}{R} = \frac{\sqrt{3}\dot{U}_A\angle 30°}{R}$$

$$\dot{I}_c = \frac{\dot{U}_{CA}}{R} = \frac{\dot{U}_{AB}\angle 120°}{R} = \frac{\sqrt{3}\dot{U}_A\angle 150°}{R}$$

$$\dot{I}_a = -(\dot{I}_b + \dot{I}_c) = \frac{\sqrt{3}\dot{U}_A}{R}(\angle 30° - \angle 150°)$$

$$= \frac{\sqrt{3}\dot{U}_A}{R}\left(\frac{\sqrt{3}}{2} + j\frac{1}{2} + \frac{\sqrt{3}}{2} - j\frac{1}{2}\right) = \frac{3\dot{U}_A}{R}$$

即短路电流是正常工作电流的 3 倍。

6.3 负载不对称三相电路的分析

在三相电路中，只要有一部分不对称，如出现电源不对称，或电路参数（负载）不对称就称为不对称三相电路。不对称三相电路的分析不能引用 6.2 节中对称三相电路的分析方法，只能用第 5 章介绍的正弦稳态电路的分析法。本节主要讨论三相电源对称但负载不对称的电路特点。

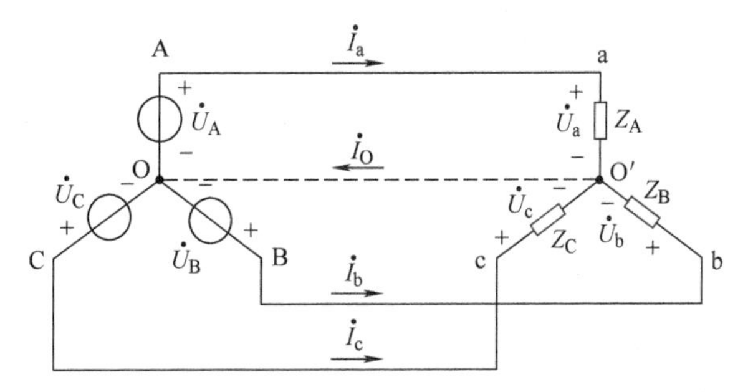

图 6-20 不对称星形负载三相电路

图 6-20 的Y-Y联结的电路中三相电源对称，三相负载 Z_A、Z_B、Z_C 不相同。

中性线断开时，应用节点法求得中性点 O 和 O′之间的电压为

$$\dot{U}_{O'O}=\frac{\dot{U}_A/Z_A+\dot{U}_B/Z_B+\dot{U}_C/Z_C}{1/Z_A+1/Z_B+1/Z_C}\neq 0$$

负载各相电压为

$$\begin{cases}\dot{U}_a=\dot{U}_A-\dot{U}_{O'O}\\ \dot{U}_b=\dot{U}_B-\dot{U}_{O'O}\\ \dot{U}_c=\dot{U}_C-\dot{U}_{O'O}\end{cases}$$

负载不对称造成负载中性点 O′与电源中性点 O 电位不同的现象称为中性点位移。在电源对称的情况下，可以根据中性点位移的情况来判断负载端不对称的程度。当中性点位移较大时，会造成负载相电压严重不对称，使负载的工作状态不正常。

在三相四线制电路中（中线阻抗 $Z_N=0$），中性线可强制使中性点间的电压为零，各相负载上的相电压为各相电源电压，即 $\dot{U}_a=\dot{U}_A$、$\dot{U}_b=\dot{U}_B$、$\dot{U}_c=\dot{U}_C$，使各相保持独立性。但中性线电流为

$$\dot{I}_O=\dot{I}_a+\dot{I}_b+\dot{I}_c=\frac{\dot{U}_A}{Z_A}+\frac{\dot{U}_B}{Z_B}+\frac{\dot{U}_C}{Z_C}\neq 0$$

由此得出结论：

1）当负载不对称且无中性线时，电源中性点和负载中性点不等电位，各相电压、电流不再存在对称关系；当负载不对称且有中性线时（中线阻抗 $Z_N=0$），各相负载上的相电压为各相电源电压且存在对称关系，但 3 个相电流之间不存在对称关系，从而使中线有电流。

2）负载不对称情况下中性线的存在是非常重要的，中性线可以保证中性点之间的电压为零，它强制使各相负载上的相电压都对称，保证每相负载上的电压有效值都相等，使每相负载独立工作。当某相发生故障时其余两相不受影响。

【例 6-7】 在如图 6-21 所示三相四线制电路中，电源电压对称，每相电压有效值 $U_P=220\text{V}$，负载为电灯组，三相中的电阻分别为 $R_A=5\Omega$，$R_B=10\Omega$，$R_C=10\Omega$。

试求：负载相电压、相电流及中性线电流。

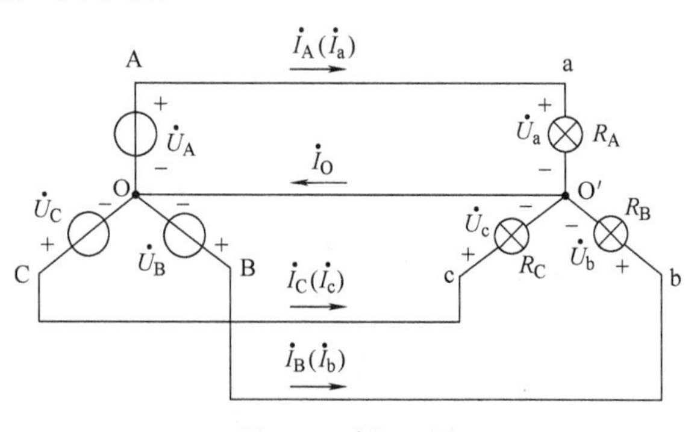

图 6-21 例 6-7 图

解： 电路中负载为不对称，但由于是三相四线电路，根据联结关系，可知负载相电压等于电源相电压，由于三相电源对称，所以负载相电压也对称，相电压有效值为 220V。取 A 相电压作为参考相量，所以负载相电压可表示为

$$\dot{U}_a=\dot{U}_A=220\angle 0°\text{V}$$

$$\dot{U}_b=\dot{U}_B=\dot{U}_a\angle-120°=220\angle-120°\text{V}$$

$$\dot{U}_c=\dot{U}_C=\dot{U}_a\angle 120°=220\angle 120°\text{V}$$

由于三相负载是不对称的，因此3个相电流无对称关系，每相电流必须单独计算，得

$$\begin{cases}\dot{I}_a=\dfrac{\dot{U}_a}{R_A}=\dfrac{220\angle 0°}{5}\text{A}=44\angle 0°\text{A}\\ \dot{I}_b=\dfrac{\dot{U}_b}{R_B}=\dfrac{220\angle -120°}{10}\text{A}=22\angle -120°\text{A}\\ \dot{I}_c=\dfrac{\dot{U}_c}{R_C}=\dfrac{220\angle 120°}{10}\text{A}=22\angle 120°\text{A}\end{cases}$$

根据图6-21中的电流参考方向，由KCL得中性线电流为

$$\begin{aligned}\dot{I}_0&=\dot{I}_a+\dot{I}_b+\dot{I}_c\\&=(44\angle 0°+22\angle -120°+22\angle 120°)\text{A}\\&=[44+(-11-\text{j}18.9)+(-11+\text{j}18.9)]\text{A}\\&=22\angle 0°\text{A}\end{aligned}$$

从本例中可进一步发现，在负载不对称的三相供电系统中，中性线的作用非常重要，特别是当各种故障发生时能使其余相的负载正常工作而不受故障的影响。若中性线开断，将使故障迅速扩大至整个系统，后果严重。因此在实际的三相系统中，中性线必须稳固、安全，绝对不允许开断，也不允许在中线上安装熔断器或刀开关等装置。

【例6-8】 如图6-22所示电路中，电源三相对称。当开关S闭合时，电流表的读数均为5A。求：开关S打开后各电流表的读数。

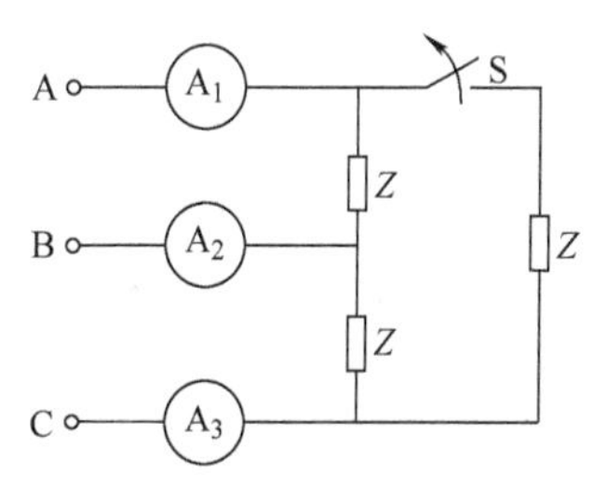

图6-22 例6-8图

解：开关S打开后，$\dot{U}_{AB}$ 和 $\dot{U}_{BC}$ 不变，从而 $\dot{I}_{ab}$ 和 $\dot{I}_{bc}$ 不变，故电流表 A_2 中的电流与负载对称时的电流相同。而 A_1 和 A_3 中的电流等于负载对称时的相电流。因此电流表 A_2 的读数 $I_2=5\text{A}$；电流表 A_1 和 A_3 的读数为 $I_1=I_3=5/\sqrt{3}=2.89\text{A}$。

6.4 三相电路的功率

6.4.1 一般三相电路功率的计算

三相电路总功率为各单相功率之和。

1. 总有功功率

$$P=P_a+P_b+P_c=U_aI_a\cos\varphi_a+U_bI_b\cos\varphi_b+U_cI_c\cos\varphi_c$$

2. 总无功功率

$$Q=Q_a+Q_b+Q_c=U_aI_a\sin\varphi_a+U_bI_b\sin\varphi_b+U_cI_c\sin\varphi_c$$

3. 总视在功率

$$S=S_a+S_b+S_c=U_aI_a+U_bI_b+U_cI_c$$

6.4.2 负载对称三相电路功率的计算

1. 总平均功率

设对称三相电路中单相负载吸收的功率为 $P_P = U_P I_P \cos\varphi$，其中 U_P、I_P 为负载上的相电压和相电流，φ 为每相负载的阻抗角。则三相总功率为

$$P = 3P_P = 3U_P I_P \cos\varphi \tag{6-16}$$

当负载为星形联结时，负载端的线电压 $U_L = \sqrt{3}U_P$，线电流 $I_L = I_P$，代入上式中有

$$P = 3 \times \frac{1}{\sqrt{3}} U_L I_L \cos\varphi = \sqrt{3} U_L I_L \cos\varphi$$

当负载为三角形联结时，负载端的线电压 $U_L = U_P$，线电流 $I_L = \sqrt{3}I_P$，代入上式中有

$$P = 3 \times U_L \frac{1}{\sqrt{3}} I_L \cos\varphi = \sqrt{3} U_L I_L \cos\varphi$$

因此无论负载是星形联结还是三角形联结，对称三相电路总功率为

$$P = 3U_P I_P \cos\varphi = \sqrt{3} U_L I_L \cos\varphi \tag{6-17}$$

注意：

1）上式中的 φ 为相电压与相电流的相位差，或负载阻抗角。

2）$\cos\varphi$ 为每相的功率因数，在对称三相制中称为三相功率因数，有

$$\cos\varphi_a = \cos\varphi_b = \cos\varphi_c = \cos\varphi$$

3）公式计算的是电源发出的功率（或负载吸收的功率）。

2. 总无功功率和总视在功率

对称三相电路中负载吸收的无功功率等于各相无功功率之和，即

$$Q = 3U_P I_P \sin\varphi = \sqrt{3} U_L I_L \sin\varphi \tag{6-18}$$

总视在功率

$$S = \sqrt{P^2 + Q^2} = 3U_P I_P = \sqrt{3} U_L I_L \tag{6-19}$$

下面求总视在功率。设对称三相负载 A 相的电压电流为

$$u_a = \sqrt{2} U_P \sin\omega t \text{V}, \qquad i_a = \sqrt{2} I_P \sin(\omega t - \varphi) \text{A}$$

则各相的瞬时功率分别为

$$p_a = u_a i_a = 2U_P I_P \sin\omega t \sin(\omega t - \varphi) = U_P I_P [\cos\varphi - \cos(2\omega t - \varphi)]$$

$$\begin{aligned} p_b &= u_b i_b = 2U_P I_P \sin(\omega t - 120°) \sin(\omega t - \varphi - 120°) \\ &= U_P I_P [\cos\varphi - \cos(2\omega t - \varphi + 120°)] \end{aligned}$$

$$\begin{aligned} p_c &= u_c i_c = 2U_P I_P \sin(\omega t + 120°) \sin(\omega t - \varphi + 120°) \\ &= U_P I_P [\cos\varphi - \cos(2\omega t - \varphi - 120°)] \end{aligned}$$

可以证明它们的和为

$$p = p_a + p_b + p_c = 3U_P I_P \cos\varphi \tag{6-20}$$

式（6-20）表明，对称三相电路的总瞬时功率是一个常量，其值等于总平均功率，这是对称三相电路的优点之一，反映在三相电动机上，就得到均衡的电磁力矩，避免了机械振动，这是单相电动机所不具有的。

6.4.3 三相电路功率的测量

三相电路的有功功率可用功率表来测量，测量方法因三相电路的连接形式以及是否对称而有所不同。

1. 三表法

三表法适用于三相四线制电路，当负载不对称时，可以用如图 6-23 所示的 3 只单相功率表测量出三相各自的功率值，测量的总平均功率 $P=P_1+P_2+P_3$。其中 P_1、P_2、P_3 分别为三表的读数。若负载对称，则只需一个表，读数乘以 3 即可。

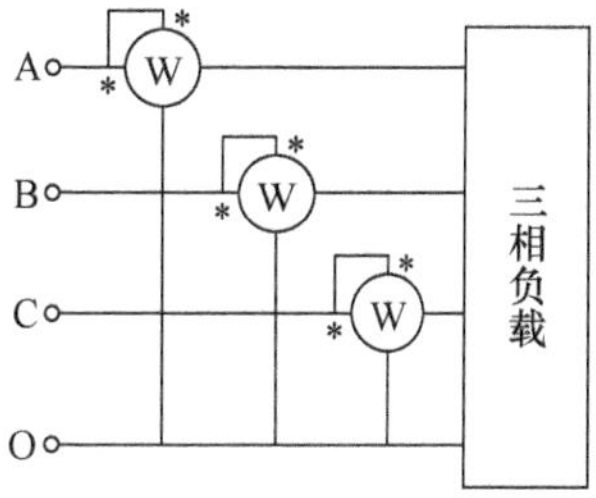

图 6-23 三表法测量平均功率

2. 二表法

二表法适用于三相三线制电路，不论负载接成星形或三角形，也不论负载对称或不对称，都可以使用二表法。测量线路的接法是将两个功率表的电流线圈串到任意两相中，电压线圈的同名端（即有 * 号端）接到其电流线圈所串的线上，电压线圈的非同名端接到另一相没有串功率表的线上。显然针对同一个三相三线制电路，二表法可以有 3 种连接方式，如图 6-24 所示。测量的总平均功率 $P=P_1+P_2$，其中 P_1、P_2 分别为两表的读数。

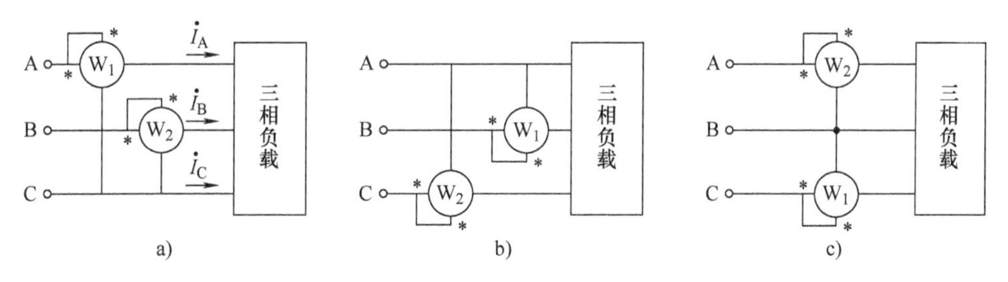

图 6-24 二表法测量总平均功率（3 种接法）

二表法中若 W_1 的读数为 P_1，W_2 的读数为 P_2，在如图 6-24a 所示电路中，设负载为 Y 联结，则 P_1 和 P_2 分别为

$$P_1=\mathrm{Re}[\dot{U}_{AC}\overset{*}{I}_A],\qquad P_2=\mathrm{Re}[\dot{U}_{BC}\overset{*}{I}_B],\tag{6-21}$$

两个瓦特表读数和为

$$P_1+P_2=\mathrm{Re}[\dot{U}_{AC}\overset{*}{I}_A+\dot{U}_{BC}\overset{*}{I}_B]\tag{6-22}$$

因为 $\dot{U}_{AC}=\dot{U}_A-\dot{U}_C$，$\dot{U}_{BC}=\dot{U}_B-\dot{U}_C$，$\overset{*}{I}_A+\overset{*}{I}_B=-\overset{*}{I}_C$ 代入式（6-22）有

$$\begin{aligned}P_1+P_2&=\mathrm{Re}[\dot{U}_A\overset{*}{I}_A-\dot{U}_C\overset{*}{I}_A+\dot{U}_B\overset{*}{I}_B-\dot{U}_C\overset{*}{I}_B]\\&=\mathrm{Re}[\dot{U}_A\overset{*}{I}_A+\dot{U}_B\overset{*}{I}_B-\dot{U}_C(\overset{*}{I}_A+\overset{*}{I}_B)]\\&=\mathrm{Re}[\dot{U}_A\overset{*}{I}_A+\dot{U}_B\overset{*}{I}_B+\dot{U}_C\overset{*}{I}_C]\\&=P_a+P_b+P_c\\&=P\end{aligned}\tag{6-23}$$

即两个功率表的读数的代数和就是三相总功率。由于△联结负载可以变为Y联结，故结论仍成立。

当三相负载对称时，可以利用下面推导的通式计算两表的读数，计算方法非常简单。

在如图 6-24a 所示电路中，设负载为对称Y联结，设

$$\dot{U}_A = U_P \angle 0°$$

则

$$\dot{U}_{AC} = U_L \angle -30°,\ \dot{U}_{BC} = U_L \angle -90°$$

$$\dot{I}_A = I_L \angle \varphi,\ \dot{I}_B = I_L \angle \varphi + 120° \tag{6-24}$$

将式（6-24）代入式（6-21）有

$$P_1 = U_L I_L \cos(\varphi - 30°)$$

$$P_2 = U_L I_L \cos(\varphi + 30°) \tag{6-25}$$

由于△联结负载可以变为Y联结，故结论仍成立。

对称三相电路总有功功率 P 为

$$P = \sqrt{3} U_L I_L \cos\varphi = U_L I_L \cos(\varphi - 30°) + U_L I_L \cos(\varphi + 30°)$$

$$= P_1 + P_2 \tag{6-26}$$

对称三相电路总无功功率 Q 为

$$Q = \sqrt{3} U_L I_L \sin\varphi = \sqrt{3}[U_L I_L \cos(\varphi - 30°) - U_L I_L \cos(\varphi + 30°)]$$

$$= \sqrt{3}(P_1 - P_2) \tag{6-27}$$

根据功率三角形，有

$$\tan\varphi = \frac{Q}{P} = \sqrt{3}\,\frac{P_1 - P_2}{P_1 + P_2} \tag{6-28}$$

根据式（6-28）可以求得功率因数 $\cos\varphi$，同时由式（6-28）也可以得出以下结论：

1）若 $P_1 = P_2, \varphi = 0°$，则负载呈电阻性。

2）若 $P_1 > P_2, \varphi > 0°$，则负载呈电感性。

3）若 $P_1 < P_2, \varphi < 0°$，则负载呈电容性。

表 6-1 给出了不同 φ 值时两个功率表的取值。

表 6-1　不同 φ 值时两个功率表的取值

	P_1	P_2	$P = P_1 + P_2$
$\varphi = 0°$	$\frac{\sqrt{3}}{2} U_L I_L$	$\frac{\sqrt{3}}{2} U_L I_L$	$\sqrt{3} U_L I_L$
$\varphi \geqslant 60°$	正数	负数（或零）	感性负载
$\varphi \leqslant -60°$	负数（或零）	正数	感性负载
$\varphi = \pm 90°$	$\pm \frac{1}{2} U_L I_L$	$\mp \frac{1}{2} U_L I_L$	0

注意：

1）只有在三相三线制条件下，才能用二表法，且不论负载对称与否。

2）两个瓦特表读数的代数和为三相总有功功率，每个瓦特表单独的读数无意义。

3）按正确极性接线时，二表中可能有一个表的读数为负，此时功率表指针反转，将其电流线圈极性反接后，指针指向正数，但此时读数应记为负值。

4）在三相负载对称的情况下，有

$$P_1 = U_L I_L \cos(\varphi - 30°)$$

$$P_2 = U_L I_L \cos(\varphi + 30°)$$

$$P = P_1 + P_2$$

$$Q = \sqrt{3}(P_1 - P_2)$$

【例 6-9】 已知某对称三相负载中每相阻抗为 $Z = (29 + j21.8)\Omega$，三相电源的线电压 $U_L = 380V$。

试求：该三相负载分别为星形及三角形联结时的三相有功功率、负载的相电流及线电流。

解： $Z = (29 + j21.8)\Omega = 36.3\angle 36.9°\Omega$

功率因数 $\cos\varphi = \cos 36.9° = 0.8$

1）当负载为星形联结时，有

相电压： $U_P = U_L / \sqrt{3} = 220V$

相电流（线电流）：$I_P = I_L = I_P = I_L = U_P / |Z| = 220/36.3A = 6.1A$

总有功功率：$P = 3U_P I_P \cos\varphi = 3 \times 220 \times 6.1 \times 0.8W = 3.2 \times 10^3 W$

2）当负载为三角形联结时

相电压（线电压）： $U_P = U_L = 380V$

相电流： $I_P = U_P / |Z| = 380/36.3A = 10.5A$

线电流： $I_L = \sqrt{3} I_P = 18.2A$

总有功功率： $P = \sqrt{3} U_L I_L \cos\varphi = \sqrt{3} \times 380 \times 18.2 \times 0.8W = 9.58 \times 10^3 W$

或 $P = 3U_P I_P \cos\varphi = 3 \times 380 \times 10.5 \times 0.8W = 9.58 \times 10^3 W$

从例 6-9 中可分析，在三相电路中，负载采用星形联结还是三角形联结，必须根据每相负载的额定电压、额定电流及额定功率等实际工作要求而定。否则两者的差距太大将使负载不能正常工作而产生故障，后果严重。

【例 6-10】 如图 6-25 所示三相电路，已知线电压 $U_L = 380V$，电动机的功率 $P = 2.5kW$，$\cos\varphi = 0.866$（感性）。求：两表读数。

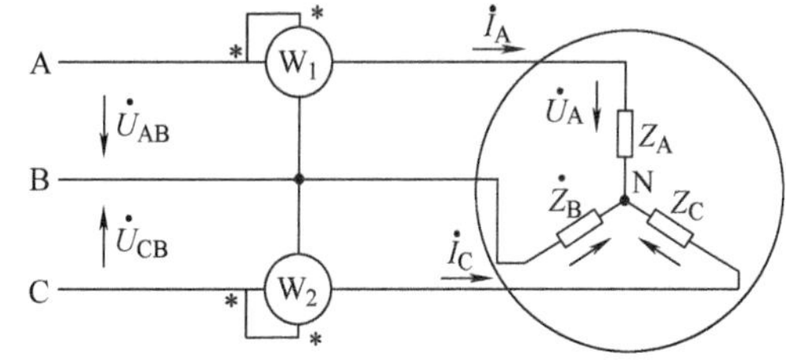

图 6-25 例 6-10 图

解：

$$P_1 = U_{AB} I_A \cos\varphi_1$$

$$P_2 = U_{CB} I_C \cos\varphi_2 \quad 或 \quad P_2 = P - P_1$$

由于 $P = 2.5kW$，$\cos\varphi = 0.866$，$U_L = 380V$，所以

$$P = \sqrt{3} U_L I_L \cos\varphi$$

$$I_L = \frac{P}{\sqrt{3} U_L \cos\varphi} = \frac{2.5 \times 1000}{\sqrt{3} \times 380 \times 0.866} A \approx 4.39A$$

下面计算电压和电流及其相位关系。

设 $\dot{U}_{AN} = 220\angle 0° V$

则

$$\begin{cases}\dot{U}_{AB}=380\angle 30°V\\ \dot{U}_{BC}=380\angle -90°V\\ \dot{U}_{CA}=380\angle 90°V\end{cases}$$

由于 $\cos\varphi=0.866$，得 $\varphi=30°$

所以

$$\dot{I}_A=4.386\angle -30°A$$

$$\dot{I}_A 与 \dot{U}_{AB} 的相位差 \varphi_1=60°$$

所以
$$P_1=U_{AB}I_A\cos\varphi_1=380\times 4.386\cos 60°W=833.3W$$

同理

$$\dot{I}_C=4.386\angle 90°A$$

$$\dot{I}_C 与 \dot{U}_{CB} 的相位差 \varphi_2=0°$$

所以

$$P_2=U_{CB}I_C\cos\varphi_2=380\times 4.386\cos 0°W=1666.7W$$

本 章 小 结

1. 三相电路中的对称三相电源电压

三相对称电源是由交流发电机产生的。其3个相电压是120°的对称关系。若取A相相电压为参考相量，则三相相电压的相量式可写成

$$\dot{U}_A=U\angle 0°$$
$$\dot{U}_B=U\angle -120°$$
$$\dot{U}_C=U\angle +120°$$

线电压与对应的相电压之间关系为

$$\dot{U}_{AB}=\sqrt{3}\,\dot{U}_A\angle 30°$$
$$\dot{U}_{BC}=\sqrt{3}\,\dot{U}_B\angle 30°$$
$$\dot{U}_{CA}=\sqrt{3}\,\dot{U}_C\angle 30°$$

3个线电压之间也满足120°的对称关系。因此，对称三相电源可向外电路提供两种电压：线电压和相电压，若线电压 U_L 为380V，则相电压 U_P 为220V。

2. 三相负载的星形联结

1）对称三相负载为星形联结时，负载上相电压与线电压的特点同电源侧。负载上相电流等于电路的线电流，相、线电流间都是120°的对称关系。因为电路对称，所以在电流计算中只需取A相计算，其他两相由120°的对称关系推出。由于在理论上电路的中性线电流等于零，故在电路中可去掉中性线，而成为三相三线制电路。

2）不对称三相负载为星形联结时，必须有中性线才能正常工作，因为中性线确保了负载相电压恒等于电源相电压，从而使每相负载都能独立工作，当某相发生故障时，其余两相

不受其影响。在中性线上不能接入熔断器或者开关，以免中性线开断造成三相负载电压不对称而发生严重事故。

3. 三相负载的三角形联结

三相负载为三角形联结时，每相负载上的相电压即为电源侧的线电压。若负载对称，则3个相电流间也是120°的对称关系，即

$$\dot{I}_{ab} = \frac{\dot{U}_{ab}}{Z}$$

$$\dot{I}_{bc} = \dot{I}_{ab}\angle -120^\circ$$

$$\dot{I}_{ca} = \dot{I}_{ab}\angle +120^\circ$$

相电流与对应的线电流间关系为

$$\dot{I}_A = \sqrt{3}\,\dot{I}_{ab}\angle -30^\circ$$

$$\dot{I}_B = \sqrt{3}\,\dot{I}_{bc}\angle -30^\circ$$

$$\dot{I}_C = \sqrt{3}\,\dot{I}_{ca}\angle -30^\circ$$

3个相电流、线电流间也是120°的对称关系。若负载不对称，则3个相电流及线电流均是不对称的。此时，各相需单独计算，方法同单相交流电路的计算。

在三相电路中，负载可采用星形联结或三角形联结，这必须根据每相负载的额定电压、额定电流等实际工作要求而定，要保证加在每相负载上的电压不能大于负载的额定电压。

4. 三相电路的功率

对称三相负载不论采用星形联结或三角形联结，三相功率的计算都为

总有功功率：　$P = 3U_P I_P \cos\varphi = \sqrt{3}\,U_L I_L \cos\varphi$

总无功功率：　$Q = 3U_P I_P \sin\varphi = \sqrt{3}\,U_L I_L \sin\varphi$

总视在功率：　$S = \sqrt{P^2 + Q^2} = 3U_P I_P = \sqrt{3}\,U_L I_L$

三相电路功率因数 $\cos\varphi$ 即为每个单相电路中的功率因数，式中 φ 为每相相电压与相电流之间的相位差即为每相负载的阻抗角。

对于三相三线制的三相系统，无论负载对称与否，均可用二表法测三相电路总功率。两个瓦特表读数的代数和为三相总有功功率，每个瓦特表单独的读数无意义。当三相电路对称时有

$$\begin{cases} P_1 = U_L I_L \cos(\varphi - 30^\circ) \\ P_2 = U_L I_L \cos(\varphi + 30^\circ) \end{cases}$$

三相对称系统总有功功率 $P = P_1 + P_2$，总无功功率 $Q = \sqrt{3}(P_1 - P_2)$。

习　　题

一、填空题

1）对称三相电源是指3个________相同、________相同和相位________的电动势电源。

2）当三相电源为Y联结时，由各相首端向外引出的输电线俗称________线，由各相尾

端公共点向外引出的输电线俗称________线，这种供电方式称为________制。

3）相线与相线之间的电压称为________电压，相线与零线之间的电压称为________电压。当电源为Y联结时，数量上 U_L = ________ U_p；若电源为△联结时，则数量上 U_L = ________ U_p。

4）相线上通过的电流称为________电流，负载上通过的电流称为________电流。当对称三相负载为Y联结时，数量上 I_L = ________ I_p；当对称三相负载为△联结时，I_L = ________ I_p。

5）中性线的作用是使不对称Y联结负载的端电压继续保持________。

6）对称三相电路中，三相总有功功率 P = ________；三相总无功功率 Q = ________；三相总视在功率 S = ________。

7）对称三相电路中，由于________，所以各相电路的计算具有独立性，各相________也是独立的，因此，三相电路的计算就可以归结为________来计算。

8）若________接的三相电源绕组有一相不慎接反，就会在发电机绕组回路中出现 $2U_p$，这将使发电机因________而烧损。

9）当三相电路对称时，三相瞬时功率之和是一个________，其值等于三相电路的________功率，由于这种性能，使三相电动机的稳定性高于单相电动机。

10）测量对称三相电路的有功功率，可采用________，如果三相电路不对称，就不能采用________法，必须使用________法。

二、分析计算

6-1　当电源三相绕组为星形联结时，设线电压 $u_{AB} = 380\sqrt{2}\sin(\omega t - 30°)\text{V}$，试写出其余各相相电压及线电压的相量式及三角函数式。

6-2　有一个三相对称星形联结负载，每相负载为 $Z = (15 + \text{j}20)\Omega$，电源线电压为 $\dot{U}_{AB} = 380\angle 0°\text{V}$，试求：各相负载的相电压及相电流，并画出相量图。

6-3　有一个三相对称三角形联结负载，$\cos\varphi = 0.8$（感性），三相对称电源线电压 U_L = 380V，负载消耗的总功率 P = 34 848W，试求：负载每相阻抗 Z。若负载改为星形联结，再求负载消耗的总功率。

6-4　如题6-4图所示电路中，已知三相对称电源线电压 $\dot{U}_{AB} = 220\angle 0°\text{V}$，星形负载 $Z_A = Z_B = Z_C = 10\angle 60°\Omega$。

试求：$\dot{U}_a$ 及 $\dot{I}_A$；并求 Z_C 断开后的 $\dot{U}_a$ 及 $\dot{I}_A$。

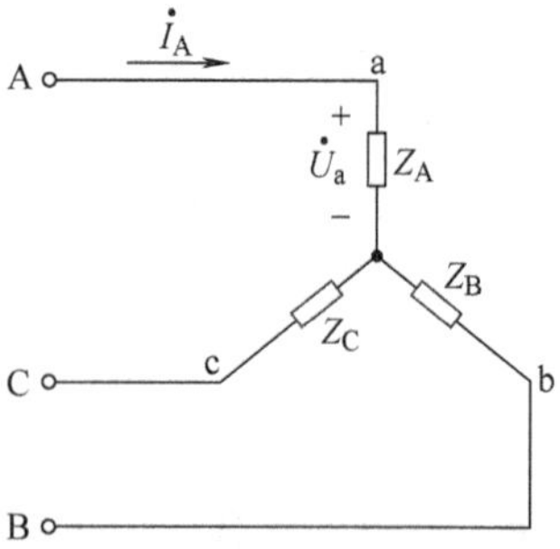

题6-4图

6-5　如题6-5图所示电路中，已知三相对称电源线电压 $\dot{U}_{AB} = 380\angle 0°\text{V}$，三角形负载为 $Z_{AB} = Z_{BC} = Z_{CA} = 10\angle -30°\Omega$。

试求：$\dot{I}_{ab}$ 及 $\dot{I}_A$，并求 Z_{AB} 断开后的 $\dot{I}_A$。

6-6　如题6-6图所示电路中，求 U_0 和输入端功率因数 λ。

6-7　如题6-7图所示电路中，三相电源对称，线电压 $\dot{U}_{AB} = 380\angle 0°\text{V}$，$R_A = R_B = 3\Omega$，$R_C = 5\Omega$，$X_L = X_C = 4\Omega$。

试求：各相电流及中性线电流。

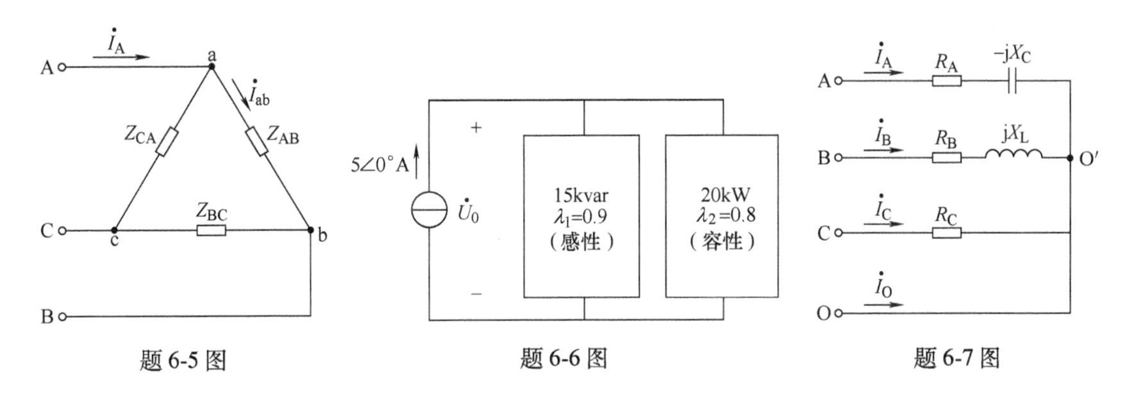

题 6-5 图　　　　题 6-6 图　　　　题 6-7 图

6-8　如题 6-8 图所示电路中，三相电源对称，已知线电压 $\dot{U}_{AB}=380\angle0°\text{V}$，三相不对称负载中 $R_{AB}=6.67\Omega$，$R_{BC}=R_{CA}=10\Omega$，$X_C=X_L=5.77\Omega$。

试求：各相电流及总功率。

6-9　如题 6-9 图所示电路中，三相电源对称，线电压 $U_L=380\text{V}$，频率 $f=50\text{Hz}$，对称三相感性负载 Z_1 的总有功功率 $P=10\text{kW}$，$\cos\varphi=0.5$(感性)。

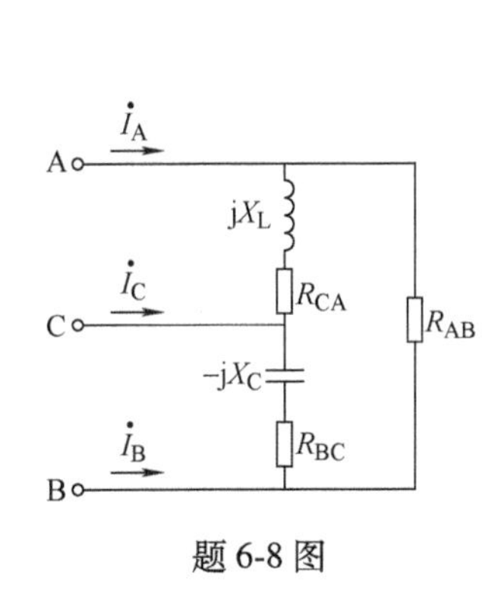

题 6-8 图

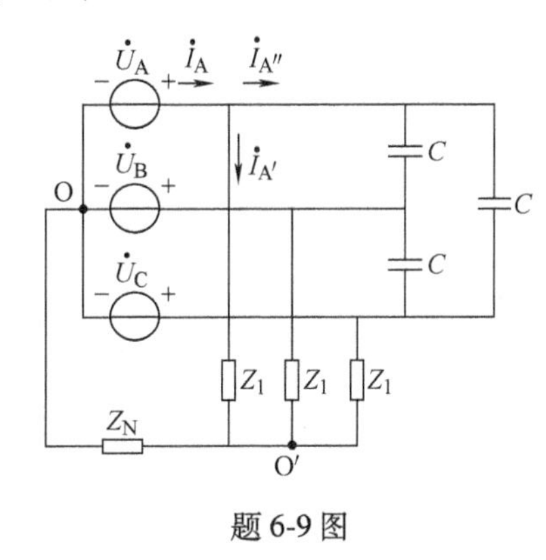

题 6-9 图

试求：

(1) 接入电容负载 C 前、后的线电流（$C=100\mu\text{F}$）。

(2) 设相电压 $\dot{U}_A=U_A\angle0°\text{V}$ 时的电路总功率 P、Q、S。

6-10　某三相电源线电压 $U_L=380\text{V}$，三相总有功功率 $P=10^5\text{kW}$，$\cos\varphi=0.8$(感性)。

试求：其线电流、总无功功率及总视在功率。

6-11　题 6-11 图所示电路中，求 I_0 和输入端功率因数 λ。

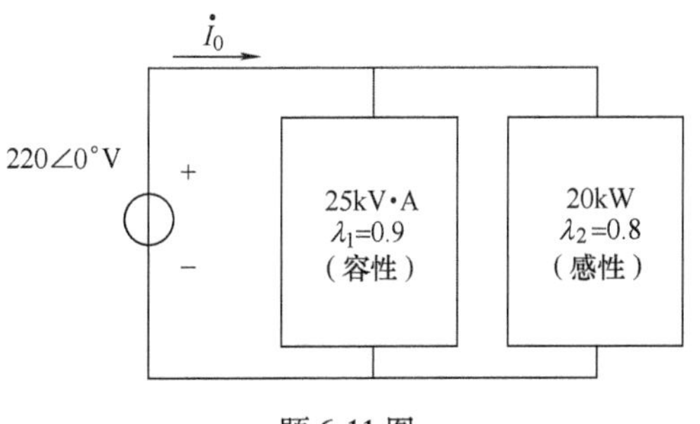

题 6-11 图

6-12　如题 6-12 图所示电路中，电源线电压 $U_L=380\text{V}$，$Z=10\angle45°\Omega$。求：每个瓦特表的读数。

6-13　如题 6-13 图所示电路中，电源线电压 $\dot{U}_{AB}=380\angle75°\text{V}$，$\dot{I}=5\angle10°\text{A}$。求：

（1）每个瓦特表的读数。

（2）三相总有功功率和无功功率。

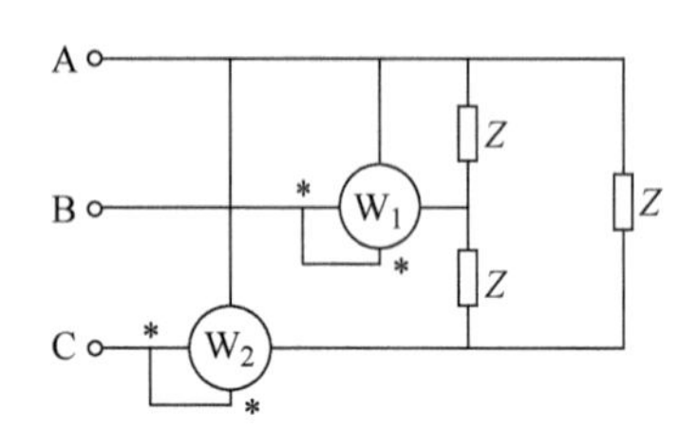

题 6-12 图

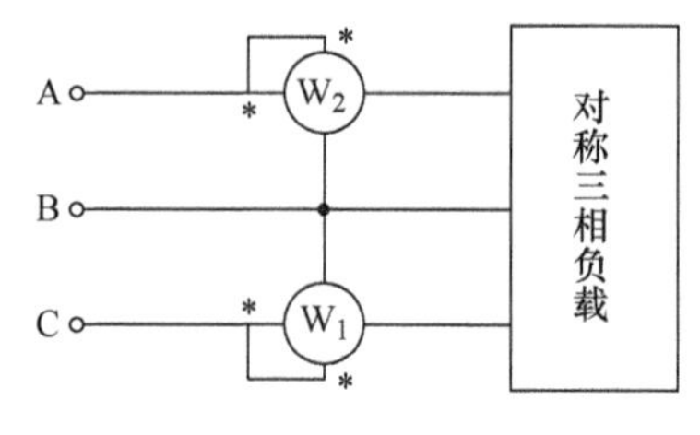

题 6-13 图

6-14 如题 6-14 图所示电路中，电源线电压 U_L = 380V，$Z_{AB}=20\angle 0°\ \Omega$，$Z_{BC}=14\angle 45°\ \Omega$ 和 $Z_{CA}=14\angle -45°\Omega$。

求：（1）线电流 $\dot{I}_A$、$\dot{I}_B$ 和 $\dot{I}_C$。

（2）每个瓦特表的读数。

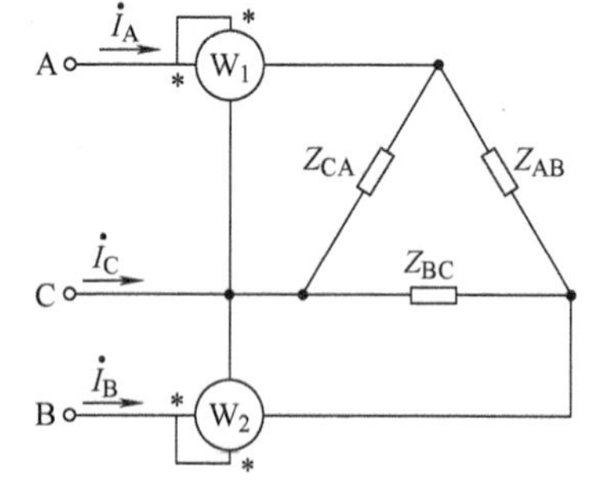

题 6-14 图

6-15 对称三相电路中，三角形联结负载阻抗 $Z=(6+j8)\Omega$，Y联结电源的相电压为 220V，求负载的相电流和线电流的有效值，以及三相负载的总有功功率。

6-16 将三相对称感性负载接到三相对称电源上，在两相线 AB 之间接一功率表，若线电压 $U_A=380$V，负载功率因数 $\cos\theta=0.6$，功率表读数 P 等于 275W。求线电流 I_A 和三相负载的总有功功率。

第 7 章　电子元器件的识别和使用

7.1　电阻器和电位器

电阻在电路中用 R 加数字表示，如：R_6 表示编号为 6 的电阻。电阻在电路中主要起到分流、限流、分压、偏置、滤波（与电容器组合使用）和阻抗匹配等作用。

7.1.1　电阻参数的识别

电阻的参数标注方法有 3 种，即直标法、数标法和色标法。

1）直标法是将电阻器的标称值用数字和文字符号直接标在电阻体上，其允许偏差用百分数表示，未标偏差值的即为±20%。

2）数标法主要用于贴片等小体积的电路，在三位数码中，从左至右第一、二位数表示有效数字，第三位表示 10 的倍幂或者用 R 表示（R 表示 0.）。如：472 表示 $47\times10^2\Omega$（即 4.7kΩ），104 则表示 100kΩ，R22 表示 0.22Ω。

3）色环标注法使用最多，普通的色环电阻器用四环表示，精密电阻器用五环表示，紧靠电阻体一端头的色环为第一环，露着电阻体本色较多的另一端头为末环。现举例如下。

如图 7-1 所示色环电阻器用四环表示时，前面两位数字是有效数字，第三位是 10 的倍

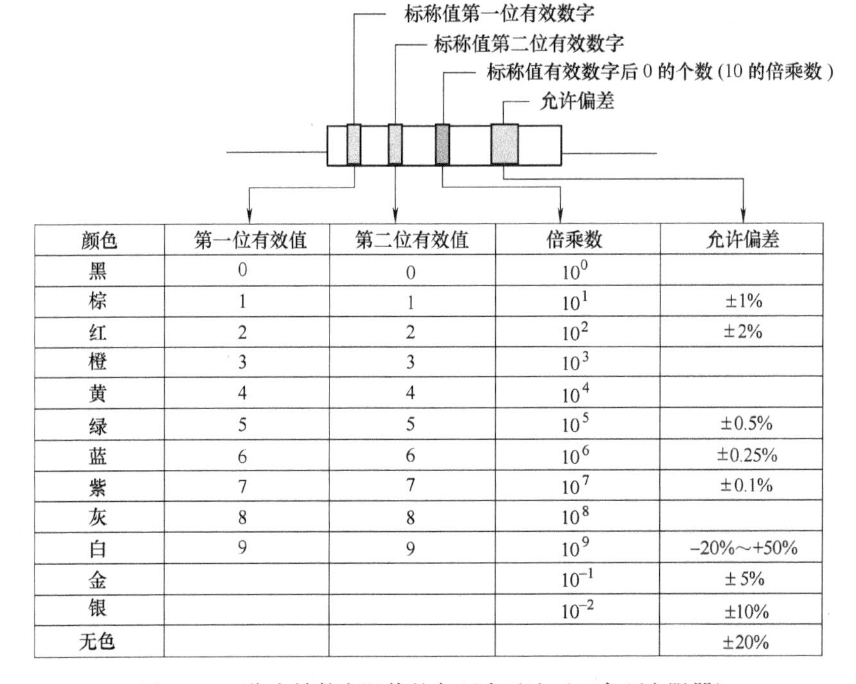

颜色	第一位有效值	第二位有效值	倍乘数	允许偏差
黑	0	0	10^0	
棕	1	1	10^1	±1%
红	2	2	10^2	±2%
橙	3	3	10^3	
黄	4	4	10^4	
绿	5	5	10^5	±0.5%
蓝	6	6	10^6	±0.25%
紫	7	7	10^7	±0.1%
灰	8	8	10^8	
白	9	9	10^9	−20%~+50%
金			10^{-1}	± 5%
银			10^{-2}	±10%
无色				±20%

图 7-1　两位有效数字阻值的色环表示法（四色环电阻器）

乘数，第四环是色环电阻器的误差范围。

如图 7-2 所示色环电阻器用五环表示时，前面三位数字是有效数字，第四位是 10 的倍乘数，第五环是色环电阻器的误差范围。

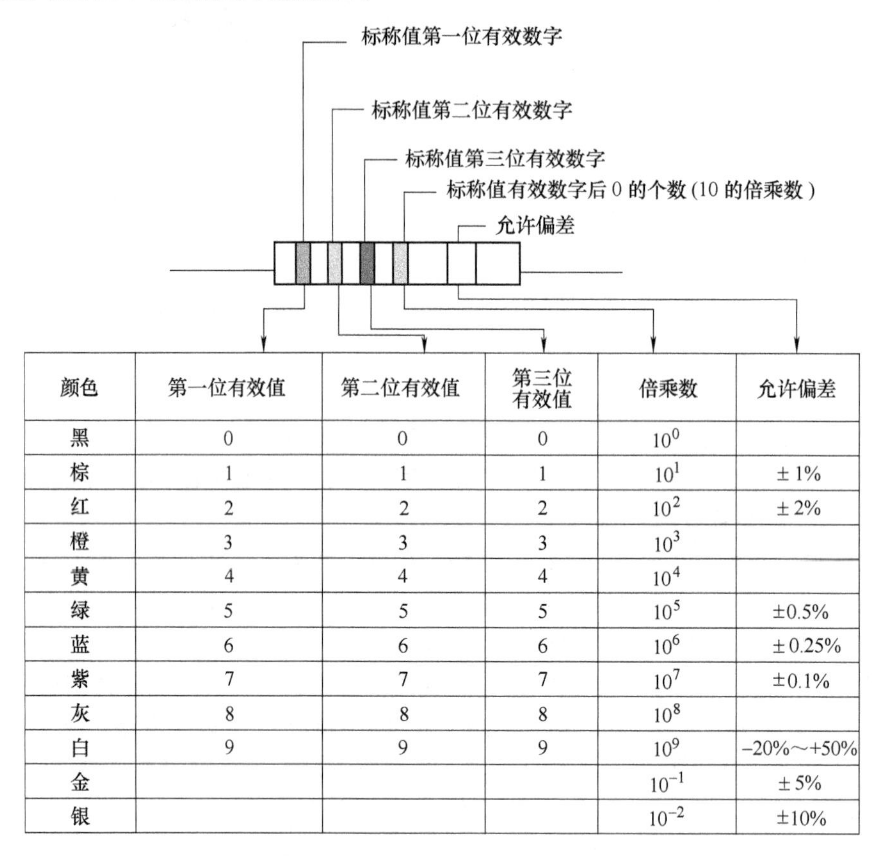

颜色	第一位有效值	第二位有效值	第三位有效值	倍乘数	允许偏差
黑	0	0	0	10^0	
棕	1	1	1	10^1	± 1%
红	2	2	2	10^2	± 2%
橙	3	3	3	10^3	
黄	4	4	4	10^4	
绿	5	5	5	10^5	±0.5%
蓝	6	6	6	10^6	± 0.25%
紫	7	7	7	10^7	±0.1%
灰	8	8	8	10^8	
白	9	9	9	10^9	−20%～+50%
金				10^{-1}	± 5%
银				10^{-2}	±10%

图 7-2　三位有效数字阻值的色环表示法（五色环电阻器）

4）SMT 精密电阻的表示法，通常也是用 3 位标示。一般是 2 位数字和 1 位字母表示，两个数字是有效数字，字母表示 10 的倍乘数，但是要根据实际情况到精密电阻查询表里查找，见表 7-1、表 7-2。

表 7-1　精密电阻的查询表（一）

代码	阻值	代码	阻值	代码	阻值	代码	阻值	代码	阻值
1	100	9	121	17	147	25	178	33	215
2	102	10	124	18	150	26	182	34	221
3	105	11	127	19	154	27	187	35	226
4	107	12	130	20	153	28	191	36	232
5	110	13	133	21	162	29	0. 196	37	237
6	113	14	137	22	165	30	200	38	243
7	115	15	140	23	169	31	3205	39	249
8	118	16	143	24	174	32	210	40	225

（续）

代码	阻值	代码	阻值	代码	阻值	代码	阻值	代码	阻值
41	261	53	348	65	464	77	619	89	825
42	267	54	357	66	475	78	634	90	845
43	274	55	365	67	487	79	649	91	866
44	280	56	374	68	499	80	665	92	887
45	287	57	383/388	69	511	81	681	93	909
46	294	58	392	70	523	82	698	94	931
47	301	59	402	71	536	83	715	94	981
48	309	60	412	72	549	84	732	95	953
49	316	61	422	73	562	85	750	96	976
50	324	62	432	74	576	86	768	96	976
51	332	63	442	75	590	87	787		
52	340	64	453	76	604	88	806		

表 7-2 精密电阻的查询表（二）

字母	A	B	C	D	E	F	G	H	X	Y	Z
倍幂	10^0	10^1	10^2	10^3	10^4	10^5	10^6	10^7	10^{-1}	10^{-2}	10^{-3}

7.1.2 电阻器的检测

电阻器在使用前一定要进行严格的检查，检查其性能好坏就是测量实际阻值与标称值是否相符，误差是否在允许范围之内。电阻器的检查方法就是用万用表的电阻档进行测量。检测步骤如下：

用指针万用表判定电阻的好坏：

1）首先选择测量档位，再将倍率档旋钮置于适当的档位，一般 100Ω 以下电阻器可选“R×1”档，100Ω～1kΩ 的电阻器可选“R×10”档，1～10kΩ 的电阻器可选“R×100”档，10～100kΩ 的电阻器可选“R×1k”档，100kΩ 以上的电阻器可选“R×10k”档。

2）测量档位选择确定后，对万用表电阻档为进行校零，校零的方法是：将万用表两表笔金属棒短接，观察指针有无到“0”的位置，如果不在“0”位置，调整调零旋钮至表针指向电阻刻度的“0”位置。

3）接着将万用表的两表笔分别和电阻器的两端相接，表针应指在相应的阻值刻度上，如果表针不动、指示不稳定或指示值与电阻器上的标示值相差很大，则说明该电阻器已损坏。

用数字万用表判定电阻的好坏：首先将万用表的档位旋钮调到欧姆档的适当档位，一般 200Ω 以下电阻器可选“200”档，200Ω～2kΩ 的电阻器可选“2k”档，2～20kΩ 的电阻器可选“20k”档，20～200kΩ 的电阻器可选“200k”档，200kΩ～200MΩ 的电阻器选择“2M”档。2～20MΩ 的电阻器选择“20M”档，20MΩ 以上的电阻器选择“200M”档。

7.1.3 电位器及其检测

电位器是可变电阻器的一种，属于可调的电子元件。它是由一个电阻体和一个转动或滑动的系统组成。当电阻体的两个固定触点之间外加一个电压时，通过转动或滑动系统改变触点在电阻体上的位置，在动触点与固定触点之间便可得到一个与动触点位置成一定关系的电压。它大多是用作分压器，这时电位器是一个四端元件。

电位器能够调节电压（含直流电压与信号电压）和电流的大小，主要依赖于它的结构特点。电位器的电阻体有两个固定端，通过手动调节转轴或滑柄，改变动触点在电阻体上的位置，则改变了动触点与任一个固定端之间的电阻值，从而改变了电压与电流的大小。

电位器在使用过程中，由于旋转频繁容易发生故障，这种故障表现为噪音、声音时大时小及电源开关失灵等。可用万用表来检查电位器的质量。

1. 标称阻值的检测

测量时，选用万用表电阻档的适当量程，将两表笔分别接在电位器两个固定引脚焊片之间，先测量电位器的总阻值是否与标称阻值相同。若测得的阻值为无穷大或较标称阻值大，则说明该电位器已开路或变值损坏。然后再将两表笔分别接电位器中心与两个固定端中的任一端，慢慢转动电位器手柄，使其从一个极端位置旋转至另一个极端位置，若是正常的电位器，万用表表针指示的电阻值应从标称阻值（或 0Ω）连续变化至 0Ω（或标称阻值）。整个旋转过程中，表针应平稳变化，而不应有任何跳动现象。若在调节电阻值的过程中，表针有跳动现象，则说明该电位器存在接触不良的故障。直滑式电位器的检测方法与此相同。

2. 带开关电位器的检测

对于带开关的电位器，除应按以上方法检测电位器的标称阻值及接触情况外，还应检测其开关是否正常。先旋转电位器轴柄，检查开关是否灵活，接通、断开时是否有清脆的“咔嗒”声。用万用表“$R\times1$”档，两表笔分别放在电位器开关的两个外接焊片上，旋转电位器轴柄，使开关接通，万用表上指示的电阻值应由无穷大（∞）变为 0Ω。再关断开关，万用表指针应从 0Ω 返回“∞”处。测量时应反复接通、断开电位器开关，观察开关每次动作的反应。若开关在“开”的位置阻值不为 0Ω，在“关”的位置阻值不为无穷大，则说明该电位器的开关已损坏。

3. 双连同轴电位器的检测

可选取万用表电阻档的适当量程，分别测量双连电位器上两组电位器的电阻值，如图 7-3 所示，检测 A、C 之间的电阻值和 A′、C′之间的电阻值是否相同且是否与标称阻值相符。再用导线分别将电位器 A、C′及电位器 A′、C 短接，然后用万用表测量中心头 B、B′之间的电阻值。在理想的情况下，无论电位器的转轴转到什么位置，B、B′两点之间的电阻值均应等于 A、C 或 A′、C′两点之间的电阻值（即万用表指针应始终保持在 A、C 或 A′、C′阻值的刻度上不动）。若万用表指针有偏转，则说明该电位器的同步性能不良。

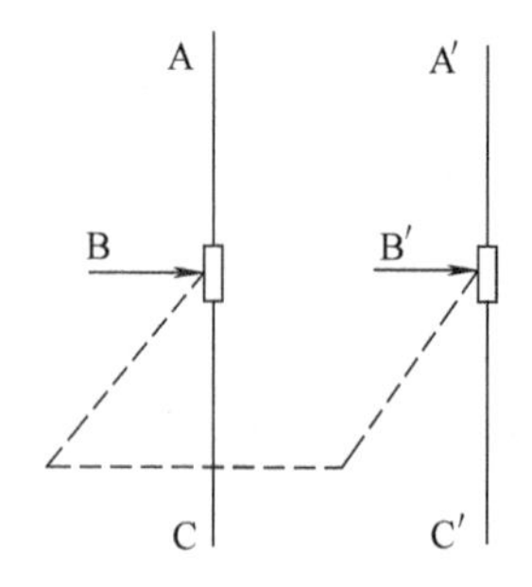

图 7-3 双连电位器电路图形符号

使用电位器时应注意以下几点：

1）各类电子设备中，设置电位器的安装位置比较重要，如需要经常对电位器进行调节，电位器轴或驱动装置应装在不需要拆开设备就能方便地调节的位置。微调电位器放在印制电路板上可能会受到其他元件的影响。例如，把一个关键的微调电位器靠近散发较多热量的大功率电阻器安装是不合适的。电位器的安装位置与实际的组装工艺方法也有一定的关系。各种微调电位器可能散布在给定的印制电路板上，但是只有一个入口方向可进行调节，因此，设计者必须精心地排列所有的电路元件，使全部微调电位器都能沿同一入口方向加以调节而不致受到相邻元件的阻碍。

2）用前进行检查。电位器在使用前，应用万用表检测其是否使用正常。

3）正确安装。安装电位器时，应把紧固零件拧紧，使电位器安装稳固。由于经常调节，若电位器松动变位，与电路中其他元件相碰，会使电路发生故障或损坏其他元件。特别是带开关的电位器，开关常常和电源线相连，引线脱落与其他部位相碰时更易发生故障。在日常使用中，若发现松动，应及时紧固，不能大意。

4）正确焊接。像大多数电子元件那样，电位器在装配时如果在其接线柱或外壳上加热过度，则易损坏。

5）使用中必须注意不能超负荷使用，尤其是终点电刷。

6）任何使用电位器调整的电路，都应注意避免在错误调整电位器时造成某些元件有过电流现象。最好在调整电路中串入固定电阻器，以避免损坏其他元件。

7）正确调整使用：调节电位器的机会很多，收音机、电视机等在关时，都要旋转电位器，由于调节频繁，在使用中应注意调节时用力均匀，带开关的电位器不要猛拉猛关。

8）修整电位器特别是截去较长的调节轴时，应夹紧转轴再截短，避免电位器主体部位受力损坏。

9）避免在高湿度环境下使用，因为传动机构不能进行有效的密封，潮气会进入电位器内。

7.2 电容器

电容在电路中一般用 C 加数字表示（如 C_{16} 表示编号为 16 的电容）。电容的特性主要是隔直流、通交流。常用电容的种类有电解电容、瓷介电容、贴片电容、独石电容及钽电容等。

7.2.1 电容参数的识别

电容容量的大小就是表示能储存电能的大小，电容对交流信号的阻碍作用称为容抗，它与交流信号的频率和电容量有关。容抗 $X_C = 1/2\pi fC$（f 表示交流信号的频率，C 表示电容容量）。

容量大的电容其容量值在电容上直接标明，如 10μF/16V，容量小的电容其容量值在电容上用字母或数字表示。

电容的识别方法与电阻的识别方法基本相同，分直标法、色标法和数标法三种。

1）直标法就是在电容器的表面直接标出其主要参数和技术指标的一种方法。直标法可以用阿拉伯数字和文字符号标出。电容器的直标内容及次序一般是：①商标；②型号；③工作温度组别；④工作电压；⑤标称电容量及允许偏差；⑥电容温度系数等。上述直标内容不一定全部标出。

例：cb41　250V　2000pF±5%

示例标志的内容表明：cb41 型精密聚苯乙烯薄膜电容器，其工作电压为 250V，标称电容量为 2000pF，允许偏差为±5%。

2）不标单位的数码表示法。其中用 1～4 位数表示有效数字，一般为 pF，而电解电容其容量单位则为 μF。如：3 表示 3pF；2200 表示 2200pF；0.056 表示 0.056μF。

3）数字表示法：一般用三位数字表示容量的大小，前两位表示有效数字，第三位表示 10 的倍乘数。如 102 表示 10×10^2F=1000pF；224 表示 22×10^4=0.2μF。

还可以使用色环或色点表示电容器的主要参数。电容器的色标法与电阻相同。

电容容量误差用符号 F、G、J、K、L、M 表示，分别表示允许误差±1%、±2%、±5%、±10%、±15%、±20%。如：一瓷介电容为 104J，表示其容量为 0.1μF，误差为±5%。

在电路图中电容器容量单位的标注有一定的规则。当电容器的容量大于 100pF 而又小于 1μF 时，一般不标注单位，没小数点的其单位是 pF，有小数点的其单位是 μF。如 4700 就是 4700pF，0.22 就是 0.22μF。当电容量大于 10 000pF 时，可用 μF 为单位，当电容量小于 10 000pF 时用 pF 为单位。

7.2.2 电容器的选用方法

电容器的种类繁多，性能指标各异，合理选用电容器对产品设计十分重要。

1）不同的电路应选用不同种类的电容器。在电源滤波、退耦电路中要选用电解电容器；在高频、高压电路中应选用瓷介电容、云母电容；在谐振电路中，可选用云母、陶瓷及有机薄膜等电容器；用作隔直流时可选用纸介、涤纶、云母及电解等电容器；用在调谐回路时，可选用空气介质或小型密封可变电容器。

2）电容器耐压的选择。电容器的额定电压应高于实际工作电压的 10%～20%，对工作稳定性较差的电路，可留有更大的余量，以确保电容器不被损坏和击穿。

3）容量的选择。对业余的小制作一般不必考虑电容器的误差。对于振荡、延时电路，电容器容量应尽可能小，选择误差应小于 5%，对于低频耦合电路的电容器其误差可大一些，一般 10%～20%就能满足要求。

4）在选用时还应注意电容器的引线形式。可根据实际需要选择焊片引出、接线引出及螺丝引出等形式，以适应线路的插孔要求。

5）电容器在选用时不仅要注意以上几点，有时还要考虑其体积、价格及电容器所处的工作环境（温度、湿度）等情况。

6）电容器的代用。在选购电容器的时候可能买不到所需要的型号或所需容量的电容器，或在维修时手头有的与所需的不相符合时，便考虑代用。代用的原则是：电容器的容量基本相同；电容器的耐压值不低于原电容器的耐压值；对于旁路电容和耦合电容，可选用比原电容容量大的代用；在高频电路中，代换时一定要考虑频率特性，应满足电路的要求。

7）使用电容器时应测量其绝缘电阻，其值应该符合使用要求。

7.2.3 电容器的检测

为保证装入电路后的电容器正常工作，在装入电路前对电容器必须进行检测。在没有特殊仪器仪表的条件下，电容器的好坏和质量的高低可以用万用表电阻档进行检测，并加以判断。

（1）脱离线路时检测

采用万用表“$R\times1k$”档，在检测前，先将电解电容的两根引脚相碰，以便放掉电容内残余的电荷。当表笔刚接通时，表针向右偏转一个角度，然后缓慢地向左回转，最后停下。表针停下来时所指示的阻值为该电容的漏电电阻，此阻值越大越好，最好应接近于无穷大处。如果漏电电阻只有几十kΩ，说明这一电解电容漏电严重。表针向右摆动的角度越大（表针还应该向左回摆），说明这一电解电容的电容量越大，反之说明电容量越小。

（2）线路上直接检测

主要是检测电容器是否已开路或已击穿这两种明显故障，而对于漏电故障来说，由于受外电路的影响一般是测不准的。来用万用表“$R\times1$”档，电路断开后，先放掉残存在电容器内的电荷。测量时若表针向右偏转，则说明电解电容内部断路。如果表针向右偏转后所指示的阻值很小（接近短路），则说明电容器严重漏电或已击穿。如果表针向右偏后无回转，但所指示的阻值不是很小，则说明电容器开路的可能性很大，应脱开电路后进一步检测。

（3）线路上通电状态时检测

若怀疑电解电容只在通电状态下才存在击穿故障，可以给电路通电，然后用万用表直流档测量该电容器两端的直流电压，如果电压很低或为0V，则该电容器已击穿。对于电解电容的正、负极标志不清楚的，必须先判别出它的正、负极。可对换万用表笔测两次，以漏电大（电阻值小）的一次为准，黑表笔所接一脚为负极，另一脚为正极。

7.2.4 电容器的故障特点

在实际检测中，电容器的故障主要表现为：

1）引脚腐蚀致断的开路故障。

2）脱焊和虚焊的开路故障。

3）漏液后造成容量小或开路故障。

4）漏电、严重漏电和击穿故障。

7.2.5 电解电容器

电解电容器是以铝、钽、铌及钛等金属氧化膜为介质的电容器。应用最广的是铝电解电容器。它容量大，体积小，耐压高（但耐压越高，体积也就越大），常用于交流旁路和滤波。缺点是容量误差大，且随频率而变动，绝缘电阻低。电解电容有正、负极之分（外壳为负端，另一接头为正端）。一般电容器外壳上都标有“+”“-”记号，如无标记则引线长的为“+”端，引线短的为“-”端，使用时必须注意不要接反，若接反，则电解作用会反向进行，导致氧化膜很快变薄，漏电流急剧增加，如果所加的直流电压过大，则电容器将很快发热，甚至会引起爆炸。

电解电容器极性的判断方法如下：用指针式万用表测量电解电容器的漏电电阻，并记下这个阻值的大小，然后将红黑表笔对调再测电容器的漏电电阻，将两次所测得的阻值对比，漏电电阻小的那次，黑表笔所接触的就是正极。

7.3 电感器

电感器是利用漆包线在绝缘骨架上绕制而成的一种能够存储磁场能的电子元件。在电路中电感有阻流、变压及传送信号等作用。

直流可通过线圈，直流电阻就是导线本身的电阻，压降很小。当交流信号通过线圈时，线圈两端将会产生自感电动势，自感电动势的方向与外加电压的方向相反，阻碍交流的通过，所以电感的特性是通直流、阻交流，频率越高，线圈阻抗越大。电感在电路中可与电容组成振荡电路。

7.3.1 电感器的分类

电感器通常分为两大类，一类是应用于自感作用的电感线圈，另一类是应用于互感作用的变压器。下面介绍它们各自的分类情况。

（1）电感线圈的分类

电感线圈是根据电磁感应原理制成的器件。它的用途极为广泛，例如 LC 滤波器、调谐放大器或振荡器中的谐振回路、均衡电路及去耦电路等。电感线圈用符号 L 表示。

按电感线圈圈心性质分，有空心线圈和带磁心的线圈；按绕制方式不同分，有单层线圈、多层线圈及蜂房线圈等；按电感量变化情况分，有固定电感和微调电感等。

（2）变压器的分类

变压器是利用两个绕组的互感原理来传递交流电信号和电能，同时能起变换前、后级阻抗作用的器件。

按变压器的铁心和线圈结构分，有芯式变压器和壳式变压器等。大功率变压器以芯式结构为多，小功率变压器常采用壳式结构。按变压器的使用频率分，有高频变压器、中频变压器和低频变压器。

7.3.2 常用的电感器

（1）小型固定电感器

这种电感器是在棒形、“工”形或王字形的磁心上绕制漆包线制成的，它体积小，重量轻，安装方便，常用于滤波、陷波及退耦电路中。其结构有卧式和立式两种。

（2）中频变压器

中频变压器是超外差式无线电接收设备中的主要元器件之一，它广泛应用于调幅收音机、调频收音机及电视机等电子产品中。

（3）电源变压器

电源变压器由带铁心的绕组、绕组骨架及绝缘物等组成。铁心变压器的铁心有“E”形、“口”形和“C”形等，“E”形铁心使用较多，用这种铁心制成的变压器，铁心对绕组形成保护外壳。“口”形铁心用在大功率的变压器中。“C”形铁心采用新型材料，具有体积小，重量轻，质量好等优点，但制作要求高。

7.3.3 电感器和变压器的主要参数

1）电感线圈的主要参数包括电感量、品质因数、固有电容和额定电流。

电感量是电感线圈的一个重要参数，电感量的大小主要取决于线圈的直径、匝数及有无铁磁心等。电感线圈的用途不同，所需的电感量也不同。如在高频电路中，线圈的电感量一般为 0.1μH~100H。

线圈的品质因数 Q 用来表示线圈损耗的大小，高频线圈 Q 通常为 50~300。对调谐回路线圈而言，其 Q 值要求高，用高 Q 值的线圈与电容组成的谐振电路会有更好的谐振特性；对耦合线圈而言，其 Q 值要求可以低一些；对高频扼流线圈和低频扼流线圈而言则无要求。Q 值的大小直接影响回路的选择性、效率、滤波特性以及频率的稳定性。一般均希望 Q 值大，但提高线圈的 Q 值并不是一件容易的事，因此应根据实际使用场合对线圈 Q 值提出适当的要求。

为了提高线圈的品质因数 Q，可以采用镀银铜线，以减小高频电阻；用多股的绝缘线代替具有同样总截面的单股线，以减少趋肤效应；采用介质损耗小的高频瓷为骨架，以减小介质的损耗。采用磁心虽然增加了磁心损耗，但可以大大减小线圈的匝数，从而减小导线的直流电阻，对提高线圈的 Q 值有利。

线圈绕组的匝与匝之间存在着分布电容，多层绕组层与层之间也都存在着分布电容。这些分布电容可以等效成一个与线圈并联的电容 C_0，实际为由 L、R 和 C_0 组成的并联谐振电路，因此存在一个线圈的固有频率。为了保证线圈有效电感量的稳定，使用电感线圈时，应使其工作频率远低于线圈的固有频率。为了减小线圈的固有电容，可以减少线圈骨架的直径，可用细导线绕制线圈或采用间绕法。

额定电流也是线圈的一个重要参数。额定电流主要是对高频扼流圈和大功率的谐振而言。在电源滤波电路中常用到低频阻流圈，它是指在电感器正常工作时，限制允许通过的最大电流。若工作电流大于额定电流，电感器会因发热而改变参数，严重时烧毁。

2）变压器的主要参数包括电压比、效率、额定功率、额定频率和额定电压等。

一次电压与二次电压之比为电压比。当电压比大于 1 时，变压器称为降压变压器；电压比小于 1 时，变压器称为升压变压器。

在额定负载下，变压器的输出功率与输入功率之比称为变压器的效率。变压器的效率与功率有关，一般功率越大，效率越高，见表 7-3。

表 7-3 一般变压器效率与功率的关系

功率/V·A	<10	10~30	35~50	50~100	100~200	>200
效率/%	60~70	70~80	80~85	85~90	90~95	>95

电源变压器的额定功率是指在规定的频率和电压下，变压器能长期工作而不超过规定温升时的输出功率。由于变压器的负载不是纯电阻性的，所以额定功率中会有部分无功功率。故常用 V·A 来表示变压器的容量。由于变压器铁心中的磁通密度与频率有关，因此变压器在设计时必须确定使用频率，这一频率称为额定频率。额定电压指变压器工作时，一次绕阻上允许施加的电压不应超过该值。

7.3.4 电感器的标志

为了表明各种电感器的不同参数，便于在生产、维修时识别、应用，常在小型固定电感器的外壳上涂上标志，其标志方法有直标法、色标法及数码表示法三种。

1）直标法是指在小型固定电感器的外壳上直接用文字标出电感器的主要参数，如电感量、误差值及最大直流工作的对应电流等。其中，最大工作电流常用字母 A、B、C、D、E 等标注，字母和电流的对应关系见表 7-4。

表 7-4 小型固定电感器的工作电流和字母的关系

字 母	A	B	C	D	E
最大工作电流/mA	50	150	300	700	1600

例如：电感器外壳上标有 3.9mH、A、Ⅱ 等字样，则表示其电感量为 3.9mH，误差为 Ⅱ%（±10%），最大工作电流为 A 档（50mA）。

2）色标法是指在电感器的外壳涂上各种不同颜色的环，用来标注其主要参数。第一条色环表示电感量的第一位有效数字；第二条色环表示第二位有效数字；第三条色环表示倍乘数；第四条表示允许偏差。数字与颜色的对应关系与色环电阻标志法相同，可参见表 7-5，其单位为 μH。

表 7-5 固定电感器色码表

色标	标称电感量			允许偏差
	第一数字	第二数字	倍乘数	
黑	0		10^0	±20%
棕	1		10^1	—
红	2		10^2	—
橙	3		10^3	—
黄	4		—	—
绿	5		—	—
蓝	6		—	—
紫	7		—	—
灰	8		—	—
白	9		—	—
金	—		10^{-1}	±5%
银	—		10^{-2}	±10%

例如：某电感器的色环标志分别为：

红红银黑，表示其电感量为 0.22×(1±20%)μH；

棕红红银，表示其电感量为 12×10^2±10%μH；

黄紫金银，表示其电感量为 4.7×(1±10%)μH。

3）数码表示法采用三位数字表示，前两位数字表示电感值的有效数字，第三位数字表示 0 的个数，小数点用 R 表示，单位为 μH。

例如：222 表示 2200μH ；151 表示 150μH；100 表示 10μH；R68 表示 0. 68μH。

7.3.5　电感器的简易测量

电感器的电感量一般可通过高频 Q 表或电感表进行测量，若不具备以上两种仪表，可用万用表测量线圈的直流电阻来判断其好坏。

1. 电感器的测试

用万用表电阻档测量电感器阻值的大小。若被测电感器的阻值为零，说明电感器内部绕阻有短路故障。注意操作时一定要将万用表调零，反复测试几次。若被测电感器阻值为无穷大，说明电感器的绕组或引出脚与绕组接点处发生了断路故障。

2. 变压器的简易测试

绝缘性能测试是用万用表欧姆档“$R\times10$k”分别测量铁心与一次侧，一次侧与二次侧，铁心与二次侧，静电屏蔽层与一次侧、二次侧间的电阻值，应均为无穷大。否则，说明变压器绝缘性能不良。

测量绕组通断的方法是用万用表“$R\times1$”档，分别测量变压器一次、二次各个绕组间的电阻值，一般一次绕阻值应为几十 Ω 至几百 Ω，变压器功率越小，电阻值越小；二次绕组电阻值一般为几 Ω 至几十 Ω，如果某一组的电阻值为无穷大，则该组有断路故障。

7.3.6　电感器的选用

电感器的质量检测包括外观和阻值测量。首先检测电感器的外表是否完好，磁性有无缺损，金属部分有无腐蚀氧化，标志有无完整清晰，接线有无断裂和折伤等。可用万用表对电感进行初步检测，测线圈的直流电阻，并与原已知的正常电阻值进行比较。如果检测值比正常值显著增大，或指针不动，则可能是电感器本体断路。若比正常值小许多，则可判断电感器本体严重短路，线圈的局部短路需用专用仪器进行检测。设计电路需要挑选电感器时，还要注意：

1）按工作频率的要求选择某种结构的线圈。用于音频段的线圈一般要用带铁心（硅钢片或坡莫合金）或低铁氧体心的，在几百 kHz 到几十 MHz 间的线圈最好使用铁氧体心，并以多股绝缘线绕制而成。要用几 MHz 到几十 MHz 的线圈时，宜选用单股镀银粗铜线绕制，磁心要采用短波高频的铁氧体，也常用空心线圈。在 100MHz 以上时一般不能选用铁氧体心，只能用空心线圈。如需微调，线圈可使用铜心。

2）因为线圈的骨架材料与线圈的损耗有关，因此用在高频电路里的线圈通常应选用高频损耗小的高频瓷做骨架。对要求不高的场合，可以选用塑料、胶木和纸做骨架的电感器，虽然它们价格低廉，但制作方便，重量轻。

3）选用线圈时必须考虑机械结构是否牢固，不应使线圈松脱，引线接点活动等。

7.4　继电器

7.4.1　继电器的作用

在自动装置里，继电器可以起到控制和转换电路的作用。就是说，它可以用小电流去控制大电流或高电压的通断。

继电器的种类很多，分类方法也不一样。按功率的大小可分为小功率继电器、中功率继电器和大功率继电器。按用途可分为启动继电器、限时继电器和限位继电器等。常用的可分为直流继电器、交流继电器、舌簧继电器和时间继电器等。继电器的外形如图 7-4 所示。继电器一般由铁心、线圈、衔铁、常闭触点和常开触点等组成。

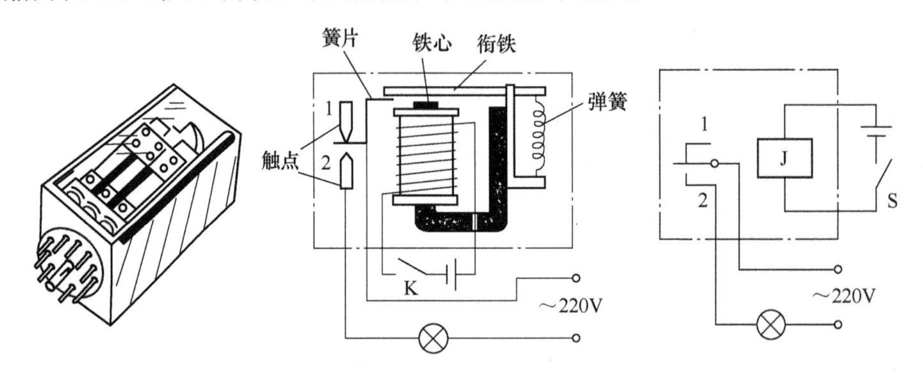

图 7-4 继电器的外形、结构与电路

7.4.2 继电器的主要技术参数

为了恰当地选用继电器，了解继电器的主要参数是很重要的。继电器的参数很多，而且同一型号中还有很多规格代号，下面介绍几个主要参数。

（1）额定工作电压

它是指继电器正常工作时线圈所需要的电压，可以是交流电压，也可以是直流电压，随型号的不同而不同。为使每种型号的继电器能在不同的电压电路中使用，每一种型号的继电器都有 7 种额定工作电压供选择。

（2）直流电阻

它是指线圈的直流电阻，可以通过万用表进行测量。

（3）吸合电流

它是指继电器能够产生吸合动作的最小电流。在使用时给定的电流必须略大于吸合电流，此时继电器才能可靠地工作。为保证吸合动作可靠，必须给线圈加上额定工作电压，或略高于额定工作电压。但一般不要超过额定工作电压的 1.5 倍，否则有可能烧毁继电器的线圈。

（4）释放电流

它是指继电器产生释放动作时的最大电流。当继电器吸合状态的电流减小到一定程度时，继电器恢复到未通电的释放状态。此时的电流比吸合电流小得多。

（5）触点的切换电压和电流（触点负荷）

它是指继电器触点允许加载的电压和电流。它决定了继电器能控制的电压和电流的大小。使用时不能超过此数值，否则将损坏继电器的触点。

7.4.3 继电器的触点

线圈继电器的触点有两种表示方法，一种是把它们直接画到长方框上方或一侧。另一种是按照电路的连接需要，把触点分别画到各自的控制电路中。画到电路中的触点必须标注清楚是哪一个继电器的触点，并用触点编号标明。

继电器常开触点（动合型）用H表示。这种触点表示当线圈不通电时，两个触点是断开的，通电后两个触点就闭合。另一种触点是常闭触点（动断型），用D表示。这种触点表示当线圈不通电时，两个触点是闭合的，通电后两个触点就断开。还有一种触点是转换触点，用Z表示。这是个触点组，有三个触点，中间的是动触点，上下各有一组静触点，实际上是两种触点的组合。当线圈不通电时，动触点和其中一组静触点断开，另一组静触点闭合。当线圈通电时，动触点就移动，使原来断开的转为闭合，原来闭合的转为断开状态。

7.4.4　继电器的选用常识

选用继电器时必须选择与电路所要求的相符合的，否则将造成继电器的动作失误。在具体应用时应考虑以下几方面问题。

1）控制电路方面：继电器线圈的数量（一组或两组）；线圈所用的是交流电还是直流电。

2）被控制电路方面：即继电器触点电路。应考虑触点的种类和数量。触点电路是交流还是直流，电流电压的大小，是常开还是常闭触点。另外还应考虑继电器的体积大小、安装方式及寿命长短等。

7.5　二极管

二极管属于非线性器件，具有单向导电性，可用于整流、检波、稳压及混频电路中。

二极管按材料可以分为锗管和硅管两大类。两者性能区别在于：锗管正向电压降比硅管小（锗管为0.2V，硅管为0.5~0.7V）；锗管的反向漏电流比硅管大（锗管约为几百μA，硅管小于1μA）；锗管的PN结可以承受的温度比硅管低（锗管约为100℃，硅管约为200℃）。

二极管按用途不同可以分为普通二极管和特殊二极管。普通二极管包括检波二极管、整流二极管、开关二极管及稳压二极管；特殊二极管包括变容二极管、光电二极管及发光二极管。

7.5.1　二极管的主要参数

除通用参数外，不同用途的二极管还有其各自的特殊参数。下面介绍常用二极管的参数。

（1）最大整流电流

这个参数是指二极管在连续正常工作时能通过的最大正向电流值。使用时电路的最大电流不能超过此值，否则二极管就会因发热而烧毁。

（2）最高反向工作电压

这个参数是指二极管正常工作时所能承受的最高反向电压值。该值是击穿电压值的一半，也就是说，将一定的反向电压加到二极管两端，二极管的PN结不至于引起击穿。一般使用时，外加反向电压不得超过此值，以保证二极管的安全。

（3）最大反向电流

这个参数是指在最高反向工作电压下允许流过的反向电流。这个电流的大小反映了二极管单向导电性能的好坏。如果这个反向电流值太大，就会使二极管因过热而损坏。因此这个值越小，表明二极管的质量越好。

（4）最高工作频率

这个参数是指二极管能正常工作时的最高频率。如果通过二极管电流的频率大于此值，二极管将不能起到它应有的作用。在选用二极管时，一定要考虑电路频率的高低，选择能满足电路频率要求的二极管。

7.5.2 常用的二极管

下面介绍几种最常用的二极管。

（1）整流二极管

整流二极管主要用于整流电路，即把交流电变换成脉动的直流电。整流二极管都是面结型，因此结电容较大，工作频率较低，一般为 3kHz 以下。

从封装上看，有塑料封装和金属封装两大类。常用的整流二极管有 2CZ 型，2DZ 型，IN400 X 型及用于高压、高频电路的 2DGL 型等。

（2）检波二极管

检波二极管的主要作用是把高频信号中的低频信号检出。它们的结构为点接触型。其结电容较小、工作频率较高，一般都采用锗材料制成。这种管子的封装多采用玻璃外壳。常用的检波二极管有 2AP 型等。

（3）稳压二极管

稳压二极管是利用二极管的反向击穿特性制成的。在电路中其两端的电压基本保持不变，起到稳定电压的作用。

稳压二极管的稳压原理：稳压二极管的特点就是击穿后，其两端的电压基本保持不变。这样，当把稳压管接入电路以后，若由于电源电压发生波动，或其他原因造成电路中各点电压变动时，负载两端的电压将基本保持不变。

稳压二极管的故障主要表现在开路、短路和稳压值不稳定上。在这三种故障中，前一种故障表现为电源电压升高，后两种故障表现为电源电压降低到 0V 或输出不稳定。

常用稳压二极管的型号及稳压值见表 7-6。

表 7-6 常用稳压二极管的型号及稳压值

型号	1N4728	1N4729	1N4730	1N4732	1N4733	1N4734	1N4735	1N4744	1N4750	1N4751	1N4761
稳压值/V	3.3	3.6	3.9	4.7	5.1	5.6	6.2	15	27	30	75

（4）阻尼二极管

阻尼二极管多用在高频电压电路中，因其能承受较高的反向击穿电压和较大的峰值电流，一般用在电视机电路中。常用的阻尼二极管有 2CN1、2CN2 及 BS-4 等。

（5）光电二极管

光电二极管与普通二极管一样，也是由一个 PN 结构成的。但是它的 PN 结面积较大，是专为接收入射光而设计的。它是利用 PN 结在施加反向电压时，在光线照射下反向电阻会由大变小的原理来工作的。就是说，当没有光照射时反向电流很小，反向电阻很大。当有光照射时，反向电阻减小，反向电流增大。

光电二极管在无光照射时的反向电流称为暗电流，有光照射时的反向电流称为光电流（亮电流）。另外，光电二极管是反向接入电路的，即正极接低电位，负极接高电位。

（6）发光二极管

发光二极管是一种把电能变成光能的半导体器件。它有一个 PN 结，与普通二极管一样，具有单向导电的特性。当给发光二极管加上正向电压，有一定的电流流过时就会发光。发光二极管是由磷砷化镓、镓铝砷等半导体材料制成的。当给 PN 结加上正向电压时，P 区的空穴进入到 N 区，N 区的电子进入到 P 区，这时便产生了电子与空穴的复合，复合时会放出能量，此能量就以光的形式表现出来。

发光二极管的种类根据发光的颜色不同可分为红色光、黄色光及绿色光等。还有三色变色发光二极管和眼睛看不见的红外光二极管。

对于发红光、绿光、黄光的发光二极管，引脚引线以较长者为正极，较短者为负极。发光二极管可以用直流、交流及脉冲等电源点亮。改变电路中电阻的大小，就可以改变其发光的亮度。

发光二极管好坏的判别可用万用表的“$R\times10k$”档测其正、反向阻值。当正向电阻小于 30kΩ，反向电阻大于 1MΩ 时均为正常。若正、反向电阻均为无穷大，则表明此管已坏。

（7）变容二极管

变容二极管是根据普通二极管内部 PN 结的结电容能随外加反向电压的变化而变化这一原理专门设计出来的一种特殊二极管。变容二极管在无绳电话机中主要用在手机或座机的高频调制电路上，将低频信号调制到高频信号上，并发射出去。当处于工作状态时，变容二极管调制电压一般加到负极上，此时变容二极管的内部结电容容量随调制电压的变化而变化。

变容二极管发生的故障主要表现为漏电或性能变差。

1）当发生漏电现象时，高频调制电路将不工作或调制性能变差。

2）当变容性能变差时，高频调制电路的工作不稳定，调制后的高频信号发送到对方被接收后产生失真。

7.5.3 二极管的简易测试

鉴别二极管好坏的最简单的方法是用万用表测其正、反向电阻。

（1）极性识别方法

常用二极管的外壳上均印有型号和标记。标记箭头所指的方向为阴极；若有的二极管只有一个色点，则有色的一端为阴极；有的二极管带定位标志，判别时，观察者面对管底，由定位标志起，按顺时针方向，引出线依次为正极和负极。

当二极管外壳标志不清楚时，可以用万用表来判断。将万用表的两只表笔分别接触二极管的两个电极，若测出的电阻约为几十、几百 Ω 或几 kΩ，则黑表笔所接触的电极为二极管的正极，红表笔所接触的电极为二极管的负极。若测出来的电阻约为几十 kΩ 至几百 kΩ，则黑表笔所接触的电极为二极管的负极，红表笔所接触的电极为二极管的正极。

（2）检测方法

单向导电性的检测是通过万用表欧姆档测量二极管的正反向电阻来判别的。对于锗管，其正向电阻一般为 100Ω~1kΩ。对于硅管，其正向电阻一般为几百 Ω 到几千 Ω 之间。不论是硅管还是锗管，其反向电阻一般都在几百 kΩ 以上，而且硅管的比锗管大。

由于二极管是非线性元件，用不同倍率的欧姆档或不同灵敏度的万用表测量时，所得的数据是不同的。但是正、反向电阻相差几百倍的规律是不变的。

测量时，要根据二极管的功率大小和不同的种类来选择不同倍率的欧姆档。小功率二极管一般用“R×100”或“R×1k”档，中、大功率二极管一般选用“R×1”或“R×10”档。判别普通稳压管是否断路或击穿损坏，可选用“R×100”档。

用指针式万用表的红表笔接二极管的负极，黑表笔接二极管的正极，测得的是正向电阻，将红、黑表笔对调，测得的是反向电阻。有以下几种情况：

1）若测得的反向电阻（几百 kΩ 以上）和正向电阻（几千 Ω 以下）之比值在 100 以上，则表明二极管性能良好。

2）若反、正向电阻之比为几十、甚至几百，则表明二极管单向导电性不佳，不宜使用。

3）若正、反向电阻为无限大，则表明二极管断路。

4）若正、反向电阻为零，则表明二极管短路。测试时需注意，检测小功率二极管时应将万用表置于 R×100 或 R×1k 档，检测中、大功率二极管时，方可将量程置于 R×1 或 R×10 档。

7.5.4 二极管的选用

（1）二极管类型的选择

按照用途选择二极管的类型。如用作检波则可以选择点接触式普通二极管；如用作整流则可以选择面接触型普通二极管或整流二极管；如用作光电转换则可以选用光电二极管；在开关电路中应使用开关二极管。

（2）二极管参数的选择

用在电子电路中的二极管，应该根据其用途选择主要参数。通常情况下主要考虑两个参数，即二极管电流容量与耐压值。在选择的时候应适当留有余量。

（3）二极管材料的选择

选择硅管还是锗管，可以按照以下原则决定：要求正向电压降小的选锗管；要求反向电流小的选择硅管；要求反向电压高，耐高压的选择硅管。

7.6 开关和接插件

7.6.1 开关

开关是在电子电路和电子设备中用来接通、断开和转换电路的机电元件。按驱动方式的不同，开关可分为手动和自动两大类；按应用场合不同，可分为电源开关、控制开关、转换开关和行程开关等；按机械动作的方式不同，可分为旋转式开关、按动式开关和拨动式开关等；按极位的不同，可分为单极单位开关、单极双位开关、双极双位开关、多级单位开关和多级多位开关等；按结构的不同，可分为钮子开关、波动开关、波段开关、琴键开关和按钮等。

下面介绍几种常用的开关。

（1）按钮

按钮通过按动键帽，使开关触头接通或断开，从而达到电路切换的目的。按钮常用于电信设备、电话机、自控设备、计算机及各种家电中。

（2）钮子开关

钮子开关有大、中、小和超小型多种，触头有单极、双极和三极等几种，接通状态有单位和双位等。它体积小，操作方便，是电子设备中常用的一种开关，工作电流从 0.5~5A 不等。钮子开关主要用作电源开关和状态转换开关，广泛应用于小家电及仪器仪表中。

（3）船型开关

船型开关也称波形开关，其结构与钮子开关相同，只是把钮柄换成船型。船型开关常用作电子设备的电源开关，其触头分为单极单位和双极双位等几种，有些开关还带有指示灯。

（4）波段开关

波段开关有旋转式、拨动式和按键式三种。每种形式的波段开关又可分为若干种规格的极和位。波段开关的极和位通过机械结构可以接通或断开。波段开关有多少个极，就可以同时接通多少个点；有多少个位，就可以转换多少条电路。波段开关主要用于收音机、收录机、电视机及各种仪器仪表中。

（5）键盘开关

键盘开关多用于遥控器、计算器中数字信号的快速通断。键盘有数码键、字母键、符号键和功能键或是它们的组合等，其接触形式有簧片式、导电橡胶式和电容式等多种。

（6）琴键开关

琴键开关是一种采用积木组合式结构，能用作多极多位组合的转换开关。它常用在收录机中。琴键开关大多是多档组合式，也有单档的，单档开关通常用作电源开关。琴键开关除了开关档数及极位数有所不同之外，还有锁紧形式和开关组成形式之分。锁紧形式可分自锁、互锁、无锁三种。锁定是指按下开关键后位置即被固定，复位需按复位键或其他键。开关组成形式主要分为带<不带>指示灯、带<不带>电源开关等数种。

（7）拨动开关

拨动开关是可水平滑动的换位式开关，采用切入式咬合接触。波动开关多为单极双位和双极双位开关，主要用于电源电路及工作状态电路的切换。波动开关在小家电产品中应用较多。

（8）拨码开关

拨码开关常用的有单极双位，双极双位和 8421 码拨码开关三种。常用在有数字预置功能的电路中。

（9）薄膜按键开关

薄膜按键开关简称薄膜开关，它是近年来国际流行的一种集装饰与功能为一体的新型开关。和传统的机械开关相比，它具有结构简单、外形美观、密闭性好、保险性强、性能稳定及寿命长等优点，目前被广泛用于各种微电脑控制的电子设备中。薄膜开关按基材不同可分为软性和硬性两种；按面板类型不同，可分为平面型和凹凸型；按操作感受又可分为触觉有感型和无感型。

7.6.2 接插件

接插件又称连接器。在电子设备中，接插件可以提供简便的插拔式电气连接。为了便于组装、更换和维修，在分立元器件或集成电路与印制电路板之间、在设备的主机与各部件之间，多采用接插件进行电气连接。

1. 接插件的分类

按工作频率可分为低频接插件和高频接插件，低频接插件通常是指频率在100MHz以下的连接器，高频连接器是指频率在100MHz以上的连接器，这类连接器在结构上就要考虑高频电场的泄漏、反射等问题。

按其外形结构可分为圆形接插件、矩形接插件、印制板接插件及带状扁平排线接插件等。

2. 几种常见的接插件

（1）圆形接插件

圆形接插件也称航空插头、插座，它有一个标准的螺旋锁紧机构，触头数目从两个到上百个不等。

（2）矩形接插件

矩形接插件的矩形排列能充分利用空间，并且电流容量也较大，所以被广泛用于机内安培级电流信号的互联。

（3）印制板接插件

为了便于印制板电路的更换、维修，印制电路板之间或印制电路板与其他部件之间的连接经常采用印制板接插件。按其结构形式分为簧片式和针孔式。

（4）带状扁平排线接插件

带状扁平排线接插件由几十根以聚氯乙烯为绝缘层的导线并排黏合在一起，它占用空间小，轻巧柔韧，布线方便，不易混淆。

7.6.3 开关及接插件的选用

选用开关和接插件时，除了应根据产品技术条件所规定的电气、机械、环境要求外，还要考虑元件动作的次数、镀层的磨损等因素。因此，选用开关和接插件时应注意以下几个方面的问题：

1）首先应根据使用条件和功能来选择合适类型的开关及接插件。

2）开关、接插件的额定电压、电流要留有一定的余量。为了接触可靠，开关的触头和接插件的线数要留有一定的余量，以便并联使用或备用。

3）尽量选用带定位的接插件，以免因插错而造成故障。

4）触头的接线和焊接需可靠，为防止断线和短路，焊接处应加套管保护。

7.6.4 开关及接插件的一般检测

开关和接插件的检测要点是接触是否可靠和转换是否准确，一般用目测和万用表测量即可达到要求。

目测适用于外观检查。对非密封的开关、接插件均可先进行外观检查，检查中的主要工作是检查其整体是否完整，有无损坏，接触部分有无损坏、变形、松动、氧化或失去弹性，波段开关还应检查定位是否准确，有无错位、短路等情况。

用万用表检测开关和接插件性能是否良好时，将万用表置于“$R\times1$”档，测量接通时两触点之间的直流电阻，这个电阻值应接近于零，否则说明触点接触不良。将万用表置于“$R\times1$k”或“$R\times10$k”档，测量触点断开后触点间和触点对“地”间的电阻均应趋于无穷大，否则可判断出开关、接插件的绝缘性能不好。

第 8 章　Proteus 设计基础

Proteus 是英国 Labcenter Electronics 公司开发的一款电路分析与实物仿真软件。它运行于 Windows 操作系统上，可以仿真、分析 SPICE 各种模拟器件和集成电路，该软件的特点如下。

1）实现了单片机仿真和 SPICE 电路仿真相结合。它具有模拟电路仿真、数字电路仿真、单片机及其外围电路组成的系统的仿真、RS232 动态仿真、I2C 调试器、SPI 调试器、键盘和 LCD 系统仿真的功能；有各种虚拟仪器，如示波器、逻辑分析仪及信号发生器等。

2）支持主流单片机系统的仿真。目前支持的单片机类型有：68000 系列、8051 系列、AVR 系列、PIC12 系列、PIC16 系列、PIC18 系列、Z80 系列、HC11 系列以及各种外围芯片。

3）提供软件调试功能。在硬件仿真系统中具有全速、单步及设置断点等调试功能，同时可以观察各个变量、寄存器等的当前状态，同时支持第三方的软件编译和调试环境，如 Keil C51 μVision2 等软件。

4）具有强大的原理图绘制功能。

Proteus 有 30 多个元器件库，拥有数千种元器件仿真模型，这些仿真模型是依据生产企业提供的数据来建模的。因此，Proteus 的设计与仿真极其接近实际。Proteus 还有使用极方便的印制电路板高级布线编辑软件。

目前，Proteus 已成为流行的单片机系统设计与仿真平台，实践证明，Proteus 是让单片机应用产品的研发更加灵活、高效的设计与仿真平台。

Proteus 软件分为 ARES 和 ISIS 模块，ARES 用来制作 PCB，ISIS 用来绘制电路图和进行电路仿真。本章主要介绍 Proteus ISIS 软件的工作环境和一些基本操作。

8.1　Proteus 8 Professional 概述

8.1.1　启动 Proteus ISIS

双击桌面上的“Proteus 8 Professional”图标或者单击屏幕左下方的“开始”→“程序”→“Proteus 8 Professional”→“Proteus 8 Professional”，出现如图 8-1 所示屏幕，表明已进入 Proteus ISIS 集成环境。

8.1.2　工作界面

单击图 8-1 所示启动界面的工具栏的图标 ISIS，如图 8-2a 所示，进入原理图绘制界面，如图 8-2b 所示，Proteus ISIS 的工作界面是标准的 Windows 界面，包括：标题栏、菜单栏、

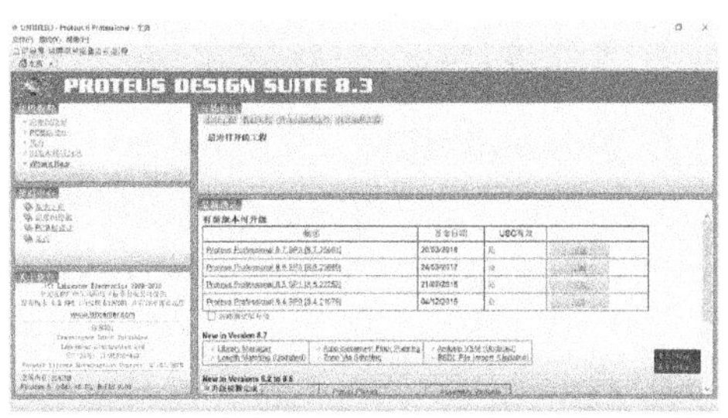

图 8-1　启动时的屏幕和界面

标准工具栏、绘图工具栏、状态栏、对象选择按钮、预览对象方位控制按钮、仿真进程控制按钮、预览窗口、对象选择器窗口和图形编辑窗口。

a)

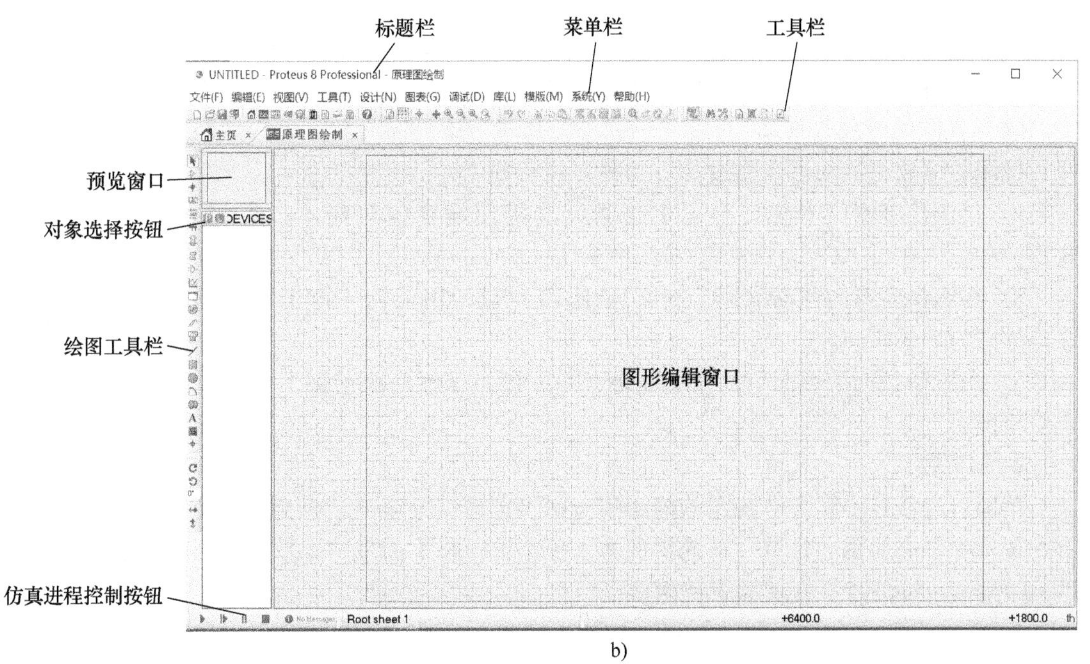

b)

图 8-2　Proteus ISIS 的工作界面

a）启动界面局部放大显示　b）原理图设计界面

8.1.3 基本操作

1. 图形编辑窗口

在图形编辑窗口内完成电路原理图的编辑和绘制。

(1) 坐标系统 (CO-ORDINATE SYSTEM)

为了方便作图，坐标系统的基本单位是 10nm，主要是为了和 Proteus ARES 保持一致。但坐标系统的识别 (read-out) 单位被限制在 1th。坐标原点默认在图形编辑区的中间，图形的坐标值能够显示在屏幕右下角的状态栏中。

(2) 点状栅格 (The Dot Grid) 与捕捉到栅格 (Snapping to a Grid)

编辑窗口内有点状的栅格，可以通过“视图 (View)”菜单的“网格 (Grid)”命令在打开和关闭间切换。点与点之间的间距由当前捕捉的设置决定。捕捉的尺度可以由“视图”菜单的“Snap”命令设置，或者直接使用快捷键〈F4〉、〈F3〉、〈F2〉和〈CTRL+F1〉。若按〈F3〉键或者通过“视图”菜单选中“Snap 100th”，此时鼠标在图形编辑窗口内移动时，坐标值是以固定的步长 100th 变化的，这称为捕捉。

如果想要确切地看到捕捉位置，可以使用“视图”菜单的“X-Cursor”命令，选中后将会在捕捉点显示一个小的或大的交叉十字。

(3) 实时捕捉 (Real Time Snap)

当鼠标指针指向引脚末端或者导线时，鼠标指针将会捕捉到这些物体，这种功能被称为实时捕捉，该功能可以使用户方便地实现导线和引脚的连接。可以通过“工具 (Tools)”菜单的“Real Time Snap”命令或者是按〈CTRL+S〉键切换该功能。

可以通过“视图”菜单的“Redraw”命令来刷新显示内容，同时预览窗口中的内容也将被刷新。当执行其他命令导致显示错乱时可以使用该特性恢复显示。

(4) 视图的缩放与移动

视图的缩放与移动可以通过如下几种方式实现。

1) 单击预览窗口中想要显示的位置，这将使编辑窗口显示以鼠标点击处为中心的内容。

2) 在编辑窗口内移动鼠标，按下〈SHIFT〉键，用鼠标“撞击”边框，这会使显示平移，称之为 Shift-Pan。

3) 用鼠标指向编辑窗口并按缩放键，或者操作鼠标的滚动键，会以鼠标指针位置为中心重新显示。

2. 预览窗口

该窗口通常显示整个电路图的缩略图。在预览窗口上单击，将会有一个矩形蓝绿框标示出在编辑窗口中显示的区域。其他情况下，预览窗口显示的是将要放置的对象的预览。这种 Place Preview 特性在下列情况下被激活。

1) 当一个对象在“对象选择器”中被选中时。

2) 当使用“旋转”或“镜像”按钮时。

3) 当为一个可以设定朝向的对象选择类型图标时 (例如：Component icon、Device Pin icon 等)。

4) 当放置对象或者执行其他非以上操作时，Place Preview 会自动消除。

5）“对象选择器（Object Selector）”根据由图标决定的当前状态显示不同的内容。

6）在某些状态下，“对象选择器”有一个“Pick”切换按钮，单击该按钮可以弹出“库元件”选取窗体。

3. 对象选择器窗口

通过“对象选择”按钮，从元件库中选择对象，并置入“对象选择器”窗口，供今后绘图时使用。显示对象的类型包括：设备、终端、引脚、图形符号、标注和图形。

4. 图形编辑的基本操作

（1）放置对象（Object Placement）

放置对象的步骤如下：根据对象的类别在工具箱选择相应模式的图标（mode icon）。根据对象的具体类型选择子模式图标（sub-mode icon）。如果对象类型是元件、端点、引脚、图形、符号或标记，从“选择器（selector）里”选择用户想要的对象的名字。对于元件、端点、引脚和符号，可能首先需要从库中调出。如果对象是有方向的，将会在预览窗口显示出来，用户可以通过“预览对象方位”按钮对对象进行调整。最后，指向编辑窗口并单击放置对象。

（2）选中对象（Tagging an Object）

用鼠标指向对象并右击可以选中该对象。该操作选中对象并使其高亮显示，然后可以进行编辑。选中对象时该对象上的所有连线同时被选中。若要选中一组对象，则可以通过依次右击选中每个对象的方式，也可以通过右键拖出一个选择框的方式，但只有完全位于选择框内的对象才可以被选中。在空白处右击可以取消所有对象的选择。

（3）删除对象（Deleting an Object）与拖动对象（Dragging an Object）

用鼠标指向选中的对象并右击可以删除该对象，同时删除该对象的所有连线。用鼠标指向选中的对象并用左键拖曳可以拖动该对象。该方式不仅对整个对象有效，而且对对象中单独的“labels”也有效。如果“Wire Auto Router”功能被使能的话，被拖动对象上所有的连线将会重新排布或者“fixed up”。这将花费一定的时间（10s 左右），尤其在对象有很多连线的情况下，这时鼠标指针将显示为一个沙漏。如果误拖动一个对象，所有的连线都变成了一团糟，可以使用“Undo”命令撤销操作恢复原来的状态。

（4）拖动对象标签（Dragging an Object Label）

许多类型的对象有一个或多个属性标签附着。例如，每个元件有一个“reference”标签和一个“value”标签。可以很容易地移动这些标签使用户的电路图看起来更美观。

移动标签（To move a label）的步骤如下：选中对象，用鼠标指向标签，按下鼠标左键，拖动标签到用户需要的位置。如果想要定位得更精确的话，可以在拖动时改变捕捉的精度（使用〈F4〉、〈F3〉、〈F2〉、〈CTRL+F1〉键）。

（5）调整对象大小（To resize an object）

调整对象大小的步骤如下：选中对象，如果对象可以调整大小，对象周围会出现黑色小方块，叫作“手柄”。用鼠标左键拖动这些“手柄”到新的位置，可以改变对象的大小。在拖动的过程中手柄会消失以避免与对象的显示混叠。

（6）调整对象的朝向（Reorienting an Object）

许多类型的对象可以顺时针或者逆时针旋转 90°、180°、270°、360°来改变朝向，或通过 x 轴、y 轴镜像。当鼠标移动到该类型对象后，对象图标变为红色矩形，此时右击图标即可改变对象的朝向。

调整对象朝向的步骤如下：选中对象，右击旋转或者镜像功能。“Rotate Clockwise”可以使对象顺时针旋转，每右击一次，旋转90°。“Rotate Anti-Clockwise”图标可以使对象逆时针旋转，同样，每右击一次，旋转90°。此外，“Rotate 180 Degree”可以使对象顺时针直接旋转180°。“X-Mirror”可以使对象按x轴镜像，“Y-Mirror”可以使对象按y轴镜像。

（7）拷贝所有选中的对象（Copying all Tagged Objects）

拷贝一整块电路（To copy a section of circuitry）的方式：选中需要的对象，具体的方式参照上文的“Tagging an Object”部分。单击“Copy”图标，把拷贝的轮廓拖到需要的位置，单击放置拷贝，重复上述步骤放置多个拷贝，右击结束。当一组元件被拷贝后，它们的标注自动重置为随机态，用来为下一步的自动标注做准备，以防止出现元件的重复标注。

（8）移动所有选中的对象（Moving all Tagged Objects）

移动一组对象（To move a set of objects）的步骤是：先选中需要移动的对象，具体的方式参照上文的“Tagging an Object”部分。然后把轮廓拖到需要的位置，单击放置。可以使用块移动的方式来移动一组导线，而不移动任何对象。

（9）删除所有选中的对象（Deleting all Tagged Objects）

删除一组对象（To delete a group of objects）的步骤是：先选中需要的对象，具体的方式参照上文的“Tagging an Object”部分，再单击“Delete”图标。如果错误删除了对象，可以使用“Undo”命令来恢复原状。

（10）画线（WIRING UP）

Proteus ISIS中没有“画线（Wire Placement）”的图标按钮。这是因为Proteus ISIS的智能化足以在设计者想要画线的时候进行自动检测。这就省去了选择画线模式的麻烦。

在两个对象间连线（To connect a wire between two objects）的方法：先单击第一个对象连接点，如果想让Proteus ISIS自动定出走线路径，只需单击另一个连接点。如果想自己决定走线路径，只需在想要的拐点处单击。

在此过程的任何一个阶段，都可以按〈ESC〉键来放弃画线。

（11）线路自动路径器（Wire Auto-Router，WAR）

线路自动路径器为用户省去了必须标明每根线具体路径的麻烦。该功能默认是打开的，但可通过两种途径略过该功能。如果只是在两个连接点单击，WAR将选择一个合适的线径。但如果单击了一个连接点，然后在一个或几个非连接点的位置单击，Proteus ISIS将认为用户在手工制定线的路径，此时用户可以单击线的路径的每个角。路径是通过单击另一个连接点来完成的。WAR可通过使用工具菜单里的WAR命令来关闭。该功能在用户想在两个连接点间直接定出对角线时是很有用的。

（12）重复布线（Wire Repeat）

假设用户要连接一个8字节ROM数据总线到电路图的主要数据总线，用户已将ROM、总线和总线插入点放置好，如图8-3所示。首先单击A，然后单击B，在AB间画一根水平线。双击C，重复布线功能会被激活，将自动在CD间布线。

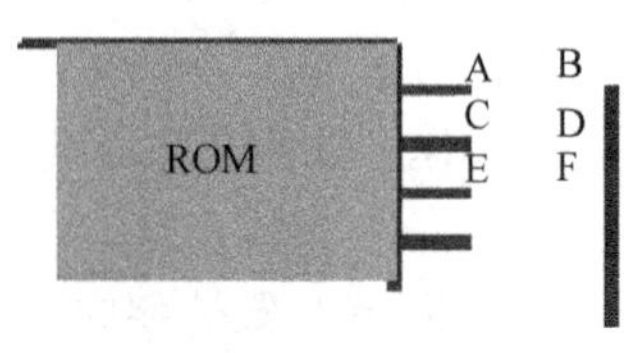

图8-3 重复布线

双击E、F，以下类同。重复布线完全复制了上一根线的路径。如果上一根线已经是自动重复布线将仍旧自动复制该路径。另一方面，如果上一根线为手工布线，那么将精确复制用于新的线。

（13）拖线（Dragging Wires）

如果拖动线的一个角，那该角就随着鼠标指针移动。如果鼠标指向一个线段的中间或两端，就会出现一个角，然后可以拖动。注意：为了使后者能够工作，线所连的对象不能有标示，否则Proteus ISIS会认为用户想拖动该对象。

（14）移动线段或线段组（To move a wire segment or a group of segments）

首先在想移动的线段周围拖出一个选择框。若该框为一个线段旁的一条线也是可以的。再单击“移动”图标（在工具箱里）。此时，刚才选中的框跟着鼠标指针移动，移到合适的位置，单击即可放置。如果想放弃此步操作，可以右击结束。如果操作错误，可使用“Undo”命令返回。

（15）从线中移走节点（To remove a kink from a wire）

由于对象被移动后节点可能仍留在对象原来位置的周围，Proteus ISIS提供了一项技术来快速删除线中不需要的节点。首先选中要处理的线，用鼠标指向节点一角，按下鼠标左键，拖动该角和自身重合，松开鼠标左键，Proteus ISIS将从线中移走该节点。

5. 绘图主要操作

（1）编辑区域的缩放

Proteus主窗口是一个标准的Windows窗口，除具有选择执行各种命令的顶部菜单和显示当前状态的底部状态条外，菜单下方还有两个工具条，包含与菜单命令一一对应的快捷按钮，窗口左部还有一个工具箱，包含添加所有电路元件的快捷按钮。工具条、状态条和工具箱均可隐藏。Proteus的缩放操作多种多样，极大地方便了工程项目的设计。常见的几种方式有：完全显示（按〈F8〉键），放大按钮（按〈F6〉键）和缩小按钮（按〈F7〉键），拖放，取景，找中心（按〈F5〉键）。

（2）点状栅格和刷新

编辑区域的点状栅格是为了方便元器件定位用的。鼠标指针在编辑区域移动时，移动的步长就是栅格的尺度，称为“Snap（捕捉）”。这个功能可使元件依据栅格对齐。

点状栅格的显示和隐藏可以通过工具栏的按钮或者按快捷键〈G〉来实现。鼠标移动的过程中，在编辑区的下面将出现栅格的坐标值，即坐标指示器，它显示横向的坐标值。因为坐标的原点在编辑区的中间，有的地方的坐标值比较大，不利于用户进行比较。此时可通过执行菜单命令“视图”下的“Origin”命令，也可以单击工具栏的按钮或者按快捷键〈0〉来自己定位新的坐标原点。

编辑窗口显示正在编辑的电路原理图，可以通过执行菜单命令“视图”下的“Redraw”命令来刷新显示内容，也可以单击工具栏的刷新命令按钮或者按快捷键〈R〉来实现。与此同时预览窗口中的内容也将被刷新，它的用途是当执行一些命令导致显示错乱时，可以使用该命令恢复正常显示。

（3）对象的放置和编辑

1）对象的添加和放置：单击工具箱的“元器件”按钮，再单击“ISIS对象选择器”左边中间的“P”按钮，出现“Pick Devices”对话框。在这个对话框里可以选择元器件和一些虚拟仪器。

单击对话框，在其右侧会显示大量常见的单片机芯片型号。找到单片机 AT89C51，双击"AT89C51"，这样在左边的对象选择器里就有了 AT89C51 这个元件。单击这个元件，然后把鼠标指针移到右边的原理图编辑区的适当位置并单击，就把 AT89C51 放到了原理图区。

放置电源及接地符号：单击工具箱的"终端"按钮，对象选择器中将出现一些接线端。在器件选择器里分别单击左侧的"TERMNALS"栏下的"POWER"与"GROUND"，再将鼠标移到原理图编辑区，单击即可放置电源符号，同样也可以把接地符号放到原理图编辑区。

2）对象的编辑：指调整对象的位置和放置方向以及改变元器件的属性等，有选中、删除及拖动等基本操作。

其中，"拖动对象标签"与"调整对象的朝向"在前文中已介绍过，不再赘述。下面介绍一下如何编辑对象的属性。对象一般都具有文本属性，这些属性可以通过一个对话框进行编辑。编辑单个对象的具体方法是：先右击选中对象，然后单击对象，此时出现属性编辑对话框。也可以单击工具箱的按钮，再单击对象，也会出现编辑对话框。例如，在电阻属性的编辑对话框里，可以改变电阻的标号、电阻值、PCB 封装以及选择是否把这些东西隐藏等，修改完毕，单击"OK"按钮即可（其他元器件操作方法相同）。

（4）电路图线路的绘制

1）画导线

Proteus ISIS 的智能化体现在可以在用户想要画线的时候进行自动检测。当鼠标的指针靠近一个对象的连接点时，跟着鼠标的指针就会出现一个"×"号，单击元器件的连接点，移动鼠标（不用一直按着鼠标左键）就发现粉红色的连接线变成了深绿色。如果用户想让软件自动定出线路径，只需单击另一个连接点即可，这就是 Proteus 的线路自动路径功能（简称 WAR）。WAR 可通过使用工具栏里的"WAR"命令按钮来关闭或打开，也可以在菜单栏的"工具"下找到这个图标。如果用户想自己决定走线路径，只需在想要拐点处单击即可，在此过程的任何时刻，用户都可以按〈ESC〉键或者右击来放弃画线。

2）画总线

为了简化原理图，可以用一条导线代表数条并行的导线，这就是所谓的总线。单击工具箱的"总线"按钮，即可在编辑窗口画总线。

3）画总线分支线

总线分支线是用来连接总线和元器件引脚的。为了和一般的导线区分，通常用斜线来表示分支线，但是这时需要把 WAR 功能关闭。画好分支线后还需要给分支线起个名字。右击分支线选中它，接着单击选中的分支线就会出现分支线编辑对话框，放置方法是用鼠标单击连线工具条中"图标"或者执行"Place→Net Label"菜单命令，这时光标变成十字形并且将有一虚线框在工作区内移动，再按一下键盘上的〈Tab〉键，系统弹出网络标号属性对话框，在"Net"项定义网络标号，比如 PB0，单击"OK"按钮，将设置好的网络标号放在短导线上（注意一定是上面），单击即可将其定位。

4）放置总线

将各总线分支连接起来，方法是单击放置工具条中的图标或执行"Place→Bus"菜单命令，这时工作平面上将出现十字形光标，将十字形光标移至要连接的总线分支处并单击，系统将弹出十字形光标并拖着一条较粗的线，然后将十字形光标移至另一个总线分支处并单击，一条总线就画好了。

5）放置电路节点

如果在交叉点有电路节点，则认为两条导线在电气上是相连的，否则就认为它们在电气上是不相连的。笔者发现 Proteus ISIS 在画导线时能够智能地判断是否要放置节点，但在两条导线交叉时是不放置节点的，这时要想两个导线电气相连，只有手工放置节点了。单击工具箱的节点放置按钮“+”，当把鼠标指针移到编辑窗口指向一条导线的时候，会出现一个“×”号，此时单击就能放置一个节点。

Proteus 可以同时编辑多个对象，即整体操作。常见的有整体复制、整体删除、整体移动及整体旋转等，几种操作方式。

（5）模拟调试

1）一般电路的模拟调试

笔者用一个简单的电路来演示如何进行模拟调试。电路如图 8-4 所示。设计这个电路的时候需要在“Category（器件种类）”里找到“BATTERY（电池）”“FUSE（熔丝）”“LAMP（灯泡）”“POT—LIN（滑动变阻器）”“SWITCH（开关）”这几个元器件并添加到对象选择器里。另外用户还需要一个虚拟仪器——电流表。单击虚拟仪表按钮，在对象选择器找到“DC AMMETER（电流表）”，添加到原理图编辑区。按照图 8-4 布置元器件，并连接好。在进行模拟之前还需要设置各个对象的属性。选中电源 B1 再单击，出现了属性对话框，如图 8-5 所示。在“Component Reference”后面填上电源的名称；在“Voltage”后面填上电源的电动势的值，这里设置为 12V。

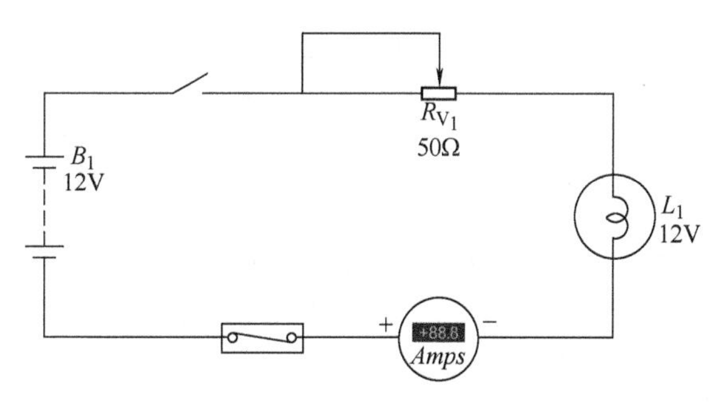

图 8-4 一般电路的模拟调试

在“Internal Resistance”后面将内电阻的值设置为 0.1Ω。其他元器件的属性设置如下：滑动变阻器的阻值为 50Ω，灯泡的电阻是 10Ω，额定电压是 12V，熔丝的额定电流是 1A，内电阻是 0.1Ω。单击菜单栏“Debug（调试）”下的按钮或者单击模拟调试按钮的运行按钮，也可以按下快捷键〈Ctrl+F12〉进入模拟调试状态。把鼠标指针移到开关的，单击，开关闭合，如果想打开开关，可将鼠标指针移到，单击即可。在不同的 Proteus 版本里面，可能会出现这样的开关，单击，开关闭合，再单击，开关打开。

开关合上后就发现灯泡已经点亮了，电流表也有了示数。把鼠标指针移到滑动变阻器附近的或分别单击，使电阻变大或者变小，用户会发现灯泡的亮暗程度发生了变化，电流表的示数也发生了变化。如果电流超过了熔丝的额定电流，熔丝就会熔断。但在调试状态下没有修复的命令，此时可以这样修复：按住按钮停止调试，然后再进入调试状态，熔丝就修复好了。

2）单片机电路的模拟

①电路设计

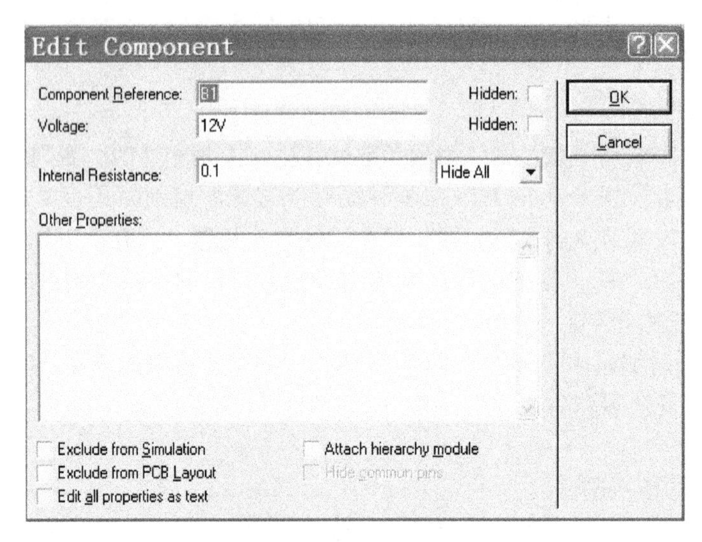

图 8-5 电源属性编辑

设计一个简单的单片机用于点阵 LED 显示屏驱动电路，轮流显示数字 0~9，如图 8-6 所示。电路的核心是单片机 AT89C51，C_1、C_2 和晶振构成单片机时钟电路。

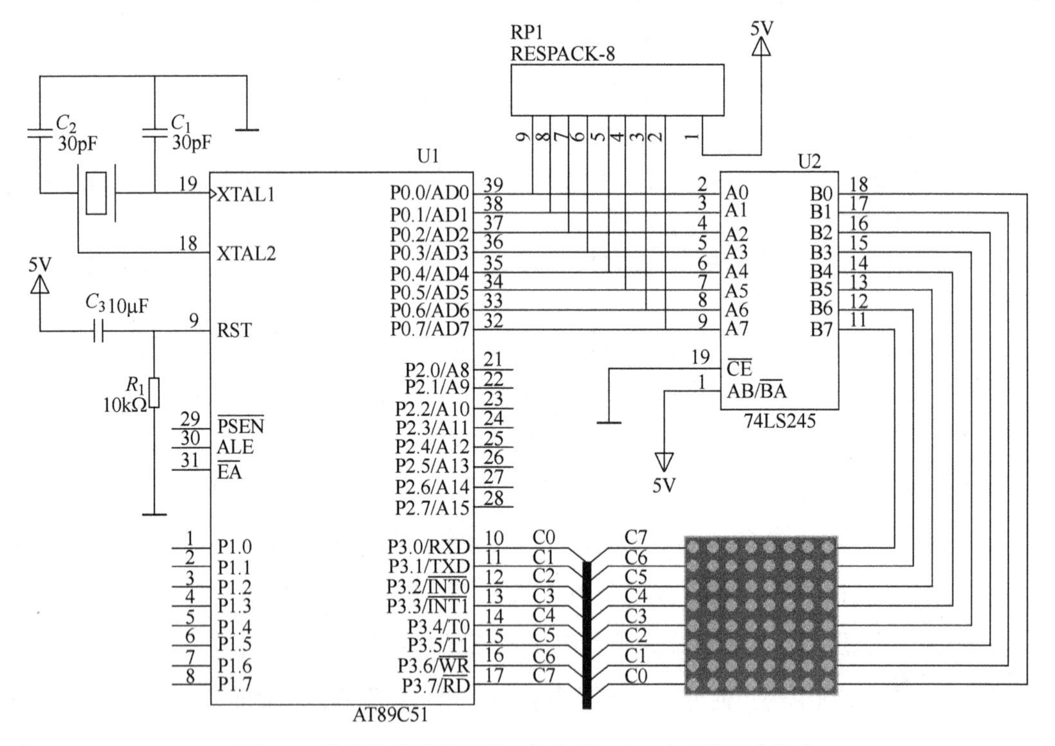

图 8-6 简单的单片机电路——点阵 LED 显示屏驱动电路

②电路功能

运行时轮流显示 0~9 的数字，显示方式为自右向左拉幕式显示。

74LS245 是常用的芯片，用来驱动 LED 或者其他的设备，它是 8 路同相三态双向总线收发器，可双向传输数据。74LS245 还具有双向三态功能，既可以输出，也可以输入数据。

③程序设计

程序主要有点阵驱动程序等。

④程序的编译

Proteus 自带编译器，有 ASM、PIC 和 AVR 的汇编器等。在 Proteus ISIS 上添加编写好的程序，方法如下：单击菜单栏“Source”，在下拉菜单单击“Add/Remove Source Files（添加或删除源程序）”出现一个对话框，如图 8-7 所示。单击对话框的“NEW”按钮，在出现的对话框中找到设计好的文件“huayang. asm”，单击打开。在“Code Generation Tool”的下面找到“ASEM51”，然后单击“OK”按钮，设置完毕后用户就可以编译了。单击菜单栏的“Source”，在下拉菜单单击“Build All”，过一会儿编译结果的对话框就会出现在用户面前，如图 8-8 所示。如果有错误，对话框会告诉用户是哪一行出现了问题，可惜的是，单击出错的提示，光标不能跳到出错地方，但是能告诉出错的行号。

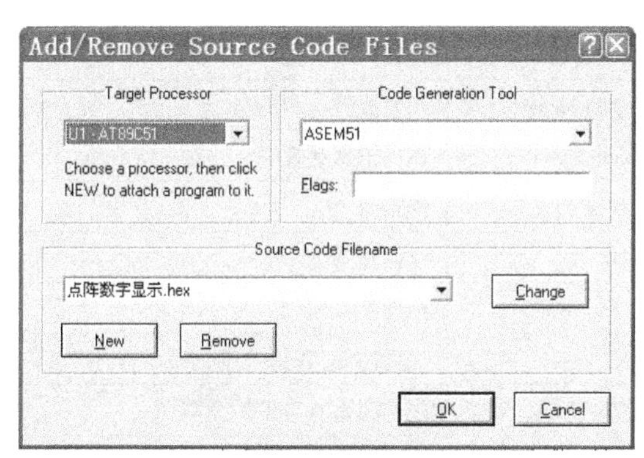

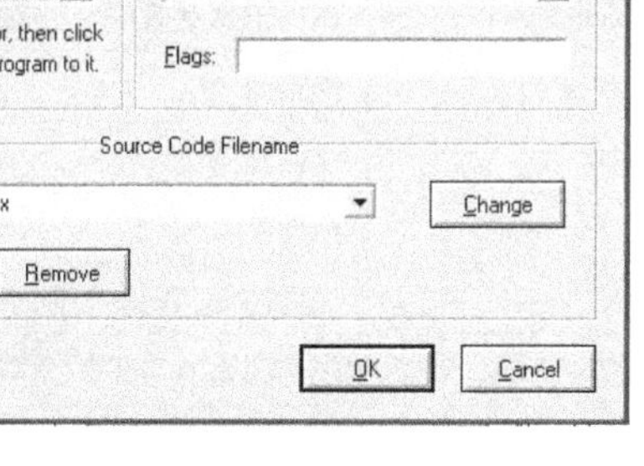

图 8-7　加载源程序

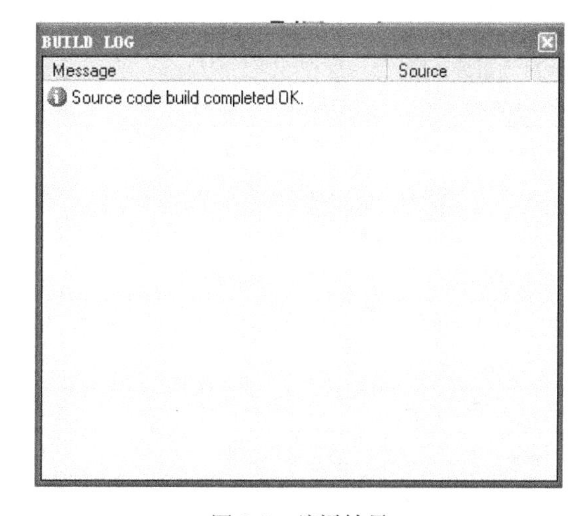

图 8-8　编译结果

⑤模拟调试

选中单片机 AT89C51 并单击，在出现的对话框里单击“Program File”按钮，找到刚才编译得到的 HEX 文件，然后单击“OK”按钮就可以模拟了。单击模拟调试按钮的运行按钮，进入调试状态。

8.2　Proteus ISIS 元件库

前面介绍了 Proteus ISIS 的绘图方法和菜单命令，但由于大部分电路是由库中的元件通过连线来完成的，而库元件的调用是画图的第一步，如何快速准确地找到元件是绘图的关键。下面对 Proteus ISIS 的库元件按类进行详细的介绍，让使用者能够对这些元件的名称、位置和使用有一定的了解。

元件通常以其英文名称或器件代号在库中存放。在取一个元件时，首先要清楚它属于哪一大类，然后还要知道它归属哪一子类，这样就缩小了查找范围，然后在子类所列出的元件中逐个查找，根据显示的元件符号、参数来判断是否找到了所需要的元件。

8.2.1 库元件的分类

Proteus ISIS 的库元件是按类存放的，即“类”→“子类”（或“生产厂家”)→“元件”，对于比较常用的元件是需要记住它的名称的，以便通过直接输入名称来拾取。至于哪些是最常用的元件，这是因人而异的，主要根据平时从事的工作需要而定。另外一种元件拾取方法是按类查询，也非常方便。

1. 大类（Category）

库元件大类及其含义见表 8-1。

表 8-1 库元件分类示意

Category（类）	含义	Category（类）	含义
Analog ICs	模拟集成器件	PLDS and FPGAS	可编程逻辑器件和现场可编程门阵列
Capacitors	电容	Resistors	电阻
CMOS 4000 series	CMOS4000 系列	Simulator Primitives	仿真源
Connector	接头	Speakers and Sounders	扬声器和声响
Data Converters	数据转换器	Switches and Relays	开关和继电器
Debugging Tools	调试工具	Switching Devices	开关器件
Diodes	二极管	Thermionic Valves	热离子真空管
ECL 10000 series	ECL 10000 系列	Transducers	传感器
Electromechanical	电动机	Transistors	晶体管
Inductors	电感	TTL 74 Series	标准 TTL 系列
Laplace Primitives	拉普拉斯模型	TTL 74ALS Series	先进的低功耗肖特基 TTL 系列
Memory ICs	存储器芯片	TTL 74AS Series	先进的肖特基 TTL 系列
Microprocessor ICs	微处理器芯片	TTL 74F Series	快速 TTL 系列
Miscellaneous	混杂器件	TTL 74HC Series	高速 CMOS 系列
Modelling Primitives	建模源	TTL 74HCT Series	与 TTL 兼容的高速 CMOS 系列
Operational Amplifiers	运算放大器	TTL 74LS Series	低功耗肖特基 TTL 系列
Optoelectronics	光电器件	TTL 74S Series	肖特基 TTL 系列

当要从库中拾取一个元件时，首先要清楚它的分类是位于表 8-1 中的哪一类，然后在打开的元件拾取对话框中，选中“Category”中相应的大类。

2. 子类（Sub-category）

选取元件所在的“大类（Category)”后，再选“子类（Sub-category)”，也可以直接选“生产厂家（Manufacturer)”，这样会在元件拾取对话框中间部分的“查找结果（Results)”中显示符合条件的元件列表，从中找到所需的元件，双击该元件名称，元件即被拾取到对象选择器中去了，如果要继续拾取其他元件，最好使用双击元件名称的办法，对话框不会关闭。如果只选取一个元件，可以单击元件名称后单击“OK”按钮，关闭对话框。

如果选取大类后，没有选取子类或生产厂家，则在元件拾取对话框的查询结果中，会把此大类下的所有元件按元件名称首字母的升序排列出来。

8.2.2　各子类的介绍

下面对 Proteus ISIS 库元件的各子类进行逐一介绍。

1. Analog ICs

模拟集成器件共有 8 个子类，见表 8-2。

表 8-2　Analog ICs 子类示意

子　类	含　义
Amplifier	放大器
Comparators	比较器
Display Drivers	显示驱动器
Filters	滤波器
Miscellaneous	混杂器件
Regulator	三端稳压器
Timer	555 定时器
Voltage References	参考电压

2. Capacitors

电容共有 23 个子类，见表 8-3。

表 8-3　Capacitors 子类示意

子类	含义	子类	含义
Animated	可显示充放电电荷电容	Miniture Electrolytic	微型电解电容
Audio Grade Axial	音响专用电容	Multilayer Metallised Polyester Film	多层金属聚酯膜电容
Axial Lead polypropene	径向轴引线聚丙烯电容	Mylar Film	聚酯薄膜电容
Axial Lead polystyrene	径向轴引线聚苯乙烯电容	Nickel Barrier	镍栅电容
Ceramic Disc	陶瓷圆片电容	Non Polarised	无极性电容
Decoupling Disc	解耦圆片电容	Polyester Layer	聚酯层电容
Generic	普通电容	Radial Electrolytic	径向电解电容
High Temp Radial	高温径向电容	Resin Dipped	树脂蚀刻电容
High Temp Axial Electrolytic	高温径向电解电容	Tantalum Bead	钽质电容
Metallised Polyester Film	金属聚酯膜电容	Variable	可变电容
Metallised polypropene	金属聚丙烯电容	VX Axial Electrolytic	VX 轴电解电容
Metallised polypropene Film	金属聚丙烯膜电容		

3. CMOS 4000 series

CMOS4000 系列数字电路共有 16 个子类，见表 8-4。（74 系列的数字集成芯片的子类示意可以参考 CMOS4000 系列。）

表 8-4　CMOS4000 series 子类示意

子类	含义	子类	含义
Adders	加法器	Gates & Inverters	门电路和反相器
Buffers & Drivers	缓冲和驱动器	Memory	存储器
Comparators	比较器	Misc. Logic	混杂逻辑电路
Counters	计数器	Multiplexers	数据选择器
Decoders	译码器	Multivibrators	多谐振荡器
Encoders	编码器	phase-locked Loops	锁相环
flip-flops & Latches	触发器和寄存器	Registers	寄存器
Frequency Dividers & Timer	分频和定时器	Signal Switcher	信号开关

4. Connectors

接头共有 9 个分类，见表 8-5。

表 8-5　Connectors 子类示意

子类	含义	子类	含义
Audio	音频接头	PCB Transfer	PCB 传输接头
d-type	D 型接头	SI	单排插座
DIL	双排插座	Ribbon Cable	蛇皮电缆
Header Block	插头	Terminal Blocks	接线端子台
Miscellaneous	各种接头		

5. Data Converters

数据转换器共有 4 个子类，见表 8-6。

表 8-6　Data Converters 子类示意

子类	含义	子类	含义
A/D Converters	模数转换器	Sample & Hold	采样保持器
D/A Converters	数模转换器	Temperature Sensors	温度传感器

6. Debugging Tools

调试工具共有 3 个子类，见表 8-7。

表 8-7　Debugging Tools 子类示意

子类	含义
Breakpoint Triggers	断点触发器
Logic Probes	逻辑输出探针
Logic Stimuli	逻辑状态输入

7. Diodes

二极管共有 8 个子类，见表 8-8。

表 8-8　Diodes 子类示意

子类	含义	子类	含义
Bridge Rectifiers	整流桥	Switching	开关二极管
Generic	普通二极管	Tunnel	隧道二极管
Rectifiers	整流二极管	Varicap	变容二极管
Schottky	肖特基二极管	Zener	稳压二极管

8. Inductors

电感共有 3 个子类，见表 8-9。

表 8-9　Inductors 子类示意

子类	含义	子类	含义
Generic	普通电感	Transformers	变压器
SMT Inductors	表面安装技术电感		

9. Laplace Primitives

拉普拉斯模型共有 7 个子类，见表 8-10。

表 8-10　Laplace Primitives 子类示意

子类	含义	子类	含义
1st Order	一阶模型	Operators	算子
2nd Order	二阶模型	Poles/Zeros	极点/零点
Controllers	控制器	Symbols	符号
non-linear	非线性模模型		

10. Memory ICs

存储器芯片共有 7 个子类，见表 8-11。

表 8-11　Memory ICs 子类示意

子类	含义	子类	含义
Dynamic RAM	动态数据存储器	Memory Cards	存储器
EEPROM	电可擦除程序存储器	SPI Memories	SPI 总线存储器
EPROM	可擦除程序存储器	Static RAM	静态数据存储器
I2C Memories	I2C 总线存储器		

11. Microprocessor ICs

微处理器芯片共有 13 个子类，见表 8-12。

表 8-12　Microprocessor ICs 子类示意

子类	含义	子类	含义
68000 Family	68000 系列	PIC 10 Family	PIC10 系列
8051 Family	8051 系列	PIC 12 Family	PIC12 系列
ARM Family	ARM 系列	PIC I6 Family	PIC16 系列
AVR Family	AVR 系列	PIC 18 Family	PIC18 系列
PIC 24 Family	PIC24 系列	HCII Family	HCI1 系列
Z80 Family	280 系列	Peripherals	CPU 外设
BASIC Stamp Modules	Parallax 公司微处理器		

12. Modelling Primitives

建模源共有 9 个子类，见表 8-13。

表 8-13 Modelling Primitives 子类示意

子类	含义
Analog (SPICE)	模拟（仿真分析）
Digital (Buffers & Gates)	数字（缓冲器和门电路）
Digital (Combinational)	数字（组合电路）
Digital (Miscellaneous)	数字（混杂）
Digital (Sequential)	数字（时序电路）
Mixed Mode	混合模式
PLD Elements	可编程逻辑器件单元
Realtime (Actuators)	实时激励源
Realtime (Indictors)	实时指示器

13. Operational Amplifiers

运算放大器共有 7 个子类，见表 8-14。

表 8-14 Operational Amplifiers 子类示意

子类	含义	子类	含义
Dual	双运放	Quad	四运放
Ideal	理想运放	Single	单运放
Macromodel	大量使用的运放	Triple	三运放
Octa	八运放		

14. Optoelectronics

光电器件共有 11 个子类，见表 8-15。

表 8-15 Optoelectronics 子类示意

子类	含义	子类	含义
LCD Controllers	液晶控制器	7-segment Displays	7 段显示
LCD Panels Displays	液晶面板显示	LEDS	发光二极管
Alphanumeric LCDS	字符液晶显示器	Bargraph Displays	条形显示
Optocouplers	光电耦合	Dot Matrix Displays	点阵显示
Serial LCDS	串行口液晶显示器	Lamps	灯
Graphical LCDS	图形液晶显示器		

15. Resistors

电阻共有 11 个子类，见表 8-16。

表 8-16　Resistors 子类示意

子类	含义	子类	含义
0. 6Watt Metal Film	0. 6W 金属膜电阻	High Voltage	高压电阻
10 Watt wire wound	10W 绕线电阻	NTC	负温度系数热敏电阻
2 Watt Metal Film	2W 金属膜电阻	Resistor Packs	排阻
3 Watt Wirewound	3W 绕线电阻	Variable	滑动变阻器
7 Watt Wirewound	7W 绕线电阻	Varisitors	可变电阻
Generic	普通电阻		

16. Simulator Primitives

仿真源共有 3 个子类，见表 8-17。

表 8-17　Simulator Primitives 子类示意

子类	含义
Flip-Flops	触发器
Gates	门电路
Sources	电源

17. Switches and Relays

开关和继电器共有 4 个子类，见表 8-18。

表 8-18　Switches and Relays 子类示意

子类	含义	子类	含义
Key pads	键盘	Relays（Generic）	普通继电器
Relays（Specific）	专用继电器	Switch	开关

18. Switching Devices

开关器件共有 4 个子类，见表 8-19。

表 8-19　Switching Devices 子类示意

子类	含义	子类	含义
DIACS	两端交流开关	SCRs	晶闸管
Generic	普通开关元件	TRIACs	三端双向晶闸管

19. Thermionic Valves

热离子真空管共有 4 个子类，见表 8-20。

表 8-20　Thermionic Valves 子类示意

子类	含义	子类	含义
Diodes	二极管	Tetrodes	四极管
Pentodes	五极真空管	Triodes	晶体管

20. Transducers

传感器共有 2 个子类，见表 8-21。

表 8-21 Transducers 子类示意

子类	含义
Pressure	压力传感器
Temperature	温度传感器

21. Transistors

晶体管共有 8 个子类，见表 8-22。

表 8-22 Transistors 子类示意

子类	含义	子类	含义
Bipolar	双极型晶体管	MOSFET	金属氧化物场效应晶体管
Generic	普通晶体管	RF Power LDMOS	射频功率 LDMOS 管
IGBT	绝缘栅双极晶体管	RF Power VDMOS	射频功率 VDMOS 管
JFET	结型场效应晶体管	Unijunction	单结晶体管

8.3 Proteus 的虚拟仿真工具

Proteus ISIS 软件提供了许多种类的虚拟仿真工具，给电路设计和分析带来了极大的方便。Proteus ISIS 的 VSM（Virtual Simulation Mode，虚拟仿真模式）包括交互式动态仿真和基于图表的静态仿真。前者用于即时观看电路的仿真结果，仿真结果在仿真运行结束后即消失；后者的仿真结果可随时刷新，以图表的形式保留在图中，可供以后分析或随图纸一起打印输出。下面对 Proteus VSM 下的虚拟仿真仪器和工具逐一介绍。

8.3.1 激励源

激励源为电路提供各种输入信号。Proteus ISIS 为用户提供了如表 8-23 所示的各种类型的激励源，允许对其参数进行设置。

表 8-23 激励源

名称	意义	应 用
DC	直流信号发生器	用于产生模拟直流电压或电流信号。通过属性设置可以设置电源信号的大小
SINE	正弦波信号发生器	用于产生固定频率的连续正弦电压信号。正弦波信号发生器属性设置对话框中主要选项含义如下 Offset（Volts）：补偿电压，即正弦波的振荡中心电平 Amplitude（Volts）：正弦波的三种幅值标记方法，其中 Amplitude 为振幅，即半波峰值电压，Peak 为峰值电压，RMS 为有效值电压，以上三个电压值选填一项即可 Timing：正弦波频率的三种定义方法，其中 Frequency（Hz）为频率，单位为赫兹，Period（secs）为周期，单位为秒，这两项填一项即可。Cycles/Graph 为占空比，要单独设置 Delay：延时，指正弦波的相位，有两个选项，选填一项即可。其中 TimeDelay（Secs）是时间轴的延时，单位为秒；Phase（Degrees）为相位，单位为度

（续）

名称	意义	应　用
PULSE	脉冲发生器	能产生各种周期的输入信号，如方波、锯齿波、三角波或单周期短脉冲。属性设置主要参数说明如下 Initial（Low）Voltage：初始（低）电压值 Initial（High）Voltage：初始（高）电压值 Start（Secs）：起始时刻 Rise time（Secs）：上升时间 Fall time（Secs）：下降时间 Pulse Width：脉冲宽度。有两种设置方法：Pulse Width（Se）指定脉冲宽度，Pulse Width（%）指定占空比 Frequency/Period：频率或周期 Current Source：脉冲发生器的电流值设置
EXP	指数脉冲发生器	产生指数函数的输入信号。属性设置主要参数说明如下 Initial（Low）Voltage：初始（低）电压值 Initial（High）Voltage：初始（高）电压值 Rise start time（Secs）：上升沿起始时刻 Rise time constant（Secs）：上升沿持续时间 Fall start time（Secs）：下降沿起始时刻
SFFM	单频率调频波发生器	产生单频率的调频波信号。属性设置主要参数说明如下 Offset：电压偏置值 V_O Amplitude：电压幅值 V_A Carrier Freq：载波频率 f_c Modulation Index：调制指数 M_{DI} Signal Freg：信号频率 f_S 经调制后，输出信号为 $V=V_O+V_A\sin[2\pi f_c t+M_{DI}\sin 2\pi f_S t]$
PWLIN	分段线性激励源	可以设置产生分段线性的任意信号波形。属性设置主要参数说明如下 ①Time/Voltages 项 用于显示波形，*X* 轴为时间轴，*Y* 轴为电压轴。单击右上的三角按钮，可弹出放大了的曲线编辑界面 ②Scaling 项 XMir：横坐标（时间）最小值显示 XMa：横坐标（时间）最大值显示 YMir：纵坐标（时间）最小值显示 YMa：纵坐标（时间）最大值显示 Minimum：最小上升/下降时间
FILE	FILE 信号发生器	通过 ASCII 文件产生信号
AUDIO	音频信号发生器	产生音频信号，该信号可以直接通过扬声器元件播放
DSTATE	数字单稳态逻辑电平发生器	产生单稳态逻辑电平信号，比如可以产生弱低电平（Weak Low）、弱高电平（Weak High）、弱强电平（Strong Low）、强高电平（Strong High）
DEDGE	数字单边沿信号发生器	产生由低电平到高电平的信号或产生由高电平到低电平的信号
DPULSE	单周期数字脉冲发生器	产生单周期的一个正脉冲或负脉冲信号。属性设置主要参数说明如下 Pulse Polarity（脉冲极性）：Positive Pulse 为正脉冲，Negative Pulse 为负脉冲 Pulse Timing（脉冲定时）：Start Time（Se）为起始时刻；Pulse Width（Secs）为脉宽；Stop Time（Secs）为停止时间

（续）

名称	意义	应　　用
DCLOCK	数字时钟信号发生器	产生数字时钟脉冲信号
DPATTERN	数字模式信号发生器	可以编辑信号轨迹来产生任意模式的信号。属性设置主要参数说明如下。 Generator Name：自定义的数字模式信号发生器的名称 Initial State：初始状态 First Edge At（Secs）：第一个边沿位于几秒处 Pulse width（Secs）：脉冲宽度 Specific Number of Edges：指定脉冲边沿数目 Specific pulse train：指定脉冲轨迹

8.3.2　虚拟仪器

Proteus ISIS 为用户提供了多种虚拟仪器，原理图符号如图 8-9 所示，具体介绍见表 8-24。

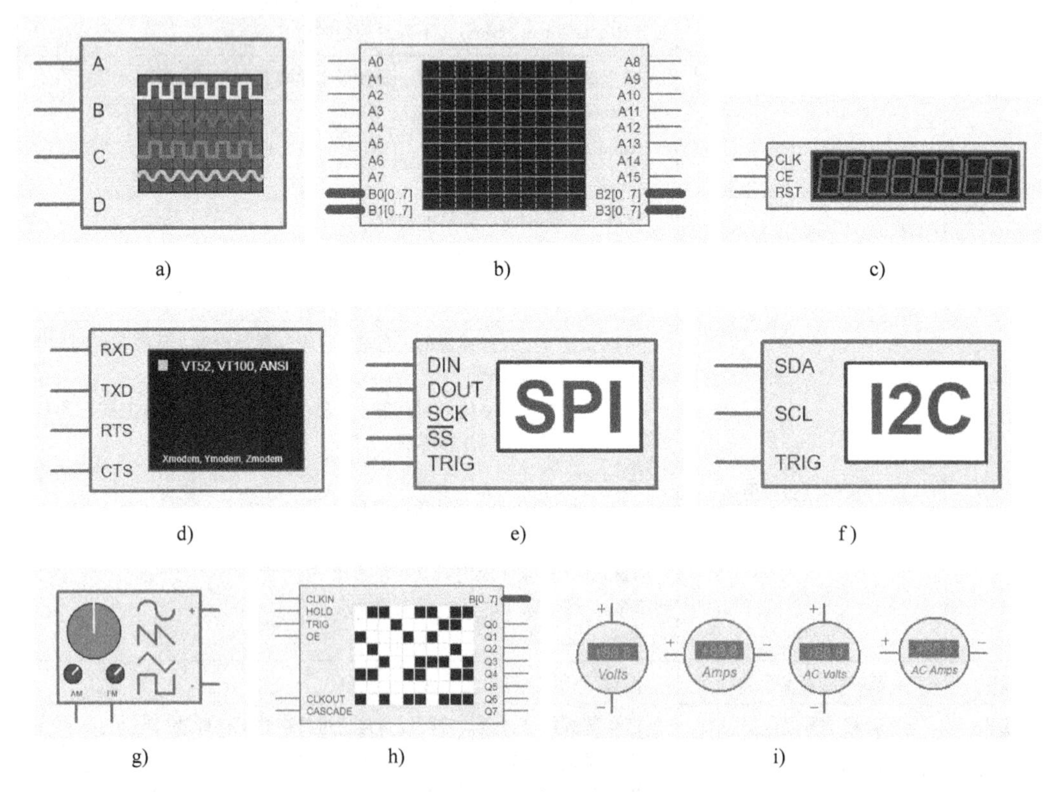

a)　b)　c)　d)　e)　f)　g)　h)　i)

图 8-9　虚拟仪器原理图

a）OSCILLOSCOPE（示波器）　b）LOGIC ANALYSER（逻辑分析仪）　c）COUNTER TIMER（计数/定时器）
d）VIRTUAL TERMINAL（虚拟终端）　e）SPI DEBUGGER（SPI 调试器）　f）D2C DEBUGGER（I2C 调试器）
g）SIGNAL GERNERATOR（信号发生器）　h）PATTERN GENERATOR（模式发生器）
i）DC VOLTMETER（直流电压表）、DC AMMETER（直流电流表）、AC VOLTMETER（交流电压表）、AC AMMETER（交流电流表）

表8-24　虚拟仪器及其含义

名称	含义	应　用
OSCILLOSCOPE	示波器	示波器的四个接线端A、B、C、D分别接入四路输入信号，信号的另一端应接地 四个通道区：每个区的操作功能都一样。主要有两个旋钮，“Position”用于调整波形的垂直位移，下面的旋钮用于调整波形的Y轴增益，白色区域的刻度表示图形区每格对应的电压值。内旋钮是微调，外旋钮是粗调。在图形区读波形电压时，会把内旋钮顺时针调到最右端 触发区：其中“Level”用来调节水平坐标，水平坐标只在调节时才显示。“Auto”按钮一般为红色选中状态。“Cursors”光标按钮选中后，可以在图标区标注横坐标和纵坐标，从而读波形的电压和周期，右击可以出现快捷菜单，选择清除所有的标注坐标、打印及颜色设置 水平区：“Position”用来调整波形的左右位移，下面的旋钮用于调整扫描频率。当读周期时，应把内环的微调旋钮顺时针旋转到底
LOGIC ANALYSER	逻辑分析仪	逻辑分析仪是通过将连续记录的输入信号存入到大的捕捉缓冲器中来进行工作的。这是一个采样过程，具有可调的分辨率，用于定义可以记录的最短脉冲。在触发期间，驱动数据捕捉处理暂停，并监测输入数据。触发前后的数据都可显示。因其具有非常大的捕捉缓冲器（可存放10 000个采样数据），因此支持放大、缩小显示和全局显示。同时，用户还可移动测量标记，对脉冲宽度进行精确定时测量 其中A0~A15为16路数字信号输入，B0~B3为总线输入，每条总线支持16位数据，主要用于接单片机的动态输出信号。运行后，可以显示A0~A15、B0~B3的数据输入波形
COUNTER TIMER	计数/定时器	该仪器有如下三个输入端 CLK：计数和测频状态时，数字波的输入端 CE：计数使能端（Counter Enable），可通过计数器/定时器的属性设置对话框 RST：复位端（RESET），可设为上升沿（Low-High）或下降沿（High-Low）有效。当有效沿到来时，计时或计数复位到0，然后立即从0开始计时或计数 该仪器有四种工作方式，可通过属性设置对话框中的“ Operating Mode”来选择
VIRTUAL TERMINAI	虚拟终端	Proteus VSM提供的虚拟终端相当于键盘和屏幕的双重功能，免去了上位机系统的仿真模型，使用户在用到单片机与上位机之间的串行通信时，可以直接由虚拟终端经RS232模型与单片机之间异步发送或接收数据。虚拟终端在运行仿真时会弹出仿真界面，当由PC向单片机发送数据时，可以和实际的键盘关联，用户可以从键盘经虚拟终端输入数据。当接收到单片机发送来的数据后，虚拟终端相当于一个显示屏，会显示相应信息 虚拟终端共有四个接线端，其中RXD为数据接收端；TXD为数据发送端；RTS为请求发送信号；CTS为清除传送，是对RTS的响应信号
SPI DEBUGGER	SPI调试器	SPI（Serial Peripheral Interface，串行外设接口）总线系统是Motorola公司提出的一种同步串行外设接口，允许MCU与各种外围设备以同步串行通信方式交换信息。SPI Protocol Debugger（SPI调试器接口）同时允许用户与SPI接口交互。这一调试器允许用户查看沿SPI总线发送的数据，同时也可向总线发送数据 SPI调试器五个接线端如下 DIN：接收数据端 DOUT：输出数据端 SCK：连接总线时钟端 S：从模式选择端，从模式时必须为低电平才能使终端响应，主模式时当数据正传输时此端为低电平 TRIG：输入端，能够把下一个存储序列放到SPI的输出序列中

（续）

名称	含义	应　　用
I2C DEBUGGER	I2C 调试器	I2C 总线是 Philips 公司推出的芯片间的串行传输总线，它只需要两根线（串行时钟线 SCL 和串行数据线 SDA）就能实现总线上各元器件的全双工同步数据传送，可以极为方便地构建系统和外围元器件的扩展系统。I2C 调试器共有三个接线端，分别如下 SDA：双向数据线 SCL：双向输入端，连接时钟 TRIG：触发输入，能引起存储序列被连续地放置到输出队列中
SIGNAL GERNERATOR	信号发生器	Proteus 的虚拟信号发生器主要有以下功能 产生方波、锯齿波、三角波和正弦波 输出频率范围为 0~12MHz，8 个可调范围 输出幅值为 0~12V，4 个可调范围 幅值和频率的调制输入和输出 虚拟信号发生器可以输出非调制波，也可以输出调制波。通常使用它的输出非调制波的功能来产生正弦波、三角波和锯齿波，方波直接使用专用的脉冲发生器来产生比较方便，主要用于数字电路中 在用作非调制波发生器时，信号发生器的下面两个接头“AM”和“FM”悬空不接，右面两个接头“+”端接至电路的信号输入端，“-”端接地 Proteus 的虚拟信号发生器还具有调幅波和调频波输出功能。无论是哪种调制，调制电压都不能超过±12V，且输入阻抗要足够大。调制信号从下面两个端子中的一个输入，调制波从右面的“+”端输出
PATTERN GENERATOR	模式发生器	模式发生器是模拟信号发生器的数字等价物，它支持 8 位 1KB 的模式信号。模式发生器各接线端含义如下 CLKIN：外部时钟信号输入端，系统提供两种外部时钟模式 HOLD：外部输入信号，用来保持模式发生器目前状态，高电平有效 TRIG：触发输入端，用于将外部触发脉冲信号反馈给模式发生器。系统提供五种外部触发模式 OE：输出使能信号输入端，高电平有效，即模式发生器可输出模式信号 CLKOUT：时钟输出端，当模式发生器使用的是外部时钟时，可以用于镜像内部时钟脉冲 CASCADE：级联输出端，用于模式发生器的级连，当模式发生器的第一位被驱动，并且保持高电平时，此端输出高电平，保持到下位被驱动之后的一个周期时间 B [0…7] 和 Q0~Q7 分别为数据输入和输出端
DC VOLTMETER	直流电压表	Proteus VSM 提供了四种电表，分别是 AC Voltmeter（交流电压表）、AC Ammeter（交流电流表）、DC Voltmeter（直流电压表）和 DC Ammeter（直流电流表）。这四个电表的使用方法和实际的交、直流电表一样，电压表并联在被测电压两端，电流表串联在电路中，要注意方向。运行仿真时，直流电表出现负值，说明电表的极性接反了。两个交流表显示的是有效值
DC AMMETER	直流电流表	
AC VOLTMETER	交流电压表	
AC AMMETER	交流电流表	

8.4 虚拟设计仿真实例

Proteus 环境下的一个单片机系统的原理电路虚拟设计与仿真需要 3 个步骤：

第一步，Proteus ISIS 环境下的电路原理图设计。

第二步，进行源程序的输入、编译与调试，并最终生成目标代码文件，将其加载到单片机中，并对系统进行虚拟仿真。

第三步，印制电路板（Printed Circuit Board，PCB）的制作。

下面以“流水灯”的设计为例，介绍如何使用 Proteus。

8.4.1　原理图设计

首先打开 Proteus，新建文件；然后选择设计流水灯电路所需元器件：

1）选择单片机芯片“DEVICES”，在左侧快捷菜单栏里按下“P”，在“关键字”栏中输入“8951”选择“AT89C51”。

2）选择晶振：输入“CRYSTAL”，选择“CRYSTAL”。

3）选择电容：输入“22p”，左边类别中选择“Capacitors”，右边选择“C0603C220J5GACTU”。

4）选择电阻：输入“10k”，左边类别中选择“Resistors”，右边选择“RESISTORS”库的“3WATT10K”。

5）选择 LED：输入“LED”，左边类别中选择“OPTO-ELECTRONICS”，右边选择“LED-YELLOW”。

6）选择按钮：输入“BUTTON”，选择“USERDVC”库的“BUTTON”。

7）选择好的元器件如图 8-10 所示。

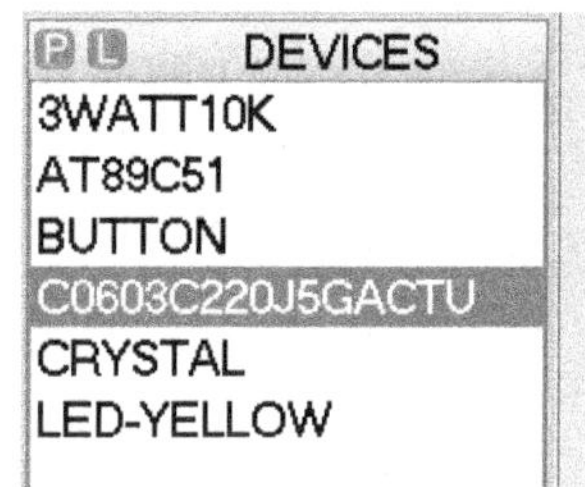

图 8-10　制作流水灯电路元器件

最后是放置元器件。元器件的摆放位置要合理，使整体布局看起来整齐有序。流水灯电路分为三个部分：振荡电路、复位电路和流水灯部分，下面分别绘制，总电路如图 8-11 所示。

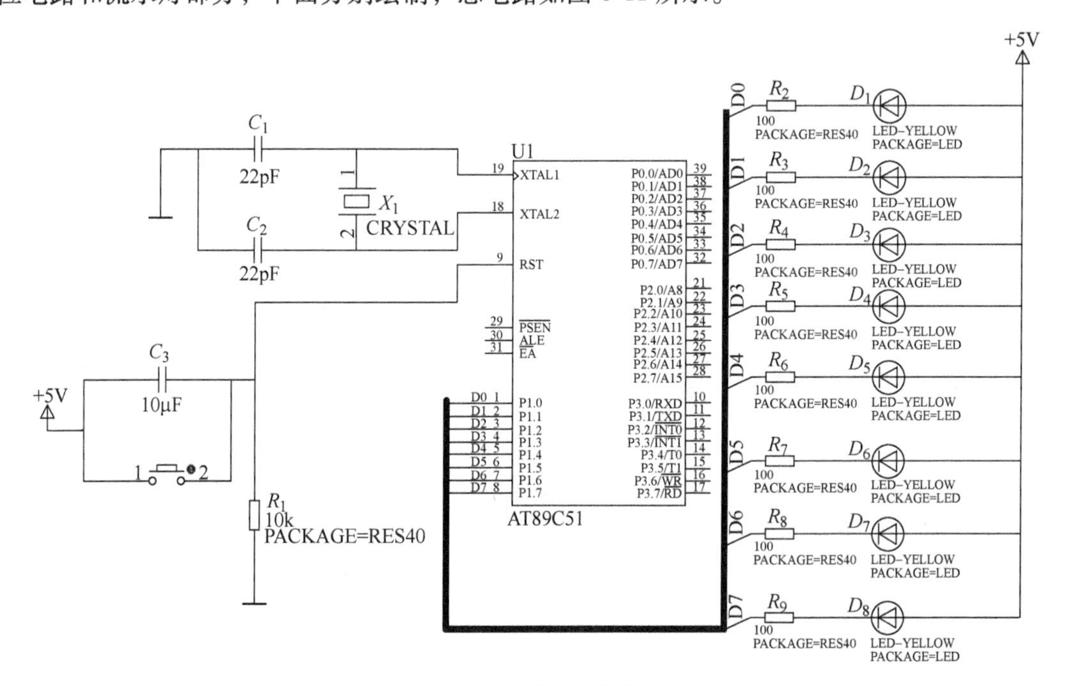

图 8-11　流水灯电路

1. 振荡电路

1）放置AT89C51单片机。在“DEVIGES”栏中选中“AT89C51”，然后在绘制区放置到合适的位置。

2）放置晶振，隐藏text属性。单击菜单栏里的“模板”，选择“设置设计默认值”，其中的“显示隐藏文本”不勾选。

3）将晶振的两脚分别与AT89C51的19、18脚相连。

4）放置两个22pF的电容，一端与晶振相连，另一端互连。

5）放置地节点。单击左侧快捷菜单栏里的图标，选择“GROUND”，与两个电容相连。

2. 复位电路

1）放置电源节点。单击左侧快捷菜单栏里的图标，选择“POWER”，设置+5V。

2）放置地节点。

3）放置电容，电阻。电阻一端接地，一端与电容相连，电容一端接+5V电源。

4）AT89C51第9脚接电阻、电容中间。

5）放置按钮“BUTTON”，接电容两端。

6）右击“按钮（BUTTON）”选择“编辑属性”，不勾选“本元件不用于PCB制版”。

7）修改C3电容的值。右击该电容，选择“编辑属性”，其中“Capacitance”改为10μF。

3. 绘制流水灯

1）放置电阻、LED。右击“LED”，选择“编辑属性”，勾选“隐藏元件值”，并连接电阻和LED。

2）使用块复制，复制7组电阻和LED。

3）放置5V电源，分别与D_1~D_8的阳极一端连接。

4）总线绘制。左侧选择“总线模式”，绘制一条总线，连接P1口与R_2~R_9。

5）使用属性分配工具进行快速网络标号。按下〈A〉键，出现属性分配窗口，“字符串”框输入“net=D#”，单击P0口的8条线，进行编号，再次按下〈A〉键，出现属性分配窗口，“字符串”框输入“net=D#”，单击R_2~R_9的8条线，进行编号。

6）批量修改R_2~R_9的值：按下〈A〉键，出现属性分配窗口，“字符串”框输入“VALUE=100”并单击确定。

8.4.2 系统仿真与运行

1. 编写源代码

1）单击菜单栏里的“源代码”，选择“添加删除源文件”，单击“new”，在文件名框输入“pmd.asm”单击“打开”按钮，再单击“确定”按钮。

2）单击菜单栏里的“源代码”，单击“pmd.asm”，编写跑马灯源程序（如下所示），完成后单击“保存”按钮。

```
ORG 00H
START：MOV R2，#8
```

```
MOV A, #0FEH
LOOP: MOV P1, A
LCALL DELAY
RL A
DJNZ R2, LOOP

LJMP START
DELAY: MOV R5, #20
D1: MOV R6, #20
D2: MOV R7, #248
DJNZ   R7, $
DJNZ   R6, D2
DJNZ   R5, D1
RET

END
```

3）编译代码。选择“源代码”，单击“全部编译”。

2. 运行仿真

仿真验证通过后，进行下面的步骤。

8.4.3 PCB 的制作

1. 封装检查

1）选择工具栏中的“设计浏览器”，查看元件清单。

2）回到 Proteus ISIS 界面，右击“封装工具”，单击“添加”，“关键字”框里输入“button”，选择一个封装对象，引脚 A 分别输入 1、2，再单击“指定封装”，如图 8-12 所示。

3）批量修改电阻的封装值。选中 R_2 ~ R_9，按下〈A〉键，出现“属性分配”窗口，在“字符串”框输入“package=RES40”并单击确定。

4）批量修改 LED 的封装值。选中 D_1 ~ D_8，按下〈A〉键，出现“属性分配”窗口，在“字符串”框输入“package=LED”并单击确定。

5）修改 R_1 的封装值。右击 R_1，选择“编辑属性”，其中“PCB Package”设置为“RES40”。

6）保存。

注意：路径和文件名不要有中文。

2. 单击，制作 PCB

1）面板框。左下角下拉框选择“当前板层”Board Edge，在顶部快捷菜单栏里单击m，左侧快捷菜单栏里单击，画一个 100mm×100mm 的方框。

2）布局各元器件。单击，分别放置单片机 U1、电阻 R_2 ~ R_9、晶振 X_1、电容 C_1 ~ C_3 按钮、LED 灯 D_1 ~ D_8 及电阻 R_1 到刚才画的板框中，并合理手工布局。

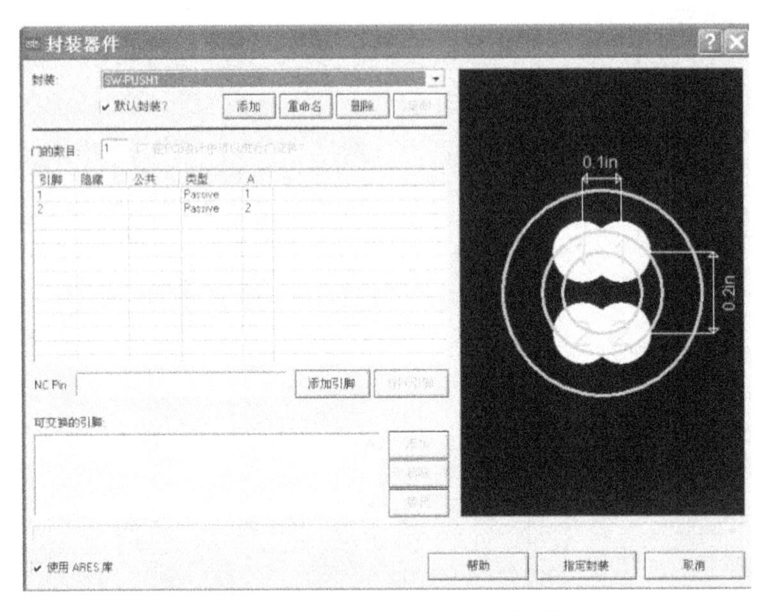

图 8-12　为元件 button 设置封装属性

3）自动布线。顶部快捷菜单工具栏里单击 ，开始自动布线。

4）调整板框到合适的大小。

5）生成电源层。单击菜单栏里的“工具”，单击“生成电源层”，在“网络”下拉框里选择“GND=POWER”，在“层”下拉框里选择“Top Copper”，最后单击“确定”按钮。设计完成的 PCB 如图 8-13 所示。

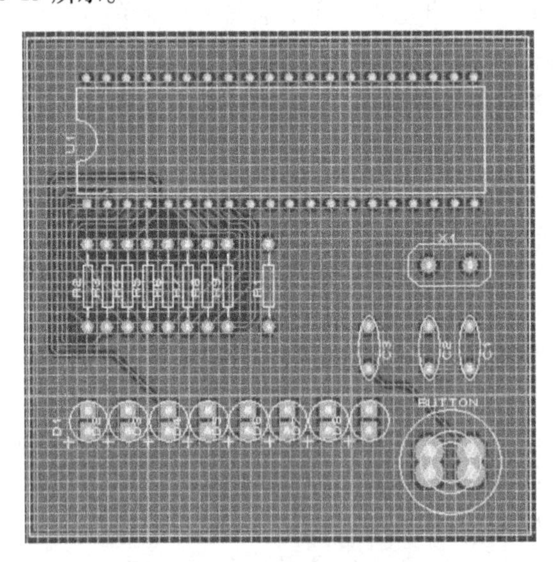

图 8-13　流水灯电路的 PCB 设计

第 9 章　基于 Proteus 的电路仿真实验

学生可以通过电路实验将前面学到的电路基本理论知识加以验证，同时通过实践操作掌握基本技能和计算技能，并学会使用计算机辅助解题，为今后从事与专业有关的工程技术及科研工作打好基础。

通过本章节的实验内容，学生可以学会使用常用的仪器仪表，如万用表、电流表、电压表、功率表、示波器、稳压电源及电子毫伏表等；学会常用电量的测试，如电流、电压、电阻、电容及电感元件的参数测试；能正确布局和连接实际电路，观察实验现象，读取实验数据，提高分析和判断能力；培养主动思考、自主学习、自主动手和独立解决工程问题的研究能力和创新的意识。

9.1　常用电工仪表的使用与测量误差的计算

9.1.1　实验目的

1）熟悉各类测量仪表、各类电源的布局及使用方法。

2）掌握电压表、电流表内电阻的测量方法。

3）熟悉电工仪表测量误差的计算方法。

9.1.2　实验原理

1）为了准确地测量电路中实际的电压和电流，必须保证仪表接入电路不会改变被测电路的工作状态，这就要求电压表的内阻为无穷大，电流表的内阻为零。而实际使用的电工仪表都不能满足上述要求。因此，当测量仪表一旦接入电路，就会改变电路原有的工作状态，这就导致仪表的读数值与电路的实际值之间出现误差，这种测量误差值的大小与仪表本身内阻值的大小密切相关。

2）本实验中测量电流表的内阻采用的是“分流法”，如图 9-1 所示。

Ⓐ为被测电阻（R_A）的直流电流表，测量时先断开开关 S，调节电流源的输出电流 I 使电流表指针满偏转，然后合上开关 S，并保持 I 值不变，调节电阻箱 R_B 的阻值，使电流表的指针指在 1/2 满偏转位置，此时有 $I_A=I_S=1/2$，$R_A=R_B /\!/ R_1$，R_1 为固定电阻器之值，R_B 由电阻箱的刻度盘上读得。

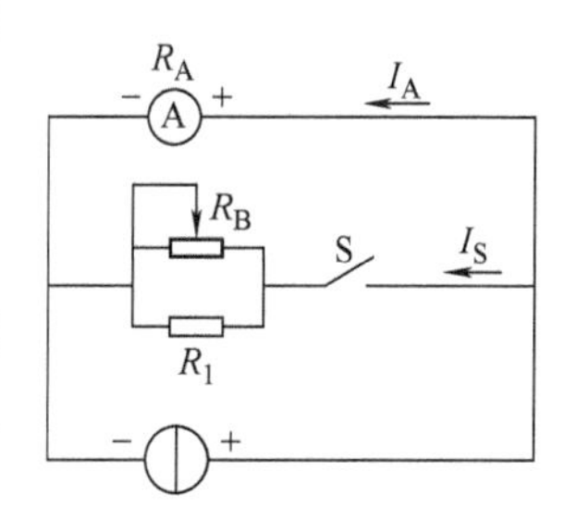

图 9-1　可调电流源

3）测量电压表的内阻采用分压法，如图 9-2 所示。

Ⓥ为被测内阻（R_V）的电压表，测量时先将开关 S 闭合，

调节直流稳压源的输出电压，使电压表的指针为满偏转。然后断开开关 S，调节 R_B 使电压表的指示值减半。此时有

$$R_V = R_B + R_1$$

电阻箱刻度盘读出值 R_B 加上固定电阻 R_1，即为被测电压表的内阻值。

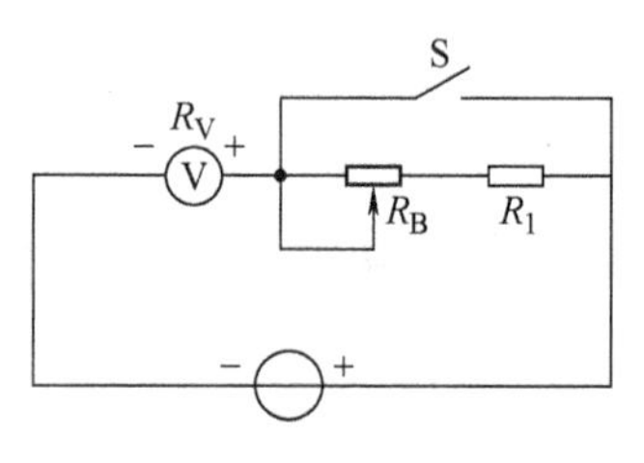

图 9-2 可调稳压源

电压表灵敏度（Ω/V）为

$$S = R_V/U$$

4）仪表内阻引入的测量误差（通常称之为方法误差，而仪表本身构造上引起的误差称之为仪表基本误差）的计算。

以图 9-3 所示电路为例，R_1 上的电压为

$$U_{R_1} = \frac{R_1}{R_1 + R_2}U$$

若 $R_1 = R_2$，则 $U_{R_1} = \frac{1}{2}U$

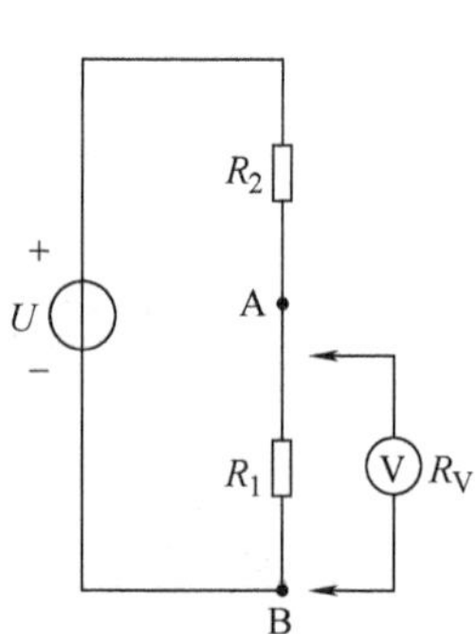

图 9-3 误差测量电路

现有一内阻为 R_V 的电压表来测量 U_{R_1} 值，当 R_V 与 R_1 并联后，$R_{AB} = \frac{R_V R_1}{R_V + R_1}$，以此来替代上式中的 R_1，则得

$$U'R_1 = \frac{\frac{R_V R_1}{R_V + R_1}}{\frac{R_V R_1}{R_V + R_1} + R_2}U$$

$$\Delta U = U'R_1 - UR_1 = U\left(\frac{\frac{R_V R_1}{R_V + R_1}}{\frac{R_V R_1}{R_V + R_1} + R_2} - \frac{R_1}{R_1 + R_2}\right)$$

化简后得

$$\Delta U = \frac{-R_1^2 R_2 U}{R_V(R_1^2 + 2R_1R_2 + R_2^2) + R_1R_2(R_1 + R_2)}$$

若 $R_1 = R_2 = R_V$，则得

$$\Delta U = -\frac{U}{6}$$

相对误差 $\Delta U\% = \frac{U'_{R_1} - U_{R_1}}{U_{R_1}} \times 100\% = \frac{-U/6}{U/2} \times 100\% = -33.3$

9.1.3 实验设备

实验设备的型号与规格记入表 9-1 中。

表 9-1　实验设备的型号与规格

序号	名　称	型号与规格	数量	备注
1	可调直流稳压源		1	
2	可调恒流源		1	
3	万用表	MF500B 或其他	1	
4	电位器	10kΩ	1	
5	电阻器	8.2kΩ，10kΩ		

9.1.4　实验内容

1）根据“分流法”原理测定 MF500B 型（或其他型号）万用表直流毫安“1mA”和“10mA”档量限的内阻，线路如图 9-1 所示。测量数据记入表 9-2 中。

表 9-2　可调电流源内阻测量数据

被测电流表量限 /mA	S 断开时的 I_A /mA	S 闭合时的 $I'A$ /mA	R_B /Ω	R_1 /Ω	计算内阻 R_A/Ω
1					
10					

2）根据“分压法”原理按图 9-2 接线，测定万用表直流电压“10V”和“50V”档量限的内阻。测量数据记入表 9-3 中。

表 9-3　可调稳压源内阻测量数据

被测电压表量限/V	S 闭合时的读数 /V	S 断开时表读数 /V	R_B /kΩ	R_1 /kΩ	计算内阻 R_V /kΩ	S /(Ω/V)
10						
50						

3）用万用表直流电压“50V”档量程测量图 9-3 所示电路中 R_1 上的电压 U_{R_1}之值，并计算测量的绝对误差与相对误差。数据记入表 9-4 中。

表 9-4　测量误差数据

U/V	R_2 /kΩ	R_1 /kΩ	R_{50}V /kΩ	计算值 U_{R_1} /V	实测值 U''_{R_1} /V	绝对误差 ΔU	相对误差 $\frac{\Delta U}{U}\times100\%$
20	10	20					

9.1.5　实验注意事项

1）实验台上提供所有实验的电源，直流稳压电源和恒流源均可调节其输出量，并由数字电压表和数字毫安表显示其输出量的大小，起动电源之前，应使其输出旋钮置于零位，实验时再缓缓地增、减输出。

2）稳压源的输出不允许短路，恒流源的输出不允许开路。

3）电压表应与电路并联使用，电流表应与电路串联使用，并且都要注意极性与量程的合理选择。

9.1.6 思考题

1）根据实验内容1）和2），若已求出“1mA”档和“10V”档的内阻，可否直接计算得出“10mA”档和“50V”档的内阻？

2）用量程为10A的电流表测实际值为8A的电流时，实际读数为8.1A，求测量的绝对误差和相对误差。

3）如图9-4a、b所示为伏安法测量电阻的两种电路，被测电阻的实际值为R_X，电压表的内阻为R_V，电流表的内阻为R_A，求两种电路测电阻R_X的相对误差。

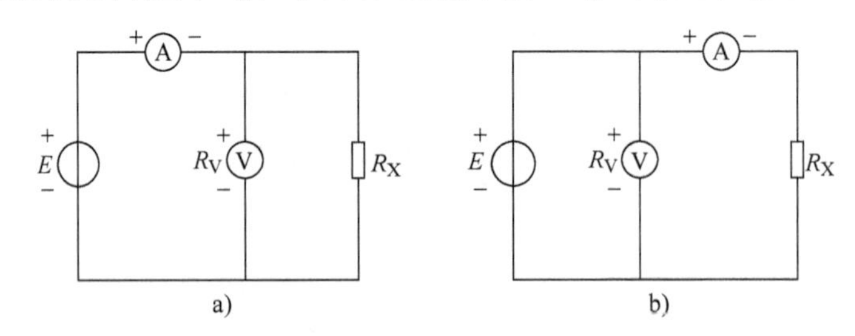

图9-4 伏安法测量电阻的两种电路

9.1.7 实验报告

1）列表记录实验数据，并计算各被测仪表的内阻值。

2）计算实验内容3）的绝对误差与相对误差。

3）对思考题的计算。

9.2 电路元件伏安特性的测量

9.2.1 实验目的

1）学会识别常用电路和元件的方法。

2）掌握线性电阻、非线性电阻元件及电压源和电流源的伏安特性的测试方法。

3）学会常用直流电工仪表和设备的使用方法。

9.2.2 实验原理

任何一个二端元件的特性可用该元件上的端电压U与通过该元件的电流I之间的函数关系$I=f(U)$表示，即I-U平面坐标上的一条曲线来表征，称为元件的伏安特性曲线。

1）线性电阻器的伏安特性曲线是一条通过坐标原点的直线，如图9-5中a曲线所示，该直线的斜率等于该电阻器的电阻值。

2）一般的白炽灯在工作时灯丝处于高温状态，其灯丝电阻随着温度的升高而增大。通过白炽灯的电流越大，其温度越高，阻值也越大。一般灯泡的“冷电阻”与“热电阻”的阻值相差几倍至几十倍，所以它的伏安特性曲线如图 9-5 中 b 曲线所示。

3）一般的半导体二极管是一个非线性电阻元件，其伏安特性曲线如图 9-5 中 c 曲线所示。其正向电压降很小（一般的锗管约为 0.2~0.3V，硅管约为 0.5~0.7V），正向电流随正向电压降的升高而急剧上升，而反向电压从 0 一直增加到几十 V 时，其反向电流增加很小，粗略地可视为零。可见，二极管具有单向导电性，但若反向电压加得过高，超过管子的极限值，则会导致管子击穿损坏。

4）稳压二极管是一种特殊的半导体二极管，其正向特性与普通二极管类似，但其反向特性较特别，如图 9-5 中 d 曲线所示。在反向电压开始增加时，其反向电流几乎为零，但当电压增加到某一数值时（称为管子的稳压值，有各种不同稳压值的稳压管），电流将突然增加，以后它的端电压将维持恒定，不再随外加的反向电压发生变化。注意：流过稳压二极管的电流不能超过管子的极限值，否则管子会被烧坏。

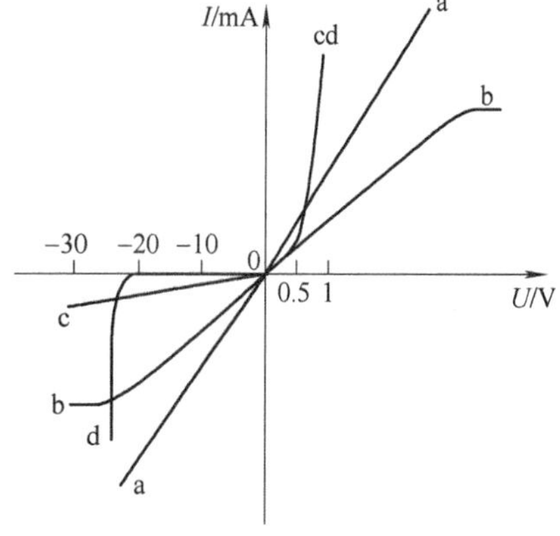

图 9-5　各种电路元件的伏安特性曲线

9.2.3　实验设备

实验设备的型号与规格记入表 9-5 中。

表 9-5　实验设备的型号与规格

序号	名称	型号与规格	数量	备注
1	可调直流稳压电源	0~30V 或 0~12V	1	
2	万用表	MF500B 或其他	1	
3	直流数字毫安表		1	
4	直流数字电压表		1	
5	可调电位器或滑线变阻器		1	
6	二极管	2CP15（或 IN4004）	1	
7	稳压管	2CW51	1	
8	白炽灯	12V	1	
9	线性电阻	1kΩ/1W	1	

9.2.4　实验内容

1）测定线性电阻器的伏安特性。按图 9-6 所示电路接线，调节稳压电源的输出电压 U，从 0V 开始缓慢地增加，一直到 10V，记下相应的电压表和电流表的读数 U_R、I。数据记入表 9-6 中。

2）测定非线性白炽灯泡的伏安特性。将图 9-6 中的 R_L 换成一只 12V 的汽车灯泡，重复 1）的步骤。数据记入表9-7 中。

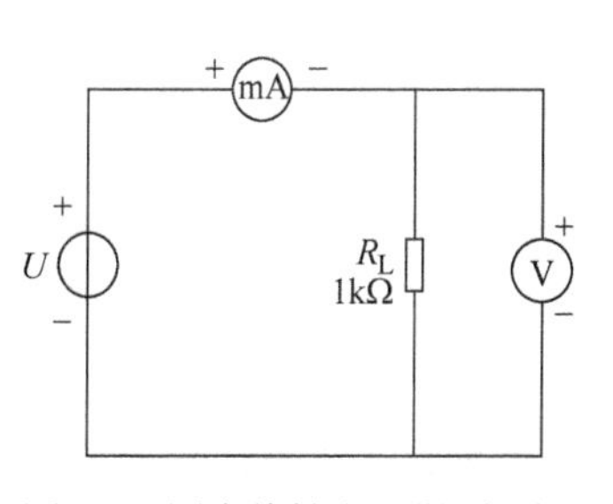

图 9-6　测定线性电阻器原理图

表 9-6 测定线性电阻器伏安特性数据记录

U_R/V	0	3	4	5	7	8	10
I/mA							

表 9-7 测定非线性白炽灯泡的伏安特性数据记录

U_R/V	0	3	4	5	7	8	10
I/mA							

3）测定半导体二极管的伏安特性。按图 9-7 接线，R_2 为限流电阻器。测二极管的正向特性时，其正向电流不得超过 35mA，二极管 VD 的正向施压 U_{D+}可在 0～0.75V 之间取值，特别是在 0.5～0.75V 之间更应多取几个测量点。做反向特性实验时，只需将图 9-7 中的二极管 VD 反接，且其反向施压 U_{D-}可加到 30V。数据记入表 9-8 及表 9-9 中。

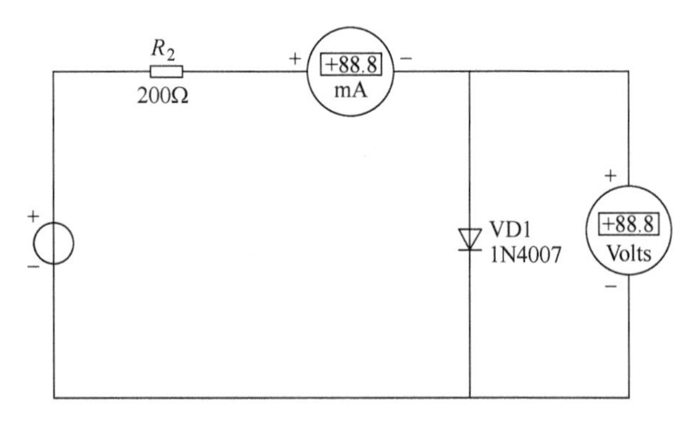

图 9-7 测定半导体二极管的伏安特性原理图

表 9-8 半导体二极管正向特性实验数据

U_{D+}/V	0.10	0.30	0.50	0.55	0.60	0.65	0.70	0.75
I/mA								

表 9-9 半导体二极管反向特性实验数据

U_{D-}/V	-3	-5	-10	-20	-30	-35	-40
I/mA							

4）测定稳压二极管的伏安特性。只要将图 9-7 中的二极管换成稳压二极管，重复实验内容 3）的测量，测量点自定。数据记入表 9-10 及表 9-11 中。

表 9-10 稳压二极管正向特性实验数据

U_{D+}/V								
I/mA								

表 9-11 稳压二极管反向特性实验数据

U_{D-}/V							
I/mA							

5）测定电压源伏安特性。按图 9-8 连接电路实验图，调节 U 为 5V，改变 R_L 的值，测量 U 和 I 的值。数据记入表 9-12 中。

表 9-12　测定电压源伏安特性数据记录

R_L/Ω	100	200	300	500	600	700	800
I/mA							
U/V							

6）测定电流源伏安特性。按图 9-9 接好电路实验图，调节 R_L 的值，测出各种不同 R_L 值时的 I 和 U，记入表 9-13 中。

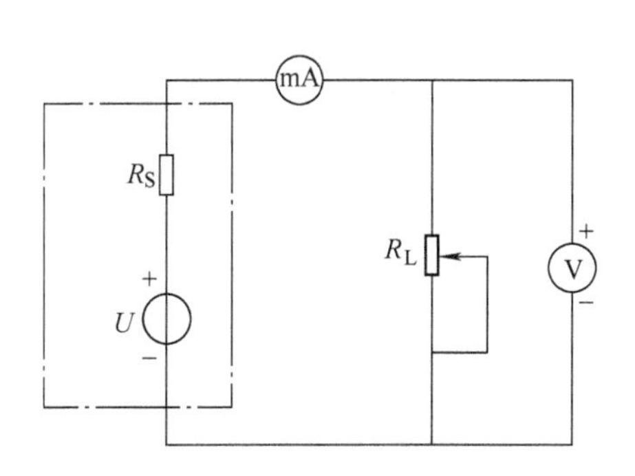

图 9-8　测定电压源伏安特性原理图

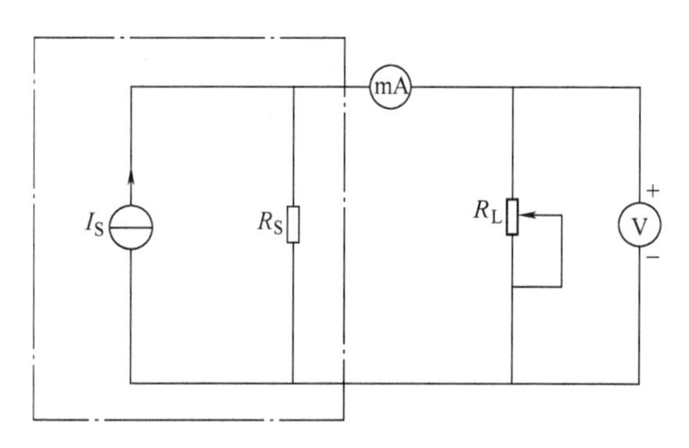

图 9-9　测定电流源伏安特性原理图

表 9-13　测定电流源伏安特性数据记录

R_L/Ω	100	200	300	500	600	700	800
I/mA							
U/V							

9.2.5　实验注意事项

1）测二极管正向特性时，稳压电源输出应由小至大逐渐增加，应时刻注意电流表读数不得超过 35mA。

2）进行不同实验时，应先估算电压和电流值，合理选择仪表的量程，切勿使仪表超量程，仪表的极性亦不可接错。

9.2.6　思考题

1）线性电阻与非线性电阻的概念是什么？电阻器与二极管的伏安特性有何区别？

2）设某器件伏安特性曲线的函数式为 $I = f(U)$，试问在逐点绘制曲线时，其坐标变量应如何放置？

3）在图 9-7 中，设 U=3V，U_{D+}= 0.7V，则毫安表（mA）的表读数为多少？

4）稳压二极管与普通二极管有何区别，其用途是什么？

9.2.7　实验报告

1）根据各实验数据，分别在方格纸上绘制出光滑的伏安特性曲线。（其中二极管和稳压管的正、反向特性均要求画在同一张实验图中，正、反向电压可取为不同的比例尺）。

2）根据实验结果，总结、归纳各被测元件的特性。

3）进行必要的误差分析。

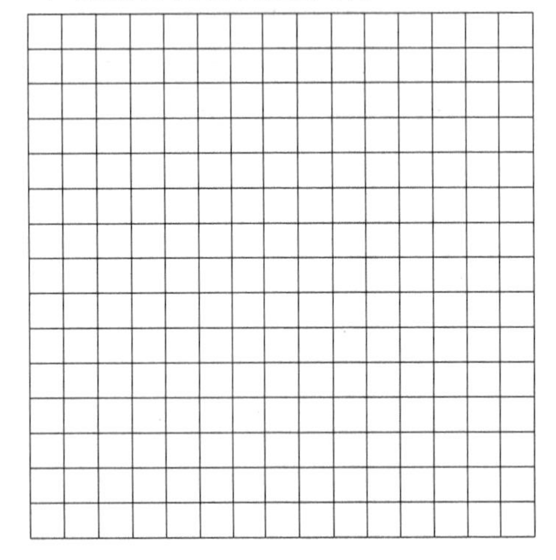

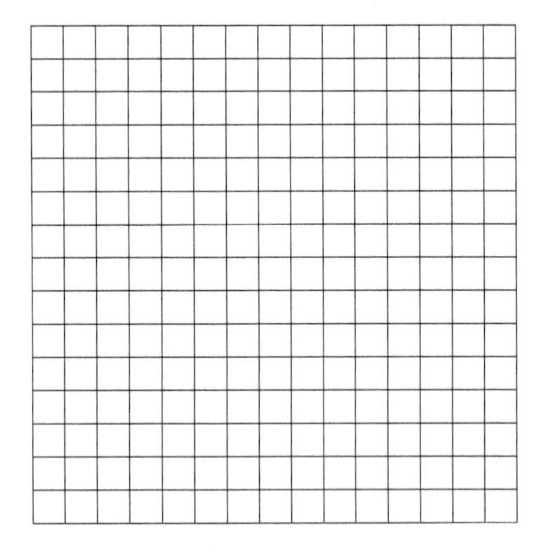

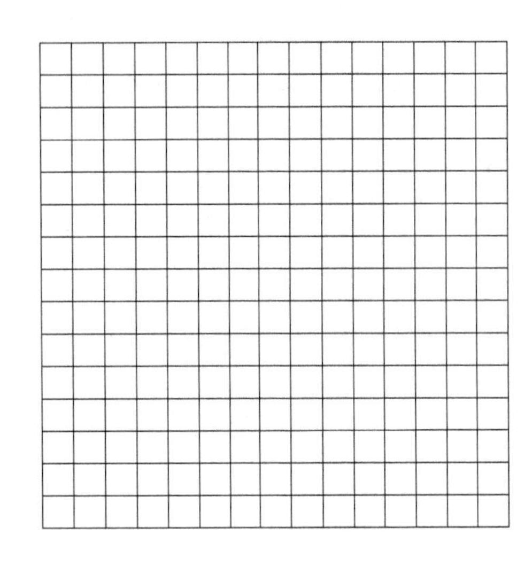

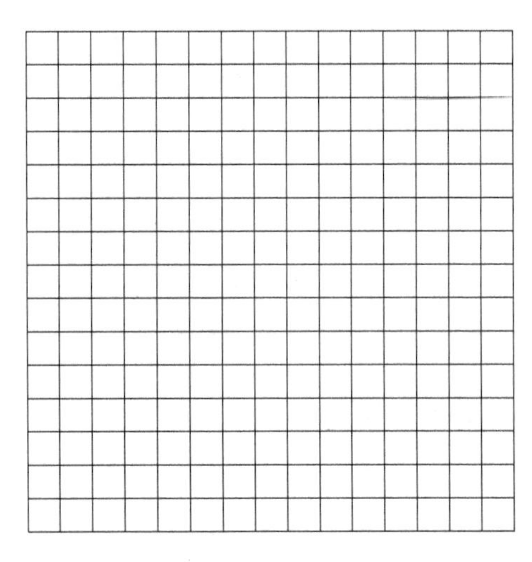

9.3 直流电路中电位、电压的关系研究

9.3.1 实验目的

1）验证电路中电位与电压的关系。

2）掌握电路电位实验图的绘制方法。

9.3.2 实验原理

在一个闭合电路中，各点电位值随所选的电位参考点的不同而改变，但任意两点间的电位差（即电压）是绝对的，它不因参考点的变动而改变。据此性质，我们可用一只电压表来测量出电路中各点的电位及任意两点间的电压。

电位实验图是一种在平面坐标一、四象限内的折线实验图，其纵坐标为电位值，横坐标为各被测点。要制作某一电路的电位实验图，应先以一定的顺序对电路中各被测点编号。以图 9-10 的电路为例，可在坐标轴上按顺序、均匀间隔地标上 A、B、C、D、E、F、A。再根据测得的各点电位值在各点所在的垂直线上描点。用直线依次连接相邻的两个电位点，即得该电路的电位实验图。在电位实验图中，任意两个被测点的纵坐标值之差即为两点之间的电压值。在电路中电位参考点可任意选定。对于不同的参考点，所绘出的电位实验图形是不同的，但各点电位变化的规律却是一样的。

在作电位实验图或实验测量时必须正确区分电位和电压的高低，按照惯例，是以电流方向上的电压降为正，所以，在用电压表测量时，若仪表指针正向偏转，则说明电表正极的电位高于负极的电位。

9.3.3　实验设备

实验设备的型号与规格记入表 9-14 中。

表 9-14　实验设备的型号与规格

序号	名　称	型号与规格	数量	备注
1	可调直流稳压电源	0~30V 或 0~12V	1	
2	直流稳压电源	6V、12V		
3	万用表	MF500B 或其他	1	
4	直流数字毫安表		1	
5	直流数字电压表		1	

9.3.4　实验内容

按图 9-10 接线。

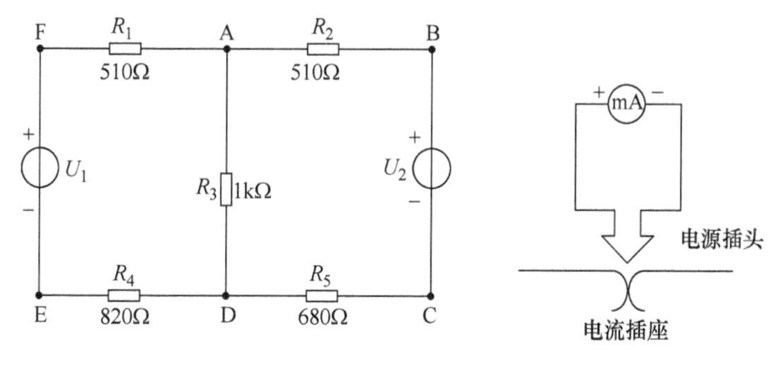

图 9-10　直流电路测量电位

1）分别将两路直流稳压电源接入电路，令 $U_1 = 6V$，$U_2 = 12V$。（先调整输出电压值，再接入实验线路中。电压应该用万用表测量）。

2）以图 9-10 中的 A 点作为电位的参考点，分别测量 B、C、D、E、F 各点的电位值 V 及相邻两点之间的电压值 U_{AB}、U_{BC}、U_{CD}、U_{DE}、U_{EF}及 U_{FA}，数据列于表 9-15 中。

3）以 D 点作为参考点，重复实验内容 2 的测量，测得数据填入表 9-15 中。

表 9-15 电位测量数据记录

参考点 \ 电位	Φ 与 U	V_A	V_B	V_C	V_D	V_E	V_F	U_{AB}	U_{BC}	U_{CD}	U_{DE}	U_{EF}	U_{FA}
A	计算值												
	测量值												
	相对误差												
D	计算值												
	测量值												
	相对误差												

9.3.5 实验注意事项

1）本实验电路单元可设计多个实验，在做本实验时根据给出的电路实验图选择开关位置，连成本实验电路。

2）测量电位时，用万用表的直流电压档或用数字直流电压表测量时，用负表棒（黑色）接参考电位点，用正表棒（红色）接被测点，若指针正向偏转或显示正值，则表明该点电位为正（即高于参考点电位）；若指针反向偏转或显示负值，此时应调换万用表的表棒，然后读出数值，此时在电位值之前应加上负号，表明该点电位低于参考点电位。

9.3.6 思考题

若以 F 点作为参考电位点，实验测得各点的电位值，现以 E 点作为参考电位点，试问此时各点的电位值会有何变化?

9.3.7 实验报告

1）根据实验数据，绘制两个电位实验图形，并对照观察各对应两点间的电压情况。两个电位实验图的参考点不同，但各点的相对顺序应一致，以便对照。

2）完成数据表格中的计算，对误差进行必要的分析。

3）总结电位相对性和电压绝对性的结论。

9.4 基尔霍夫定律的验证

9.4.1 实验目的

1）加深对基尔霍夫定律的理解，用实验数据验证基尔霍夫定律。

2）学会用电流表测量各支路电流。

9.4.2 实验原理

1）基尔霍夫电流定律（KCL）：基尔霍夫电流定律是电流的基本定律。即对电路中的任一个节点而言，流入电路的任一节点的电流总和等于从该节点流出的电流总和，即应有

$\sum I=0$。

2）基尔霍夫电压定律（KVL）：对任何一个闭合回路而言，沿闭合回路电压降的代数总和等于零，即应有$\sum U=0$。这一定律实质上是电压与路径无关这一性质的反映。

基尔霍夫定律的形式对各种不同的元件所组成的电路都适用，对线性和非线性都适用。运用上述定律时必须注意各支路或闭合回路中电流的正方向，此方向可预先任意设定。

9.4.3　实验设备

实验设备的型号与规格记入表 9-16 中。

表 9-16　实验设备的型号与规格

序号	名称	型号与规格	数量	备注
1	可调直流稳压电源	0~30V 或 0~12V	1	
2	直流稳压电源	6V、12V		
3	万用表	MF500B 或其他	1	
4	直流数字毫安表		1	
5	直流数字电压表		1	

9.4.4　实验内容

实验电路如图 9-11 所示。把开关 S_1 接通 U_1，S_2 接通 U_2，S_3 接通 R_4。就可以连接出基尔霍夫定律的验证单元电路，如图 9-12 所示。

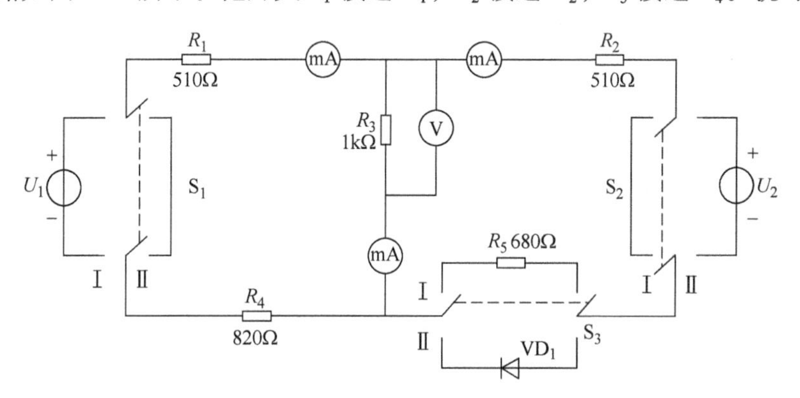

图 9-11　基尔霍夫定律实验线路图

1）实验前先任意设定三条支路和三个闭合回路的电流正方向。图 9-12 中的 I_1、I_2、I_3 的方向已设定。三个闭合回路的电流正方向可设为 ADEFA、BADCB、FBCEF。

2）分别将两路直流稳压电源接入电路，令 U_1= 8V，U_2= 12V。

3）用电流表分别测量三条支路的电流，并记录电流值。

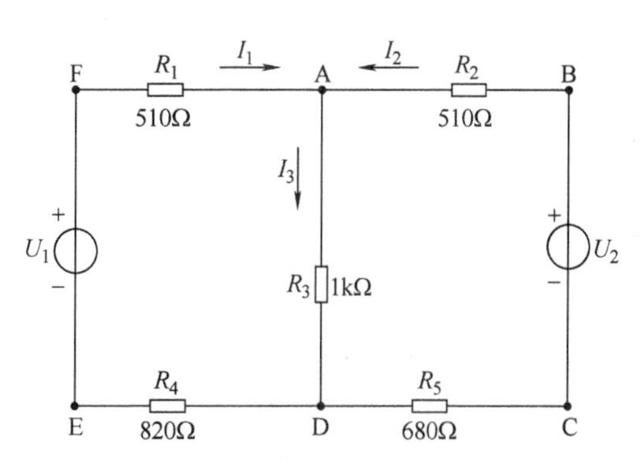

图 9-12　基尔霍夫定律验证单元电路

4）用直流数字电压表分别测量两路电源及电阻元件上的电压值，并记录。数据记入表9-17中。

表 9-17　基尔霍夫定律验证实验数据记录

被测值	I_1 /mA	I_2 /mA	I_3 /mA	U_1 /V	U_2 /V	U_{FA} /V	U_{AB} /V	U_{AD} /V	U_{CD} /V	U_{DE} /V
计算值										
测量值										
相对误差										

9.4.5　实验注意事项

1）所有需要测量的电压值均以电压表测量的读数为准。U_1、U_2 也需测量，不应取电源本身的显示值。

2）防止稳压电源两个输出端碰线短路。

3）所读得的电压或电流值的正、负号应根据设定的电流参考方向来判断。

4）测量时，应先估算电流、电压的大小，以选择合适的量程，以免损坏电表。

5）当使用指针式电流表进行测量时，若指针反偏（电流为负值时），则此时必须调换电流表极性，重新测量，但此时读得的电流值必须加上负号。

9.4.6　思考题

1）根据图9-12所示的电路测量参数，计算出待测的电流 I_1、I_2、I_3 和各电阻上的电压值，记入表中，以便实验测量时可以正确地选定毫安表和电压表的量程。

2）实验中，若用指针式万用表直流毫安档测各支路电流，在什么情况下可能出现指针反偏的情况，应如何处理？在记录数据时应注意什么？若用直流数字毫安表进行测量，则会有什么显示呢？

9.4.7　实验报告

1）根据实验数据，选定节点A，验证KCL的正确性。

2）根据实验数据，选定实验电路中的任一个闭合回路，验证KVL的正确性。

3）将支路和闭合回路的电流方向重新设定，重复1）、2）两项验证。

4）误差原因分析。

9.5　叠加定理的验证

9.5.1　实验目的

1）验证线性电路叠加定理的正确性，加深对线性电路的叠加性和齐次性的认识和理解。

2）学习复杂电路的连接方法。

9.5.2　实验原理

如果把独立电源称为激励，由它引起的支路电压、电流称为响应，则叠加定理可以简述为：在有多个独立源共同作用下的线性电路中，对于通过每一个元件的电流或其两端的电压，可以看成是每一个独立源单独作用时在该元件上所产生的电流或电压的代数和。

在含有受控源的线性电路中，叠加定理也是适用的。但叠加定理不适用于功率计算，因为在线性网络中，功率是电压或者电流的二次函数。

线性电路的齐次性是指当激励信号（某独立源的值）增加或减少 k 倍时，电路的响应（即在电路其他各电阻元件上所建立的电流和电压值）也将增加或减小 k 倍。

9.5.3　实验设备

实验设备的型号与规格记入表 9-18 中。

表 9-18　实验设备的型号与规格

序号	名称	型号与规格	数量	备注
1	可调直流稳压电源	0~30V 或 0~12V	1	
2	直流稳压电源	6V、12V 切换		
3	万用表	MF500B 或其他	1	
4	直流数字毫安表		1	
5	直流数字电压表		1	

9.5.4　实验内容

实验电路如图 9-13 所示。

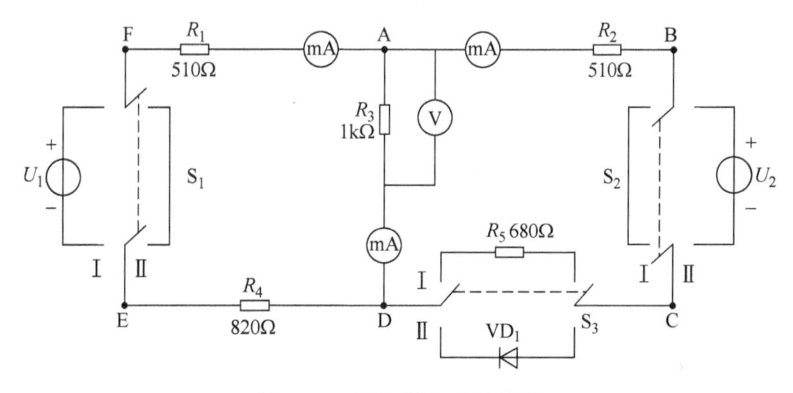

图 9-13　叠加原理验证单元

1）将两路稳压源的输出分别调节为 12V 和 6V，接到 U_1 和 U_2 处。

2）令 U_1 电源单独作用（将开关 S_1 投向 U_1，开关 S_2 投向短路侧）。用直流数字电压表和毫安表分别测量各支路电流及各电阻元件两端的电压，数据记入表 9-19 中。

3）令 U_2 电源单独作用（将开关 S_1 投向短路侧，开关 S_2 投向 U_2 侧），重复实验步骤

2）的测量并记录，数据记入表 9-19 中。

4）令 U_1 和 U_2 共同作用（开关 S_1 和开关 S_2 分别投向 U_1 和 U_2 侧），重复上述测量，重复实验内容 2）的测量并记录，数据记入表 9-19 中。

表 9-19　线性电路叠加原理测量数据记录

测量项目 实验内容	U_1 /V	U_2 /V	I_1 /mA	I_2 /mA	I_3 /mA	U_{AB} /V	U_{CD} /V	U_{AD} /V	U_{DE} /V	U_{EA} /V
U_1 单独作用										
U_2 单独作用										
U_1、U_2 共同作用										

5）将 U_2 的数值调至+12V，重复上述实验内容 3）的测量并记录，数据记入表 9-20 中。

6）将 R_4 换成二极管 IN4004，把开关 S_3 打向二极管 IN4004 侧，重复步骤 1~5。数据记入表 9-20 中。

表 9-20　非线性电路叠加原理测量数据记录

测量项目 实验内容	U_1 /V	U_2 /V	I_1 /mA	I_2 /mA	I_3 /mA	U_{AB} /V	U_{CD} /V	U_{AD} /V	U_{DE} /V	U_{EA} /V
U_1 单独作用										
U_2 单独作用										
U_1、U_2 共同作用										

9.5.5　实验注意事项

1）当用电流表测量各支路电流时，或者用电压表测量电压降时，应注意仪表的极性，正确判断测量值的正、负号后，记入数据表格。

2）注意仪表量程应及时更换。

9.5.6　思考题

1）可否直接将不作用的电源（U_1 或 U_2）短接置零？

2）实验电路中，若将一个电阻器改为二极管，试问叠加定理的叠加性与齐次性还成立吗？为什么？

9.5.7　实验报告

1）根据实验数据表格进行分析、比较、归纳及总结，验证线性电路的叠加性与齐次性。

2）各电阻器所消耗的功率能否用叠加定理计算得出？试用上述实验数据，进行计算并得出结论。

3）通过实验内容 6）及分析表格 9-19 的数据，你能得出什么样的结论？

9.6　戴维南定理和诺顿定理的验证

9.6.1　实验目的

1）验证戴维南定理和诺顿定理，加深对戴维南定理和诺顿定理的理解。

2）掌握有源二端网络等效电路参数的测量方法。

9.6.2　实验原理

任何一个线性含源网络，如果仅研究其中一条支路的电压和电源，则可将电路的其余部分看作是一个有源二端口网络（或称为有源二端网络）。

戴维南定理指出：任何一个线性有源二端网络，总可以用一个电压源和一个电阻的串联来等效代替，如图 9-14 所示。

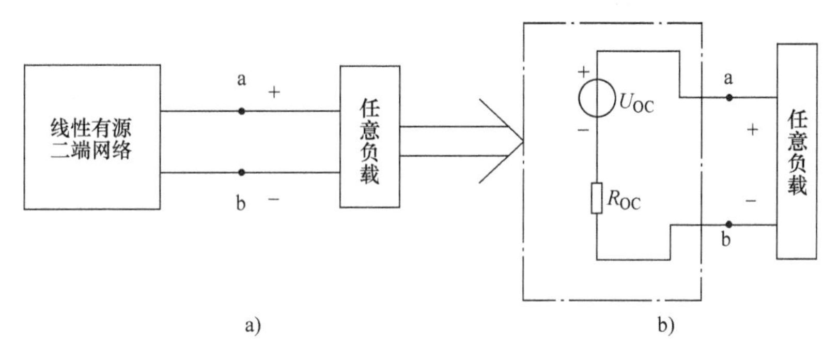

图 9-14　戴维南定理等效电路

a）原电路　b）戴维南等效电路

其电压源的电动势 U_S 等于这个有源二端网络的开路电压 U_{OC}，其等效内阻 R_0 等于该网络中所有独立源均置零（理想电压源视为短接，理想电流源视为开路）时的等效电阻。

诺顿定理指出：任何一个线性有源网络，总可以用一个电流源与一个电阻并联来等效代替，如图 9-15 所示。

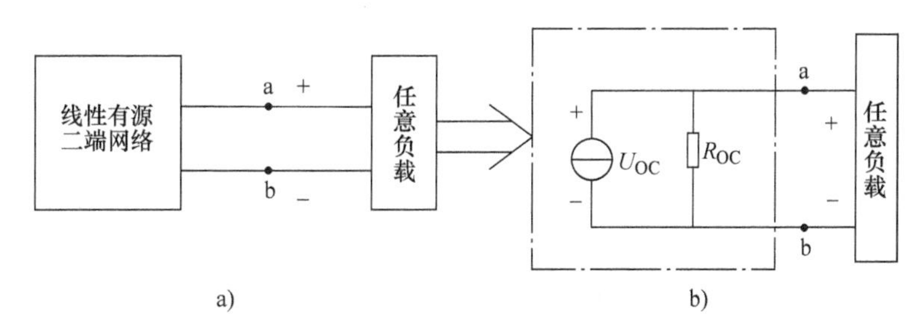

图 9-15　诺顿定理等效电路

a）原电路　b）诺顿定理等效电路

此电流源的电流 I_S 等于这个有源二端网络的短路电流 I_{SC}，其等效内阻 R_0 定义同戴维南定理。

$U_{OC}(U_S)$ 和 R_0 或者 I_{SC}（I_S）和 R_0 称为有源二端网络的等效参数。

有源二端网络等效参数的测量方法如下。

1）开路电压、短路电流法测 R_0。在有源二端网络输出端开路时，用电压表直接测其输出端的开路电压 U_{OC}，然后再将其输出端短路，用电流表测其短路电流 I_{SC}，其等效内阻为 $R_0=U_{OC}/I_{SC}$。如果二端网络的内阻很小，则将其输出端口短路时易损坏其内部元件，因此不宜用此法。

2）伏安法。用电压表、电流表测出有源二端网络的外特性，如图 9-16 所示。根据外特性曲线求出斜率 $\tan\Phi$，则内阻为 $R_0=\dfrac{U_{OC}-U_N}{I_N}$。

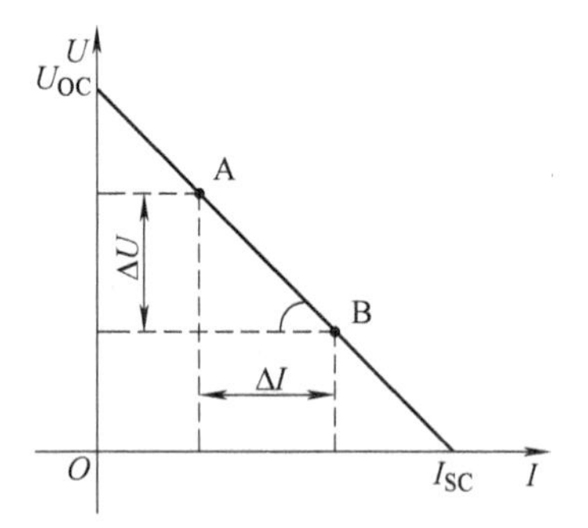

图 9-16 有源二端网络外特性

用伏安法主要是测量开路电压及电流为额定值 I_N 时的输出端电压值 U_N，可得内阻为 $R_0=\dfrac{U_{OC}-U_N}{I_N}$。

若二端网络的内阻值很低时，则不宜测其短路电流。

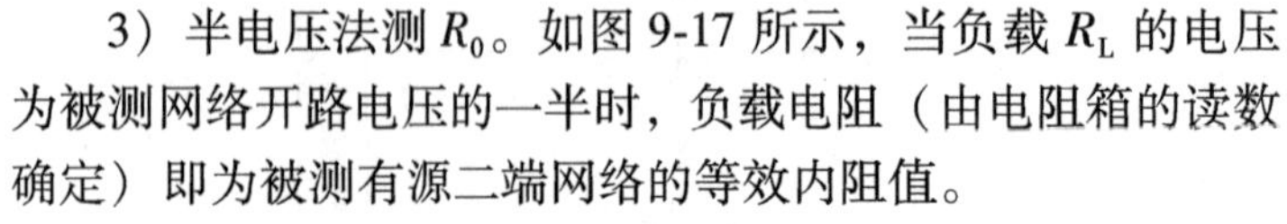

3）半电压法测 R_0。如图 9-17 所示，当负载 R_L 的电压为被测网络开路电压的一半时，负载电阻（由电阻箱的读数确定）即为被测有源二端网络的等效内阻值。

4）零示法测 U_{OC}。在测量具有高内阻有源二端网络的开路电压时，用电压表直接测量会造成较大的误差。为了消除电压表内阻的影响，往往采用零示测量法，如图 9-18 所示。

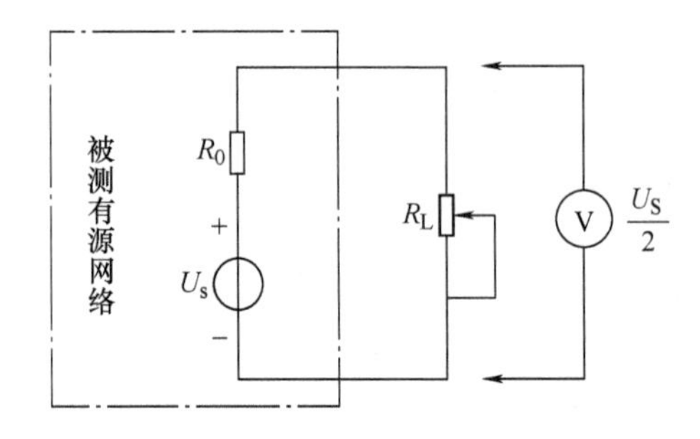

图 9-17 半电压法测量等效内阻

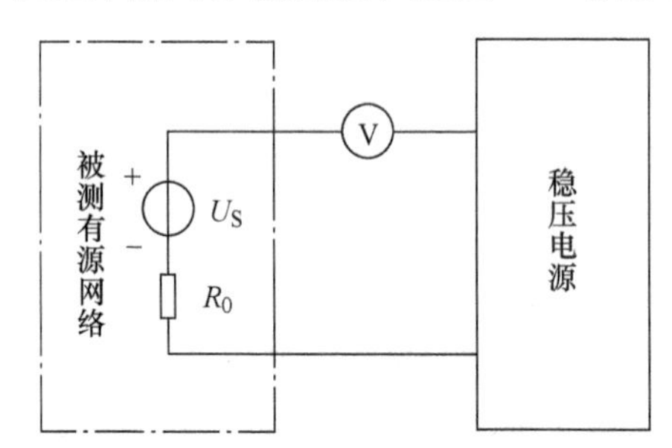

图 9-18 零示法测量开路电压

零示法的测量原理是用一低内阻的稳压电源与被测有源二端网络进行比较，当稳压电源的输出电压与有源二端网络的开路电压相等时，电压表的读数将为 0。然后将电路断开，此时测得的稳压电源的输出电压即为被测有源二端网络的开路电压。

9.6.3 实验设备

实验设备的型号与规格记入表 9-21 中。

表 9-21 实验设备的型号与规格

序号	名称	型号与规格	数量	备注
1	可调直流稳压电源	0~30V 或 0~12V	1	
2	可调直流恒流源		1	
3	万用表	MF500B 或其他	1	

（续）

序号	名称	型号与规格	数量	备注
4	直流数字毫安表		1	
5	直流数字电压表		1	
6	电位器	470Ω	1	

9.6.4　实验内容

被测有源二端网络电路原理图及其等效电路如图9-19所示。

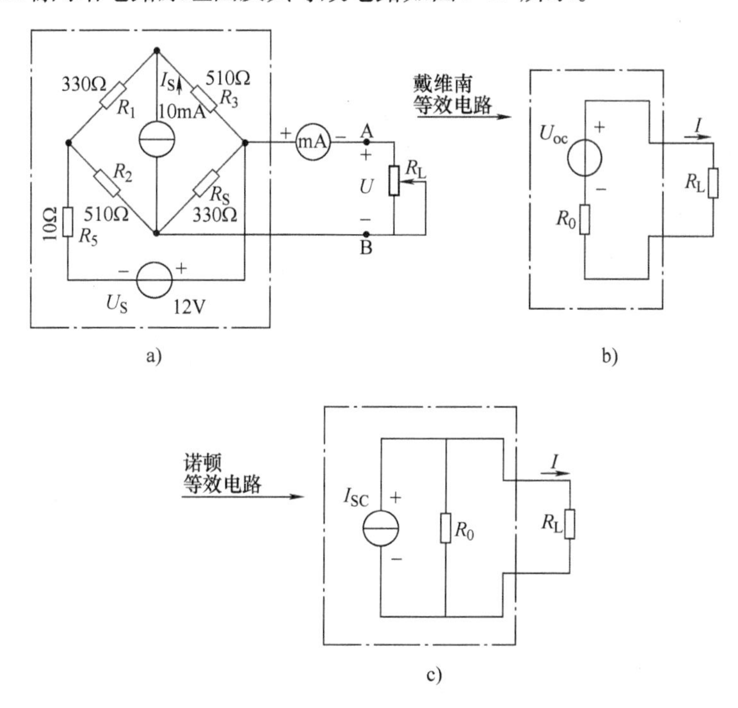

图9-19　有源二端网络电路原理图及其等效电路

1）用开路电压、短路电流法测定戴维南等效电路的 U_{OC}、R_0 和诺顿等效电路的 I_{SC}、R_0。按图9-19a接入稳压电源 $U_{S_2}=10V$ 和恒流源 $I_{S_2}=10mA$，接入负载 R_L（自己选定），测出 U_{OC} 和 I_{SC}，并计算出 R_0（测 U_{OC} 时，不接入mA表）。数据记入表9-22中。

表9-22　等效电路实验测量数据记录

U_{OC}/V	I_{SC}/mA	$R_0=U_{OC}/I_{SC}$/Ω

2）负载实验。按图9-19a接入 R_L，改变 R_L 的阻值，测量有源二端网络的外特性曲线。数据记入表9-23中。

表9-23　有载有源二端网络伏安特性测试数据记录

R_L/Ω									
U/V									
I/mA									

3）验证戴维南定理：用一只 470Ω 的电位器作为 R_0，将其阻值调整到等于按实验内容 1）所得的等效电阻 R_0 之值，然后令其与直流稳压电源 U_{S_1}（调到实验内容 1）时所测得的开路电压 U_{OC}之值）相串联，如图 9-19b 所示，把 U_{S_1}和 R_L 串联成一个回路。仿照实验内容 2）测其外特性，对戴维南定理进行验证。数据记入表 9-24 中。

表 9-24 戴维南定理验证数据记录

R_L/Ω									
U/V									
I/mA									

4）验证诺顿定理：用一只 470Ω 的电位器作为 R_0，将其阻值调整到等于按实验内容 1）所得的等效电阻 R_0 之值，然后令其与直流恒流源 I_{S_1}（调到实验内容 1）时所测得的短路电流 I_{SC}之值）相并联，如图 9-19c 所示，把 I_{S_1}与 R_1 串联。将 R_1 改换不同的阻值测其外特性，对诺顿定理进行验证。数据记入表 9-25 中。

表 9-25 诺顿定理验证数据记录

R_L/Ω									
U/V									
I/mA									

5）有源二端网络等效电阻（又称入端电阻）的直接测量法。如图 9-19a 所示，将被测有源网络的所有独立源置零（去掉电流源 I_S 和电压源 U_S，并在原电压源所接的两点用一根短路导线相连），然后用伏安法或者直接用万用表的欧姆档去测定负载 R_L 开路时 A、B 两点间的电阻，此即为被测网络的等效电阻 R_0，或称网络的入端电阻 R_i。

6）用半电压法和零示法测量被测网络的等效内阻 R_0 及其开路电压 U_{OC}。电路及数据表格自拟。

9.6.5 实验注意事项

1）测量时，应注意电流表量程的更换。

2）实验内容 5）中，电压源置零时不可将稳压源短接。

3）用万用表直接测 R_0 时，网络内的独立源必须先置零，以免损坏万用表。此外，欧姆表必须经调零后再进行测量。

4）当改接电路时，要关掉电源。

9.6.6 思考题

1）在求戴维南或诺顿等效电路时，做短路实验测 I_{SC}的条件是什么？在本实验中可否直接做负载短路实验？请实验前对电路图 9-19 预先做好计算，以便调整实验电路及测量时可准确地选取电表的量程。

2）说明测有源二端网络开路电压及等效内阻的几种方法，并比较其优缺点。

9.6.7　实验报告

1）根据实验内容2)~4）分别绘出曲线，验证戴维南定理和诺顿定理的正确性，并分析产生误差的原因。

2）根据实验内容1)、5)、6）的几种方法测得 U_{OC}与 R_0，与预先计算的结果做比较。

3）归纳、总结实验结果。

9.7　电压源与电流源的等效变换

9.7.1　实验目的

1）掌握电源外特性的测试方法。

2）验证电压源与电流源等效变换的条件。

9.7.2　实验原理

1）一个直流稳压电源在一定的电流范围内具有很小的内阻，故在实际应用中常将它视为一个理想的电压源，即其输出电压不随电流而变化。其外特性曲线，即其伏安特性曲线 $U=f(I)$ 是一条平行于 I 轴的直线。

一个恒流源在使用中，在一定的电压范围内可视为一个理想的电流源。

2）一个实际的电压源（或电流源），其端电压（或输出电流）不可能不随负载而变化，因为它具有一定的内阻值。故在实验中，用一个小阻值的电阻（或大电阻）与稳压源（或恒流源）相串联（或并联）来模拟一个实际的电压源（或电流源）。

3）一个实际的电源，就其外部特性而言，既可以看成是一个电压源，又可以看成是一个电流源。若视为电压源，则可用一个理想的电压源 U_S 与一个电阻 R_0 相串联的组合来表示：若视为一个电流源，则可用一个理想的电流源 I_S 与一电导 G_0 相并联的组合来表示。如果这两种电源能向同样大小的负载供出同样大小的电流和端电压，则称这两个电源是等效的，即具有相同的外特性。

一个电压源和一个电流源等效变换的条件为

$$I_S = U_S/R_0,\quad G_0 = 1/R_0$$

或

$$U_S = I_S R_0,\quad R_0 = 1/G_0$$

如图 9-20 所示。

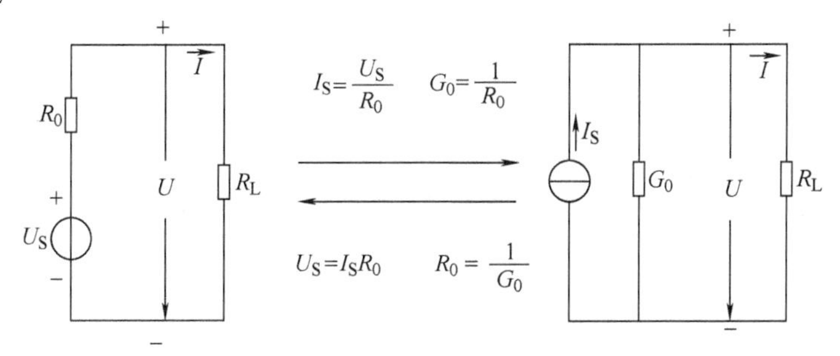

图 9-20　电压源与电流源等效变换

9.7.3 实验设备

实验设备的型号与规格记入表 9-26 中。

表 9-26 实验设备的型号与规格

序号	名称	型号与规格	数量	备注
1	可调直流稳压电源	0~30V 或 0~12V	1	
2	可调直流恒流源		1	
3	万用表	MF500B 或其他	1	
4	直流数字毫安表		1	
5	直流数字电压表		1	
6	电位器	470Ω	1	

9.7.4 实验内容

1）测定直流稳压电源与实际电压源的外特性。按图 9-21a 所示电路接线。U_S 为+6V 的直流稳压电源。调节 R_2，令其阻值由大至小变化，记录两表的读数，数据记入表 9-27 中。

表 9-27 理想电压源外特性测量数据记录

U/V							
I/mA							

按图 9-21b 所示电路接线，虚线框可模拟为一个实际的电压源。调节 R_2，令其阻值由大至小变化，记录两表的读数，数据记入表 9-28 中。

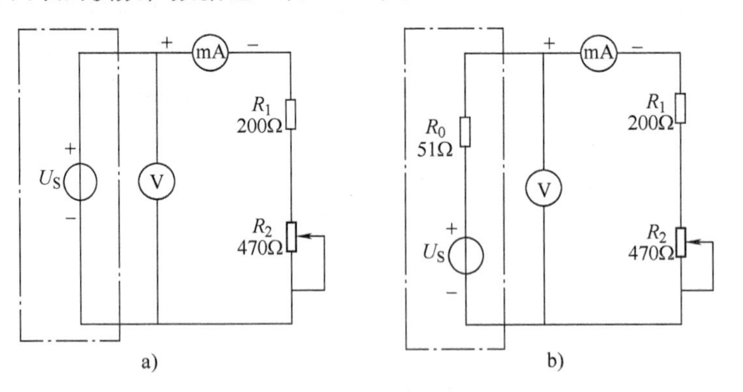

图 9-21 理想电压源与实际电压源外特性测量

表 9-28 实际电压源外特性测量数据记录

U/V							
I/mA							

2）测定电流源的外特性。按图9-22所示电路接线，I_S 为直流恒流源，调节其输出为10mA，令 R_0 分别为200Ω和∞（即接入和断开），调节电位器 R_L（从0~1kΩ），测出这两种情况下的电压表和电流表的读数。自拟数据表格，记录实验数据。

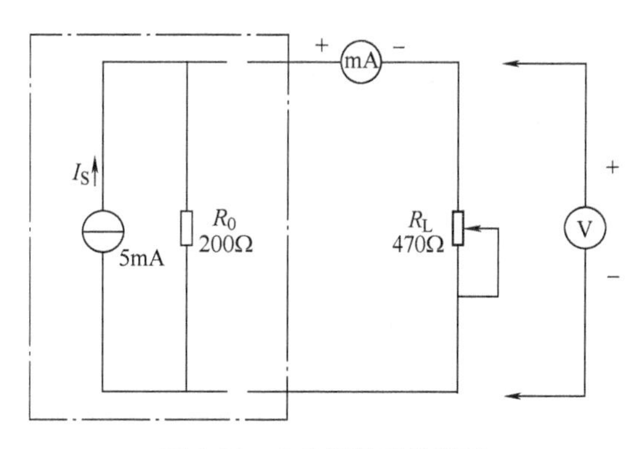

图9-22　电流源外特性测量

3）测定电源等效变换的条件。先按图9-23a所示电路接线，记录线路中两表的读数。然后再按图9-23b所示电路接线。调节恒流源的输出电流 I_S，使两表的读数与图9-23a中的数值相等，记录 I_S 的值，验证等效变换条件的正确性。

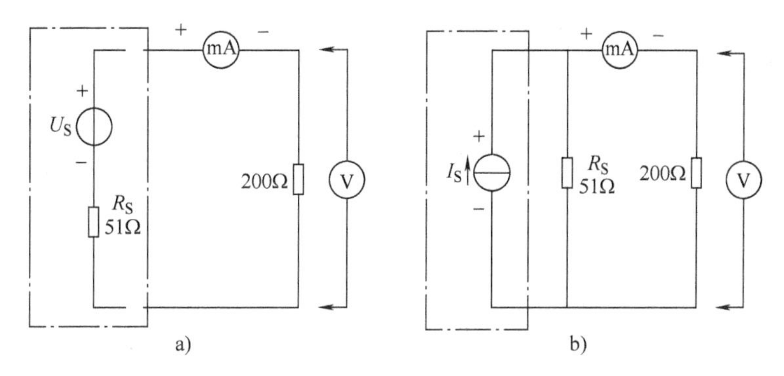

图9-23　电压源与电流源等效变换电路原理图

9.7.5　实验注意事项

1）在测量电压源外特性时，不要忘记测空载时的电压值，测电流源外特性时，不要忘记测短路时的电流值，注意恒流源负载电压不要超过20V，负载不要开路。

2）换接电路时，必须关闭电源开关。

3）直流仪表的接入应注意极性与量程。

9.7.6　思考题

1）通常直流稳压电源的输出端不允许短路，直流恒流源的输出端不允许开路，为什么？

2）电压源与电流源的外特性为什么呈下降变化趋势，稳压源与恒流源的输出在任何负载下是否保持恒值？

9.7.7　实验报告

1）根据实验数据绘出电源的4条外特性曲线，并总结、归纳各类电源的特性。

2）从实验结果验证电源等效变换的条件。

9.8 受控源的特性测试

9.8.1 实验目的

1）熟悉4种受控电源的基本特性，掌握受控源转移参数的测试方法。

2）加深对受控源的认识和理解。

9.8.2 实验原理

1）电源有独立电源（如电池、发电机等）与非独立电源（或称为受控源）之分。

受控源与独立源的不同点是：独立源的电动势 E_S 或电激流 I_S 是某一固定的数值或是时间的某一函数，它不随电路其余部分的状态而变。而受控源的电动势或电激流则是随电路中另一支路的电压或电流而变的一种电源。

受控源又与无源元件不同，无源元件两端的电压和它自身的电流有一定的函数关系，而受控源的输出电压或电流则和另一支路（或元件）的电流或电压有某种函数关系。

2）独立源与无源元件是二端器件，受控源则是四端器件，或称为双口元件。它有一对输入端（U_1、I_1）和一对输出端（U_2、I_2）。输入端可以控制输出端电压或电流的大小。施加于输入端的控制量可以是电压或电流，因而有两种受控电压源（即电压控制电压源 VCVS 和电流控制电压源 CCVS）和两种受控电流源（即电压控制电流源 VCCS 和电流控制电流源 CCCS）。它们的示意图如图9-24所示。

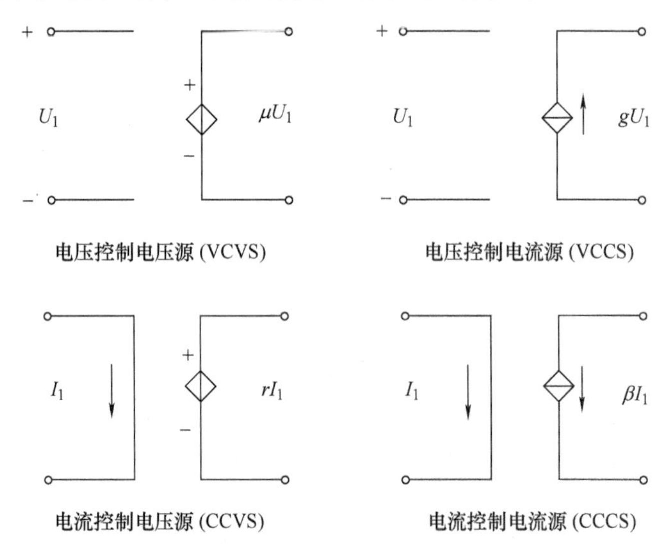

图9-24　4种类型的受控源

3）当受控源的输出电压（或电流）与控制支路的电压（或电流）成正比变化时，称该受控源是线性的。

理想受控源的控制支路中只有一个独立变量（电压或电流），另一个独立变量等于零，即从输入口看，理想受控源或者是短路（即输入电阻 $R_1=0$，因而 $U_1=0$），或者是开路（即输入电导 $G_1=0$，因而输入电流 $I_1=0$）；从输出口看，理想受控源或者是一个理想电压源或者是一个理想电流源。

4）控制端与受控端的关系式称为转移函数。

4种受控源的转移函数参量的定义如下

电压控制电压源（VCVS）：$U_2=f(U_1)$，$\mu=U_2/U_1$，称为转移电压比

电压控制电流源（VCCS）：$I_2=f(U_1)$，$g_m=I_2/U_1$，称为转移电导

电流控制电压源（CCVS）：$U_2 = f(I_1)$，$r_m = U_2/I_1$，称为转移电阻

电流控制电流源（CCCS）：$I_2 = f(I_1)$，$\alpha = I_2/I_1$，称为转移电流比（或电流增益）

9.8.3 实验设备

实验设备的型号和规格记入表9-29中。

表9-29 实验设备的型号与规格

序号	名称	型号与规格	数量	备注
1	可调直流稳压电源		1	
2	可调恒流源		1	
3	直流数字电压表		1	
4	直流数字毫安表		1	
5	可变电阻箱		1	
6	受控源实验电路板		1	

9.8.4 实验内容

1）测量受控源VCVS的转移特性 $U_2 = f(U_1)$ 及负载特性 $U_2 = f(I_L)$，实验电路如图9-25所示。

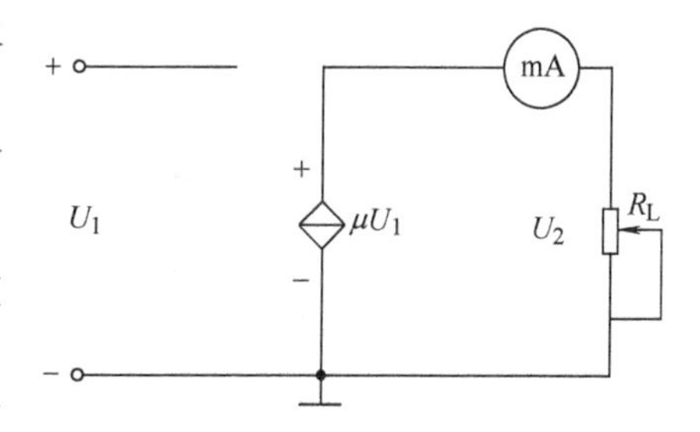

图9-25 电压控制电压源（VCVS）

不接电流表，固定 $R_L = 1\text{k}\Omega$，调节稳压电源的输出电压 U_1，测量 U_1 及相应的 U_2 值，记入表9-30中。在方格纸上绘出电压转移特性曲线 $U_2 = f(U_1)$，并在其线性部分求出转移电压比 μ。

接入电流表，保持 $U_1 = 3\text{V}$，调节 R_L 可变电阻箱的阻值，测 U_2 及 I_L，绘制负载特性曲线 $U_2 = f(I_L)$。数据记入表9-31中。

表9-30 VCVS转移特性测量数据记录

U_1/V	0	1	2	3	4	5	6	7	8	μ
U_2/V										

表9-31 VCVS负载特性测量数据记录

R_L/Ω	50	70	100	200	300	400	500	∞
U_2/V								
I_2/mA								

2）受控源VCCS的转移特性 $I_L = f(U_1)$ 及负载特性 $I_L = f(U_2)$，实验电路如图9-26所示。

固定 $R_L = 1\text{k}\Omega$，调节稳压电源的输出电压 U_1，测出相应的 I_L 值，绘制 $I_L = f(U_1)$ 曲线，并由其线性部分求出转移电导 g_m。数据记入表9-32中。

表 9-32 VCCS 转移特性测量数据记录

U_1/V	2.8	3.0	3.2	3.5	3.7	4.0	4.2	4.5	g_m
I_L/mA									

保持 $U_1=3V$，令 R_L 从大到小变化，测出相应的 I_L 及 U_2，绘制 $I_L=f(U_2)$ 曲线。数据记入表 9-33 中。

表 9-33 VCCS 负载特性测量数据记录

R_L/kΩ	1	0.8	0.7	0.6	0.5	0.4	0.3	0.2	0.1	0	
I_L/mA											
U_2/V											

3）测量受控源 CCVS 的转移特性 $U_2=f(I_1)$ 与负载特性 $U_2=f(I_L)$，实验电路如图 9-27 所示。

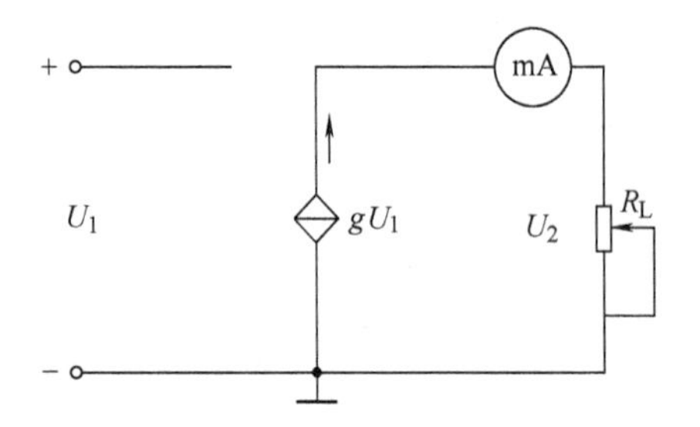

图 9-26 电压控制电流源（VCCS）

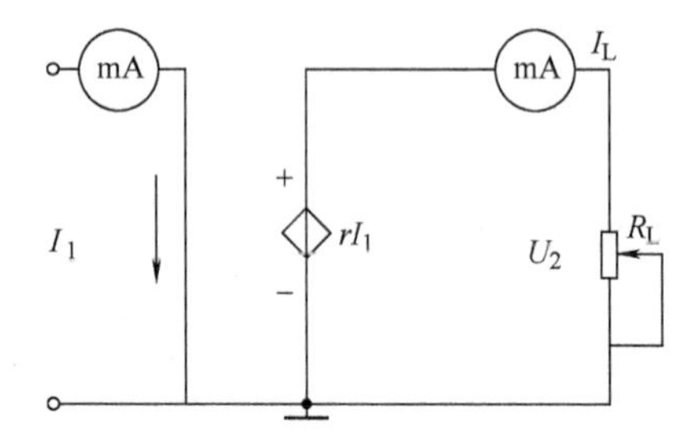

图 9-27 电流控制电压源（CCVS）

固定 $R_L=1k\Omega$，调节恒流源的输出电流 I_S，使其在 0.05～0.7mA 范围内取 8 个数值，测出 U_2 值，绘制 $U_2=f(I_1)$ 曲线，并由其线性部分求出转移电阻 r_m。数据记入表9-34 中。

表 9-34 CCVS 转移特性测量数据记录

I_S/mA									r_m
U_2/V									

保持 $I_S=0.5mA$，令 R_L 值从 1kΩ 增至 8kΩ，测出 U_2 及 I_L，绘制负载特性曲线 $U_2=f(I_L)$。数据记入表 9-35 中。

表 9-35 CCVS 负载特性测量数据记录

R_L/kΩ							
U_2/V							
I_L/mA							

4）测量受控源 CCCS 的转移特性 $I_L=f(I_1)$ 及负载特性 $I_L=f(U_2)$，实验电路如图 9-28 所示。

固定 $R_L=1k\Omega$，调节恒流源的输出电流 I_S，使其在 0.05～0.7mA 范围内取 8 个数值，测出 I_L，绘制 $I_L=f(I_1)$ 曲线，并由其线性部分求出转移电流比 α。数据记入表 9-36 中。

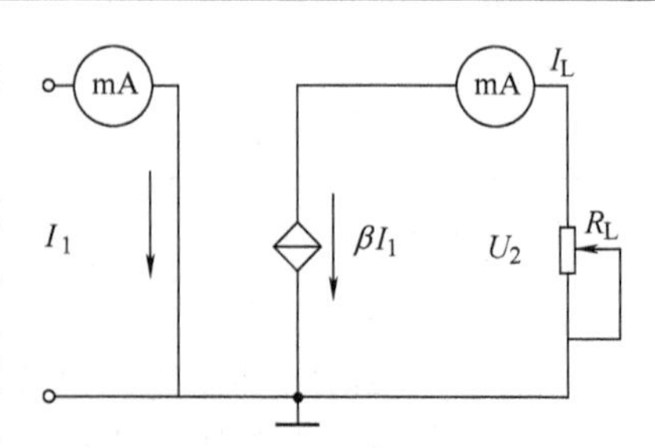

图 9-28 电流控制电流源（CCCS）

保持 $I_S=0.05mA$，令 R_L 值从 0，100Ω，200Ω 增至

20kΩ，测出 I_L，绘制 $I_L=f(U_2)$ 曲线。数据记入表 9-37 中。

表 9-36　CCCS 转移特性测量数据记录

I_1/mA								α
I_L/mA								

表 9-37　CCCS 负载特性测量数据记录

R_L/kΩ	0	0.2	0.4	0.6	0.8	1	2	5	10	20
I_L/mA										
U_2/V										

9.8.5　实验注意事项

1）每次组装电路时，必须事先断开供电电源，但不必关闭电源总开关。

2）用恒流源供电的实验中，不要使恒流源的负载开路。

9.8.6　思考题

1）受控源和独立源相比有何异同点？比较 4 种受控源的控制量与被控量的关系。

2）4 种受控源中的 r_m、g_m、α 和 μ 的意义分别是什么？如何测得？

3）若受控源控制量的极性反向，试问其输出极性是否发生变化？

4）受控源的控制特性是否适合于交流信号？

5）如何由两个基本的 CCVS 和 VCCS 获得其他两个 CCCS 和 VCVS，它们的输入输出应如何连接？

9.8.7　实验报告

1）根据实验数据，在方格纸上分别绘出 4 种受控源的转移特性和负载特性曲线，并求出相应的转移参量。

2）对思考题做出必要的回答。

3）对实验的结果做出合理的分析和结论，总结对 4 种受控源的认识和理解。

9.9　*RC* 一阶电路的动态过程研究实验

9.9.1　实验目的

1）测定 *RC* 一阶电路的零输入响应、零状态响应及完全响应。

2）学习电路时间常数的测量方法。

3）掌握有关微分电路和积分电路的概念。

4）进一步学会用示波器观测波形。

9.9.2　实验原理

1）动态网络的过渡过程是十分短暂的单次变化过程。对时间常数 τ 较大的电路，可用慢扫描长余晖示波器观察光点移动的轨迹。若要用普通的示波器观察过渡过程和测量有关的参数，就必须使该单次变化的过程重复出现。为此，我们利用信号发生器输出的方波来模拟阶跃激励信号，即利用方波输出的上升沿作为零状态响应的正阶跃激励信号；利用方波的下降沿作为零输入响应的负阶跃激励信号。只要选择方波的重复周期大于电路的时间常数 τ，那么电路在这样的方波序列脉冲信号的激励下，其响应就和直流电接通与断开的过渡过程是基本相同的。

2）如图 9-29 所示的 RC 一阶电路的零输入响应与零状态响应分别按指数规律衰减与增长，其变化的快慢取决于电路的时间常数 τ。

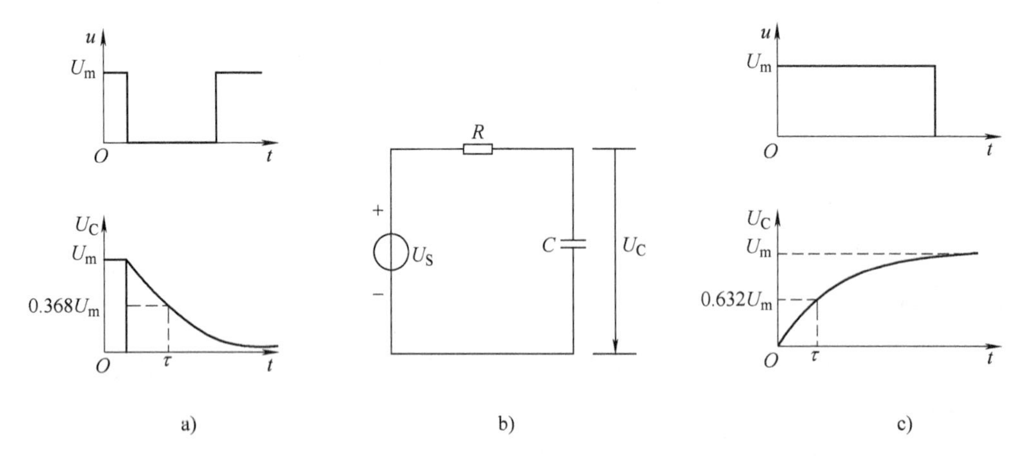

图 9-29　一阶电路暂态响应

a）零输入响应　b）RC 一阶电路　c）零状态响应

3）时间常数 τ 的测定方法：

用示波器测量零输入响应的波形如图 9-29a 所示。根据一阶微分方程的求解得知 $U_C = U_m e^{-t/RC} = U_m e^{-t/\tau}$。当 $t=\tau$ 时，$U_C(\tau) = 0.368U_m$。此时所对应的时间就等于 τ。也可用零状态响应波形增加到 $0.632U_m$ 时所对应的时间测得，如图 9-29c 所示。

4）微分电路和积分电路是 RC 一阶电路中较典型的电路，它对电路元件参数和输入信号的周期有着特定的要求。

一个简单的 RC 串联电路，在方波序列脉冲的重复激励下，当满足 $\tau = RC \ll T/2$ 时（T 为方波脉冲的重复周期），且由 R 两端的电压作为响应输出，该电路就是一个微分电路。因为此时电路的输出信号电压与输入信号电压的微分成正比。如图 9-30 所示。利用微分电路可以将方波转变成冲激脉冲。

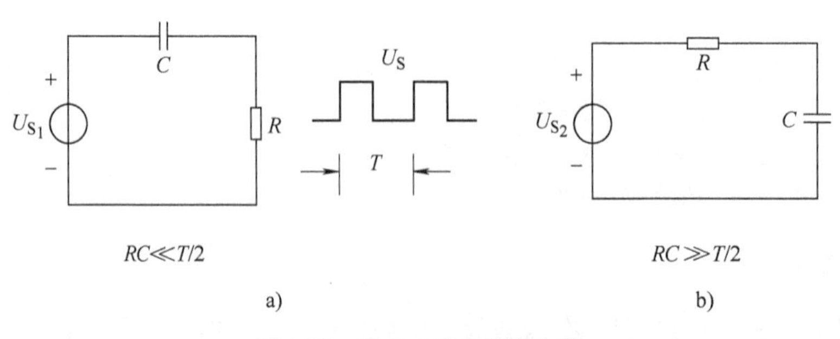

图 9-30　微分电路和积分电路

a）微分电路　b）积分电路

若将图9-30a中的R与C位置调换一下，如图9-30b所示，由C两端的电压作为响应输出，且当电路的参数满足$\tau=RC\gg T/2$时，该RC电路称为积分电路。因为此时电路的输出信号电压与输入信号电压的积分成正比。利用积分电路可以将方波转变成三角波。

从输入输出波形来看，上述两个电路均起着波形变换的作用，请在实验过程中仔细观察和记录。

9.9.3　实验设备

实验设备的型号与规格记入表9-38中。

表9-38　实验设备的型号与规格

序号	名　称	型号与规格	数量	备注
1	脉冲信号发生器		1	
2	双踪示波器		1	

9.9.4　实验内容

实验电路板的结构如图9-31所示。

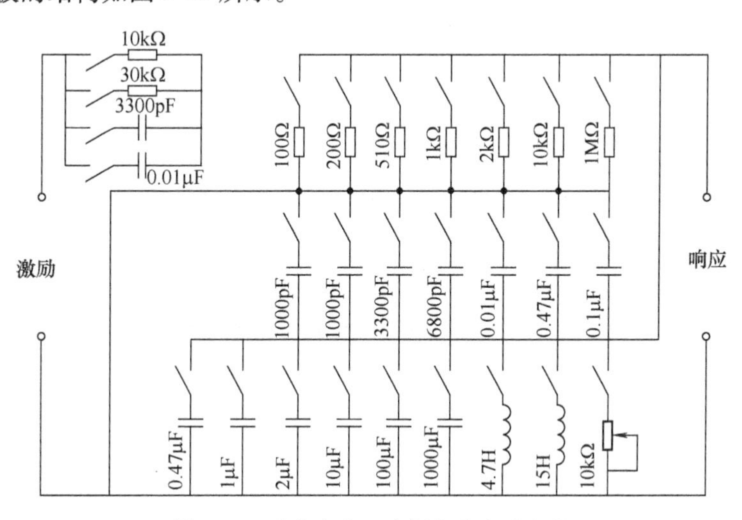

图9-31　动态电路、选频电路实验电路

1）在一阶电路单元上选择R、C元件，令$R_1=10\text{k}\Omega$，$C=3300\text{pF}$，组成如图9-29b所示的RC充放电电路。U_S为脉冲信号发生器输出$U_m=3\text{V}$、$f=1\text{kHz}$的方波电压信号，并通过两根同轴电缆线将激励源U_S和响应U_C的信号分别连至示波器的两个输入口YA和YB，这时可在示波器的屏幕上观察到激励与响应的变化规律，测算出时间常数τ，并用方格纸按1：1的比例描绘波形。

少量改变电容值或电阻值，定性观察对响应的影响，记录观察到的现象。

2）令$R=10\text{k}\Omega$，$C=0.1\mu\text{F}$，组成如图9-30a所示的微分电路。在同样的方波激励信号（$U_m=3\text{V}$，$f=1\text{kHz}$）作用下，观测并描绘激励与响应的波形。

增减R值，定性地观察其对响应的影响并记录。当R增至$1\text{M}\Omega$时，输入输出波形有何本质上的区别?

9.9.5 实验注意事项

1）调节电子仪器各旋钮时，动作不要过快、过猛。实验前，需熟读双踪示波器的使用说明书。特别是观察双踪时，要特别注意相应开关、旋钮的操作与调节。

2）信号源的接地端与示波器的接地端要连在一起（称为共地），以防外界干扰而影响测量的准确性。

3）示波器的辉度不应过亮，尤其是光点长期停留在荧光屏上不动时，应将辉度调暗，以延长示波管的使用寿命。

9.9.6 思考题

1）什么样的电信号可作为 RC 一阶电路零输入响应、零状态响应和全响应的激励源?

2）已知 RC 一阶电路中 $R=10\text{k}\Omega$，$C=0.1\mu\text{F}$，试计算时间常数 τ，并根据 τ 值的物理意义拟定测量 τ 的方案。

3）何谓积分电路和微分电路，它们必须具有什么条件? 它们在方波序列脉冲的激励下，输出信号波形的变化规律如何? 这两种电路有何功用?

9.9.7 实验报告

1）根据实验观测结果，在方格纸上绘出 RC 一阶电路充放电时 U_C 的变化曲线，由曲线测得 τ 值，并与参数值的计算结果进行比较，分析误差原因。

2）根据实验观测结果，归纳、总结积分电路和微分电路的形成条件，阐明波形变换的特征。

9.10 R、L、C 元件在正弦电路中的特性实验

9.10.1 实验目的

1）验证电阻、感抗、容抗与频率的关系，测定 R-f，X_L-f 与 X_C-f 的特性曲线。

2）加深理解 R、L、C 元件电压与电流间的相位关系。

9.10.2 实验原理

1）在正弦交流信号作用下，R、L、C 元件在电路中的抗流作用与信号的频率有关，它们的阻抗频率特性 R-f，X_L-f 与 X_C-f 曲线如图 9-32 所示。

2）元件阻抗频率特性的测量电路如图 9-33 所示。

实验图中的 r 是提供测量回路电流用的标准小电阻，由于 r 的阻值远小于被测元件的阻抗值，因此可以认为 AB 之间的电压就是被测元件 R、L 或 C 两端的电压，流过被测元件的电流则可由 r 两端的电压除以 r 得到。

若用双踪示波器同时观察 r 与被测元件两端的电压，也可展现被测元件两端的电压和流过该元件的电流的波形，从而可在荧光屏上测出电压与电流的幅值及它们之间的相位差。

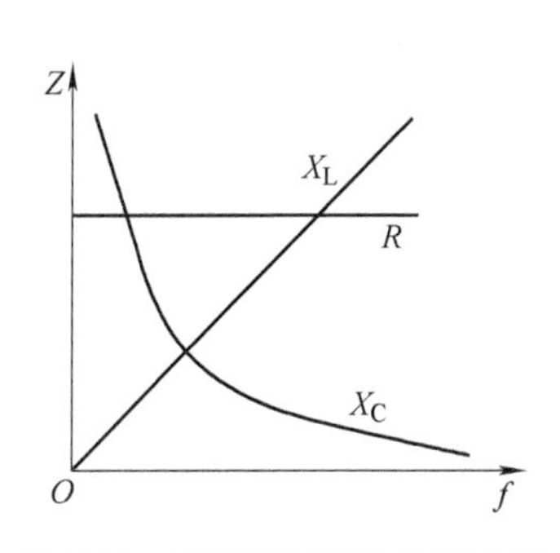

图 9-32　无源元件阻抗频率特性

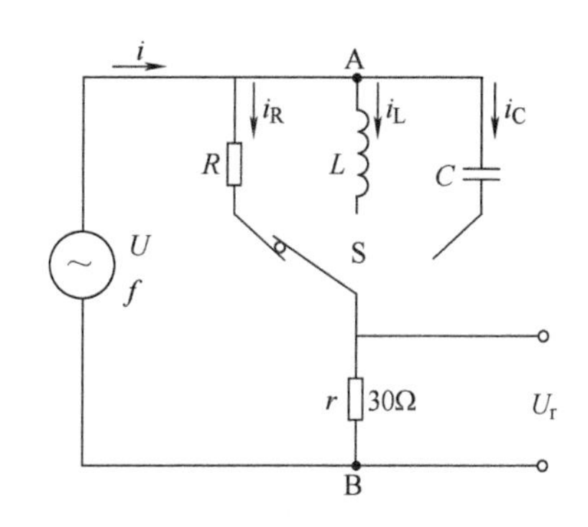

图 9-33　无源元件频率特性测试图

3）将元件 R、L、C 串联或并联，也可用同样的方法测得 Z 串与 Z 并时的阻抗频率特性 Z-f，根据电压、电流的相位差可判断 Z 串与 Z 并是感性还是容性负载。

4）元件的阻抗角（即相位差 φ）随输入信号的频率变化而改变，将各个不同频率下的相位差画在以频率 f 为横坐标，以阻抗角 φ 为纵坐标的坐标纸上，并用光滑的曲线连接这些点，即得到阻抗角的频率特性曲线。

用双踪示波器测量阻抗角的方法如图 9-34 所示。

荧光屏上数得一个周期占 n 格，相位差占 m 格，则实际的相位差 φ（阻抗角）为

$$\varphi = m \times \frac{360°}{n}$$

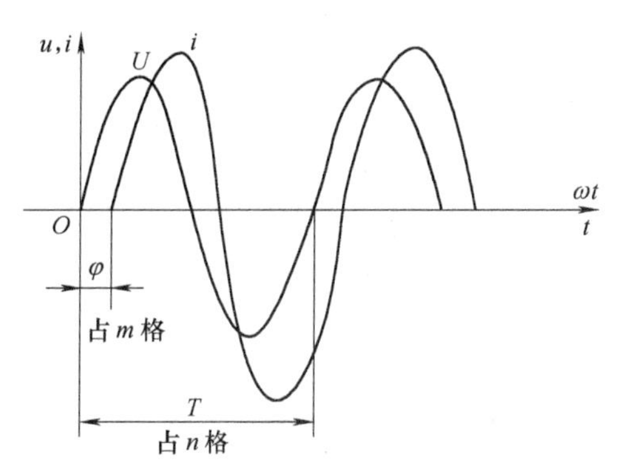

图 9-34　阻抗角测量方法

9.10.3　实验设备

实验设备的型号与规格记入表 9-39 中。

表 9-39　实验设备的型号与规格

序号	名　称	型号与规格	数量	备注
1	低频信号发生器		1	
2	交流毫伏表		1	
3	双踪示波器		1	
4	实验电路元件	$R=1\text{k}\Omega$　$C=0.01\mu\text{F}$　$L=1\text{H}$，$r=30\Omega$		
5	频率计		1	

9.10.4　实验内容

1）测量 R、L、C 元件的阻抗频率特性

通过电缆将低频信号发生器输出的正弦信号接至如图 9-33 所示的电路，U 激励源作为可用交流毫伏表测量，使激励电压有效值为 $U=3\text{V}$，并保持不变。

使信号源的输出频率从 200Hz 逐渐增至 5kHz（用频率计测量），并使开关 S 分别接通 R、L、C 三个元件，用交流毫伏表测量 U_r，并通过计算得到各频率点时的 R、X_L 与 X_C之值，记入表 9-40 中。

表 9-40　无源元件阻抗测量数据记录

频率 f/kHz		
R	U_r/mV	
	$I_R=U_r/r$/(mA)	
	$R=U/I_R$/(kΩ)	
L	U_r/mV	
	$I_L=U_r/r$/(mA)	
	$X_L=U/I_L$/(kΩ)	
C	U_r/mV	
	$I_C=U_r/r$/(mA)	
	$X_C=U/I_C$/(kΩ)	

2）用双踪示波器观察在不同频率下各元件阻抗角的变化情况，并记录。

3）测量 R、L、C 元件串联的阻抗角频率特性。数据记入表 9-41 中。

表 9-41　无源元件阻抗角频率特性测量数据记录

频率 f/kHz	
n/格	
m/格	
Φ/格	

9.10.5　实验注意事项

1）交流毫伏表属于高阻抗电表，测量前必须先调零。

2）测 Φ 时，示波器的“t/div”和“v/div”的微调旋钮应旋至“标准”位置。

9.10.6　思考题

测量 R、L、C 各个元件的阻抗角时，为什么要与它们串联一个小电阻？可否用一个小电感或大电容代替？为什么？

9.10.7　实验报告

1）根据实验数据，在方格纸上绘制 R、L、C 三个元件的阻抗频率特性曲线，从中可得出什么结论？

2）根据实验数据，在方格纸上绘制 R、L、C 三个元件的阻抗角频率特性曲线，并总结、归纳结论。

9.11　典型电信号的观察与测量

9.11.1　实验目的

1）熟悉低频信号发生器、脉冲信号发生器的布局，了解各旋钮、开关的作用及其使用方法。

2）初步掌握用示波器观察电信号波形，定量测出正弦信号和脉冲信号的波形参数。

3）初步掌握示波器、信号发生器的使用。

9.11.2　实验原理

1）正弦交流信号和方波脉冲信号是常用的电激励信号，分别由低频信号发生器和脉冲信号发生器提供。

正弦信号的波形参数是幅值 U_m、周期 T（或频率 f）和初相；脉冲信号波形参数是幅值 U_m、脉冲重复周期 T 及脉宽 t_k。

2）示波器是一种信号实验图形测量仪器，可定量测出波形参数，从荧光屏的 Y 轴刻度尺结合其量程分档选择开关读得电信号的幅值；从荧光屏的 X 轴刻度尺并结合其量程分档选择开关，读得电信号的周期、脉宽及相位差等参数。为完成对各种不同波形、不同要求的观察和测量，示波器还有其他一些调节和控制旋钮，可以在实验中加以摸索和掌握。一台示波器可以同时观察和测量两路信号波形。

9.11.3　实验设备

实验设备的型号与规格记入表9-42中。

表9-42　实验设备的型号与规格

序号	名称	型号与规格	数量	备注
1	双踪示波器		1	
2	函数发生器		1	
3	交流毫伏表		1	
4	频率计		1	

9.11.4　实验内容

1）双踪示波器的自检。将示波器面板部分的“标准信号”插口通过示波器专用同轴电缆接至双踪示波器的 Y 轴输入插口YA或YB端，然后开启示波器电源，指示灯亮，稍后调节示波器面板上的“辉度”“聚焦”“辅助聚焦”“X 轴位移”“Y 轴位移”等旋钮，使在荧光屏的中心部分显示出线条细而清晰、亮度适中的方波波形。通过选择幅度和扫描速度灵敏度，并将它们的微调旋钮旋至“校准”位置，从荧光屏上读出该“标准信号”的幅值与频率，并与标称值（1V、1kHz的信号）做比较，如相差较大，可请指导老师给予校准。

2）正弦波信号的观察。将示波器的幅度和扫描速度微调旋钮至“标准”位置；通过电缆线，将信号发生器的正弦波输出口与示波器的 YA 插座相连；接通电源，调节信号源的频率旋钮，使输出频率分别为 50Hz，1.5kHz 和 20kHz（由频率计读出），输出幅值分别为有效值 0.1V，1V 和 3V（由交流毫伏表读得），调节示波器 *Y* 轴和 *X* 轴灵敏度至合适的位置，从荧光屏上读得同步值及周期，记入表 9-43、表 9-44 中。

表 9-43　示波器观察数据记录（1）

频率计读数 / 项目测定	50Hz	15000Hz	20000Hz
示波器“t/div”旋钮位置			
一个周期占有的格数			
信号周期 *S*			
计算所得频率/Hz			

表 9-44　示波器观察数据记录（2）

交流毫伏表读数 / 项目测定	0.1V	1V	3V
示波器“t/div”旋钮位置			
峰值波形格数			
峰值			
计算所得频率/Hz			

3）方波脉冲信号的测定。将电缆插头换接在脉冲信号的输出插口上；调节信号源的输出幅度为 3.0V（用示波器测定），分别观察 100Hz、3kHz 和 30kHz 方波信号的波形参数；使信号频率保持在 3kHz，调节幅度和脉宽旋钮，观察波形参数的变化。自拟数据表格记录。

4）将方波信号和正弦信号同时分别加到示波器的 YA 和 YB 两个输入口，调节有关旋钮，同时观测两路信号的波形（定性地观察，具体内容自拟）。

9.11.5　实验注意事项

1）示波器的辉度不要过亮。

2）调节仪器旋钮时动作不要过猛。

3）调节示波器时，要注意触发开关和电平调节旋钮的配合使用，以使显示的波形稳定。

4）进行定量测定时，“t/div”和“v/div”的微调旋钮应旋至“标准”位置。

5）为防止外界干扰，信号发生器的接地端与示波器的接地端要连接在一起。

9.11.6　思考题

1）示波器面板上“t/div”和“v/div”的含义是什么？

2）观察本机“标准信号”时，要在荧光屏上得到两个周期的稳定波形，而幅度要求为五格，试问 *Y* 轴电压灵敏度应置于哪一档位置？“t/div”又应置于哪一档位置？

3）应用双踪示波器观察到如图 9-35 所示的两个波形，*Y* 轴的“v/div”的指示为 0.5V，

“t/div” 指示为 20μs，试问这两个波形信号的波形参数为多少？

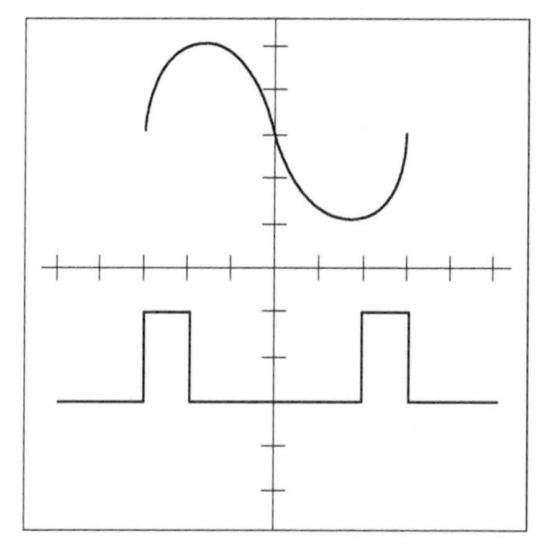

图 9-35　双踪示波器信号波形图

9.11.7　实验报告

1）整理实验中显示的各种波形，绘制有代表性的波形。

2）总结实验中所用仪器的使用方法及观测电信号的方法。

3）当用示波器观察正弦信号时，荧光屏上出现下列情况，如图 9-36 所示，试说明测试系统中哪些旋钮的位置不对？应如何调节？

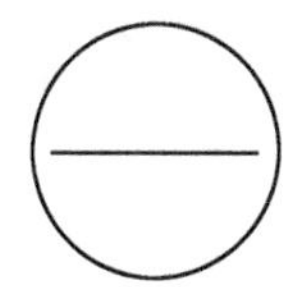 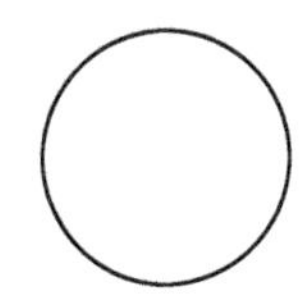 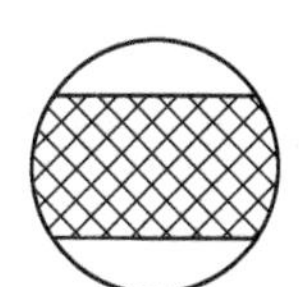 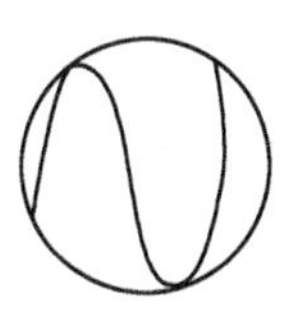 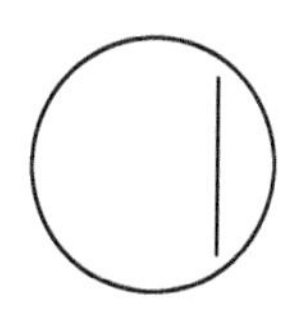 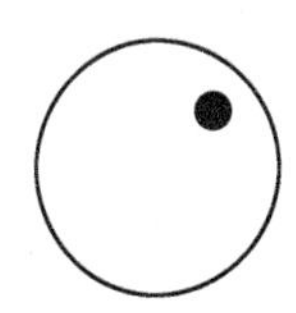

图 9-36　示波器可能出现的错误信号波形

附　录

附录 A　复数的计算器运算

在学习正弦交流电路中，涉及用复数表示正弦量。由于复数计算复杂，所以大多使用计算器进行计算，下面以 CASIO fx-991CNX 型计算器为例说明复数的有关运算。

1. 使用方法

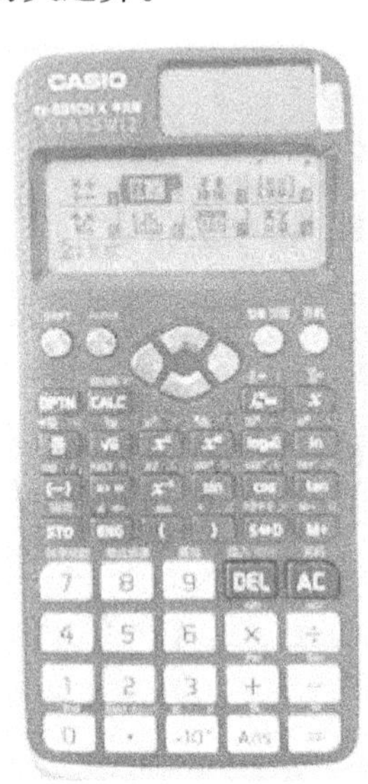

1）使用菜单设置进入复数模式。

按键步骤：菜单设置 2

2）使用菜单设置进入计算模式。

按键步骤：菜单设置 1

3）通过“OPTN”键和上下移动键可以使代数式和极坐标式互相转换。

4）计数器系统角度单位设置方法。

按键步骤：

SHIFT 菜单设置 2，然后可以根据需要选择 1 或者 2，将系统角度设置成度或弧度。

2. 计算举例

下面示例中，(1)～(5) 均是在计算器系统角度单位设置为“度”的前提下进行计算的。

(1) 代数式输入与计算

例如：$(2+\mathrm{j}3)+(4+\mathrm{j}5)=10\angle 53.13^\circ$

先打开菜单设置，选择模式 2，然后如下依次按键：

2 + 3 ENG + 4 + 5 ENG =，最后直接得到复数和的极坐标形式。如果计算器系统角度单位设置为“弧度”，结果则用代数式表示。

(2) 复数的极坐标输入

例如：$2\angle 45^\circ=1.414+\mathrm{j}1.414$（计算系统角度单位设置为度）

先打开菜单设置，选择模式 2，然后如下依次按键：

2 SHIFT ENG 4 5 OPTN 向下方向键一次 2 =，结果直接出现等价的复数代数形式。

(3) 代数式转换为极坐标式

例如：$3+\mathrm{j}4=5\angle 0.927$

先打开菜单设置，选择模式 2，然后如下依次按键：

[3] [+] [4] [ENG] [OPTN] [向下方向键] [1] [=]，最后得到极坐标形式的复数。但此时要注意，辐角是用弧度表示的。如果需要用度表示辐角，还需要进行转换。

（4）应用“Pol”和“Rec”两个键也可实现直角坐标和极坐标的相互转换（计算模式）

注意：根据要求可以先将计数器系统角度单位设置为度或者弧度后再应用这两个键进行操作。

例如：将直角坐标（1，3）变换为极坐标（r，θ）（假设系统角度单位设置为度）

$$\mathrm{Pol}(1,\ 3) = 3.16\ \angle 71.57^\circ$$

先打开菜单设置，选择模式 1，然后如下依次按键：

[SHIFT] [Pol] [1] [SHIFT] [)] [3] [)] [=]，则直接将 Pol(1，3) 表示成模和辐角的形式，此时辐角用度表示。

例如：将极坐标（5，30）变换为直角坐标（x，y）（假设系统角度单位设置为度）

$$\mathrm{Rec}(5,\ 30) = 4.33 + 2.5\mathrm{i}$$

先打开菜单设置，选择模式 1，然后如下依次按键：

[SHIFT] [Rec] [5] [SHIFT] [)] [30] [)] [=]，则直接将 Rec(5，30) 表示成直角坐标的形式。

（5）度和弧度的相互转换

例如：60°等于多少弧度？

方法 1：首先通过计数器系统角度单位设置为“弧度”，然后通过菜单设置复数模式 2。

打开菜单设置，选择模式 2，然后如下依次按键：

[60] [OPTN] [向下方向键两次] [2] [1] [=]，得到 π/3，再按键 [S⇔D]，得到小数表示的结果 1.047。

方法 2：首先通过计数器系统角度单位设置为“弧度”，然后通过菜单设置计算模式 1。

打开菜单设置，选择模式 1，然后如下依次按键：

[60] [OPTN] [2] [1] [=]，得到 π/3，再按键 [S⇔D]，得到小数表示的结果 1.047。

例如：0.5 弧度等于多少度？

首先通过计数器系统角度单位设置为“度”，然后如下依次按键：

[0.5] [OPTN] [2] [2] [=]，得到对应的度数近似为 28.65°。

附录 B 思维导图

为了便于读者系统地学习并全方位地掌握本书知识点，编者特别绘制了电路的思维导图。该思维导图有助于学生对课程的整体把握和对知识点的深入理解，是一种有效的复习巩固方法。

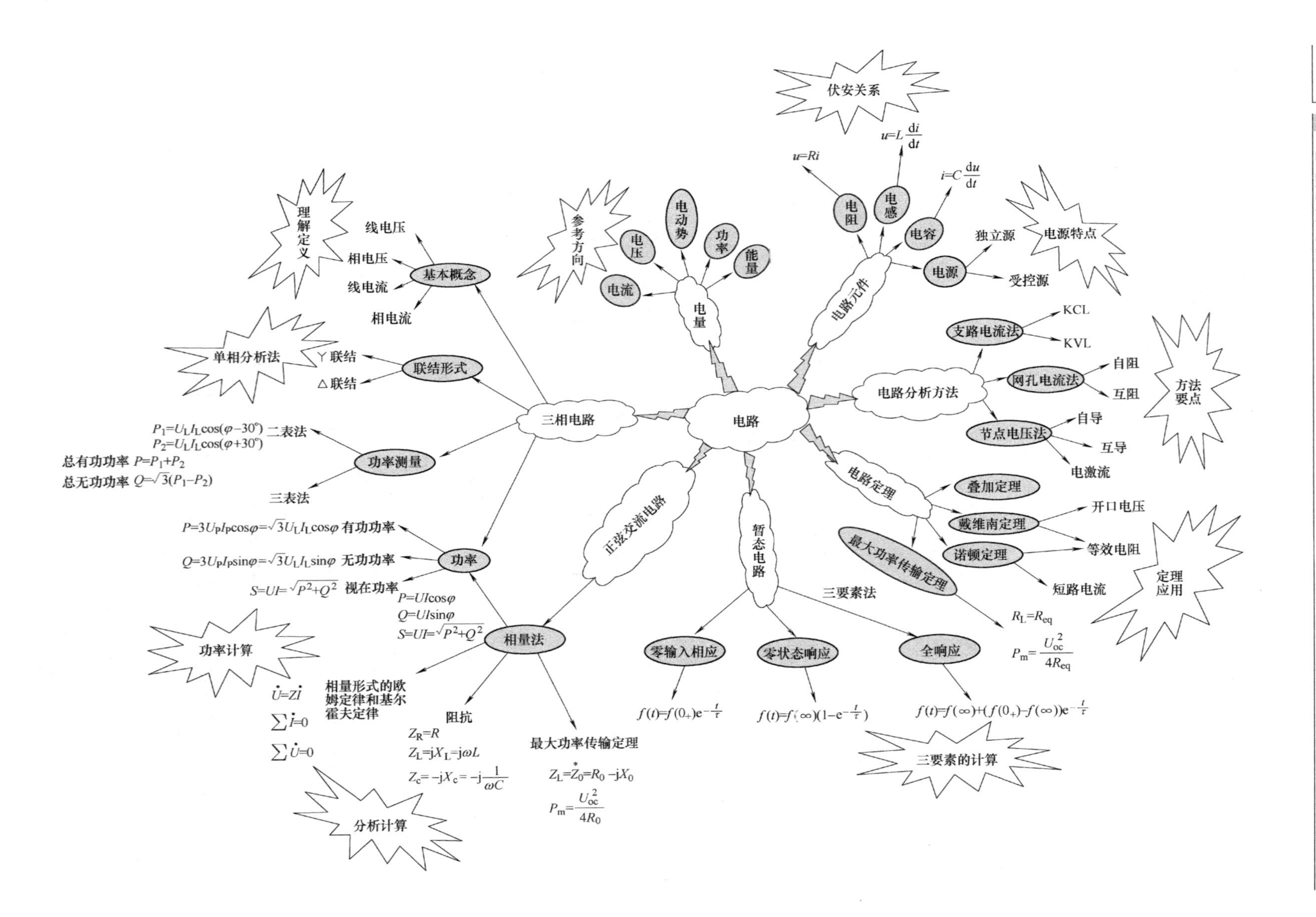
电路
电路元件
电阻
电感
电容
电源
独立源
受控源
电源特点
伏安关系
$u=Ri$
$u=L\frac{di}{dt}$
$i=C\frac{du}{dt}$
电量
电流
电压
电动势
功率
能量
参考方向
电路分析方法
支路电流法
网孔电流法
节点电压法
KCL
KVL
自阻
互阻
自导
互导
电激流
方法要点
电路定理
叠加定理
戴维南定理
诺顿定理
开口电压
等效电阻
短路电流
定理应用
最大功率传输定理
$R_L=R_{eq}$
$P_m=\frac{U_{oc}^2}{4R_{eq}}$
暂态电路
三要素法
全响应
$f(t)=f(\infty)+(f(0_+)-f(\infty))e^{-\frac{t}{\tau}}$
三要素的计算
零状态响应
$f(t)=f(\infty)(1-e^{-\frac{t}{\tau}})$
零输入相应
$f(t)=f(0_+)e^{-\frac{t}{\tau}}$
正弦交流电路
相量法
最大功率传输定理
$Z_L=\overset{*}{Z_0}=R_0-jX_0$
$P_m=\frac{U_{oc}^2}{4R_0}$
阻抗
$Z_R=R$
$Z_L=jX_L=j\omega L$
$Z_c=-jX_c=-j\frac{1}{\omega C}$
分析计算
相量形式的欧姆定律和基尔霍夫定律
$\dot{U}=Z\dot{I}$
$\sum\dot{I}=0$
$\sum\dot{U}=0$
功率
$P=UI\cos\varphi$
$Q=UI\sin\varphi$
$S=UI=\sqrt{P^2+Q^2}$
功率计算
三相电路
基本概念
线电压
相电压
线电流
相电流
理解定义
联结形式
Y联结
Δ联结
单相分析法
功率测量
二表法
三表法
$P_1=U_LI_L\cos(\varphi-30°)$
$P_2=U_LI_L\cos(\varphi+30°)$
总有功功率 $P=P_1+P_2$
总无功功率 $Q=\sqrt{3}(P_1-P_2)$
$P=3U_PI_P\cos\varphi=\sqrt{3}U_LI_L\cos\varphi$ 有功功率
$Q=3U_PI_P\sin\varphi=\sqrt{3}U_LI_L\sin\varphi$ 无功功率
$S=UI=\sqrt{P^2+Q^2}$ 视在功率

参 考 文 献

[1] 张莉萍，李洪芹．电路电子技术及其应用［M］. 北京：清华大学出版社，2010.

[2] 张莉萍，李洪芹．电子技术课程设计［M］. 北京：清华大学出版社，2014.

[3] 邱关源．电路［M］. 5 版．北京：高等教育出版社，2013.

[4] 张虹．电路与电子技术［M］. 2 版．北京：北京航空航天大学出版社，2007.

[5] 张冬梅，公茂法，张秀娟．电路原理［M］. 北京：人民邮电出版社，2016.

[6] 刘健．电路分析［M］. 北京：电子工业出版社，2005.

[7] 秦曾煌．电工学［M］. 6 版．北京：高等教育出版社，2004.

[8] CHARLES K ALEXANDER，MATTHEW N O SADIKU. 电路基础［M］. 北京：清华大学出版社，2000.

[9] 刘陈，周井泉，于舒娟，等．电路分析基础［M］. 北京：人民邮电出版社，2017.

[10] 朱桂萍，于歆杰，陆文娟．电路原理［M］. 北京：清华大学出版社，2016.

[11] 邢丽冬，潘双来．电路学习指导与习题精解［M］. 北京：清华大学出版社，2008.

[12] 罗守信．电工学［M］. 3 版．北京：高等教育出版社，2003.

[13] 刘崇新，罗先觉．电路学习指导与习题分析［M］. 北京：高等教育出版社，2018.

[14] 张正明．电路与电子技术［M］. 北京：北京航空航天大学出版社，2003.

[15] 朱清慧，张凤蕊，翟天嵩，等．Proteus 教程——电子线路设计、制版与仿真［M］. 北京：清华大学出版社，2010.

[16] 张毅刚，赵光权，张京超．单片机原理及应用——C51 编程+Proteus 仿真［M］. 2 版．北京：高等教育出版社，2016.